普通高等教育“十一五”国家级规

普通高等教育精品教材

计算机系统结构

（第3版）

张晨曦 王志英 沈立 张春元 李江峰 王伟 编著

高等教育出版社·北京

内容简介

本书系统地论述了计算机系统结构的基本概念、基本原理、基本结构和基本方法，强调采用量化的分析方法，使读者能够更具体、实际地分析和理解计算机系统结构。

全书共 10 章，分别为：计算机系统结构的基本概念，计算机指令集结构，流水线技术，指令级并行，存储系统，输入/输出系统，互连网络，多处理机，机群系统，多核系统结构与编程。第 1 章论述计算机系统结构的概念以及定量分析基础。第 2 章论述计算机指令集的设计、RISC 技术以及 MIPS 指令集结构。第 3 章论述流水线及其性能分析、流水线中的相关与冲突及其解决方法、向量处理机。第 4 章论述指令级并行性开发，包括指令的动态调度、动态分支预测技术、多指令流出技术、循环展开和指令调度等。第 5 章论述 Cache 的基本知识、降低 Cache 不命中率的方法、减少 Cache 不命中开销的方法以及减少命中时间的方法。第 6 章论述独立磁盘冗余阵列 RAID、总线、通道及其流量分析。第 7 章论述互连函数、互连网络的结构参数与性能指标、静态互连网络、动态互连网络以及消息传递机制等。第 8 章论述对称式多处理机结构、分布式存储多处理机结构、同步以及同时多线程技术等。第 9 章论述机群系统的基本结构、特点以及分类等。第 10 章论述多核架构、实例以及基于多核的并行程序设计。附录为计算机系统结构模拟实验、MIPSsim 使用手册与 MIPS16 模拟器及相关指令。

本书内容丰富，实例具体，采用微课的形式，为重要知识点或实例配有教学视频和动画，可作为高校计算机及相关专业的计算机系统结构课程教材，也可供相关科技人员参考。

图书在版编目（CIP）数据

计算机系统结构 / 张晨曦等编著. -- 3 版. -- 北京：高等教育出版社，2022.1

ISBN 978-7-04-056814-1

Ⅰ. ①计… Ⅱ. ①张… Ⅲ. ①计算机体系结构-高等学校-教材 Ⅳ. ①TP303

中国版本图书馆 CIP 数据核字(2021)第 168280 号

Jisuanji Xitong Jiegou

策划编辑 倪文慧　　责任编辑 倪文慧　　封面设计 张雨微　　版式设计 李彩丽
插图绘制 于　博　　责任校对 刘丽娴　　责任印制 存　怡

出版发行	高等教育出版社	网　址	http://www.hep.edu.cn
社　址	北京市西城区德外大街 4 号		http://www.hep.com.cn
邮政编码	100120	网上订购	http://www.hepmall.com.cn
印　刷	北京市大天乐投资管理有限公司		http://www.hepmall.com
开　本	787 mm×1092 mm　1/16		http://www.hepmall.cn
印　张	27	版　次	2008 年 6 月第 1 版
字　数	540 千字		2022 年 1 月第 3 版
购书热线	010-58581118	印　次	2022 年 1 月第 1 次印刷
咨询电话	400-810-0598	定　价	55.00 元

本书如有缺页、倒页、脱页等质量问题，请到所购图书销售部门联系调换

物 料 号　56814-00

计算机系统结构
(第3版)

张晨曦　王志英　等
编著

1　计算机访问http://abook.hep.com.cn/1863736，或手机扫描二维码、下载并安装Abook应用。

2　注册并登录，进入“我的课程”。

3　输入封底数字课程账号（20位密码，刮开涂层可见），或通过Abook应用扫描封底数字课程账号二维码，完成课程绑定。

4　单击“进入课程”按钮，开始本数字课程的学习。

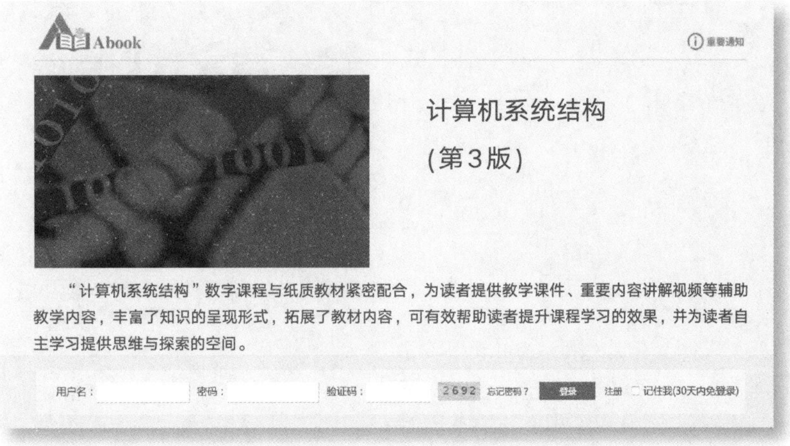

如有使用问题，请发邮件至abook@hep.com.cn。

http://abook.hep.com.cn/1863736

前　言

本书第 1 版入选普通高等教育“十一五”国家级规划教材，2009 年被评为教育部“普通高等教育精品教材”，2014 年修订出版第 2 版。为了适应现代教学的需要，反映计算机技术的新发展，我们在第 2 版教材基础上进行了修订和补充，增加了实验内容，并且采用微课的形式，为教材配了知识点讲解视频和动画。

本书可作为高校计算机及相关专业本科生、研究生教材。在内容的选择上，本书不打算覆盖计算机系统结构的所有方面，而是重点论述现代大多数计算机都采用的比较成熟的思想、结构和方法等。

计算机系统结构强调从总体结构、系统分析这一角度来研究计算机系统。通过学习本书，读者能把在“计算机组成原理”“数据结构”“操作系统”“汇编语言程序设计”等课程中所学的软硬件知识有机地结合起来，从而建立计算机系统的完整概念。

本书的主要特色有：

① 主要论述现代大多数计算机都采用的比较成熟的思想、结构和方法等，重点突出，避免面面俱到。

② 借鉴国际经典的系统结构教材，强调采用量化的分析方法，使读者能更具体、实际地分析和设计计算机系统结构。

③ 采用微课的形式，为本书配有教学动画和视频，有助于高校师生有效进行教学或自学，以达到良好的教学效果。

④ 配有基于自主开发的模拟器的实验，有助于学生深入理解和掌握课程内容。

全书共 10 章，主要包括以下内容。

第 1 章计算机系统结构的基本概念，论述计算机系统结构的概念以及系统结构和并行性的发展，并介绍定量分析技术。

第 2 章计算机指令集结构，论述计算机指令集结构设计中的一些问题，包括寻址方式、指令集结构的功能设计、操作数的类型和大小、指令格式的设计，并且介绍 RISC 技术以及一个指令集结构的实例——MIPS。

第 3 章流水线技术，论述流水线的基本概念、分类和性能分析，介绍流水线中的相关与冲突问题及其解决方法等，并对向量处理机的结构及特点、关键技术及性能评价进行讨论。

第4章指令级并行,论述利用硬、软件技术开发程序中指令级并行的技术和方法,包括指令的动态调度、动态分支预测技术、多指令流出技术、循环展开和指令调度等。

第5章存储系统,论述Cache的基本知识,降低Cache不命中率、减少Cache不命中开销以及减少命中时间的方法,并对虚拟存储器做简要讨论。

第6章输入/输出系统,论述独立磁盘冗余阵列RAID、总线及其与CPU/存储器的连接、通道及其流量分析等。

第7章互连网络,论述互连函数、互连网络的结构参数与性能指标、静态互连网络、动态互连网络及消息传递机制等。

第8章多处理机,论述对称式多处理机结构、分布式存储多处理机结构、同步、同时多线程技术以及大规模并行处理机等,并介绍了多核处理器及性能对比、多处理机实例Origin 2000。

第9章机群系统,论述机群的基本结构、特点及分类,并介绍了5个典型的机群系统。

第10章多核系统结构与编程,论述多核系统结构、实例以及基于多核的并行程序设计。

本书在附录A中给出了计算机系统结构模拟实验,共包含9个实验,每个实验包括实验目的、实验平台、实验内容及实验步骤。这些实验都可以在阿里云上进行,无须另外安装平台。此外,附录B、C还分别给出了MIPSsim使用手册与MIPS16模拟器及相关指令。

作为教材,教师可以根据实际教学需求选取相应的内容进行教学。有以下3种建议方案:

方案一:

全部10章的内容,根据具体要求,可以安排60学时或更多的教学课时。

方案二:

第1章→第2章→第3章→第5章→第6章→第7章→第8章→第10章

方案二去掉了难度较大的第4章和第9章,安排48~54学时的教学课时为宜。

方案三:

第1章→第2章→第3章→第5章→第7章→第8章→第10章

本方案适用于仅需建立基本系统结构概念的读者,在对第3章、第5章和第7章内容略作删减的情况下,只需约36学时。如果读者已经了解指令集的有关概念,还可以跳过第2章。这种情况下,可以安排约32学时的短课程。

本书由同济大学张晨曦组织编写并统稿,具体分工为:第1章—第3章、第5章—第7章由张晨曦编写,第8章由国防科技大学王志英编写,第9章由国防科技大学沈立编写,第 4 章由国防科技大学张春元和同济大学李江峰编写,第 10 章由华东师范大学王伟和同济大学李江峰编写。

本书直接或间接地引用了许多专家和学者的文献或著作,在此表示衷心的感谢。

由于作者水平有限,书中难免有错误和不妥之处,敬请读者批评指正。联系方式:tour666777(微信号)。

作 者

2021 年 11 月于上海

目　录

第 1 章　计算机系统结构的基本概念

主要内容

- —计算机系统的层次结构
- —计算机系统结构、计算机组成和计算机实现的概念
- —计算机系统结构的分类
- —定量分析技术
- —计算机系统结构的发展
- —计算机系统结构中并行性的发展

1.1　引言

微视频 1-1：计算机系统结构的基本概念

第一台通用电子计算机诞生于 1946 年，70 多年来，计算机技术得到了飞速发展，其发展速度之快令人赞叹。对于许多应用来说，当前高性能微处理器的性能已超过 10 年前的超级计算机。这种惊人的发展一方面得益于计算机制造技术的发展，另一方面则是因为计算机系统结构的创新。

在计算机发展的开始 25 年中，上述两种因素都起着主要的作用，它们使计算机的性能每年提高约 25%。从 20 世纪 70 年代末到 80 年代初，大规模集成电路和微处理器的出现使计算机性能的年提高速度达到约 35%。这种提高主要归功于以集成电路为代表的制造技术的发展。由于大批量生产的微处理器在价格上有明显的优势，而且其性能也在不断地提高，所以基于微处理器的计算机占领了越来越多的市场份额。

到了 20 世纪 80 年代初，一种称为精简指令集计算机（reduced instruction set computer，RISC）结构的出现，使计算机系统结构产生了一次重大变革。这种结构简化了指令系统，把更多的硅芯片面积用于实现流水线和 Cache，有效地提高了性能。从 20 世纪 80 年代中期以来，系统结构不断更新和变革，制造技术也不断发展，两者相结合，使计算

机的性能提高达到每年50%以上。这种情况维持了约16年。

这种飞速增长,使得基于微处理器的系统在整个计算机设计领域占据统治地位,服务器和个人计算机已成为计算机工业的主要产品。小型机被用微处理器构建的服务器所取代,大型机也已几乎被多处理机取代。这些多处理机是用若干个通用微处理器构建的,甚至高端的超级计算机也是用许多微处理器来构建。

但是,自2002年以后计算机性能的年提高率下降到了约20%。其主要原因有3个,即功耗问题(已经很大)、可以进一步有效开发的指令级并行已经很少以及存储器的访问速度提高缓慢。Intel于2004年宣布放弃其高性能单处理器项目,转向多核(multi-core)的研究和开发,通过在单个芯片上实现多个处理器核心来提高性能。IBM、SUN(已被甲骨文收购)、AMD等公司都纷纷采用了这一途径。这标志着系统结构的重大转折:从单纯依靠指令级并行转向开发线程级并行和数据级并行。

由此可见,计算机系统结构在计算机的发展中有着极其重要的作用。

1.2 计算机系统结构的概念

1.2.1 计算机系统的层次结构

微视频1-2:计算机系统的层次结构

现代计算机是由硬件/固件和软件组成的十分复杂的系统。为了对这个系统进行描述、分析、设计和使用,人们从不同角度提出了观察计算机的观点和方法。其中常用的一种方法是从计算机语言的角度出发,把计算机系统按功能划分成多级层次结构,每一层以一种语言为特征,如图1.1所示。

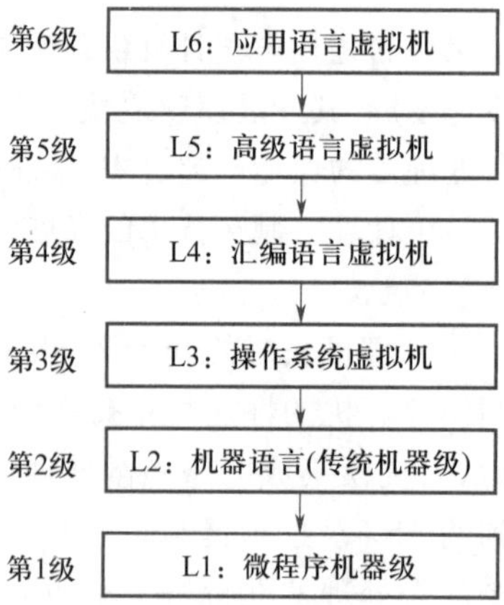

图1.1 计算机系统的多级层次结构(基于计算机语言划分)

一台计算机所提供的编程语言一般有多种,构成一系列层次级别。这些语言按照从低级到高级的次序有微程序语言(仅供硬件设计者使用),机器语言,汇编语言,高级语言,应用语言(如SQL)等。对于用某一层语言来编写程序的程序员来说,一般无须关注其程序在计算机中是如何执行的,只要程序正确就能得到预期的结果。这样,对这层语言的程序员来说,似乎有了一种新的计算机,这层语言就是这种计算机的机器语言,该计算机能执行用这层语言编写的全部程序。

在图 1.1 中,第一级(L1)是微程序机器级。这一级的机器语言是微指令集,其使用者是计算机硬件设计人员,他们用微指令编写的微程序直接由固件/硬件来解释实现。

第 2 级(L2)是传统机器级。这一级的机器语言就是传统的机器指令集,程序员用该指令集编写的程序由 L1 上的微程序进行解释执行。

由微程序解释指令集又称为仿真(emulation)。实际上,在 L1 上可以有多个能够在其上运行的解释程序,每一个解释程序定义了一种指令集。因此,可以通过仿真在一台计算机上实现多种指令集。

有的计算机中没有采用微程序技术,因此没有微程序机器级。这时,L2 的指令集是由硬连逻辑直接解释执行的。硬连逻辑的优点是速度快,RISC 处理器由于指令集比较简单而经常采用这种方式实现(详见第 2 章 2.3.2 小节)。

第 3 级(L3)是操作系统虚拟机。所谓虚拟机(virtual machine),是指由软件实现的机器,以区别于由固件/硬件实现的物理机器。这一级的机器语言由传统机器级指令和操作系统级指令构成。后者用于实现对操作系统功能的调用,如打开/关闭文件、读/写文件等。用这一级语言编写的程序是由 L3 和 L2 来共同执行的,其中只有操作系统级指令是由操作系统进行解释执行。

第 4 级(L4)是汇编语言虚拟机。这一级的机器语言是汇编语言。用汇编语言编写的程序首先翻译成 L3 和 L2 上的语言,然后再由相应的计算机执行。完成这个翻译的程序称为汇编程序。

第 5 级(L5)是高级语言虚拟机。这一级的机器语言就是各种高级语言,目前已有上百种,常用的有 C/C++、Python、FORTRAN 等。用高级语言编写的程序一般由编译器翻译到 L4 或 L3 上,个别高级语言也用解释的方法实现,如绝大多数 BASIC 语言。

第 6 级(L6)是应用语言虚拟机。这一级是为使计算机满足某种用途而专门设计的,因此这一级的语言就是各种面向具体应用问题的应用语言。可以设计专门用于人工智能、教育、行政管理、计算机设计等领域的虚拟机。用应用语言编写的程序一般是由应用程序包翻译到 L5 上。

在上述 6 级层次结构中,通常 L1~L3 是用解释(interpretation)的方法实现,而 L4~L6 则是用翻译(translation)的方法实现。

翻译和解释是语言实现的两种基本技术,其共同点都是以执行一串 Li 级指令来实现 L(i+1)级指令。其不同点在于:翻译技术是先把 L(i+1)级程序全部转换成 Li 级程序,然后再去执行新产生的 Li 级程序,在执行过程中 L(i+1)级程序不再被访问;而解释技术则是每当一条 L(i+1)级指令被译码后,就直接去执行一串等效的 Li 级指令,然后再去取下一条 L(i+1)级的指令,依此重复进行。这两种技术都被广泛使用。一般来说,解释执行比执行编译后生成的代码所花的时间多,但占用的存储空间较少。

1.2.2 计算机系统结构的定义

计算机系统结构,或称计算机体系结构(computer architecture)的经典定义是1964年Amdahl在介绍IBM 360系统时提出的:计算机系统结构是程序员所看到的计算机属性,即概念性结构与功能特性。

按照计算机系统的多级层次结构,不同级程序员所看到的计算机具有不同的属性。例如,传统机器级程序员所看到的主要属性是该机器指令集的功能特性,而高级语言虚拟机程序员所看到的主要属性则是该计算机所配置的高级语言所具有的功能特性。

显然,不同的计算机系统,从传统机器级或汇编语言程序员的角度来看,具有不同的属性。但是从高级语言(如C语言)程序员的角度来看,它们几乎没有什么差别,具有相同的属性。换句话说,这些差别对于高级语言程序员来讲是“看不见”的,也是不需要知道的。在计算机技术中,这种本来存在的事物或属性从某种角度看又好像不存在的概念称为透明性(transparency)。通常,在一个计算机系统中,低层计算机的属性对高层计算机的程序员往往是透明的。可以看出,在计算机层次结构的各级上都有其系统结构。Amdahl提出的系统结构实际上是指传统机器语言级程序员所看到的计算机属性。

在John. L. Hennessy和David A. Patterson编写的*Computer Architecture: A Quantitative Approach*一书中,把系统结构定义为囊括计算机设计的3个方面:指令集结构、组成和硬件。不妨将之理解为广义的系统结构定义。

在Amdahl的传统定义中,系统结构所包含的属性是指机器语言程序设计员(或编译程序代码生成系统)为使其设计(或生成)的程序能在计算机上正确运行所需遵循的计算机属性。对于通用寄存器型计算机来说,这些属性主要是指:

- 指令系统(包括机器指令的操作类型和格式、指令间的排序和控制机构等)。
- 数据表示(硬件能直接识别和处理的数据类型)。
- 寻址规则(包括最小寻址单元、寻址方式及其表示)。
- 寄存器定义(包括各种寄存器的定义、数量和使用方式)。
- 中断系统(中断的类型和中断响应硬件的功能等)。
- 机器工作状态的定义和切换(如管态和目态等)。
- 存储系统(主存容量、程序员可用的最大存储容量等)。
- 信息保护(包括信息保护方式和硬件对信息保护的支持)。
- I/O结构(包括I/O连接方式、处理机/存储器与I/O设备间数据传送的方式和格式、I/O操作的状态等)。

以上属性是计算机系统中由硬件或固件完成的功能,程序员在了解这些属性后才能编写出在传统机器级上正确运行的程序。因此,计算机系统结构概念的实质是确定计算机系统中软、硬件的界面,界面之上是软件实现的功能,界面之下是硬件和固件实现的功能。

1.2.3 计算机组成和计算机实现

由前所述，计算机系统结构指的是计算机系统的软、硬件的界面，即机器语言程序员所看到的传统机器级所具有的属性。

计算机组成是指计算机系统结构的逻辑实现，包括物理机器级中的数据流和控制流的组成以及逻辑设计等。它着眼于物理机器级内各事件的排序方式与控制方式、各部件的功能以及各部件之间的联系。

计算机实现则是指计算机组成的物理实现，包括处理机和主存储器（以下简称主存）等部件的物理结构，器件的集成度和速度，模块、插件、底板的划分与连接，信号传输，电源、冷却及整机装配技术等。它着眼于器件技术和微组装技术。

下面举例说明计算机系统结构、计算机组成和计算机实现的范畴。

① 确定指令集中是否有乘法指令属于计算机系统结构。乘法指令是用专门的乘法器实现，还是用加法器经多步操作来实现，属于计算机组成。而乘法器、加法器的物理实现，如器件的选定及所用的微组装技术等，属于计算机实现。

② 主存容量与编址方式（按位、按字节或按字访问等）的确定属于计算机系统结构。为了达到给定的性价比，主存速度应多快、逻辑结构是否采用多体交叉等属于计算机组成。而主存系统的物理实现，如器件的选定、逻辑电路的设计和微组装技术的使用等，均属于计算机实现。

可以看出，具有相同系统结构的计算机因为速度、价格等方面要求的不同，可以采用不同的计算机组成；而同一种计算机组成可以采用多种不同的计算机实现。系列机（family machine）的出现充分说明了这一点。系列机是指由同一厂家生产的具有相同系统结构但具有不同组成和实现的一系列不同型号的机器。例如，IBM 公司的 IBM 370 系列、Intel 公司的 X86 系列等。本章 1.4.2 小节将进一步介绍系列机。

1.2.4 计算机系统结构的分类

常见的计算机系统结构分类法有两种：冯氏分类法和 Flynn 分类法。

微视频 1-3：计算机系统结构的定义和分类

冯氏分类法是用系统的最大并行度对计算机进行分类，它是由冯泽云于 1972 年提出的。最大并行度是指计算机系统在单位时间内能够处理的最大的二进制位数。可以用平面直角坐标系中的一个点代表一个计算机系统，其横坐标表示字宽（n 位），纵坐标表示一次能同时处理的字数（m 字），$m \times n$ 就表示了其最大并行度。

Flynn 分类法是按照指令流和数据流的多重性进行分类，它是由 M. J. Flynn 于 1966 年提出的。Flynn 分类法中定义：

- 指令流（instruction stream），即计算机执行的指令序列。
- 数据流（data stream），即由指令流调用的数据序列。
- 多重性（multiplicity），即在系统受限的部件上，同时处于同一执行阶段的指令或数据的最大数目。

Flynn 分类法把计算机系统结构分为以下 4 类：

① 单指令流单数据流（single-instruction stream single-data stream，SISD）。

② 单指令流多数据流（single-instruction stream multiple-data stream，SIMD）。

③ 多指令流单数据流（multiple-instruction stream single-data stream，MISD）。

④ 多指令流多数据流（multiple-instruction stream multiple-data stream，MIMD）。

这 4 类计算机系统结构如图 1.2 所示。图中 IS 表示指令流，DS 表示数据流，CS 表示控制流，CU 表示控制单元，PU 表示处理单元，MM 和 SM 表示存储器。

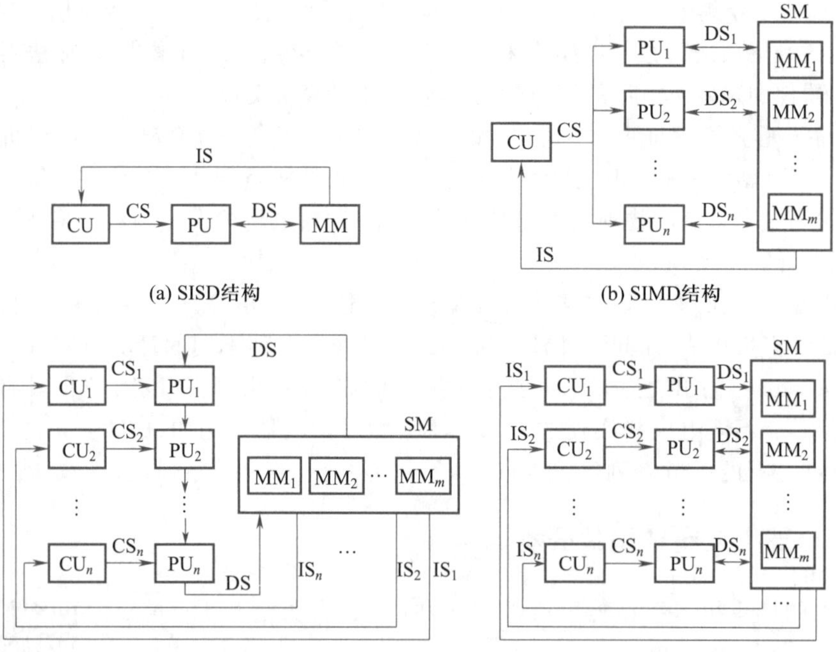

(a) SISD结构　　(b) SIMD结构

(c) MISD结构　　(d) MIMD结构

图 1.2　4 类计算机系统结构

SISD 是传统的顺序处理计算机。SIMD 以阵列处理机为代表。在 SIMD 计算机中，在同一控制部件的控制下，多个处理部件同时执行同一条指令所规定的操作，分别对各自的数据进行处理。这些数据来自不同的地方，分别构成各自的数据流。MISD 只是一种人为的划分，目前没有实际的计算机。多处理机属于 MIMD 结构。

学界对于流水线处理机应该划归到哪一类，有不同的看法。不少人认为把标量流水线处理机划入 SISD，而把向量流水线处理机划入 SIMD 比较合适。

1.3 定量分析技术

1.3.1 计算机系统设计的设计原则和定量原理

本小节介绍计算机系统设计中经常用到的设计原则和定量原理。

微视频 1-4：计算机系统设计的定量原理

1. 以经常性事件为重点

以经常性事件为重点是计算机设计中最重要、最广泛采用的设计原则。在计算机系统设计中经常要在不同的方法之间进行折中，这时要按照对经常发生的事件采用优化方法的原则进行选择，因为这样能得到更多的总体上的改进。这里优化是指分配更多的资源、达到更高的性能或者分配更多的电能等。例如，处理器的取指令和译码器比乘法器用得更频繁，所以应该先对取指令和译码器进行优化设计。

又如，在 CPU 中两个数进行相加运算时有可能会出现溢出的情况，但一般是不会发生溢出的，也就是说不发生溢出是经常性事件，因此应按照不发生溢出的情况来进行性能优化设计。这种优化即使有可能会使溢出情况下的速度变慢也没关系，小概率事件造成的影响不大。当然，话说回来，如果经常性事件的处理性能已经达到很高，小概率事件也会有影响，下面将要介绍的 Amdahl 定律说明了这一点。

一般来说，经常性事件往往比较简单，与不经常发生的事件相比更容易优化实现。在本书后面的章节中会经常使用这个原则。那么，对经常性事件的优化实现能在多大程度上改进整个系统的性能呢？Amdahl 定律可以给出定量的说明。

2. Amdahl 定律

Amdahl 定律指出：加快某部件执行速度所能获得的系统性能加速比，受限于该部件的执行时间占系统中总执行时间的百分比。Amdahl 定律可用来具体计算当对计算机系统中的某个部分进行改进后，能获得多少总体性能的提高。这是通过加速比这个指标来衡量的。

加速比反映改进后的计算机比改进前快了多少倍。假设对某台计算机进行了某种改进，所获得的加速比为

$$\text{加速比}=\frac{\text{系统性能}_{\text{改进后}}}{\text{系统性能}_{\text{改进前}}}=\frac{\text{总执行时间}_{\text{改进前}}}{\text{总执行时间}_{\text{改进后}}}$$

这个加速比依赖于下面两个因素：

① 在改进前的系统中，可改进部分的执行时间在总的执行时间中所占的比例。例

如，一个需运行 60 s 的程序中有 20 s 的运算可以加速，那么这个比例就是 20/60，称这个值为“可改进比例”，它总是小于等于 1 的。

② 可改进部分改进以后性能提高的倍数。它是改进前所需的执行时间与改进后执行时间的比，称这个比值为“部件加速比”。例如，若系统改进后，可改进部分的执行时间是 2 s，而改进前其执行时间为 5 s，则部件加速比为 5/2。一般情况下部件加速比是大于 1 的。

部件改进后，程序中可改进部分的执行时间被缩短为原来的 1/部件加速比，但不可改进的那部分的执行时间没有变化。所以改进后程序的总执行时间为

$$\text{总执行时间}_{\text{改进后}}=\frac{\text{可改进比例}\times\text{总执行时间}_{\text{改进前}}}{\text{部件加速比}}+(1-\text{可改进比例})\times\text{总执行时间}_{\text{改进前}}$$

$$=\text{总执行时间}_{\text{改进前}}\times\left[(1-\text{可改进比例})+\frac{\text{可改进比例}}{\text{部件加速比}}\right]$$

该系统的加速比为

$$\text{加速比}=\frac{\text{总执行时间}_{\text{改进前}}}{\text{总执行时间}_{\text{改进后}}}=\frac{1}{(1-\text{可改进比例})+\dfrac{\text{可改进比例}}{\text{部件加速比}}}$$

例 1.1　将计算机系统中某一功能的处理速度加快 20 倍，但该功能的处理时间仅占整个系统运行时间的 40%，则采用此增强性能方法后，能使整个系统的性能提高多少？

解　由题可知，可改进比例 = 40% = 0.4，部件加速比 = 20。

根据 Amdahl 定律可知，

$$\text{系统加速比}=\frac{1}{(1-0.4)+\dfrac{0.4}{20}}=1.613$$

采用此增强性能方法后，能使整个系统的性能提高到原来的 1.613 倍。

例 1.2　某计算机系统采用浮点运算部件后，使浮点运算速度提高到原来的 20 倍，而系统运行某一程序的整体性能提高到原来的 5 倍，试计算该程序中浮点操作所占的比例。

解　由题可知，部件加速比 = 20，系统加速比 = 5。

根据 Amdahl 定律可知，

$$5=\frac{1}{(1-\text{可改进比例})+\dfrac{\text{可改进比例}}{20}}$$

由此可得，可改进比例 = 84.2%，即程序中浮点操作所占的比例为 84.2%。

Amdahl 定律还表达了一种性能改进的递减规则，即如果仅对计算任务中的一部分

进行性能改进,则改进得越多所得到的总体性能的提升就越有限。

如果让部件加速比趋于∞,则系统的加速比趋于 1/(1-可改进比例)。这就是 Amdahl 定律的一个重要推论:如果只针对整个任务的一部分进行改进和优化,那么所获得的加速比不超过 1/(1-可改进比例)。

在用 Amdahl 定律计算系统的加速比时,需要知道可改进比例是多少,而通常很难直接计算出这个比例。下面介绍的 CPU 性能公式从另一个角度来计算和比较性能。

3. CPU 性能公式

执行一个程序所需的 CPU 时间可以这样来计算:

$$\text{CPU 时间} = \text{执行程序所需的时钟周期数} \times \text{时钟周期时间}$$

其中,时钟周期时间是系统频率的倒数。

这里引入新的参数 CPI(cycles per instruction),即平均指令周期数:

$$\text{CPI} = \text{执行程序所需的总周期数} / \text{所执行的指令条数}$$

则有以下的 CPU 性能公式:

$$\text{CPU 时间} = \text{IC} \times \text{CPI} \times \text{时钟周期时间}$$

其中,IC 为所执行的指令条数。

根据这个公式可知,CPU 的性能取决于以下 3 个参数。

① 时钟周期时间:取决于硬件实现技术和计算机组成。

② CPI:取决于计算机组成和指令集结构。

③ IC:取决于指令集结构和编译技术。

只要改进任何一个参数都能提高 CPU 的性能。不过这些参数是相互关联的,很难做到单独改进某一个参数指标而不影响其他两个指标(变坏)。幸运的是,有可能设法使这种影响不会太大,或者至少是可以预测的。

CPU 设计中还经常用到下面计算 CPU 时钟周期数的方法:

$$\text{CPU 时钟周期数} = \sum_{i=1}^{n} (\text{CPI}_i \times \text{IC}_i)$$

其中,IC_i为程序执行过程中第 i 种指令出现的次数,CPI_i为执行第 i 种指令所需的平均指令周期数,n 为指令的种数。

这时,CPU 性能公式为

$$\begin{aligned}\text{CPU 时间} &= \text{CPU 时钟周期数} \times \text{时钟周期时间} \\ &= \sum_{i=1}^{n} (\text{CPI}_i \times \text{IC}_i) \times \text{时钟周期时间}\end{aligned}$$

CPI 可以表示为

$$\text{CPI} = \frac{\text{时钟周期数}}{\text{IC}} = \frac{\sum_{i=1}^{n} (\text{CPI}_i \times \text{IC}_i)}{\text{IC}} = \sum_{i=1}^{n} \left(\text{CPI}_i \times \frac{\text{IC}_i}{\text{IC}} \right)$$

其中，IC_i/IC 反映了第 i 种指令在程序执行过程中所占的比例。

下面通过一个例子来说明上述 CPU 性能公式的应用。

例 1.3 假设考虑条件分支指令的两种不同设计方法：

① CPU_A，通过比较指令设置条件码，然后测试条件码进行分支。

② CPU_B，在分支指令中包括比较过程。

在这两种 CPU 中，条件分支指令都占用 2 个时钟周期，而所有其他指令占用 1 个时钟周期。对于 CPU_A，执行的指令中分支指令占 20%；由于每条分支指令之前都需要有比较指令，因此比较指令也占 20%。由于 CPU_A 在分支时不需要比较，因此 CPU_B 的时钟周期时间是 CPU_A 的 1.25 倍。问：哪一个 CPU 更快？如果 CPU_B 的时钟周期时间只是 CPU_A 的 1.1 倍，哪一个 CPU 更快？

解 不考虑所有系统问题，所以可用 CPU 性能公式。占用 2 个时钟周期的分支指令占总指令的 20%，剩下的指令占用 1 个时钟周期。所以

$$CPI_A = 0.2\times2+0.80\times1 = 1.2$$

则 CPU_A 性能为

$$总\ CPU\ 时间_A = IC_A\times1.2\times时钟周期_A$$

根据假设，有

$$时钟周期_B = 1.25\times时钟周期_A$$

在 CPU_B 中没有独立的比较指令，所以 CPU_B 的程序量为 CPU_A 的 80%，分支指令的比例为

$$20\%/80\% = 25\%$$

这些分支指令占用 2 个时钟周期，而剩下的 75% 的指令占用 1 个时钟周期，因此

$$CPI_B = 0.25\times2+0.75\times1 = 1.25$$

因为 CPU_B 不执行比较，故

$$IC_B = 0.8\times IC_A$$

因此，CPU_B 性能为

$$\begin{aligned}总\ CPU\ 时间_B &= IC_B\times CPI_B\times时钟周期_B\\ &= 0.8\times IC_A\times1.25\times(1.25\times时钟周期_A)\\ &= 1.25\times IC_A\times时钟周期_A\end{aligned}$$

在这些假设之下，尽管 CPU_B 执行指令条数较少，CPU_A 因为有着更短的时钟周期，所以比 CPU_B 快。

如果 CPU_B 的时钟周期时间仅仅是 CPU_A 的 1.1 倍，则

$$时钟周期_B = 1.10\times时钟周期_A$$

CPU_B 的性能为

$$\begin{aligned}总\ CPU\ 时间_B &= IC_B\times CPI_B\times时钟周期_B\\ &= 0.8\times IC_A\times1.25\times(1.10\times时钟周期_A)\end{aligned}$$

$$= 1.10 \times IC_A \times 时钟周期_A$$

因此，CPU_B 由于执行更少的指令条数，比 CPU_A 运行更快。

4. 程序的局部性原理

程序的局部性原理（principle of locality）是常用的程序属性。它是指程序执行时所访问的存储器地址分布不是随机的，而是相对簇聚。现在常用的一个经验规则是，程序执行时间的 90%都是在执行程序中 10%的代码。数据访问也具有局部性，不过其局部性弱于代码访问的局部性。

局部性包括时间局部性和空间局部性。时间局部性是指程序即将用到的信息很可能就是目前正在使用的信息。空间局部性是指程序即将用到的信息很可能与目前正在使用的信息在空间上相邻或者邻近。

利用程序的局部性原理，可以根据程序最近的访问情况来较为准确地预测将要访问的指令和数据。凡是涉及数据重用的地方都可能会用到程序的局部性原理，它是第 5 章论述的存储系统层次结构的基础。

1.3.2 计算机系统的性能评测

为了更好地设计和使用计算机，经常需要对计算机系统的性能进行评测。那么怎样才能客观、公正地评价计算机系统的性能？有哪些评测方法？这就是本小节所要讨论的问题。

1. 执行时间和吞吐量

如何评测一台计算机的性能与测试者看问题的角度有关。对于台式机来说，用户说计算机很快，是指它执行单个程序所花的时间很少；而对于数据处理中心的管理员来说，计算机很快则是指它在单位时间里能够完成的任务很多。前者关心的是单个程序的执行时间（execution time），而后者关心的则是吞吐量（throughput）。

在比较不同的设计方案时，经常需要对两台计算机的性能进行比较。假设这两台计算机为 X 和 Y，“X 比 Y 快”的意思是：对于给定任务，X 的执行时间比 Y 的执行时间少。通常“X 的性能是 Y 的 n 倍”是指

$$\frac{执行时间_Y}{执行时间_X} = n$$

由于执行时间与性能成反比，所以上式就变成

$$n = \frac{执行时间_Y}{执行时间_X} = \frac{\dfrac{1}{性能_Y}}{\dfrac{1}{性能_X}} = \frac{性能_X}{性能_Y}$$

如果说“X 的吞吐量是 Y 的 1.5 倍”，是指单位时间内 X 完成的任务数是 Y 完成的任务数的 1.5 倍。

目前广泛采用的一致和可靠的性能评价方法是使用真实程序的执行时间来衡量。实际上，如果不以执行时间为衡量标准或没有使用真实程序，则可能导致错误的性能评价结论。

执行时间可以有多种定义。最直观的定义是计算机完成某一任务所花费的全部时间，包括磁盘访问、存储器访问、I/O 和操作系统开销等。在多任务系统中，当一个程序在等待 I/O 时，CPU 可以转去执行另一个程序，从而提高系统的运行效率。但这有可能延长单个程序从开始执行到结束的时间。如果把这一点考虑进去，就应该用“CPU 时间”这个指标。它是指 CPU 执行给定程序所花费的时间，不包含 I/O 等待时间以及运行其他程序的时间。很明显，用户看到的执行时间是程序完成任务所花费的全部时间，而不仅仅是 CPU 时间。

CPU 时间还可细分为用户 CPU 时间及系统 CPU 时间，前者表示用户程序所耗费的 CPU 时间，后者表示用户程序运行期间操作系统耗费的 CPU 时间。

2. 基准程序(benchmark)

基准程序用于测试和比较性能，其最佳选择是真实应用程序(如编译器)。以前有些测试方法不是采用真实的应用程序，而是采用简化了的程序，例如，

① 核心测试程序：从真实程序中选出的关键代码段构成的小程序。

② 小测试程序：简单的只有几十行的小程序，如皇后问题和快速排序等。也可以是测试者自己编写的针对某种特定指标的小测试程序。

③ 合成的测试程序：人工合成的程序。为了使这种程序的行为和表现比较像应用程序，一般先对大量应用程序中的操作进行统计，得到各种操作的比例，然后再按该比例编写测试程序。Whetstone 与 Dhrystone 是最流行的合成测试程序。

从测试性能的角度来看，上述这 3 种测试程序现在已经不可信了。一个原因是这些程序比较小，具有片面性；另一个原因是系统结构设计者和编译器设计者可以“合谋”将其计算机面向这些测试程序进行优化设计，使得该计算机显得性能更高，而对于真实程序来说就很难这样做手脚了。

性能测试的结果除了和采用的测试程序有关，还和在什么条件下进行测试有关。为了使得其计算机测出更高的性能，制造商测试者可能会在编译时设置一些与测试程序相关的标识，而这些标识的设置对于许多其他程序来说是非法的，或者会使其他程序的性能下降。为了避免出现这样的情况，也为了使测试结果更有说服力，基准程序设计者经常这样要求制造商：

① 采用一种编译器。

② 对同一种语言的程序都采用相同的一组标识。

为了能比较全面地反映计算机在各方面的处理性能，通常采用整套测试程序。这组程序称为基准程序组(benchmark suite)，它是由各种不同的真实应用程序构成的。采用基准程序组的一个主要优点是不同的测试程序之间可以互相弥补，一个测试程序的

弱点通常可以因其他测试程序的存在而变得不太明显。基准程序组的目标是尽可能全面地反映两台计算机的相对性能。

目前最成功和最常见的基准程序组是 SPEC 基准程序,它是由美国标准性能评测协会(Standard Performance Evaluation Corporation,SPEC)创建的。它起源于 20 世纪 80 年代末,当时的目的是为工作站提供更好的基准程序。此后,随着计算机技术及其应用的发展,SPEC 又陆续设计出了适合各种类型应用的基准程序组,有关信息可参见 SPEC 官网。SPEC 基准程序是基于 UNIX 操作系统的,虽然本书后续内容主要关心 SPEC 基准程序,但实际上还有许多用于运行 Windows 操作系统的个人计算机的基准程序。

台式机的基准程序组可以分为两大类:处理器性能测试基准程序和图形性能测试基准程序。SPEC 最早创建的 SPEC 89 用于测试处理器性能,后来演化为 4 个版本:SPEC 92、SPEC 95、SPEC 2000 和 SPEC CPU 2006。其中,SPEC 89 只有 10 个程序(4 个整数程序,6 个浮点程序),SPEC 92 有 20 个程序,SPEC 95 有 18 个程序,SPEC 2000 有 26 个程序,SPEC CPU 2006 有 29 个程序(整数程序 12 个,CINT 2006;浮点程序 17 个,CFP 2006)。在 SPEC CPU 2006 的 12 个整数程序中,有 9 个程序用 C 语言编写,3 个程序用 C++语言编写;在其 17 个浮点程序中,有 6 个用 FORTRAN 语言编写,4 个用C++语言编写,3 个用 C 语言编写,4 个用 C 语言和 FORTRAN 语言混合编写。

其实,在 SPEC 基准程序中除了含有处理器性能测试基准程序外,还包括其他一系列测试程序组件。例如,

① SPEC SFS 组件:用于 NFS(network file system,网络文件系统)文件服务器的测试程序,它不仅测试处理器的性能,还测试 I/O 系统的性能。它重点测试吞吐量。

② SPEC Web 组件:Web 服务器测试程序,它模拟多个客户请求访问服务器中的动态和静态页面以及向服务器上传数据的情况。

③ SPEC Viewperf 组件:用于测试图形系统支持 OpenGL(open graphics library,开放式图形库)的性能。

④ SPEC apc 组件:用于测试图形密集型应用的性能。

另外,还有一些事务处理(transaction processing,TP)性能测试基准程序,用于测试计算机在事务处理方面的能力,包括数据库访问和更新等。20 世纪 80 年代中期,一些工程师成立了一个称为 TPC(Transaction Processing Performance Council,事务处理性能委员会)的独立组织,目的就是创建用于 TP 性能测试的真实而又公平的基准程序。1985 年,TPC 发布了第一个 TP 基准程序 TPC-A,此后又先后发布了多个加强版本:TPC-C,TPC-H,TPC-W,TPC-App 等。关于这些基准程序的详细介绍可以参见 TPC 官网。这些基准程序主要用于测试服务器的性能。

此外,还有一大类常用的测试程序组件——基于 Microsoft 公司的Windows系列操作系统平台的测试组件。经过 10 多年的发展,这类测试平台已经非常完善,而且还在不断发展。下面是一些例子。

① PCMark04：包括中央处理器测试组、内存测试组、图形芯片测试组、硬盘测试组等。

② Business Winstone 2004：主要用于测试计算机系统商业应用的综合性能。

③ Multimedia Content Creation Winstone 2004：主要用于测试计算机系统多媒体应用的综合性能。

④ SiSoft Sandra Pro 2004：一套功能强大的系统分析评比工具，拥有30多种分析与测试模块，主要包括CPU、存储器、I/O接口（如SCSI、APM/ACPI、网络等）、I/O设备（如CD-ROM/DVD、鼠标、键盘、打印机等）和主板等。

3. 性能比较

（1）总执行时间

可以直接用计算机执行所有测试程序的总时间来比较不同机器的性能。

人们还经常采用平均执行时间来比较。平均执行时间是各测试程序执行时间的算术平均值，即

$$S_m = \frac{1}{n}\sum_{i=1}^{n} T_i$$

其中，T_i是第 i 个测试程序的执行时间，n 是测试程序组中程序的个数。

（2）加权执行时间

如果各测试程序在测试程序组中所占的比重不同，就可以用加权执行时间来比较。加权执行时间是各测试程序执行时间的加权算术平均值，即

$$A_m = \sum_{i=1}^{n} W_i \cdot T_i \tag{1.1}$$

其中，W_i是第 i 个测试程序在测试程序组中所占的比重，$\sum_{i=1}^{n} W_i = 1$；T_i是该测试程序的执行时间。

1.4　计算机系统结构的发展

1.4.1　冯·诺依曼结构

最早的存储程序计算机是美国数学家冯·诺依曼（Von Neumann）等人于1946年总结并提出的，它由运算器、控制器、存储器、输入设备和输出设备5部分构成，如图1.3所示，通常称之为冯·诺依曼结构计算机。

存储程序原理的基本点是指令驱动。程序预先存放在计算机存储器中，计算机一旦启动，就能按照程序指定的逻辑顺序执行这些程序，自动完成由程序所描述的处理工作。

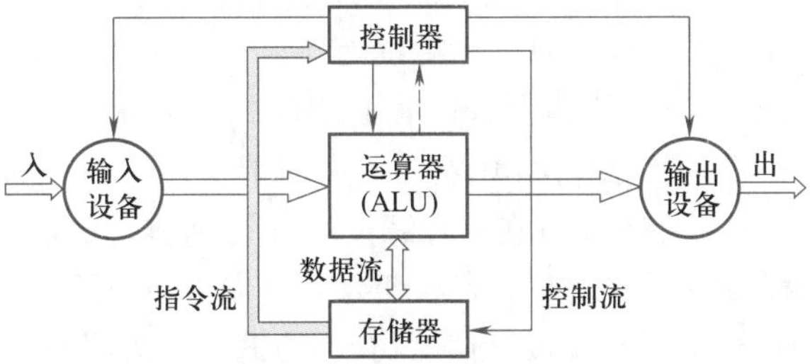

图 1.3 存储程序计算机的结构

与冯·诺依曼结构相比,现代计算机系统结构虽然已经发生了重大变化,但就其结构原理来说,占主流地位的仍是改进的冯·诺依曼结构计算机。

微视频 1-5:对冯·诺依曼结构的改进

冯·诺依曼结构计算机的主要特点如下:

① 计算机以运算器为中心。输入/输出设备与存储器之间的数据传送都经过运算器;存储器、输入/输出设备的操作及其之间的联系都由控制器集中控制。

② 在存储器中,指令和数据同等对待。指令和数据一样可以进行运算,即由指令组成的程序是可以修改的。

③ 存储器是按地址访问、按顺序线性编址的一维结构,每个单元的位数是固定的。

④ 指令的执行是顺序的,即一般是按照指令在存储器中存放的顺序执行。程序的分支由转移指令实现。由指令计数器 PC 指明当前正在执行的指令在存储器中的地址。

⑤ 指令由操作码和地址码组成。操作码指明本指令的操作类型,地址码指明操作数地址和存放运算结果的地址。操作数的类型由操作码决定,操作数本身不能判定是何种数据类型。

⑥ 指令和数据均以二进制编码表示,采用二进制运算。

此后的计算机针对上述特点中的不足之处进行了不断改进,在系统结构方面有了很大的进展。主要包括以下几个方面。

(1) 对输入/输出方式的改进

冯·诺依曼结构计算机以运算器为中心,所有部件的操作都由控制器集中控制。这使输入/输出操作与运算操作只能串行进行,运算器成为整个系统的瓶颈。为了克服这一缺陷,人们先后提出了多种输入/输出方式,如图 1.4 所示。

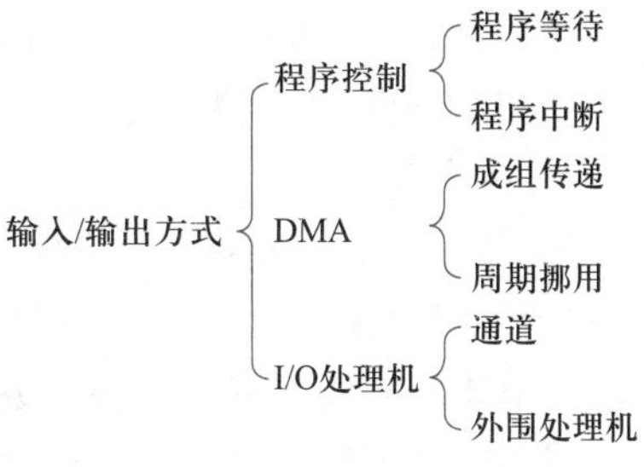

图 1.4 各种输入/输出方式

从图 1.4 可以看出,几种方式实际上是从上到下把越来越多的输入/输出管理工作从 CPU 中分离出来,"下放"给新设置的硬件去完成。在程序等待方式中,CPU 要不断查询外设是否已完成操作,并等待其完成后才能进行后续处理。在程序中断方式中,CPU 执行到一条输入/输出指令时,不必等待外部设备回答而继续执行后续的指令,等到外部设备完成操作后再向 CPU 发出中断请求,CPU 响应该中断请求,并进行进一步的输入/输出操作。这样就可以使 CPU 与外部设备在一定程度上并行工作,并且可以实现多种外部设备同时工作。不过,程序中断方式并没有改变以运算器为中心的缺陷。

DMA(direct memory access,直接存储器访问)方式是在外设与存储器之间建立数据通路,使其可以直接传送数据,而不必经过运算器。为了实现这种方式,需要在主存和外设之间增加 DMA 控制器。当要进行输入/输出操作时,CPU 将 DMA 控制器中的寄存器设置好初始参数后,仍可继续执行其后续指令,而外设与主存的信息交换则由 DMA 控制器控制进行。当 DMA 完成所指定的一批数据的传送后,才向 CPU 发结束信号,使 CPU 进行一些事后处理工作。

采用 DMA 方式,每传送完一批数据就要中断 CPU 一次。如果进一步使该部件能自己控制完成输入/输出的大部分工作,从而使 CPU 摆脱管理、控制 I/O 系统的沉重负担,这就出现了 I/O 处理机方式。I/O 处理机几乎接管了 CPU 关于控制输入/输出操作和传送信息的所有功能,独立工作。该方式又包含通道和外围处理机两种方式。

(2) 采用并行处理技术

挖掘传统计算机中的并行性一直是研究人员努力的方向。可以在不同的级别采用并行技术,如微操作级、指令级、线程级、进程级、任务级等。在这方面先后出现了向量计算机、阵列处理机、多处理机等并行处理计算机。

(3) 存储器组织结构的发展

按地址访问的存储器具有结构简单、价格便宜、存取速度快等优点,但是在数据处理时往往需要按内容查找,虽然在按地址访问的存储器中可以通过软件来完成查找,但由于访问存储器的次数较多而影响了计算机系统的性能。按内容访问的相联存储器,又称为按内容存取存储器(content accessible memory,CAM),把查找、比较操作交由存储器硬件完成。如果让相联存储器除了完成信息检索任务外,还能进行一些算术逻辑运算,就构成了以相联存储器为核心的相联处理机。

另外,为了减少程序运行过程中访问存储器的次数和提高访问存储器的速度,人们在 CPU 中设置了通用寄存器组,并在 CPU 和主存之间设置了高速缓冲存储器(Cache)。

(4) 指令集的发展

指令集(instruction set)是传统计算机程序员所看到的计算机的主要属性。现代计算机的指令仍由操作码和地址码两部分组成,但在指令集的功能、复杂度以及寻址方式、指令格式等方面都有了很大的发展。这种发展有两个方向:复杂指令集与精简指令集。随着硬件技术的发展,越来越多的功能交由硬件实现,在 20 世纪 70~80 年代的计算机系统中,指令的条数可达 300~500 条,寻址方式和指令格式的种类也很多,这类计算机称为复杂指令集计算机(complex instruction set computer,CISC)。另一方面,1979年 D. A. Patterson 等人提出了精减指令集计算机(RISC)的思想,把指令集设计为只包含使用频率高的少量指令,而且指令格式和寻址方式也很简单。RISC 的思想和技术已成为当代计算机设计的基础技术之一。

1.4.2 软件对系统结构的影响

随着计算机技术和计算机应用的不断发展,目前已有大量成熟的系统软件和应用软件。当一家公司推出新型号的计算机时,用户当然希望以前购买和开发的软件能继续在新型号的计算机上使用,这就要求该计算机能支持软件的可移植性。可移植性是指一个软件不经修改或只需少量修改,就可以由一台计算机移植到另一台计算机上运行,其差别只是执行时间不同。在这种情况下,称这两台计算机是软件兼容(software compatibility)的。实现可移植性通常有 3 种形式:采用系列机、模拟与仿真、统一高级语言。

微视频 1-6:实现可移植性的方法

1. 系列机

如前所述,系列机是指由同一厂家生产的具有相同系统结构,但具有不同组成和实现的一系列不同型号的计算机。例如,IBM 370 系列有 115、125、135、145、158、168 等一系列从低速到高速的计算机,这些计算机具有相同的指令集,但在低档机上指令的分析和执行是顺序进行的,而在高档机上则采用重叠、流水线等并行处理方式。从机器语言程序员角度来看,各档计算机都具有 32 位字长,但从低档到高档计算机,其数据通道的宽度分别为 8 位、16 位、32 位。

系列机的关键是要对软、硬件分工进行充分的考虑,先设计好一种系统结构,之后软件设计者按此结构设计软件,硬件设计者则根据计算机速度、性能、价格等不同要求选择不同的器件,采用不同的硬件技术和组成、实现技术,研制并提供不同档次的计算机。系列机能较好地解决软件开发要求系统结构相对稳定与器件、硬件技术迅速发展的矛盾。

由于从机器语言程序员的角度来看,同一系列的各档计算机的属性都是相同的,因此按这个属性编制或编译生成的二进制代码都能不加修改地通用于各档计算机。

系列机的软件兼容有 4 种:向上兼容、向下兼容、向前兼容和向后兼容。如图 1.5 所示,向上(下)兼容指的是按某档计算机编制的程序,不加修改就能运行于比它高(低)档的计算机;向后(前)兼容是指某个时期投入市场的某种型号计算机编制的程序,不加修改就能运行于在它之后(前)投入市场的计算机。为了使计算机系统结构能够很好地适应应用需求的发展,并不一定要求系列机能实现所有的 4 种兼容,只要保证向上兼容和向后兼容就可以了。有时向上兼容也可以不实现(如在低档计算机上增加了面向事务处理的指令),而仅实现向后兼容。向后兼容是肯定要做到的,它是系列机的根本特征。

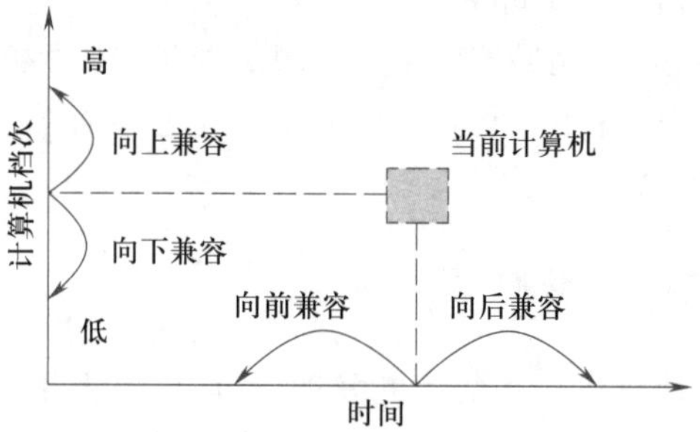

图 1.5 兼容性示意图

还有一个概念经常会遇到,即兼容机。它是指由不同公司或厂家生产的具有相同系统结构的计算机,其思想与系列机的思想是一致的。

2. 模拟和仿真

采用系列机方式只能解决同一系列计算机之间的软件移植,为了使软件能在具有不同系统结构的计算机之间相互移植,就要做到在一种系统结构上实现另一种系统结构。从指令集的角度来看,就是要在一种计算机上实现另一种计算机的指令集。

模拟(simulation)是指用软件的方法在一台现有的计算机(称为宿主机 host)上实现另一台计算机(称为虚拟机)的指令集。通常用解释来实现,即虚拟机的每一条指令都用宿主机的一段程序进行解释执行。为了使虚拟机的应用程序能在宿主机上运行,除了模拟虚拟机的指令集外,还要模拟其存储系统、I/O 系统和操作系统等。由于模拟是采用纯软件解释执行的方法,因此运行速度较慢,性能较差。

仿真是指用一台现有计算机(称为宿主机)上的微程序去解释实现另一台计算机(称为目标机)的指令集。这个微程序是专门为实现目标机指令集而设计的,称为仿真微程序。同样,除了仿真目标机的指令集以外,还需要仿真其存储系统、I/O 系统和控制台操作等。

模拟程序存放在主存中,而仿真微程序则是存放在控制存储器中,因此仿真的运行速度比模拟快,但仿真只能在系统结构差距不大的计算机之间使用。为了取长补短,可以将这两种方法混合使用。对于使用频度较高的指令,尽可能采用仿真以提高执行速度,而对于使用频度低和难以用仿真实现的指令,则用模拟来实现。

3. 统一高级语言

如果各计算机能采用同一种高级语言,那么用这种语言编写的应用软件和系统软件(或部分系统软件)的可移植问题就解决了。因此,采用统一的高级语言来实现软件移植是一种理想的方式。这种方式可以解决所有计算机之间的软件移植,而不管其系统结构有多大的区别。Java 语言就是一个极其成功的例子。不过,其他高级语言有许多种,而且不同计算机上的同一种语言也不是完全相同的,经常有部分"方言"存在。

1.4.3 器件发展对系统结构的影响

器件技术,特别是超大规模集成电路(very large scale integrated circuit,VLSI)技术的发展速度很快。摩尔定律指出:集成电路芯片上所集成的晶体管数目每隔 18 个月就翻一番。这使得越来越多的功能可以在一块芯片上实现,而且芯片的性价也越来越高。早前由于芯片价格昂贵和集成度的限制,许多高性能系统结构无法实现,而现在则不仅能够在高性能计算机中实现,而且也能应用到个人计算机中,即高性能系统结构从大型机向服务器甚至个人计算机下移。强功能 CPU 芯片的出现使得大规模并行处理系统的实现成为可能。

计算机的分代主要以器件作为划分标准。表 1.1 列出了五代计算机在器件、系统结构和软件技术等方面的典型特征。

表 1.1 五代计算机的典型特征

分代	器件特征	系统结构特征	软件技术特征	典型实例
第一代 (1945—1954 年)	电子管和继电器	存储程序计算机 程序控制 I/O	机器语言 汇编语言	普林斯顿 ISA ENIAC、IBM 701
第二代 (1955—1964 年)	晶体管、磁芯 印刷电路	浮点数据表示 寻址技术 中断、I/O 处理机	高级语言和编译 批处理监控系统	Univac LAPC CDC 1604 IBM 7030
第三代 (1965—1974 年)	SSI(小规模集成电路)和 MSI(中规模集成电路) 多层印刷电路 微程序	流水线、Cache 先行处理 系列机	多道程序 分时操作系统	IBM 360/370 CDC 6600/7600 DEC PDP-8
第四代 (1975—1990 年)	LSI 和 VLSI 半导体存储器	向量处理 分布式存储器	并行与分布处理	Cray-1、IBM 3090 DEC VAX 9000 Convax-1
第五代 (1991 年至今)	高性能微处理器 高密度电路	超标量、超流水 SMP(对称式多处理机)、MP(多处理机)、MPP(大规模并行处理机) 机群	大规模、可扩展 并行与分布处理	SGI Cray T3E IBM SP2、DEC Alpha Server 8400

1.4.4 应用对系统结构的影响

应用对系统结构的发展有着重要的影响。不同的应用对计算机系统结构的设计提出了不同的要求，特别是有些领域中的应用问题要求计算机有非常高的计算速度。如果已有的计算机不能满足这些要求，就需要设计和采用新的系统结构。因此，应用需求是促使计算机系统结构发展的最根本的动力。

对计算机应用来说，系统的效率高低是一个关键问题。如果能构造一台处理所有问题都很高效的通用计算机，那是再好不过了。随着计算机性能的不断提高，以前做不到的，现在可能做到；现在做不到的，将来可以做到。所以，通用计算机一直是计算机产业的主流，它们能满足大部分应用的需要。

但是，对于一些特殊领域，目前已有的通用计算机可能满足不了其应用要求。这就需要专门为这些领域设计高性能的系统结构。这些重要的领域包括：

① 高结构化的数值计算，如气象模型、流体动力学、有限元分析等。

② 非结构化的数值计算，如蒙特卡罗模拟、稀疏矩阵等。

③ 实时多因素问题，如语音识别、图像处理、计算机视觉等。

④ 大存储容量和输入/输出密集的问题，如数据库系统、事务处理系统等。

⑤ 图形学和设计问题，如计算机辅助设计等。

⑥ 人工智能，如面向知识的系统、推理系统等。

在采用相同硬件和软件实现技术的前提下，与通用计算机相比，针对特定的一种应用领域设计的专用计算机（如科学计算）的性能往往会高很多，系统的效率也会高很多。为了满足有些领域的超高速计算性能的要求，往往需要探索和采用新的系统结构。例如，很多巨型、大型机就是为极大地提高科学计算性能而研制的，它们往往不惜一切代价来达到超高性能的目标。过去在这些计算机中所采用的系统结构新技术，如 Cache、虚拟存储器、I/O 处理机、浮点运算协处理器以及各种并行处理技术等，后来都逐渐下移到了小型和微型通用计算机中。

1.5 计算机系统结构中并行性的发展

1.5.1 并行性的概念

所谓并行性（parallelism），是指计算机系统在同一时刻或同一时间间隔内进行多种运算或操作。只要在时间上相互重叠就存在并行性，它包括同时性与并发性两种含义。

同时性(simultaneity)指两个或两个以上的事件在同一时刻发生。并发性(concurrency)指两个或两个以上的事件在同一时间间隔内发生。

微视频 1-7:
计算机系统结构中并行性的发展

计算机系统中的并行性有不同的等级。从处理数据的角度来看,并行性从低到高可分为以下几个等级。

① 字串位串:每次只对一个字的一位进行处理。这是最基本的串行处理方式,不存在并行性。

② 字串位并:同时对一个字的全部位进行处理,不同字之间是串行的。该方式已开始出现并行性。

③ 字并位串:同时对许多字的同一位(称为位片)进行处理。这种方式具有较高的并行性。

④ 全并行:同时对许多字的全部位或部分位进行处理。这是最高一级的并行。

从执行程序的角度来看,并行性从低到高可分为以下几个等级。

① 指令内部并行:单条指令中各微操作之间的并行。

② 指令级并行(instruction level parallelism,ILP):并行执行两条或两条以上的指令。

③ 线程级并行(thread level parallelism,TLP):并行执行两个或两个以上的线程,通常是以一个进程内派生的多个线程为调度单位。

④ 任务级或过程级并行:并行执行两个或两个以上的过程或任务(程序段),以子程序或进程为调度单位。

⑤ 作业或程序级并行:并行执行两个或两个以上的作业或程序。

在单处理机系统中,这种并行性升到某一级别后(如任务级或作业级并行),需要通过软件(如操作系统中的进程管理、作业管理)来实现。而在多处理机系统中,由于已具有完成各个任务或作业的处理机,其并行性是由硬件实现的。

在一个计算机系统中可以采取多种提高并行性的措施,既可以有数据处理方面的并行性,又可以有执行程序方面的并行性。当并行性提高到一定级别时,则称之为进入并行处理(parallel processing)领域。例如,处理数据的并行性达到字并位串级,或者执行程序的并行性达到线程级、任务级或过程级,即可认为进入并行处理领域。

并行处理着重挖掘计算过程中的并行事件,使并行性达到较高的级别。因此,并行处理是系统结构、硬件、软件、算法、语言等多方面综合研究的领域。

1.5.2 提高并行性的技术途径

计算机系统中提高并行性的措施有很多,就其基本思想而言,可归纳成以下 3 条途径。

① 时间重叠:在并行性概念中引入时间因素,让多个处理过程在时间上相互错开,

轮流重叠地使用同一套硬件设备的各个部分，以加快硬件周转而赢得速度。这种途径原则上不要求重复设置硬件设备，其典型实例为流水线技术。

② 资源重复：在并行性概念中引入空间因素，以数量取胜，通过重复设置硬件资源，大幅度地提高计算机系统的性能。随着硬件价格的降低，这种途径得到越来越广泛的应用。可以在单处理机中重复设置多个运算部件或处理部件，也可以重复设置多个处理机，构成多处理机系统。

在现在的计算机系统中，经常是同时运用时间重叠和资源重复。

③ 资源共享：这是一种软件方法，它使多个任务按一定时间顺序轮流使用同一套硬件设备。多道程序、分时系统就是遵循这一途径而产生的。资源共享既降低了成本，又提高了计算机设备的利用率。

1.5.3　单处理机系统中并行性的发展

在发展高性能单处理机过程中，起主导作用的是时间重叠原理。实现时间重叠的基础是"部件功能专用化"，即把一件工作按功能分割为若干相互联系的部分，把每一部分指定给专门的部件完成，然后按时间重叠原理把各部分的执行过程在时间上重叠起来，使所有部件依次分工完成一组同样的工作。例如，把一条指令的解释过程分为 4 个子过程：取指令、指令译码、指令执行、写回结果，为每个子过程分配一个专用部件，并将它们的工作按某种时间关系重叠起来，就构成了指令流水线。

在单处理机中，资源重复原理的运用也已十分普遍。例如，多体存储器和多操作部件都是成功应用的结构形式。在多操作部件处理机中，通用部件被分解成若干个专用部件，如加法部件、乘法部件、除法部件、逻辑运算部件等，而且同一种部件也可以重复设置多个。只要指令所需的操作部件空闲，就可以开始执行这条指令（如果操作数已准备好）。这就实现了指令级并行。如果更进一步，设置许多相同的处理单元，让它们在同一个控制器的指挥下，按照同一条指令的要求对向量或数组的各元素同时进行同一操作，就形成了阵列处理机（有的教材称为并行处理机）。

在单处理机中，资源共享的概念实质上是用单处理机模拟多处理机的功能，形成所谓虚拟机的概念。如分时系统，在多终端的情况下，每个终端上的用户感觉好像自己有一台处理机一样。

1.5.4　多处理机系统中并行性的发展

多处理机系统也遵循时间重叠、资源重复、资源共享原理，向着 3 种不同的方向发展，即同构型多处理机、异构型多处理机和分布式系统。不过，多处理机系统所采取的技术措施与单处理机系统有些差别。

可以用耦合度来反映多处理机系统中各计算机之间物理连接的紧密程度和交互作

用能力的强弱。多处理机系统的耦合度分为紧密耦合和松散耦合两大类。

紧密耦合系统(tightly coupled system)又称直接耦合系统。在这种系统中,计算机之间物理连接的频带较高,一般是通过总线或高速开关互连,可以共享主存。由于具有较高的信息传输率,因而可以快速地并行处理多个作业或任务。

松散耦合系统(loosely coupled system)又称间接耦合系统,一般是通过通道或通信线路实现计算机之间的互连,可以共享外存设备(磁盘、磁带等)。计算机之间的相互作用是在文件或数据集一级上进行的。松散耦合系统表现为两种形式:一种形式是多台计算机与共享外存设备连接,不同计算机之间实现功能上的分工(功能专用化),计算机处理的结果以文件或数据集的形式送到共享外存设备,供其他计算机继续处理;另一种形式是计算机网络,通过通信线路连接,实现更大范围的资源共享。

多处理机系统中为了实现时间重叠,将处理功能分散给各专用处理机完成,即功能专用化,各处理机之间则按时间重叠原理工作。例如,输入/输出功能的分离导致由通道向专用外围处理机发展。许多主要功能,如数组运算、高级语言翻译和数据库管理等,也逐渐分离出来,交由专用处理机完成,处理机间的耦合程度逐渐加强,从而发展为异构型多处理机系统(heterogeneous multiprocessor system)。异构型多处理机系统由多个不同类型或至少担负不同功能的处理机组成,它们按照作业要求的顺序,利用时间重叠原理,依次对多个任务进行加工,各自完成规定的功能动作。

最早的多处理机系统并不是为了提高速度,而是为了在关键工作中保证系统的可靠性。通过设置多台相同类型的计算机而构成的容错系统,可使系统工作的可靠性在处理机一级得到提高。各种不同的容错多处理机系统方案对计算机间互连网络的要求是不同的,但正确性、可靠性是首要要求。如果提高对互连网络的要求,使其具有一定的灵活性、可靠性和可重构性,则可将其发展成一种可重构系统(reconfigurable system)。在这种系统中,一般情况下几台计算机都正常工作,像通常的多处理机系统一样,一旦发生故障,系统就会重新组织,降低档次继续运行,直到排除故障为止。

随着硬件价格的降低,现在人们更多的追求目标是通过多处理机的并行处理来提高整个系统的速度。为此,对计算机之间互连网络的性能提出了更高的要求。高带宽、低延迟、低开销的机间互连网络,是高效实现程序或任务一级并行处理的前提条件。为了使并行处理的任务能在处理机之间方便地进行调度,就必须使各处理机具有同等的功能,从而成为同构型多处理机系统。同构型多处理机系统(homogeneous multiprocessor system)由多个同类型或至少担负同等功能的处理机组成,它们同时处理同一作业中能并行执行的多个任务。

习题 1

1.1 解释下列术语：

层次结构	虚拟机	翻译	解释
系统结构	透明性	计算机组成	计算机实现
系统加速比	Amdahl 定律	程序的局部性原理	CPI
测试程序组件	存储程序计算机	系列机	软件兼容
向上兼容	向下兼容	向前兼容	向后兼容
兼容机	模拟	仿真	并行性
时间重叠	资源重复	资源共享	同构型多处理机
异构型多处理机	耦合度	松散耦合	紧密耦合

1.2 试用实例说明计算机系统结构、计算机组成与计算机实现之间的相互关系。

1.3 计算机系统结构的 Flynn 分类法是按什么分类的？共分为哪几类？

1.4 计算机系统设计中经常使用的设计原则和定量原理是什么？请说出它们的含义。

1.5 从执行程序的角度和处理数据的角度来看，计算机系统中并行性等级从低到高可分为哪几级？

1.6 某台主频为 400 MHz 的计算机执行标准测试程序，程序中指令类型、执行数量和平均时钟周期数如表 1.2 所示。

表 1.2 标准测试程序中的各项指标

指令类型	指令执行数量	平均时钟周期数
整数	45 000	1
数据传送	75 000	2
浮点	8 000	4
分支	1 500	2

求该计算机的有效 CPI、MIPS 和程序执行时间。

1.7 将计算机系统中某一功能的处理速度加快 10 倍，但该功能的处理时间仅为整个系统运行时间的 40%，则采用此增强性能方法后，能使整个系统的性能提高多少？

1.8 假设某应用程序中有 4 类操作，通过改进，各操作获得不同的性能提高，具体数据如表 1.3 所示。

表 1.3　操作性能的提高

操作类型	程序中的数量（百万条指令）	改进前的执行时间（周期）	改进后的执行时间（周期）
操作 1	10	2	1
操作 2	30	20	15
操作 3	35	10	3
操作 4	15	4	1

（1）改进后，各类操作的加速比分别是多少？

（2）各类操作单独改进后，程序获得的加速比分别是多少？

（3）4 类操作均改进后，整个程序的加速比是多少？

第 2 章 计算机指令集结构

主要内容

—指令集结构的分类
—寻址方式
—指令集结构的功能设计
—操作数的类型和大小
—指令格式的设计
—MIPS 指令集结构

2.1 指令集结构的分类

微视频 2-1：指令集结构的分类

一般来说，区别不同指令集结构的主要因素是 CPU 中用来存储操作数的存储单元的类型，主要有堆栈、累加器和通用寄存器组。据此，可以把指令集结构分为堆栈结构、累加器结构及通用寄存器结构。在通用寄存器结构中，根据操作数的来源不同又可进一步分为寄存器-存储器结构（简称 RM 结构）和寄存器-寄存器结构（简称 RR 结构）。前者是指操作数可以来自存储器，后者则是指所有操作数都来自通用寄存器组。寄存器-寄存器结构也称为 load-store 结构，这个名称强调只有 load 指令和 store 指令能够访问存储器。

实际上，通用寄存器结构还应该包含存储器-存储器结构（简称 MM 结构），但因这种结构现在已不采用，所以本书不作深入讨论。

对于不同类型的指令集结构，其操作数的位置、个数以及给出方式（显式或隐式）也会不同。显式给出是用指令字中的操作数字段给出，隐式给出则是使用事先约定好的单元。图 2.1 给出了 4 种指令集结构中操作数的位置以及结果去向。图中浅色阴影块表示操作数，深色阴影块表示结果，TOS（top of stack）表示栈顶。

在堆栈结构中（图 2.1(a)），操作数都是隐式的，即堆栈的栈顶和次栈顶中的数据，运算后把结果写入栈顶。在这种结构中,只能通过 PUSH/POP 指令访问存储器。在累加器结构中(图 2.1(b)),一个操作数是隐式的,即累加器;另一个操作数则是显式给出,这是一个存储器单元,运算结果送回累加器。在通用寄存器结构中,所有操作数都是显式给出的,它们或者是有一个操作数来自存储器中的某个单元(图 2.1(c)),或者是全部来自通用寄存器组(图 2.1(d)),结果写入通用寄存器组。

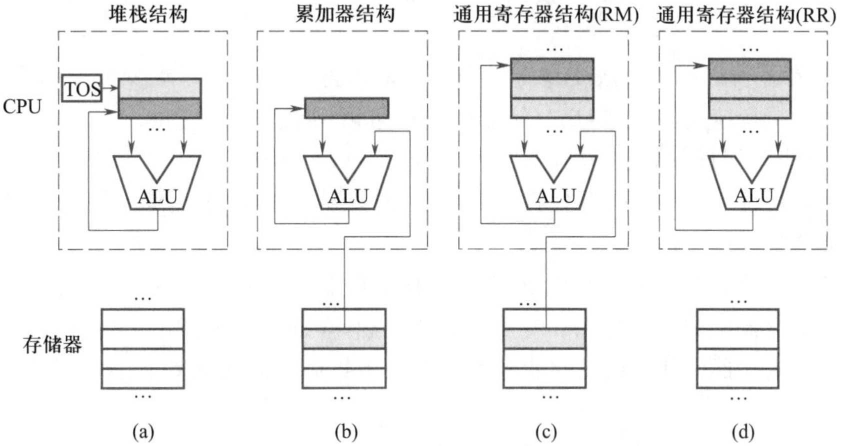

图 2.1 4 种指令集结构中操作数的位置以及结果去向

表 2.1 给出了表达式 $C=A+B$ 在 4 种类型指令集结构上的代码。这里假设 A、B、C 均保存在存储器单元中,并且不能破坏 A 和 B 的值。

表 2.1 表达式 $C=A+B$ 在 4 种指令集结构上的代码

堆栈结构	累加器结构	通用寄存器结构(RM 结构)	通用寄存器结构(RR 结构)
PUSH A	LOAD A	LOAD R1,A	LOAD R1,A
PUSH B	ADD B	ADD R1,B	LOAD R2,B
ADD	STORE C	STORE R1,C	ADD R3,R1,R2
POP C			STORE R3,C

从这个例子可以看出,在堆栈型和累加器型计算机中指令字比较短,程序占用的空间比较小。但是由于堆栈型计算机不能随机访问堆栈,难以生成有效的代码,而且对栈顶的访问是个“瓶颈”。在累加器型计算机中,由于只有一个中间结果暂存器(即累加器),所以需要频繁地访问存储器。

早期的大多数计算机都是采用堆栈结构或累加器结构的指令集,但是自 1980 年以后,大多数计算机都陆续采用了通用寄存器结构。这是因为通用寄存器结构在灵活性和性能提高方面有明显的优势。主要体现在以下方面:

① 与其他 CPU 内部存储单元一样,寄存器的访问速度比存储器快。

② 对编译器而言,能更加容易、有效地分配和使用寄存器。在表达式求值方面,通用寄存器结构具有更大的灵活性和更高的效率。例如,在一台通用寄存器结构的计算机上求表达式$(A\times B)-(C\times D)-(E\times F)$的值时,其中的乘法运算可以按任意次序进行,操作数的存放也更加灵活,对流水线的处理也更适合,因而更高效。但是在堆栈型计算机上,该表达式的求值必须按从左到右的顺序进行。对操作数的存放也有较多的限制。

③ 寄存器可以用来存放变量。将变量分配给寄存器不仅能减少对存储器的访问,加快程序的执行速度(寄存器比存储器快),还可以用更少的地址位(相对于存储器地址来说)来对寄存器进行寻址,从而有效地减少程序的目标代码。

由于通用寄存器结构是现代指令集结构的主流,所以本书后面主要针对这种类型的指令集结构进行讨论。

编译器设计者通常希望 CPU 内部的所有寄存器都是通用的,而以前的计算机大多将其内部寄存器中的一部分用作专用寄存器,这样就减少了通用寄存器的数量,即使将变量分配到寄存器中计算机的性能也不会有太多提高。现代计算机中寄存器的个数已越来越多。

还可以根据 ALU 指令操作数的两个特征来对通用寄存器型指令集结构进行进一步的细分。一个特征是 ALU 指令的操作数个数。对于有 3 个操作数的指令来说,它包含两个源操作数和一个目的操作数;而对于只有两个操作数的指令来说,其中一个操作数既作为源操作数,又作为目的操作数。另一个特征是 ALU 指令中存储器操作数的个数,可以是 0~3 中的某一个。为 0 表示没有存储器操作数。

基于上述 ALU 指令操作数的两个特征,可以得到如表 2.2 所示的 5 种组合。

表 2.2　ALU 指令中操作数个数和存储器操作数个数的典型组合

ALU 指令中存储器操作数的个数	ALU 指令中操作数的最多个数	结构类型	计算机实例
0	3	RR	MIPS,SPARC,Alpha,PowerPC,ARM
1	2	RM	IBM 360/370,Intel 80X86,Motorola 68000
	3	RM	IBM 360/370
2	2	MM	VAX
3	3	MM	VAX

表 2.2 中显示了通用寄存器型指令集结构的 3 种结构,即 RR 结构、RM 结构和 MM 结构,其优缺点如表 2.3 所示,表中(m,n)表示指令的 n 个操作数中有 m 个存储器操作数。当然,这里的优缺点是相对而言的,而且与所采用的编译器及实现策略有关。

表 2.3 3 种通用寄存器型指令集结构的优缺点

指令集结构类型	优点	缺点
RR 结构 (0,3)	指令字长固定,指令结构简洁,是一种简单的代码生成模型,各种指令的执行时钟周期数相近	与指令中含存储器操作数的指令集结构相比,指令条数多,目标代码不够紧凑,因而程序占用的空间比较大
RM 结构 (1,2)或(1,3)	可以在 ALU 指令中直接对存储器操作数进行引用,而不必先用 LOAD 指令进行加载。容易对指令进行编码,目标代码比较紧凑	由于有一个操作数的内容将被破坏,所以指令中的两个操作数不对称。在一条指令中同时对寄存器操作数和存储器操作数进行编码,有可能限制指令所能表示的寄存器个数。指令的执行时钟周期数因操作数的来源(寄存器或存储器)不同而差别比较大
MM 结构 (2,2)或(3,3)	目标代码最紧凑,不需要设置寄存器来保存变量	指令字长变化很大,特别是 3 操作数指令。而且每条指令完成的工作也差别很大。对存储器的频繁访问会使存储器成为瓶颈。这种类型的指令集结构现在已不再使用

一般来说,指令格式和指令字长越单一,编译器的工作就越简单,因为编译器所能做的选择比较少。如果指令集结构的指令格式和指令字长具有多样性,则可以有效地减少目标代码的大小,但是这种多样性也可能会增加编译器和 CPU 实现的难度。另外,CPU 中寄存器的个数也会影响指令的字长。

从以上分析可以看到,通用寄存器型指令集结构比堆栈型指令集结构和累加器型指令集结构更具有优势。在通用寄存器型指令集结构中,存储器-存储器结构在现代计算机中已不采用,而寄存器-寄存器结构因其简洁性和两个源操作数的对称性而备受青睐。特别是在第 3 章读者将会看到,寄存器-寄存器结构对于实现流水线处理也更方便。

2.2 寻址方式

寻址方式(addressing mode)是指一种指令集结构如何确定所要访问的数据的地址。一般来说,寻址方式可以指明指令中的操作数是一个常数、一个寄存器操作数,或者是一个存储器操作数。对于存储器操作数来说,由寻址方式确定的实际存储器地址称为有效地址。表 2.4列出了当前指令集结构中所采用的一些操作数寻址方式。在该表以及本书后面的章节中,采用类 C 语言作为描述硬件操作的标记。

微视频 2-2:
寻址方式

左箭头"←"表示赋值操作;"Mem"表示存储器;"Regs"表示寄存器组;方括号表示内容,如 Mem[ ]表示存储器的内容、Regs[ ]表示寄存器的内容。这样,Mem[Regs[R1]]指的就是由寄存器 R1 中的内容作为地址的存储器单元中的内容。

表 2.4 当前指令集结构中所采用的一些操作数寻址方式

寻址方式	指令实例	含义
寄存器寻址	ADD R1,R2	Regs[R1]←Regs[R1]+Regs[R2]
立即数寻址	ADD R3,#6	Regs[R3]←Regs[R3]+6
偏移寻址	ADD R3,120(R2)	Regs[R3]←Regs[R3]+Mem[120+Regs[R2]]
寄存器间接寻址	ADD R4,(R2)	Regs[R4]←Regs[R4]+Mem[Regs[R2]]
索引寻址	ADD R4,(R2+R3)	Regs[R4]←Regs[R4]+Mem[Regs[R2]+Regs[R3]]
直接寻址或绝对寻址	ADD R4,(1010)	Regs[R4]←Regs[R4]+Mem[1010]
存储器间接寻址	ADD R2,@(R4)	Regs[R2]←Regs[R2]+Mem[Mem[Regs[R4]]]
自增寻址	ADD R1,(R2)+	Regs[R1]←Regs[R1]+Mem[Regs[R2]] Regs[R2]←Regs[R2]+d
自减寻址	ADD R1,-(R2)	Regs[R2]←Regs[R2]-d Regs[R1]←Regs[R1]+Mem[Regs[R2]]
缩放寻址	ADD R1,80(R2)[R3]	Regs[R1]←Regs[R1]+Mem[80+Regs[R2]+Regs[R3]*d]

这里没有包括 PC 相对寻址。PC 相对寻址是一种以程序计数器 PC 作为参考点的寻址方式,主要用于在转移指令中指定目标指令的地址。本章 2.6.6 小节讨论这些指令。另外,在表 2.4 的自增/自减寻址方式和缩放寻址方式中,用变量 d 来指明被访问的数据项的大小(如 4 B 或 8 B 等)。只有当所要访问的数据元素在存储器中是相邻存放时,这 3 种寻址方式才有意义。

采用多种寻址方式可以显著地减少程序的指令条数,但这同时也可能增加计算机的实现复杂度以及平均指令周期数(CPI)。所以,有必要对各种寻址方式的使用情况进行统计分析,以确定应采用什么样的寻址方式。

图 2.2 是在 VAX 计算机上运行 GCC、Spice 和 Tex 基准程序,并对各种寻址方式的使用情况进行统计的结果。这里只给出了使用频度超过 1% 的寻址方式。之所以选择在比较旧的 VAX 结构上进行测试,是因为它的寻址方式最多。

从图 2.2 可以看出,立即数寻址方式和偏移寻址方式的使用频度最高。所以,下面着重讨论这两种寻址方式的一些性质。

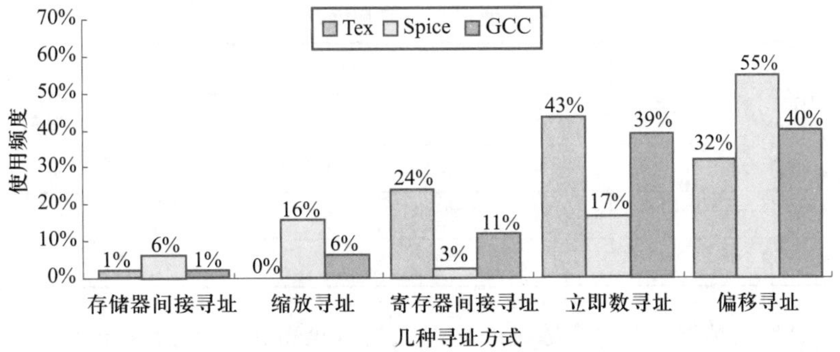

图 2.2 几种寻址方式使用情况统计结果

对于偏移寻址来说,主要的问题是偏移量的取值范围,如果知道了该范围,就能确定在指令中需要用多少位的字段来表示偏移量。这一选择十分重要,因为它直接影响到指令的字长。

图 2.3 是在一台 load-store 结构的计算机(Alpha)上运行 SPEC CPU 2000 基准程序所得到的统计结果。图中分别给出了整数程序和浮点程序所使用的偏移量的平均位数。从该图可以看出,程序所使用的偏移量大小分布十分广泛,这主要是因为在存储器中所保存的数据并不是十分集中,需要使用不同的偏移量才能对其进行访问。另外,较小的偏移量和较大的偏移量均占有相当大的比例。这一统计结果为选择偏移量字段的位数提供了参考。

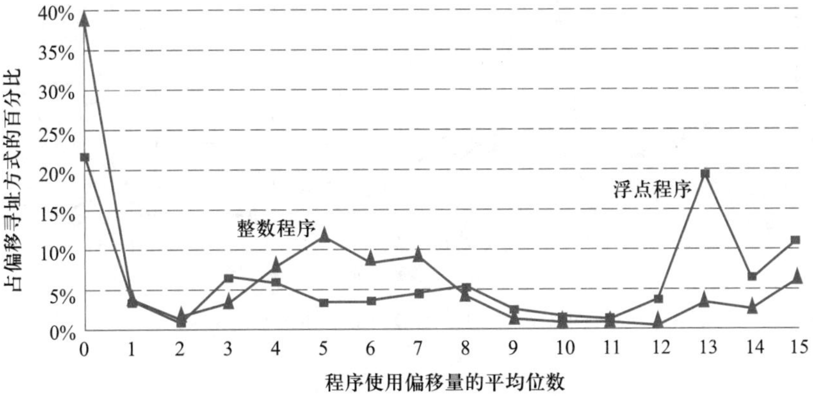

图 2.3 各种偏移量字段位数的使用情况

立即数寻址方式主要用于 ALU 指令、比较指令以及给寄存器装入常数等。对指令集结构设计而言,首先要确定是所有指令还是只有部分指令具有立即数寻址方式。表 2.5 是在与图 2.3 相同的计算机和程序的条件下统计的立即数寻址方式的使用频度。表中的数据表明,大约 1/4 的 load 指令和 ALU 指令采用了立即数寻址。

表 2.5　指令使用立即数寻址方式的频度

指令类型	使用频度	
	整型平均	浮点平均
load 指令	23%	22%
ALU 指令	25%	19%
所有指令	21%	16%

与偏移寻址的情况类似,需要知道立即数的取值范围。因为这个范围决定了指令字中立即数字段所需占用的位数,从而会影响指令的字长。

图 2.4 是在与图 2.3 相同的计算机和程序的条件下统计的立即数大小的使用分布情况。横坐标表示立即数的位数。从图中可以看出,最常用的是较小的立即数,然而有时也会用到较大的立即数(主要是用于地址计算)。在指令集结构设计中,至少要将立即数的大小设置为 8~16 位。该图没有反映出 16 位以上的立即数的使用情况(因为 Alpha 指令中的最大立即数为 16 位),有人在 VAX(支持 32 位立即数)上做过类似的统计,结果表明 20%~25%的立即数超过 16 位。

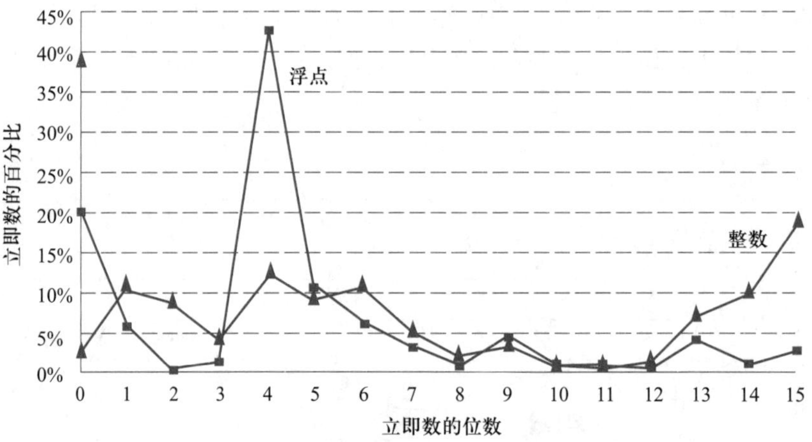

图 2.4　各种立即数位数的使用情况

2.3　指令集结构的功能设计

在设计一种指令集结构时,首先就要考虑该指令集结构所应实现的基本功能(操作)。由于指令集结构是系统结构的主要内容之一,所以其功能设计实际上就是确定软硬件功能分配,即确定哪些基本功能应该由硬件实现,哪些功能由软件实现比较合适。

在确定哪些基本功能用硬件来实现时，主要考虑的因素有3个：速度、成本与灵活性。用硬件实现的特点是速度快、成本高、灵活性差，用软件来实现的特点是速度慢、价格便宜、灵活性好。一般来说，选择出现频度高的基本功能用硬件来实现。

对指令集的基本要求是：完整性、规整性、高效率和兼容性。

完整性是指在一个有限可用的存储空间内，对于任何可解的问题编制计算程序时，指令集所提供的指令足够使用。完整性要求指令集功能齐全、使用方便。表2.6列出了许多指令集结构都包含的一些操作类型。其中，前4类属于通用计算机系统的基本操作。所有的指令集结构一般都会对前3种类型的操作提供相应的指令。在"系统"操作类型方面，不同指令集结构的支持程度会有较大的差异，但有一点是共同的，即必须对基本的系统功能调用提供一些指令支持。对于后4种类型的操作而言，不同指令集结构的支持大不相同，有的根本不提供任何指令支持，而有的则可能提供许多专用指令。对于"浮点"操作类型来说，几乎所有面向浮点运算应用的计算机都提供了浮点指令。"十进制"和"字符串"指令在有的计算机中是以基本操作的形式出现（如在VAX和IBM 360中），有的则是在编译时由编译器转换成由更简单的指令构成的指令串来实现。

表2.6 指令集结构中操作的分类

操作类型	实例
算术和逻辑运算	整数的算术运算和逻辑操作：加，减，乘，除，与，或等
数据传输	LOAD，STORE
控制	分支，跳转，过程调用和返回，自陷等
系统	操作系统调用，虚拟存储器管理等
浮点	浮点操作：加，减，乘，除，比较等
十进制	十进制加，十进制乘，十进制到字符的转换等
字符串	字符串移动，字符串比较，字符串搜索等
图形	像素操作，压缩/解压操作等

规整性主要包括对称性和均匀性。对称性是指所有与指令集有关的存储单元使用、操作码设置等都是对称的。例如，在存储单元使用上，所有通用寄存器都要同等对待；在操作码设置上，如果设置了A-B的指令，就应该也设置B-A的指令。均匀性是指对于各种不同的操作数类型、字长、操作种类和数据存储单元，指令的设置都要同等对待。例如，如果某计算机有5种数据表示，4种字长，2种存储单元，则要设置$5\times4\times2=40$种同一操作的指令（如加法指令）。不过，这样做太复杂，也不太现实，所以一般是实现有限的规整性。例如，把上述加法指令的种类减少到10种以内。

高效率是指指令的执行速度快、使用频度高。在RISC体系结构中，大多数指令都能在一个节拍内完成，而且只设置使用频度高的指令。

2.3.1 CISC 指令集结构的功能设计

前已提及,在设计指令集结构时,有两种截然不同的设计策略,因而产生了两类不同的计算机系统:CISC 和 RISC。CISC 即复杂指令集计算机,它是增强指令功能,把越来越多的功能交由硬件来实现,并且指令的数量也是越来越多;RISC 即精简指令集计算机,它尽可能地把指令集简化,不仅指令的条数少,而且指令的功能也比较简单。

CISC 的指令集向用户提供了数量多、功能丰富的指令。除了包含上述基本操作外,还提供了很多功能比较强的操作指令,指令条数往往达到 200~300 条,甚至更多。

1. 面向目标程序增强指令功能

面向目标程序优化指令集是提高计算机系统性能的最直接的办法。我们不仅希望减少程序的执行时间,也希望减少程序所占的空间。可以对大量的目标程序及其执行情况进行统计分析,找出那些使用频度高、执行时间长的指令或指令串。对于使用频度高的指令,用硬件加快其执行;对于使用频度高的指令串,用一条新的指令来替代。这样不但能减少目标程序的执行时间,也能有效地缩短程序的长度。

可以从以下几个方面来增强指令的功能。

(1) 增强运算指令的功能

在科学计算类应用程序中经常要进行函数运算,如$\sqrt{x}$、sin()、cos()、tan()、e^x等。为此,可以设置专门的函数运算指令来代替相应的函数运算子程序。在有些应用程序中经常需要进行多项式计算,那么就可以考虑设置多项式计算指令。在事务处理应用中经常有十进制运算,可以设置一套十进制运算指令。

(2) 增强数据传送指令的功能

数据传送指令在程序中占有较高的比例。在 IBM 公司对 IBM 360 运行典型程序的统计数据中,数据传送(存和取)指令所占的比例约为 37%。因此,设计好数据传送指令对于提高计算机系统的性能是至关重要的。

设置成组传送数据的指令是对向量和矩阵运算的有力支持。例如,在 IBM 370 中,不仅设置了把一个数据块从通用寄存器组传送到主存(或相反)的指令,还设置了把一个数据块(字节数不超过 256)从主存的一个地方传送到另一个地方的指令。

(3) 增强程序控制指令的功能

在 CISC 指令集结构中一般都设置了多种程序控制指令,包括转移指令和子程序控制指令等。例如,VAX-11/780 有 29 种转移指令,包括无条件转移指令、跳转指令、15 种条件转移指令、6 种按位转移指令等。丰富的程序控制指令为编程提供了各式各样的选择。

循环一般在程序中占有相当大的比例,所以对其实现提供指令的专门支持可以带来较多的好处。在如图 2.5 所示的循环程序结构示例中,虚线框内为循环控制部分,通常要用 3 条指令来完成:一条加法指令、一条比较指令和一条分支指令。许多循环程序中的循环体往往很短,统计结果表明,循环体中只有一条语句的情况约占 40%,有 1~3 条语句的情况约占 70%。因此循环控制指令在整个循环程序中占有相当大的比例。

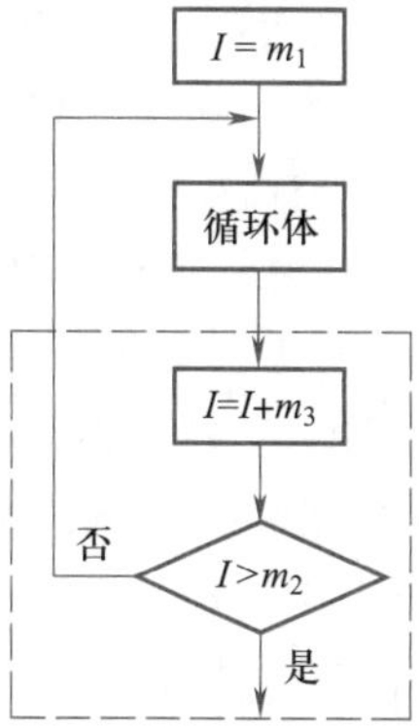

图 2.5　循环程序结构示例

为了支持循环程序的快速执行,减少循环程序目标代码的长度,可以设置循环控制指令。例如,在 IBM 370 中专门设置了一条“大于转移”指令,仅一条指令就可以实现图 2.5 中虚线框内所示的功能。

虽然增强指令功能来改进目标程序可能获得较好的结果,但却增加了硬件的成本和复杂度,因此只有频繁使用的子程序或指令串才适合用较强功能的指令取而代之。

2. 面向高级语言的优化实现来改进指令集

目前,在计算机上运行的绝大多数程序都是用高级语言编写并被编译后生成目标代码。大多数高级语言与一般的机器语言的语义差距非常大,这就为高级语言程序的编译带来了一些问题。一方面是因为编译器本身比较复杂,另一方面则是因为编译生成的目标代码难以很好地优化。因此,改进指令集,增强对高级语言和编译器的支持,缩小高级语言与机器语言的语义差距,就能提高整个计算机系统的性能。

(1) 增强对高级语言和编译器的支持

通过对源程序中各种高级语言语句的使用频度进行统计与分析,可以找出使用频度高、执行时间长的语句。针对这些语句,增强有关指令的功能,加快这些指令的执行速度,或者增加专门的指令,可以达到减少目标程序的执行时间和减少目标程序长度的目的。例如,有统计结果表明,一元赋值语句在高级语言程序中所占的比例最大,如在 FORTRAN 语言程序中的使用频度是 31%,由于一元赋值语句是由数据传送指令来实现的,因此减少数据传送指令的执行时间是对高级语言的有力支持。

另外,统计结果还表明,条件转移(if)语句和无条件转移(goto)语句所占的比例也比较高,达到了 20%以上,所以增强转移指令的功能以及增加转移指令的种类是必要的。

再者,增强系统结构的规整性,减少各种例外情况,也是对高级语言和编译器的有力支持。

指令集经过扩充后,对高级语言的优化实现提供了有力的支持,机器语言和高级语言的语义差距缩小了许多,这样的计算机称为面向高级语言的计算机。

(2) 高级语言计算机

在采用微程序控制的计算机上,机器语言是由微程序解释执行的。增强指令的功能,实际上就是缩小机器语言与高级语言的差距,也就是增加微程序解释的工作,减少编译器翻译的工作。可以进一步提高解释的比重,直至几乎没有语义差距,即使高级语言成为计算机的汇编语言,这时高级语言和机器语言是一一对应的,这种计算机称为间接执行高级语言的计算机,它用汇编的方法把高级语言源程序翻译成机器语言程序。

更进一步,如果直接把高级语言作为机器语言,直接由固件/硬件对高级语言源程序的语句逐条进行解释执行,那么就形成了直接执行高级语言的计算机,这时既不用编译,也不用汇编。

各种计算机的语义差距如图 2.6 所示。

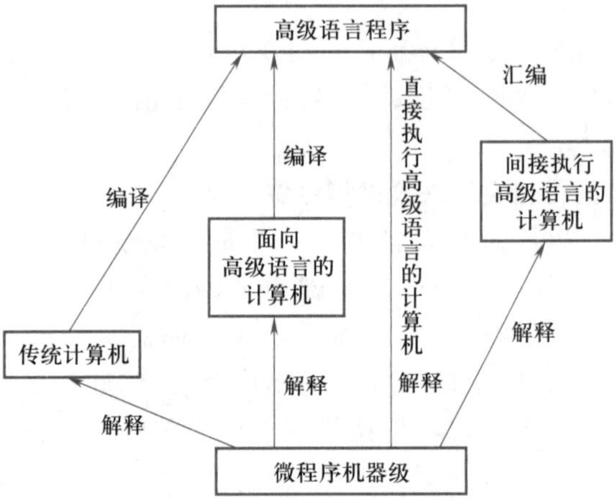

图 2.6　各种计算机的语义差距

对高级语言计算机的研究主要是在 20 世纪 70 年代,是一种比较激进的方法,它对计算机产业的发展并没有产生多大的影响。因为当时研究缩小机器语言与高级语言的差距的主要目的是减少编译器、操作系统的复杂度和程序目标代码(包括系统软件)的长度。当时存储器的容量很有限,许多系统软件都是用汇编语言写的,高级语言的指令集可以减少开发系统软件的难度。后来,存储器的飞速发展使容量不再是问题,操作系统也可以用高级语言来编写了。这时人们认识到,采用"比较简单的系统结构+软件"的做法能够在较低成本和复杂度的前提下,提供更高的性能和灵活性。

3. 面向操作系统的优化实现改进指令集

操作系统和计算机系统结构是紧密联系的,操作系统的实现在很大程度上取决于系统结构的支持。指令集对操作系统的支持主要有:

- 处理机工作状态和访问方式的切换。
- 进程的管理和切换。

- 存储管理和信息保护。
- 进程的同步与互斥,信号灯的管理等。

支持操作系统的有些指令属于特权指令,一般用户程序是不能使用的。尽管这些指令的使用频度比较低,但如果没有它们的支持,操作系统将无法实现,因此有些指令是必不可少的。

2.3.2 RISC 指令集结构的功能设计

在 20 世纪 70 年代后期,人们已经感到日趋庞杂的指令集不仅不易实现,而且还有可能降低系统的性能和效率。从 1979 年开始,美国加州大学伯克利分校以 Patterson 为首的研究小组对指令集结构的合理性进行了深入研究,其研究结果表明,CISC 指令集结构存在以下问题:

① 各种指令的使用频度相差悬殊,许多指令很少用到。据统计,只有 20%的指令使用频度比较高,占运行时间的 80%,而其余 80%的指令只在 20%的运行时间内才会用到;而且使用频度高的指令也是最简单的指令。

② 指令集庞大,指令条数很多,许多指令的功能又很复杂。这使控制器硬件变得非常复杂,导致产生两个问题:一是占用了大量的芯片面积(如占用 CPU 芯片总面积的一半以上),给 VLSI 设计造成很大的困难;二是不仅增加了研制时间和成本,而且容易造成设计错误。

③ 许多指令由于操作繁杂,其 CPI 值比较大(一般 CISC 指令的 CPI 都在 4 以上,有些在 10 以上),执行速度慢。采用这些复杂指令有可能使整个程序的执行时间增加。

④ 由于指令功能复杂,规整性不好,不利于采用流水线技术来提高性能。

表 2.7 是对在 Intel 80X86 上执行整型程序统计出的最常用的 10 条指令,这些指令占据了所有执行指令的 95%。因此,人们不禁会问,花了那么多的硬件(宝贵的芯片面积)去实现那么多很少使用的复杂指令,值得吗? Patterson 等人在进行了深入的研究后,提出了 RISC 指令集结构的设计思想。这是一种与 CISC 的设计策略完全不同的设计思想,它能克服上述 CISC 的缺点。RISC 是近代计算机系统结构发展史中的一个里程碑。

表 2.7 Intel 80X86 最常用的 10 条指令

执行频度排序	80X86 指令	指令执行频度(占执行指令总数的百分比)
1	load	22%
2	条件分支	20%
3	比较	16%
4	STORE	12%

续表

执行频度排序	80X86 指令	指令执行频度(占执行指令总数的百分比)
5	加	8%
6	与	6%
7	减	5%
8	寄存器-寄存器间数据移动	4%
9	调用子程序	1%
10	返回	1%
合　计		95%

设计 RISC 指令集结构一般应遵循以下原则：

① 指令条数少而简单。确定指令集时,只选取使用频度很高的指令,在此基础上补充一些最有用的指令(如支持操作系统和高级语言实现的指令)。

② 采用简单而又统一的指令格式,并减少寻址方式。指令字长都为 32 位或 64 位。

③ 指令的执行在单个机器周期内完成(采用流水线机制后)。

④ 只有 load 和 store 指令才能访问存储器,其他指令的操作都是在寄存器之间进行,即采用 load-store 结构。

⑤ 大多数指令都采用硬连逻辑来实现。

⑥ 强调优化编译器的作用,为高级语言程序生成优化的代码。

⑦ 充分利用流水线技术来提高性能。

1981 年,Patterson 等人研制成功了 32 位的 RISC I 微处理器。RISC I 中只有 31 条指令,指令字长都是 32 位,共有 78 个通用寄存器,时钟频率为 8 MHz。其控制部分所占的芯片面积只有约 6%,而当时最先进的商品化微处理器 MC68000 和 Z8000 分别为 50%和 53%。RISC I 的性能比 MC68000 和 Z8000 快 3~4 倍。1983 年 RISC Ⅱ发布,其指令条数为 39,通用寄存器个数为 138,时钟频率为 12 MHz。

除 RISC Ⅱ以外,早期的 RISC 还包括 IBM 的 801 和斯坦福大学的 MIPS。IBM 801 的研究工作早在 1975 年就开始了,该研究是最早开始的,但却是最晚才公开的,实际上只是个实验性项目。斯坦福大学的 Hennessy 等人于 1981 年发表了 MIPS 计算机。这 3 台 RISC 机器有许多共同点,它们都采用 load-store 结构和固定 32 位的指令字长,且都强调采用高效的流水线技术。

在上述研究工作的基础上,1986 年起,计算机工业界开始发布基于 RISC 技术的微处理器。RISC Ⅱ发展成为 SPARC 系列微处理器,MIPS 发展成为 MIPS Rxxx 系列微处理器,IBM 则是在其 801 的基础上设计了新的系统结构,推出了 IBM RT-PC 以及后来的 RS6000。

2.3.3 控制指令

控制指令是用来改变控制流的。为便于论述,本书约定：当指令是无条件改变控制流时,称为跳转指令;而当控制指令是有条件改变控制流时,则称为分支指令。

能够改变控制流的指令有 4 种：条件分支、跳转、过程调用和过程返回。这 4 种指令的使用频度(占控制指令总数的百分比)如表 2.8 所示。这些结果是在一台 load-store 型指令集结构的计算机上执行基准程序 SPEC CPU 2000 得出的。

表 2.8 控制指令的使用频度

指令类型	使用频度	
	整型平均	浮点平均
过程调用/过程返回	19%	8%
跳转	6%	10%
条件分支	75%	82%

从表 2.8 可以看出,改变控制流的大部分指令是条件分支指令(条件转移)。因此,如何表示分支条件就显得非常重要。表 2.9 列出了现在常用的 3 种表示分支条件的方法及其优缺点。

表 2.9 表示分支条件的主要方法及其优缺点

名称	检测分支条件的方法	优点	缺点
条件码(CC)	检测由 ALU 操作设置的一些特殊的位(即 CC)	可以自由设置分支条件	条件码是增设的状态,而且它限制了指令的执行顺序,因为它们要保证条件码能顺利地传送给分支指令
条件寄存器	比较指令把比较结果放入任何一个寄存器,检测时就检测该寄存器	简单	占用了一个寄存器
比较与分支	比较操作是分支指令的一部分,通常这种比较受到一定的限制	用一条指令(而不是两条)就能实现分支	当采用流水线方式时,该指令的操作可能太多,在一拍内做不完

在控制指令中必须给出转移的目标地址。在绝大多数情况下,指令都会显式地给出目标地址,只是过程返回指令是个例外,因为在编译时还不知道其返回地址。指定转移目标地址最常用的方法是在指令中提供一个偏移量,由该偏移量和程序计数器(PC)

的值相加而得出目标地址，这种寻址方式称为 PC 相对寻址。采用 PC 相对寻址方式有许多优点，这是因为转移目标地址通常离当前指令很近，用相对于当前 PC 值的偏移量来确定目标地址可以有效减少表示该目标地址所需要的位数。而且，采用 PC 相对寻址可以使代码被装载到主存的任意位置执行。这一特性称为“位置无关”，它能够减少程序连接的工作量，即使对于在执行过程中进行动态连接的程序来说，也是有用的。

当控制指令采用 PC 相对寻址方式来确定其转移目标地址时，需要知道偏移量大小的分布情况，以便确定偏移量字段的长度。有模拟结果表明，采用 4～8 位偏移量字段（以指令字为单位）就能表示大多数控制指令的转移目标地址。

对于过程调用和过程返回指令而言，除了要改变控制流之外，还要保存机器状态，至少也要保存返回地址（放在专用的链接寄存器或堆栈中）。过去有些指令集结构提供了专门的保存机制来保存寄存器的内容，而现在的指令集结构则要求由编译器生成 load 和 store 指令以保存或恢复寄存器的内容。

2.4 操作数的类型和大小

微视频 2-3：操作数的类型和大小

计算机系统所能处理的数据类型各式各样，如图、表、树、阵列、队列、链表、堆栈、向量、字符串、实数、整数和字符等。在设计计算机系统结构时，需要研究在这些数据类型中哪些用硬件实现，哪些用软件实现，并研究它们的实现方法。

数据表示（data representation）是指计算机硬件能够直接识别，指令集可以直接调用的数据类型。它一般是所有数据类型中最常用、相对比较简单、用硬件实现比较容易的几种，如定点数（整数）、逻辑数（布尔数）、浮点数（实数）、字符和字符串等。当然，有些计算机的数据表示复杂一些，除上面这些外，还设置有十进制、向量、堆栈等数据表示。

数据结构（data structure）则不同，它是指由软件进行处理和实现的各种数据类型。数据结构研究的是这些数据类型的逻辑结构与物理结构之间的关系，并给出相应的算法。一般来说，除了数据表示之外的所有数据类型都是数据结构要研究的内容。

如何确定数据表示是系统结构设计者要解决的难题之一。从原理上讲，计算机只要有了最简单的数据表示，如定点数，就可以通过软件的方法实现各种复杂的数据类型，但是这样会大大降低系统的性能和效率。在另一极端，如果把复杂的数据类型都包含在数据表示之中，系统所花费的硬件成本就会很高。如果这些复杂的数据表示很少用到，那么这样做就很不合理。因此，确定数据表示实际上也是软硬件取舍折中的问题。

表示操作数类型的方法有以下两种：

① 由指令中的操作码指定操作数的类型。这是最常用的方法,绝大多数计算机都采用了这种方法。由于是在操作码中指出操作数类型,所以即使是同一种运算,对于不同的操作数类型也要设置不同的指令,如整数加、浮点加、无符号数加等。

② 给数据加上标识,由数据本身给出操作数类型。这就是所谓的带标识符的数据表示。硬件通过识别这些标识符就能得知操作数的类型,并进行相应的操作。

带标识符的数据表示有很多优点,如能简化指令集、可由硬件自动实现一致性检查和类型转换、缩小了机器语言与高级语言的语义差距、简化了编译器等。但由于需要在执行过程中动态检测标识符,动态开销比较大,所以采用这种方案的计算机很少见。

本书中操作数的大小是指操作数的位数或字节数,一般来说主要有字节(8 位)、半字(16 位)、字(32 位)和双字(64 位)。字符一般用 ASCII 码表示,为一个字节大小。整数则几乎都是用二进制补码表示,其大小可以是字节、半字或字。浮点操作数可以分为单精度浮点数(字)和双精度浮点数(双字)。20 世纪 80 年代以前,大多数计算机厂家都一直采用各自的浮点操作数表示方法,但后来几乎所有的计算机都采用了 IEEE 754 浮点数标准。

有些计算机面向商业应用设置了十进制操作数类型,这种操作数类型一般称为“压缩十进制”或“二进制编码的十进制”(binary coded decimal,BCD)。它是用 4 位二进制编码表示数字 0~9,并将两个十进制数字合并到一个字节中存储。如果将十进制数直接用字符串来表示,就称为非压缩十进制。在这种计算机中,一般会提供在压缩十进制数和非压缩十进制数之间进行相互转换的操作。

在指令集结构设计中,知道对各种类型操作数的访问频度是很重要的,这对于确定需要对哪些类型的操作数提供高效的支持很有帮助。表 2.10 列出了 SPEC 基准程序对 4 种操作数大小(字节、半字、字和双字)的访问频度。

表 2.10 SPEC 基准程序对 4 种操作数大小的访问频度

操作数大小	访问频度	
	整型平均	浮点平均
字节	7%	0%
半字	19%	0%
字	74%	31%
双字	0%	69%

从表 2.10 可以看出,基准程序对字和双字的数据访问具有较高的频度,所以选择操作数的大小为 32 位比较合适。

从上面的分析可知,一台 32 位的计算机应支持 8、16、32 位整型操作数,以及 32 位和 64 位 IEEE 754 标准的浮点操作数。

2.5 指令格式的设计

指令一般由两部分组成：操作码和地址码。指令格式的设计就是确定指令字的编码方式，包括操作码字段和地址码字段的编码和表示方式。指令格式不仅对编译形成的代码长度有影响，而且对处理器的实现也有影响，因为处理器要能快速地对它进行译码，以便知道是什么操作以及如何找到其操作数。

操作码的编码比较简单和直观。虽然可以利用 Huffman 编码法来减少操作码的平均位数，但所获得的编码是变长度的，不规整，且不利于硬件处理。为了保证操作码的译码速度，许多计算机都采用了固定长度的操作码。

寻址方式的表示方法有两种，一种是把它与操作码一起编码，另一种则是设置专门的地址描述符。如果处理器具有多种寻址方式，而且指令有多个操作数，那么就很难与操作码一起编码，而是应该给每个操作数分配一个地址描述符，由描述符指出采用什么寻址方式。如果处理器采用 load-store 结构，寻址方式只有很少几种，那么就可以把寻址方式编码到操作码中。

计算机中寄存器和寻址方式的数目对其指令字长有很大的影响，因为在同一条指令中，寄存器字段和寻址方式字段可能反复出现多次。若指令字的平均长度增加，则程序的平均长度也随之增加。所以在指令集的设计中，要在指令字长与寄存器数目及寻址方式数目之间进行折中。

我们希望尽可能减少指令的字长，同时又希望所设计的指令格式便于硬件处理，特别是流水线实现。至少指令字长应该是字节（8 位）的整数倍，而不能是随意的位数。许多处理器采用了定长的指令格式，特别是 RISC，这是以程序的存储空间为代价来换取硬件实现上的好处。

图 2.7 给出了指令集的 3 种编码格式。第一种是可变长度编码格式，当指令集的寻址方式和操作种类很多时，这种编码格式是最好的。这种方法试图用最少的二进制位来表示目标代码。但是，这种编码格式有可能会使各条指令的字长和执行时间相差很大。VAX 和 80X86 采用了这种编码格式。

第二种是固定长度编码格式，它将操作类型和寻址方式一起编码到操作码中。采用这种编码格式时，经常是所有指令的长度都是固定统一的。当寻址方式和操作类型非常少时，这种编码格式非常好，它可以有效降低译码的复杂度，提高译码的速度。大部分 RISC 的指令集，如 Alpha、MIPS、PowerPC 和 SPARC 等微处理器的指令集均采用了这种编码格式。

在上述两种格式中进行选择，实际上就是在目标代码长度和译码简单性两者之间进行折中。系统结构设计者如果更加关心的是程序目标代码的长度，则可以选择第一

操作码	地址描述符1	地址码1	…	地址描述符n	地址码n

(a) 可变长度编码格式

操作码	地址码1	地址码2	地址码3

(b) 固定长度编码格式

操作码	地址描述符	地址码

操作码	地址描述符1	地址描述符2	地址码

操作码	地址描述符	地址码1	地址码2

(c) 混合型编码格式

图 2.7　指令集的 3 种编码格式

种；如果更在乎性能，则可以选择第二种。

第三种为混合型编码格式，它是把上述两种方法结合起来，即提供若干种固定的指令字长，以期达到既能减少目标代码长度又能降低译码复杂度的目标。IBM 360/370 的指令集采用了这种编码格式。

至此，我们已对计算机指令集结构设计的基本知识进行了比较全面的讨论，下面介绍一种指令集结构实例。

2.6　MIPS 指令集结构

为了帮助读者进一步加深对指令集结构设计的理解，本节将介绍一个实例——MIPS 指令集结构。之所以选择 MIPS，是因为它不仅是一种典型的 RISC 结构，而且很适合学习和研究，易于理解。本书后面各章中使用的例子几乎都是基于该指令集结构的。

微视频 2-4：MIPS 指令集结构

自第一个 MIPS 处理器诞生以来，已经出现了许多版本的 MIPS。下面将介绍 MIPS 64 的一个子集，并将其简称为 MIPS。

2.6.1　MIPS 的寄存器

MIPS 有 32 个 64 位通用寄存器（general-purpose register，GPR）R0，R1，…，R31，它们有时也被称为整数寄存器；R0 的值永远是 0。此外，还有 32 个 64 位浮点寄存器（floating-point register，FPR）F0，F1，…，F31，它们既可以用来存放 32 个单精度浮点数（32 位），也可以用来存放 32 个双精度浮点数（64 位）。当存储单精度浮点数时，只用到 FPR 的一半，其另一半没用。MIPS 提供了单精度和双精度（32 位和 64 位）操作的指令，还提供了在 FPR 和 GPR 之间传送数据的指令。

另外，还有一些特殊寄存器，如浮点状态寄存器，它们用来保存有关浮点操作结果的信息，可以与通用寄存器交换数据。

2.6.2　MIPS 的数据表示

MIPS 的数据表示有以下两类。

- 整数：字节（8 位）、半字（16 位）、字（32 位）和双字（64 位）。
- 浮点数：单精度浮点数（32 位），双精度浮点数（64 位）。

之所以设置半字操作数类型，是因为在类似于 C 的高级语言中有这种数据类型，而且在操作系统等程序中也很常用，这些程序很重视数据所占的空间大小。设置单精度浮点操作数也是基于类似的原因。

MIPS 的操作是针对 64 位整数以及 32/64 位浮点数进行的。字节、半字或字在装入 64 位寄存器时，用零扩展或用符号位扩展来填充该寄存器的剩余部分。装入以后，对它们将按照 64 位整数的方式进行运算。

2.6.3　MIPS 的数据寻址方式

MIPS 的数据寻址方式只有立即数寻址和偏移量寻址两种，立即数字段和偏移量字段都是 16 位的。寄存器间接寻址是通过把 0 作为偏移量来实现的，16 位绝对寻址是通过把 R0（其值永远为 0）作为基址寄存器来完成的。这样实际上就有了 4 种寻址方式。

MIPS 的存储器是按字节寻址的，地址为 64 位。由于 MIPS 是 load-store 结构，GPR 和 FPR 与存储器之间的数据传送都是通过 load 和 store 指令来完成的。与 GPR 有关的存储器访问可以是字节、半字、字或双字。与 FPR 有关的存储器访问可以是单精度浮点数或双精度浮点数。所有存储器访问都必须是边界对齐的。

2.6.4　MIPS 的指令格式

MIPS 的寻址方式是编码到操作码中的。为了使处理器更容易进行流水线实现和译码，所有的指令都是 32 位的。MIPS 按不同类型的指令设置不同的格式，共有 3 种格式，分别对应 I 类指令、R 类指令和 J 类指令，如图 2.8 所示。在这 3 种格式中，同名字段的位置固定不变。这些指令格式很简单，其中操作码占 6 位。

1. I 类指令

I 类指令包括所有的 load 和 store 指令、立即数指令、分支指令、寄存器跳转指令和寄存器链接跳转指令，其格式如图 2.8（a）所示，其中的立即数字段为 16 位，用于提供立即数或偏移量。

图 2.8 MIPS 的指令格式

① load 指令:访存有效地址为 Regs[rs]+immediate,从存储器取来的数据放入寄存器 rt。

② store 指令:访存有效地址为 Regs[rs]+immediate,要存入存储器的数据放在寄存器 rt 中。

③ 立即数指令:Regs[rt]← Regs[rs] op immediate。

④ 分支指令:转移目标地址为 PC+immediate,rt 无用。

⑤ 寄存器跳转指令、寄存器链接跳转指令:转移目标地址为 Regs[rs]。

2. R 类指令

R 类指令包括 ALU 指令、专用寄存器读/写指令、move 指令等,其格式如图 2.8(b)所示。

ALU 指令:Regs[rd]← Regs[rs] funct Regs[rt]。funct 为具体的运算操作编码。

3. J 类指令

J 类指令包括跳转指令、链接跳转指令、自陷指令与异常返回指令,其格式如图 2.8(c)所示。在这类指令中,指令字的低 26 位是偏移量,它与 PC 值相加形成跳转的地址。

2.6.5 MIPS 的操作

MIPS 指令可以分为 4 类:load 和 store 指令、ALU 操作指令、分支与跳转指令和浮点操作指令。

除了 R0 外,所有通用寄存器与浮点寄存器都可以执行 load 或 store 指令。表 2.11 给出了 load 和 store 指令的一些具体示例。单精度浮点数占用浮点寄存器的一半,单精度与双精度之间的转换必须显式地进行。浮点数的格式是 IEEE 754。

表 2.11 MIPS 的 load 和 store 指令示例

指令举例	指令名称	含义
LD R2,20(R3)	装入双字	Regs[R2] $\leftarrow_{64}$ Mem[20+Regs[R3]]
LW R2,40(R3)	装入字	Regs[R2] $\leftarrow_{64}$ (Mem[40+Regs[R3]]$_0$)^{32}## Mem[40+Regs[R3]]
LB R2,30(R3)	装入字节	Regs[R2] $\leftarrow_{64}$ (Mem[30+Regs[R3]]$_0$)^{56}## Mem[30+Regs[R3]]
LBU R2,40(R3)	装入无符号字节	Regs[R2] $\leftarrow_{64}$ 0^{56}## Mem[40+Regs[R3]]
LH R2,30(R3)	装入半字	Regs[R2] $\leftarrow_{64}$ (Mem[30+Regs[R3]]$_0$)^{48}## Mem[30+Regs[R3]]## Mem[31+Regs[R3]]
L.S F2,60(R4)	装入单精度浮点数	Regs[F2] $\leftarrow_{64}$ Mem[60+Regs[R4]] ## 0^{32}
L.D F2,40(R3)	装入双精度浮点数	Regs[F2] $\leftarrow_{64}$ Mem[40+Regs[R3]]
SD R4,300(R5)	保存双字	Mem[300+Regs[R5]] $\leftarrow_{64}$ Regs[R4]
SW R4,300(R5)	保存字	Mem[300+Regs[R5]] $\leftarrow_{32}$ Regs[R4]
S.S F2,40(R2)	保存单精度浮点数	Mem[40+Regs[R2]] $\leftarrow_{32}$ Regs[F2]$_{0..31}$
SH R5,502(R4)	保存半字	Mem[502+Regs[R4]] $\leftarrow_{16}$ Regs[R5]$_{48..63}$

说明：要求内存的值必须是边界对齐。

在下面解释指令的操作时，采用了类 C 语言作为描述语言。在本章 2.2 节中已经给出了几个符号的含义，其他符号的意义如下：

① “$x\leftarrow_n y$”表示从 y 传送 n 位到 x，“x，y←z”表示把 z 传送到 x 和 y。

② 用下标表示字段中具体的位。对于指令和数据，按从最高位到最低位（即从左到右）的顺序依次进行编号，最高位为第 0 位，次高位为第 1 位，依此类推。下标可以是一个数字，也可以是一个范围。例如，Regs[R4]$_0$表示寄存器 R4 的符号位，Regs[R4]$_{56..63}$表示 R4 的最低字节。

③ Mem 表示主存，按字节寻址，可以传输任意个字节。

④ 上标用于表示对字段进行复制的次数（如 0^{32}表示一个 32 位长的全 0 字段）。

⑤ 符号##用于两个字段的拼接，并且可以出现在数据传送的任何一边。

下面举个例子。假设 R8 和 R6 是 64 位的寄存器，则

Regs[R8]$_{32..63}$ $\leftarrow_{32}$ (Mem [Regs[R6]]$_0$)^{24}## Mem [Regs[R6]]

表示的含义为：以 R6 的内容作为地址访问内存，得到的字节按符号位扩展为 32 位后存入 R8 的低 32 位，R8 的高 32 位（即 Regs[R8]$_{0..31}$）不变。

MIPS 中所有的 ALU 指令都是寄存器-寄存器型（RR 型）指令或立即数型。运算操

作包括算术和逻辑操作：加、减、与、或、异或和移位等。表 2.12 中给出了 ALU 指令的一些例子。所有这些指令都支持立即数寻址模式，参与运算的立即数是由指令中的 immediate 字段（低 16 位）经符号扩展后生成。

表 2.12 MIPS 中 ALU 指令的例子

指令举例	指令名称	含义
DADDU R1,R2,R3	无符号加	Regs[R1]← Regs[R2]+Regs[R3]
DADDIU R4,R5,#6	加无符号立即数	Regs[R4]← Regs[R5]+6
LUI R1,#4	把立即数装入一个字的高 16 位	Regs[R1]← 0^{32}## 4 ## 0^{16}
DSLL R1,R2,#5	逻辑左移	Regs[R1]← Regs[R2]<<5
DSLT R1,R2,R3	置小于	if(Regs[R2]< Regs[R3]) Regs[R1]← 1 else Regs[R1]←0

R0 的值永远是 0，它可以用来合成一些常用的操作。例如，

```
DADDIU R1,R0,#100   // 给寄存器 R1 装入常数 100
```

又如，

```
DADD R1,R0,R2       // 把寄存器 R2 中的数据传送到寄存器 R1
```

2.6.6 MIPS 的控制指令

在 MIPS 中控制流的改变是由一组跳转指令和一组分支指令来实现的，表 2.13 给出了几种典型的 MIPS 控制指令。跳转指令都是无条件转移。根据跳转指令确定目标地址的不同方式以及跳转时是否链接，可以把跳转指令分成 4 种：跳转、链接跳转、寄存器链接跳转和寄存器跳转。确定目标地址的方式有两种，一种是把指令中的 26 位偏移量左移 2 位（因为指令字长都是 4 B）后，替换程序计数器的低 28 位；另外一种是由指令中指定的一个寄存器来给出转移目标地址，即间接跳转。简单跳转很简单，就是把目标地址送入程序计数器。而链接跳转（为了实现过程调用）则要比简单跳转多一个操作：把返回地址（即顺序下一条指令的地址）放入寄存器 R31。

表 2.13 典型的 MIPS 控制指令

指令举例	指令名称	含义
J name	跳转	$PC_{36..63}$← name
JAL name	链接跳转	Regs[R31]←PC+4；$PC_{36..63}$← name； $((PC+4)-2^{27}) \leq name < ((PC+4)+2^{27})$

续表

指令举例	指令名称	含义
JALR R3	寄存器链接跳转	Regs[R31]←PC+4;PC← Regs[R3]
JR R5	寄存器跳转	PC← Regs[R5]
BEQZ R4,name	等于零时分支	if(Regs[R4]==0)PC← name; $((PC+4)-2^{17})\leqslant name<((PC+4)+2^{17})$
BNE R3,R4,name	不相等时分支	if(Regs[R3]!=Regs[R4]) PC← name; $((PC+4)-2^{17})\leqslant name<((PC+4)+2^{17})$
MOVZ R1,R2,R3	等于零时移动	if(Regs[R3]==0) Regs[R1]← Regs[R2]

说明：除了以寄存器中的内容为目标地址进行跳转以外，所有其他控制指令的跳转地址都是相对于PC的。

所有的分支指令都是条件转移。分支条件由指令确定，如可能是测试某个寄存器的值是否为零，该寄存器的值可以是一个数据，也可以是前面一条比较指令的结果。MIPS提供了一组比较指令，用于比较两个寄存器的值。例如，“置小于”指令，如果第一个寄存器中的值小于第二个寄存器中的值，则该比较指令在目标寄存器中放置一个1（真），否则将放置一个0（假）。类似的指令还有“置等于”“置不等于”指令等，这些比较指令还有一套与立即数进行比较的形式。

有的分支指令可以直接判断寄存器的值是否为负，或者比较两个寄存器的值是否相等。

分支的目标地址由16位带符号偏移量左移两位后与PC值相加的结果来决定。另外还有一条浮点条件分支指令，该指令通过测试浮点状态寄存器来决定是否进行分支。

2.6.7　MIPS的浮点操作

浮点指令对浮点寄存器中的数据进行操作，并由操作码指出操作数是单精度（SP）还是双精度（DP）的。在指令助记符中，用后缀S表示操作数是单精度浮点数，用后缀D表示是双精度浮点数。例如，MOV.S和MOV.D分别是把一个单精度浮点寄存器或一个双精度浮点寄存器中的值复制到另一个同类型的寄存器中。MFC1和MTC1是在一个单精度浮点寄存器和一个整数寄存器之间传送数据。另外，MIPS还设置了在整数与浮点之间进行相互转换的指令。

浮点操作包括加、减、乘、除，分别有单精度和双精度指令。例如，加法指令ADD.D（双精度）和ADD.S（单精度），减法指令SUB.D和SUB.S等。浮点数比较指令会根据比较结果设置浮点状态寄存器中的某一位，以便后面的分支指令BC1T（若真则分支）或BC1F（若假则分支）测试该位，以决定是否进行分支。

习题 2

2.1 解释下列术语：

堆栈型计算机	累加器型计算机	通用寄存器型计算机	CISC
RISC	寻址方式	数据表示	

2.2 区别不同指令集结构的主要因素是什么？根据这个主要因素可将指令集结构分为哪 3 类？

2.3 常见的 3 种通用寄存器型指令集结构的优缺点有哪些？

2.4 指令集应满足哪几个基本要求？

2.5 指令集结构设计所涉及的内容有哪些？

2.6 简述 CISC 指令集结构功能设计的主要目标。从当前的计算机技术观点来看，CISC 有什么缺点？

2.7 简述 RISC 指令集结构的设计原则。

2.8 指令中表示操作数类型的方法有哪几种？

2.9 表示寻址方式的主要方法有哪些？简述这些方法的优缺点。

2.10 通常有哪几种指令格式，简述其适用范围。

2.11 根据 CPU 性能公式，简述 RISC 与 CISC 的性能特点。

第 3 章　流水线技术

主要内容

—流水线的基本概念
—流水线的性能指标
—流水线的相关与冲突
—流水线的实现
—向理处理机

3.1　流水线的基本概念

3.1.1　什么是流水线

微视频 3-1：什么是流水线

读者对工业生产中的流水线一定不陌生。例如，在电视机装配流水线中把整个装配过程分为多道工序，每道工序由一个人完成特定的安装或测试等工作。整条流水线流动起来后，可以实现每隔一定的时间（如一分钟）就有一台电视机下线。如果跟踪一台电视机的装配过程就会发现其总的装配时间并没有缩短，但由于多台电视机的装配在时间上错开后重叠进行，因此最终能达到总体装配速度（吞吐量）的提高。

在计算机中也可以采用类似的方法，把一个重复的过程分解为若干个子过程（相当于上面的工序），每个子过程由专门的功能部件来实现。把多个处理过程在时间上错开，依次通过各功能段，这样每个子过程就可以与其他子过程并行进行，这就是流水线（pipeline）技术。流水线中的每个子过程及其功能部件称为流水线的级或段，段与段相互连接形成流水线。流水线的段数称为流水线的深度（pipeline depth）。

把流水线技术应用于指令的解释执行过程就形成了指令流水线（instruction pipeline）。例如，可以把指令的执行过程分为取指令、译码、执行、存结果 4 个子过程，如图 3.1 所示。

图 3.1 4 段指令流水线

图 3.2 浮点加法流水线

把流水线技术应用于运算的执行过程就形成了运算流水线(arithmetic pipeline),也称为部件级流水线。图 3.2 所示是一条浮点加法流水线,它将浮点加法的执行过程分解为求阶差、对阶、尾数相加、规格化 4 个子过程,每一个子过程在各自独立的部件上完成。如果各段的时间相等,都是 Δt,那么虽然完成一次浮点加法所需要的总时间(从“入”到“出”)为 $4\Delta t$,但若在输入端连续送入加法任务,则从加法器的输出端来看,却是每隔一个 Δt 就输出一个浮点加法结果。因此,采用 4 段流水线的浮点加法器,处理机浮点加法运算的速度能提高 3 倍。

流水线的工作过程常采用时空图的方法来描述。图 3.3 所示是图 3.1 所示 4 段指令流水线的时空图(这里假设各段的时间相等)。在时空图中,横坐标表示时间,当流水线中各段的时间相等时,横坐标经常以一个段的时间(如 Δt)作为刻度单位;纵坐标表示空间,即流水线中的每一个流水段。

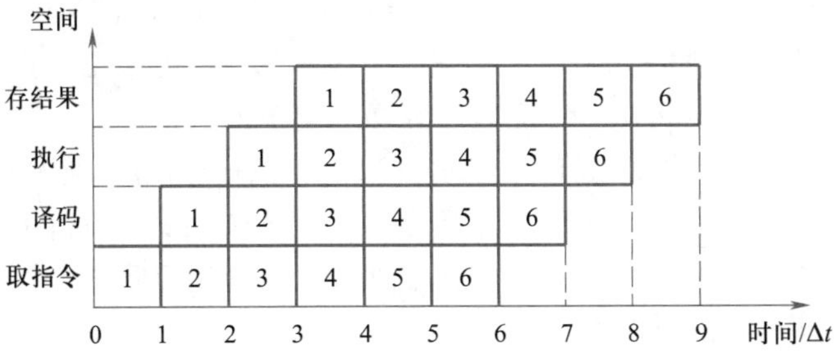

图 3.3 指令流水线的时空图

在图 3.3 中,格子中的数字 1 代表第 1 条指令,2 代表第 2 条指令……第 1 条指令在时刻 0 进入流水线;第 2 条指令在时刻 1 进入流水线,同时第 1 条指令离开“取指令”段而进入“译码”段;第 3 条指令在时刻 2 进入流水线,同时第 1 条指令离开“译码”段而进入“执行”段,第 2 条指令离开“取指令”段而进入“译码”段;第 4 条指令在时刻 3 进入流水线,同时第 1 条指令离开“执行”段而进入“存结果”段,第 2 条指令离开“译码”段而进入“执行”段,第 3 条指令离开“取指令”段而进入“译码”段;依此类推。

从上面的分析可以看出,流水线技术有以下特点:

① 流水线把一个处理过程分解为若干个子过程(段),每个子过程由一个专门的功

能部件来实现。因此，流水线实际上是把一个大的处理功能部件分解为多个独立的功能部件，并依靠它们的并行工作来缩短程序的执行时间。

② 流水线中各段的时间应尽可能相等，否则将引起流水线堵塞、断流。因为时间长的段将成为流水线的“瓶颈”，此时流水线中的其他功能部件就不能充分发挥作用，因此瓶颈问题是流水线设计中必须解决的。

③ 流水线每一个功能部件的后面都要有一个缓冲寄存器（锁存器），称为流水线寄存器。其作用是在相邻的两段之间传送数据，以保证提供后面要用到的数据，并把各段的处理工作相互隔离。

④ 流水线技术适用于大量重复的时序过程，只有在输入端不断地提供任务，才能充分发挥流水线的效率。

⑤ 流水线需要有通过时间和排空时间，即第一个任务和最后一个任务从进入流水线到流出结果的时间段。在这两个时间段中，流水线都不是满载。经过通过时间后，流水线进入满载工作状态，整条流水线的效率才能得到充分发挥。

3.1.2 流水线的分类

微视频 3-2：流水线的分类

从不同的角度和观点，可以把流水线分成多种不同的种类。

1. 单功能流水线与多功能流水线

这是按照流水线所完成的功能来分类。

① 单功能流水线：只能完成一种固定功能的流水线，如前面介绍的浮点加法流水线。若要完成多种功能，可采用多条单功能流水线。例如，Cray-1巨型机有 12 条单功能流水线。

② 多功能流水线（multifunction pipeline）：流水线的各段可以进行不同的连接，以实现不同的功能。一个典型例子是 ASC 处理机中采用的运算流水线，它有 8 个功能段，按不同的连接可以实现浮点加法运算和定点乘法运算，如图 3.4 所示。

2. 静态流水线与动态流水线

这是按照同一时间内各段之间的连接方式来对多功能流水线作进一步的分类。

① 静态流水线（static pipeline）：在同一时间内，多功能流水线中的各段只能按同一种功能的连接方式工作。当要按另一种连接实现其他功能时，必须等按原来连接方式处理的所有任务都流出流水线之后，才能改变连接。例如，上述 ASC 处理机的 8 段只能是或者按浮点加法运算连接方式工作，或者按定点乘法运算连接方式工作。在图 3.5 中，当要在 n 个浮点加法运算后进行定点乘法时，必须等最后一个浮点加法（n）做完、流水线排空后，才能改变连接，开始新的运算。

② 动态流水线（dynamic pipeline）：在同一时间内，多功能流水线中的各段可以按照不同的方式连接，同时执行多种功能。它允许在某些段正在实现某种运算时，另一些段却在实现另一种运算，因而更加灵活，能够提高流水线各段的使用率，从而提高处理

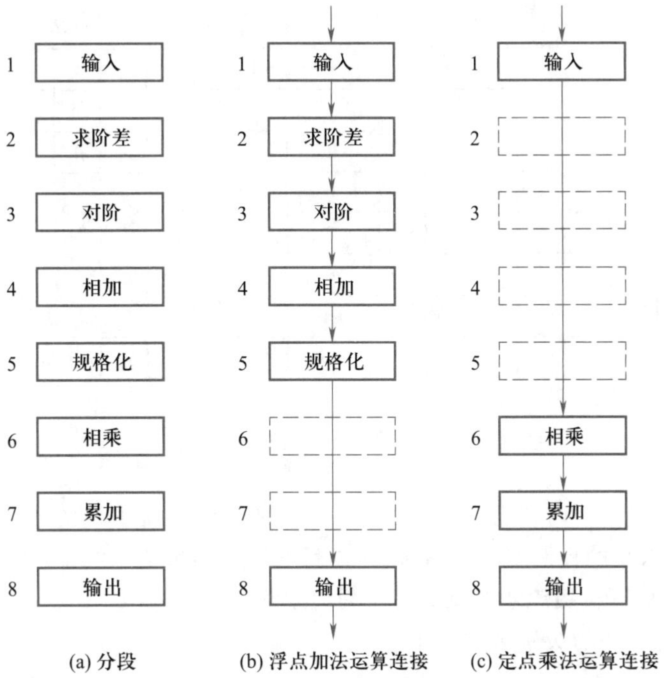

图 3.4 ASC 处理机的多功能流水线

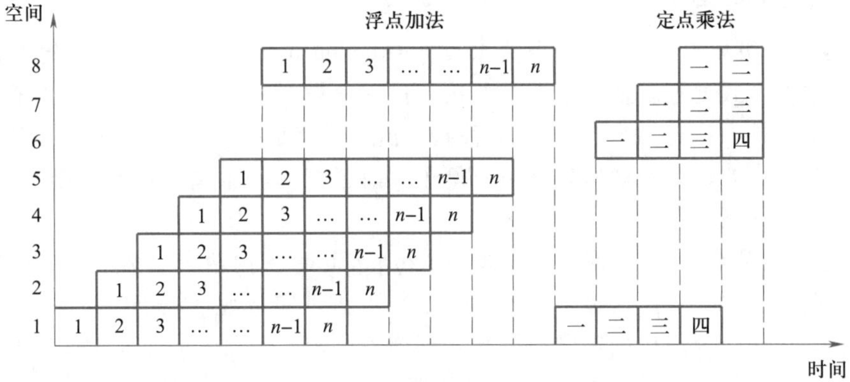

图 3.5 静态流水线的时空图

速度。例如,对于图 3.5 所示的情况,动态流水线的处理过程如图 3.6 所示。这里,定点乘法提前开始了(相对于静态流水线而言)。可以提前多少取决于任务的流动情况,要保证不能在公用段发生冲突。

显然,对于静态流水线来说,只有当输入的是一串相同的运算任务时,流水线的效率才能得到充分发挥。如果交替输入不同的运算任务(如浮点加法和定点乘法交替),则流水线的效率会降低到和顺序处理方式一样。而动态流水线则不同,它允许多种运

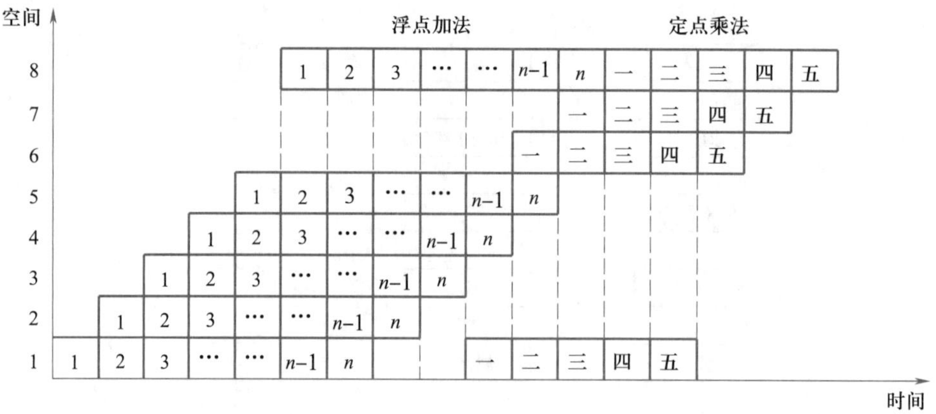

图 3.6　动态流水线的时空图

算在同一条流水线中同时执行。因此,在一般情况下动态流水线的效率比静态流水线高,但是动态流水线的控制要复杂得多,所以目前绝大多数流水线是静态流水线。

3. 部件级、处理机级流水线及处理机间流水线

这是按照流水线的级别来进行分类。

① 部件级流水线(又称运算流水线,arithmetic pipeline):把处理机的算术逻辑运算部件分段,使得各种类型的运算操作能够按流水线方式进行。图 3.2 中的浮点加法流水线就是一个典型的例子。

② 处理机级流水线(又称指令流水线,instruction pipeline):把指令的解释执行过程按照流水线方式处理。把一条指令的执行过程分解为若干个子过程,每个子过程在独立的功能部件中执行。图 3.1 中的 4 段指令流水线就是一个例子,图 3.16 中的 5 段指令流水线是后面要详细论述的另外一个例子。前者能同时重叠执行 4 条指令,后者能同时重叠执行 5 条指令。

③ 处理机间流水线(又称宏流水线,macro pipeline):由两个或两个以上的处理机串行连接起来,对同一数据流进行处理,每个处理机完成整个任务中的一部分。如图 3.7所示,前一个处理机的输出结果存入存储器中,作为后一个处理机的输入。这一般属于异构型多处理机系统,它对提高各处理机的效率有很大的作用。

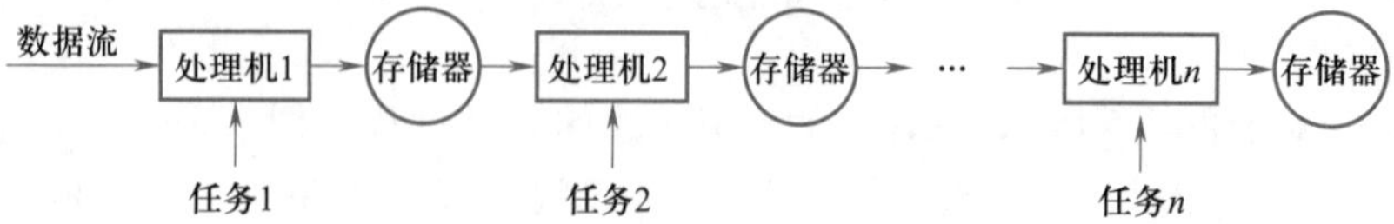

图 3.7　宏流水线

4. 线性流水线与非线性流水线

这是按照流水线中是否有反馈回路来进行分类。

① 线性流水线(linear pipeline):流水线的各段串行连接,没有反馈回路。数据通过流水线中的各段时,每一个段最多只流过一次。

② 非线性流水线(nonlinear pipeline):流水线中除了有串行的连接外,还有反馈回路。图 3.8 所示就是一个非线性流水线的例子,它由 4 段组成,经反馈回路和多路开关使某些段要多次通过(如第 2、3、4 段),而有些段(第 2 段)则可以被跳过。非线性流水线常用于递归或组成多功能流水线。在非线性流水线中,一个重要的问题是确定什么时候向流水线引进新的任务,才能使该任务不会与先前进入流水线的任务发生冲突,即争用流水段。这就是非线性流水线的调度问题。

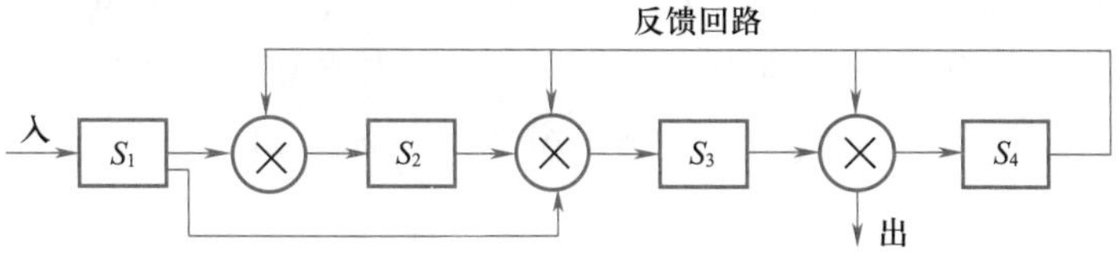

图 3.8 非线性流水线示例

5. 按序流水线与乱序流水线

这是根据任务流入和流出的顺序是否相同来进行分类。

① 按序流水线(in-order pipeline):流水线输出端任务流出的顺序与输入端任务流入的顺序完全相同。每一个任务在流水线的各段中是一个跟着一个顺序流动的。

② 乱序流水线(out-of-order pipeline):流水线输出端任务流出的顺序与输入端任务流入的顺序可以不同,允许后进入流水线的任务先完成(从输出端流出),又称为无序流水线、错序流水线、异步流水线。

通常把指令执行部件中采用流水线的处理机称为流水线处理机。如果处理机不具有向量数据表示和向量指令,仅对标量数据进行流水线处理,如 IBM 360/91、Amdahl 470V/6 等,就称为标量流水线处理机(scalar pipelining processor)。向量流水线处理机(vector pipelining processor)则是指具有向量数据表示和向量指令的处理机。向量流水线处理机是向量数据表示和流水线技术的结合。典型的例子有 TI ASC、STAR-100、Cyber-205、Cray-1和 YH-1 等。

3.2 流水线的性能指标

衡量流水线性能的主要指标有吞吐量、加速比和效率。

3.2.1 吞吐量

吞吐量(TP)是指在单位时间内流水线所完成的任务数量或输出结果的数量。其计算公式如下：

微视频 3-3：流水线的性能指标

$$\mathrm{TP}=\frac{n}{T_k} \tag{3.1}$$

其中，n 为任务数，T_k 是处理完成 n 个任务所用的时间。该式是计算流水线吞吐量最基本的公式。

1. 各段时间均相等的流水线

图 3.9 所示是各段时间均相等的流水线时空图。对于一条 k 段线性流水线来说，在连续输入 n 个任务的理想情况下，第一个任务输入后，经过 k 个单位时间从输出端流出（完成），此后的 $n-1$ 个单位时间中，每个单位时间完成一个任务。在这种情况下，流水线完成 n 个连续任务所需要的总时间为

$$T_k = k\Delta t+(n-1)\Delta t = (k+n-1)\Delta t \tag{3.2}$$

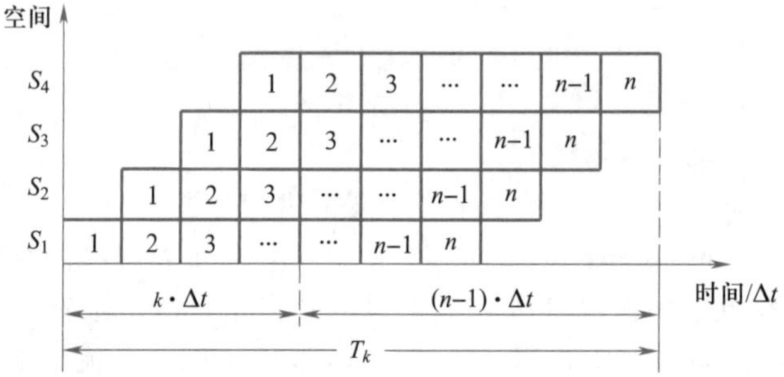

图 3.9　各段时间相等的流水线时空图

将式(3.2)代入式(3.1)，得流水线的实际吞吐量为

$$\mathrm{TP}=\frac{n}{(k+n-1)\Delta t} \tag{3.3}$$

这种情况下的最大吞吐量为

$$\mathrm{TP}_{\max}=\lim_{n\to\infty}\frac{n}{(k+n-1)\Delta t}=\frac{1}{\Delta t} \tag{3.4}$$

最大吞吐量与实际吞吐量的关系是

$$\mathrm{TP}=\frac{n}{k+n-1}\mathrm{TP}_{\max} \tag{3.5}$$

从式(3.5)中可以看出，流水线的实际吞吐量要小于最大吞吐量，它除了与每个段的时间有关外，还与流水线的段数 k、输入流水线中的任务数 n 等有关。只有当 $n>>k$ 时，才有 $\mathrm{TP}\approx\mathrm{TP}_{\max}$。

2. 各段时间不完全相等的流水线

当流水线中各段时间不完全相等时，情况就复杂多了。在图 3.10(a)所示的流水线

中，S_1、S_2、S_4各段的时间都是 Δt，唯有 S_3的时间是 $3\Delta t$，是其他各段时间的 3 倍。流水线中这种时间最长的段称为流水线的瓶颈段。图 3.10(b)是该流水线的时空图，图中的深色方格表示相应流水段在这一时间内是空闲的。

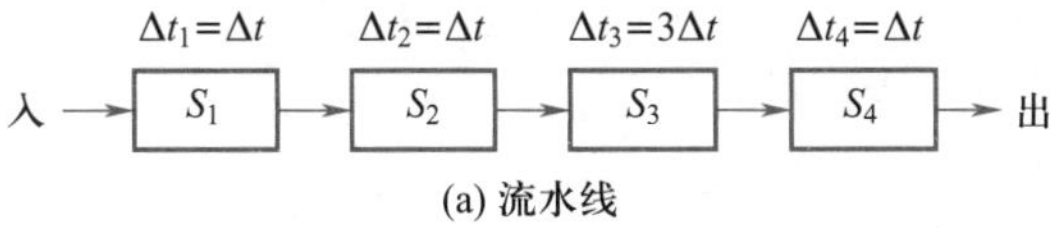

(a) 流水线

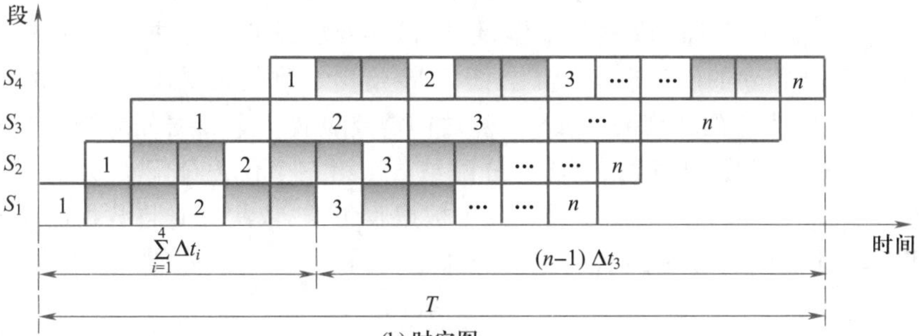

(b) 时空图

图 3.10　各段时间不完全相等的流水线时空图

一般地，各段时间不完全相等的流水线的实际吞吐量为

$$\mathrm{TP}=\frac{n}{\sum_{i=1}^{k}\Delta t_i+(n-1)\max(\Delta t_1,\Delta t_2,\cdots,\Delta t_k)} \tag{3.6}$$

其中，Δt_i为第 i 段的时间，共有 k 个段。分母中的第一部分是流水线完成第一个任务所用的时间，第二部分是完成其余 $n-1$ 个任务所用的时间。

在这种情况下，流水线的最大吞吐量为

$$\mathrm{TP}_{\max}=\frac{1}{\max(\Delta t_1,\Delta t_2,\cdots,\Delta t_k)} \tag{3.7}$$

对于图 3.10 所示的例子，最大吞吐量为

$$\mathrm{TP}_{\max}=\frac{1}{3\Delta t} \tag{3.8}$$

从式(3.6)和式(3.7)可以看出，当流水线各段的时间不完全相等时，流水线的最大吞吐量与实际吞吐量由时间最长的那个段决定，该段就成为整个流水线的瓶颈。这时瓶颈段一直处于忙碌状态，而其余各段有许多时间是空闲的，硬件使用效率低。

解决流水线瓶颈问题的常用方法有以下两种。

(1) 细分瓶颈段

在图 3.11 中，把瓶颈段 S_3细分为 3 个子流水段：S_{3a}、S_{3b}、S_{3c}。这样，所产生的流水线的各段时间均为 Δt，每隔 Δt 流出一个结果。

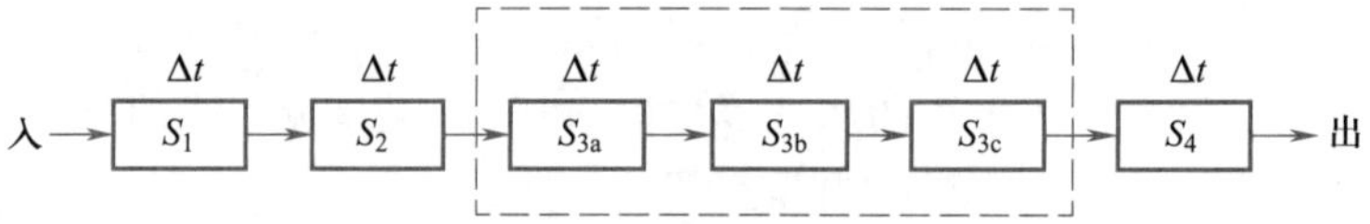

图 3.11 细分瓶颈段

(2) 重复设置瓶颈段

如果由于结构等方面的原因无法再细分瓶颈段时，可以通过重复设置瓶颈段的方法来消除瓶颈。重复设置的段并行工作，依次错开处理任务。这种方法的缺点是控制逻辑比较复杂，所需要的硬件也增加了。图 3.12 给出了重复设置瓶颈段及相应的流水线时空图。这里，从 S_2 到并列的 S_{3a}、S_{3b}、S_{3c} 之间需要设置一个数据分配器，它把从 S_2 输出的第一个任务分配给 S_{3a}，第二个任务分配给 S_{3b}，第三个任务分配给 S_{3c}，之后依此重复。而在 S_{3a}、S_{3b}、S_{3c} 到 S_4 之间需要设置一个数据收集器，依次分时将数据收集到 S_4 中。改进后的流水线能做到每隔 Δt 流出一个结果。

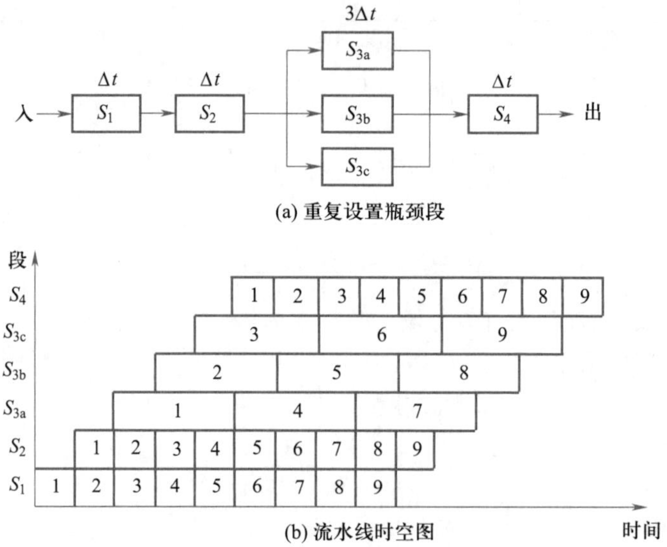

图 3.12 重复设置瓶颈段及相应的流水线时空图

对于图 3.10 所示的例子，这两种方法都能使改进后的流水线的吞吐量达到最大为

$$TP_{max} = \frac{1}{\Delta t} \tag{3.9}$$

3.2.2 加速比

完成同样一批任务，不使用流水线所用的时间与使用流水线所用的时间之比称为流水线的加速比(speedup)。设不使用流水线(即顺序执行)所用的时间为 T_s，使用流水

线所用的时间为 T_k，则流水线的加速比为

$$S=\frac{T_s}{T_k} \tag{3.10}$$

如果流水线各段时间相等，都是 Δt，则一条 k 段流水线完成 n 个连续任务所需要的时间为 $T_k=(k+n-1)\Delta t$。而这 n 个任务若是顺序执行，则所需要的时间为 $T_s=nk\Delta t$。代入式(3.10)，得流水线的实际加速比为

$$S=\frac{nk}{k+n-1} \tag{3.11}$$

这种情况下的最大加速比为

$$S_{\max}=\lim_{n\to\infty}\frac{nk}{k+n-1}=k \tag{3.12}$$

即当 $n>>k$ 时，流水线的加速比等于流水线的段数。从这个意义上看，流水线的段数越多越好，但这会给流水线的设计带来许多问题，对此将在后面进一步讨论。

当流水线的各段时间不完全相等时，一条 k 段流水线完成 n 个连续任务的实际加速比为

$$S=\frac{n\sum_{i=1}^{k}\Delta t_i}{\sum_{i=1}^{k}\Delta t_i+(n-1)\max(\Delta t_1,\Delta t_2,\cdots,\Delta t_k)} \tag{3.13}$$

3.2.3 效率

流水线的效率(efficiency)是指流水线中的设备实际使用时间与整个运行时间的比值，即流水线设备的利用率。由于流水线有通过时间和排空时间，所以在连续完成 n 个任务的时间内，各段并不是满负荷工作。

如果各段时间相等，如图 3.9 所示那样，则各段的效率 e_i 是相同的。

$$e_1=e_2=\cdots=e_k=\frac{n\Delta t}{T_k}=\frac{n}{k+n-1} \tag{3.14}$$

整条流水线的效率为

$$E=\frac{e_1+e_2+\cdots+e_k}{k}=\frac{ke_1}{k}=\frac{kn\Delta t}{kT_k} \tag{3.15}$$

还可以写成

$$E=\frac{n}{k+n-1} \tag{3.16}$$

最高效率为

$$E_{\max}=\lim_{n\to\infty}\frac{n}{k+n-1}=1 \tag{3.17}$$

显然，当 $n>>k$ 时，流水线的效率接近最大值 1。这时流水线的各段均处于忙碌状态。根据式(3.3)和式(3.16)，可得

$$E=\mathrm{TP}\cdot\Delta t \tag{3.18}$$

即当流水线各段时间相等时，流水线的效率与吞吐量成正比。根据式(3.11)和式(3.16)，可得

$$E=\frac{S}{k} \tag{3.19}$$

即流水线的效率是流水线的实际加速比 S 与它的最大加速比 k 的比值。只有当 $E=1$时，$S=k$，实际加速比达到最大。

式(3.15)中的分母 kT_k实际上就是时空图中 k 个段和流水总时间 T_k所围成的总面积，而分子 $kn\Delta t$ 则是时空图中 n 个任务实际占用的总面积。所以，从时空图上看，所谓效率，就是 n 个任务占用的时空面积和 k 个段总的时空面积之比。

虽然当流水线的各段时间不等时，各段的效率会不同，但同样也有上述的结论。因此，计算流水线效率的一般公式可以表示为

$$E=\frac{n\text{ 个任务实际占用的时空区}}{k\text{ 个段总的时空区}} \tag{3.20}$$

画出流水线的时空图，然后根据上式来计算效率，是一种比较直观通用的方法，对于线性流水线、非线性流水线、多功能流水线、任务不连续的情况等都适用。

在各段时间不等的情况下，连续执行 n 个任务时流水线的效率为

$$E=\frac{n\cdot\sum_{i=1}^{k}\Delta t_i}{k\left[\sum_{i=1}^{k}\Delta t_i+(n-1)\cdot\max(\Delta t_1,\Delta t_2,\cdots,\Delta t_k)\right]} \tag{3.21}$$

3.2.4 流水线性能分析举例

微视频 3-4：
流水线的性能分析举例

例 3.1 设在图 3.5 所示的静态流水线上计算 $\prod_{i=1}^{4}(A_i+B_i)$，流水线的输出可以直接返回输入端或暂存于相应的流水线寄存器中，试计算其吞吐量、加速比和效率。

解 首先应选择适合流水线工作的算法。对于本题，应先计算 A_1+B_1、A_2+B_2、A_3+B_3和 A_4+B_4，再计算$(A_1+B_1)\times(A_2+B_2)$和$(A_3+B_3)\times(A_4+B_4)$，然后求总的乘积结果。

其次画出完成该计算的时空图，如图 3.13 所示，图中有填充的部分表示该段在工作。由图 3.13 可见，它在 18 个 Δt 时间中给出了 7 个结果，所以吞吐量为

$$\mathrm{TP}=\frac{7}{18\Delta t}$$

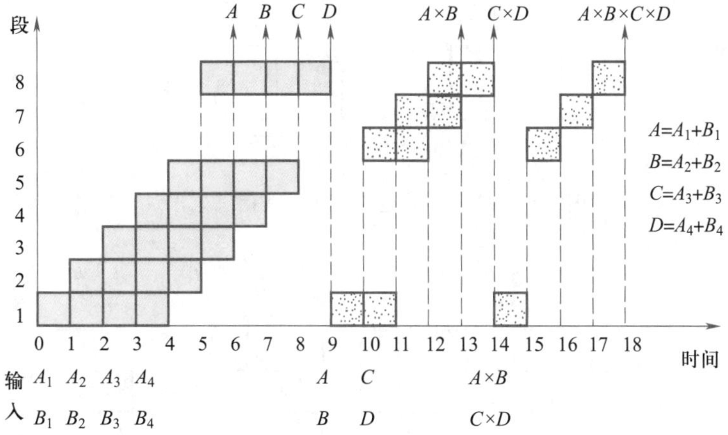

图 3.13 完成加乘运算的多功能静态流水线时空图

如果不用流水线，由于一次求和需 $6\Delta t$，一次求积需 $4\Delta t$，则产生上述 7 个结果共需 $(4\times6+3\times4)\Delta t=36\Delta t$。所以加速比为

$$S=\frac{36\Delta t}{18\Delta t}=2$$

该流水线的效率可由填充区和 8 个段总时空区的比值求得

$$E=\frac{4\times6+3\times4}{8\times18}=0.25$$

该流水线的效率很低，其主要原因是：

① 多功能流水线在做某一种运算时，总有一些段是空闲的。

② 静态流水线在进行功能切换时，要等前一种运算全部流出流水线后才能进行后面的运算。

③ 运算之间存在关联，后面有些运算要用到前面运算的结果，这就是后面要讨论的相关问题。

④ 流水线的工作过程有建立与排空部分。

例 3.2 有一条动态多功能流水线由 5 段组成（如图 3.14 所示），加法用 1、3、4、5 段，乘法用 1、2、5 段，第 2 段的时间为 $2\Delta t$，其余各段时间均为 Δt，而且流水线的输出可以直接返回输入端或暂存于相应的流水线寄存器中。若在该流水线上计算 $\sum_{i=1}^{4}(A_i\times B_i)$，试计算其吞吐量、加速比和效率。

解 首先应选择适合流水线工作的算法。对于本题，应先计算 $A_1\times B_1$、$A_2\times B_2$、$A_3\times B_3$ 和 $A_4\times B_4$，再计算 $(A_1\times B_1)+(A_2\times B_2)$ 和 $(A_3\times B_3)+(A_4\times B_4)$，求出总的累加结果。然后画出完成该计算的时空图，如图 3.15 所示，图中有填充的部分表示该段在工作。

由图 3.15 可见，它在 18 个 Δt 时间中给出了 7 个结果，所以吞吐量为

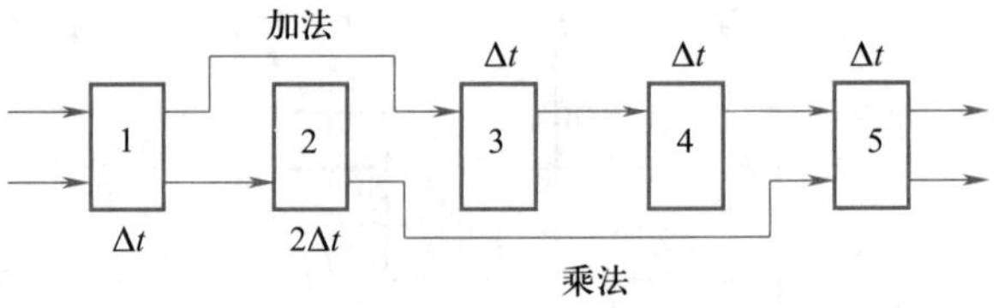

图 3.14　完成加乘运算的多功能动态流水线

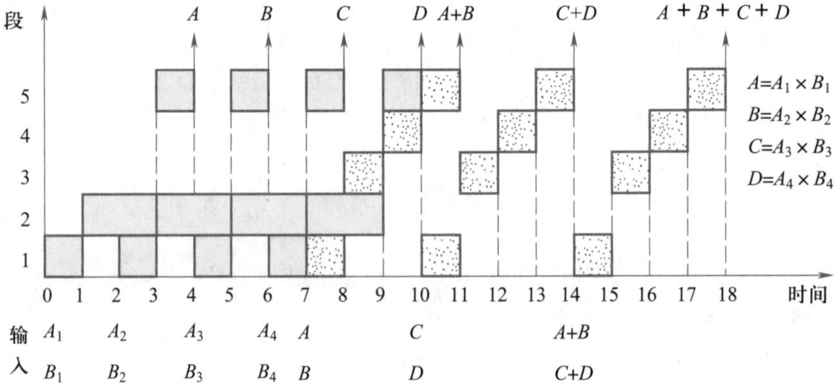

图 3.15　完成加乘运算的多功能动态流水线时空图

$$\mathrm{TP}=\frac{7}{18\Delta t}$$

如果不用流水线，由于一次求积需 $4\Delta t$，一次求和需 $4\Delta t$，则产生上述 7 个结果共需 $(4\times4+3\times4)\Delta t=28\Delta t$。所以加速比为

$$S=\frac{28\Delta t}{18\Delta t}\approx1.56$$

该流水线的效率可由填充区和 8 个段总时空区的比值求得

$$E=\frac{4\times4+3\times4}{5\times18}\approx0.31$$

3.2.5　流水线设计中的若干问题

本小节讨论流水线设计中的若干问题。

1. 瓶颈问题

理想情况下，流水线在工作时其中的任务是每个节拍同步往前流动一段，这个节拍往往就是计算机的时钟周期。当流水线各段不均匀，即有的段处理时间比别的都长时，这个段就成了瓶颈。计算机的时钟周期取决于这个瓶颈段的延迟时间。因此，在设计流水线时要尽可能使各段时间相等。

2. 流水线的额外开销问题

流水线的额外开销是指流水线寄存器延迟和时钟偏移开销。它们都是采用流水线技术后额外产生的，即在非流水线方式中是没有的。前已提及，流水线的段与段之间都要设置流水线寄存器，用于在相邻的两段之间传送数据和隔离各自的处理工作。流水线寄存器需要建立时间和传输延迟。建立时间（setup time）是指在触发写操作的时钟信号到达之前寄存器输入必须保持稳定的时间。传输延迟（propagation delay）是指时钟信号到达后到寄存器输出可用的时间。时钟偏移开销是指流水线中时钟到达各流水线寄存器的最大差值时间（时钟到达各流水线寄存器的时间不是完全相同的）。

微视频 3-5：流水线设计中的若干问题

采用流水线技术后，虽然可以提高指令执行的吞吐量，进而提高程序的执行速度，但流水线实际上并不能真正减少一条指令的执行时间。实际上，由于这些开销的存在，反而会使每条指令的执行时间有所增加，这限制了流水线深度的增加。前面曾指出，增加流水线的段数可以提高流水线的性能，但是流水线段数的增加是受到这些额外开销限制的，一旦时钟周期减少到与额外开销时间相近时，流水线就已经没有任何意义了，因为这时在每个时钟周期内已经几乎没有时间来做有用的工作了。

由于这些额外开销对流水线的性能有较大的影响，特别是当流水线深度比较大、时钟周期比较小时更是如此，所以设计者必须选择高性能锁存器作为流水线寄存器。

3. 冲突问题

从例 3.1 和例 3.2 可以看出，在运算流水线中，如果后面的计算要用到前面计算的结果，则流水线的性能和效率会受到比较大的影响。对于指令流水线来说也是如此。如果流水线中的指令之间存在关联，则它们可能要相互等待，引起流水线的停顿（stall）。因此，如何处理好冲突问题，是流水线设计中要解决的重要问题之一。

3.3　流水线的相关与冲突

3.3.1　一个经典的 5 段流水线

为了便于后面的讨论，本小节介绍一个经典的 5 段 RISC 流水线。为了更好地理解在流水线方式下如何实现一个 RISC 指令集，首先来看看在非流水线情况下是如何实现的。下面先介绍一种简单的实现方案，然后将之扩展到流水线实现。需要说明的是，这里给出的方案并不是性能最好或成本最低的，而只是用来帮助我们更自然地理解指令流水线的原理和实现。

在这个实现方案中，一条指令的执行过程分为以下5个周期。

1. 取指令(IF)周期

根据程序计数器(PC)指示的地址从存储器中取出指令并放入指令寄存器IR。同时，PC值加4(假设每条指令占4 B)，指向顺序的下一条指令。

2. 指令译码/读寄存器(ID)周期

对指令进行译码，并用IR中的寄存器编号访问通用寄存器组，读出所需的操作数。

3. 执行/有效地址计算(EX)周期

在这个周期，ALU对在ID周期准备好的操作数进行运算或处理。不同指令所进行的操作不同。

① 存储器访问指令：ALU将指定寄存器的内容与偏移量相加，形成用于访存的有效地址。

② 寄存器-寄存器ALU指令：ALU按照操作码指定的操作对从通用寄存器组中读取的数据进行运算。

③ 寄存器-立即数ALU指令：ALU按照操作码指定的操作对从通用寄存器组中读取的第一操作数和立即数进行运算。

④ 分支指令：ALU将偏移量与PC值相加，形成转移目标的地址。同时，对在ID周期读出的操作数进行判断，确定分支是否成功。

4. 存储器访问/分支完成(MEM)周期

① load和store指令：对于load指令，用EX周期计算出的有效地址从存储器中读出相应的数据；对于store指令，则将指定数据写入该有效地址所指定的存储器单元。

② 分支指令：如果在EX周期判定该分支“成功”，则将转移目标地址送入PC，分支指令执行完成。在追求更高性能的方案中，可以把分支指令的执行放到ID段完成，但这样要增加用于计算转移目标地址的加法器。

其他类型的指令在此周期不做任何操作。

5. 写回(WB)周期

ALU运算指令和load指令在本周期把结果数据写入通用寄存器组。对于ALU运算指令来说，这个结果数据来自ALU，而对于load指令来说，这个结果数据来自存储器。

在这个实现方案中，分支指令需要4个时钟周期(如果把分支指令的执行提前到ID周期，则只需要两个周期)，store指令需要4个周期，其他指令则需要5个周期才能完成。

把上述实现方案修改为流水线实现是比较直观和简单的，只要把上面的每一个周期作为一个流水段，并在各段之间加上锁存器，就构成了如图3.16所示的5段流水线。这些锁存器称为流水线寄存器。如果在每个时钟周期启动一条指令，则采用流水线方式后的性能将是非流水线方式的5倍。不过事情也没这么简单，还需要解决好流水线带来的一些问题。

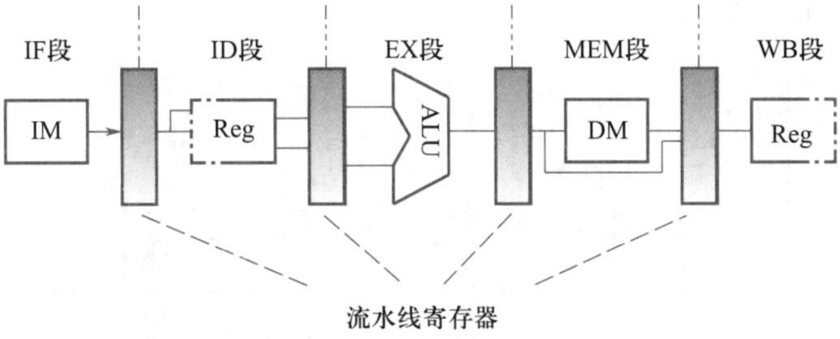

图 3.16　一个经典的 5 段流水线

在进一步讨论之前,先介绍另外一种时空图,它与前面介绍的时空图不同。例如,图 3.17 就是图 3.16 所示流水线的这种时空图,其横向与图 3.3 中的横坐标类似,表示时间,这里用的是时钟周期。但纵向及时空区中的内容与图 3.3 的不同,图 3.3 的纵坐标(向上)是各流水段,时空区中填的是所处理的任务,而图 3.17 中的纵向(向下)却是所执行的指令(相当于图 3.3 中的任务)按顺序列出,时空分区中填的是各流水段名称。这种时空图直观地展现了指令的重叠执行情况。图 3.18 是这种时空图的又一种画法,它以数据通路的快照形式更直观地展现了部件重叠工作的情况。在后面的论述中将经常采用这两种画法。

指令	时钟周期								
	1	2	3	4	5	6	7	8	9
指令*k*	IF	ID	EX	MEM	WB				
指令*k*+1		IF	ID	EX	MEM	WB			
指令*k*+2			IF	ID	EX	MEM	WB		
指令*k*+3				IF	ID	EX	MEM	WB	
指令*k*+4					IF	ID	EX	MEM	WB

图 3.17　5 段流水线的另一种时空图

采用流水线方式实现时,首先要保证不会在同一时钟周期要求同一个功能段做两件不同的工作。例如,不能要求 ALU 同时做有效地址计算和算术运算。RISC 指令集比较简洁,所以这件事情不太难做。在图 3.16 中,如果分支指令是在 EX 段完成,那么就不会发生这种冲突。

其次,为了避免 IF 段的访存(取指令)与 MEM 段的访存(读/写数据)发生冲突,必须采用分离的指令存储器和数据存储器。一般采用分离的指令 Cache 和数据 Cache。而且,如果这里的时钟周期与前面非流水线方式下的时钟周期相同,那么存储器系统的带宽必须提高到原来的 5 倍。这是一个不小的代价。

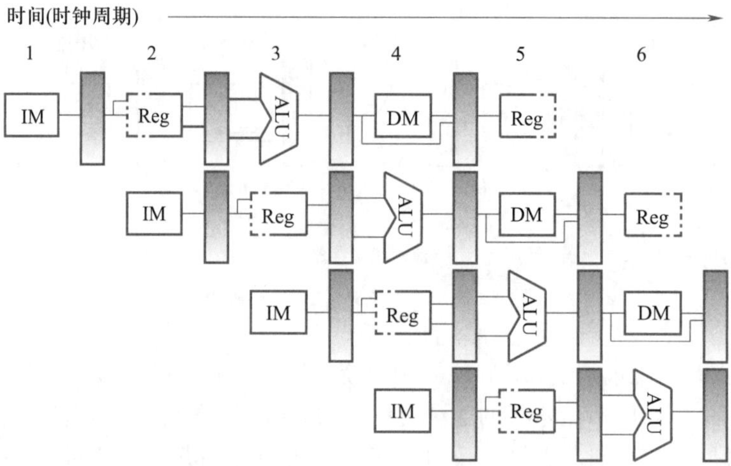

图 3.18　时空图的另一种画法

再次，ID 段要对通用寄存器组进行读操作，而 WB 段要对通用寄存器组进行写操作，为了解决对同一通用寄存器的访问冲突，把写操作安排在时钟周期的前半拍完成，把读操作安排在后半拍完成。在图 3.16 中，用部件 Reg 的边框相应部分为实线来表示。

最后，图 3.16 中没有考虑 PC 的问题。为了做到每一个时钟周期启动一条指令，必须在每个时钟周期都做 PC 值加 4 的操作。这是在 IF 段完成的，为此需要设置一个专门的加法器。而且分支指令也要修改 PC 的值，它到 MEM 段才会进行修改。3.3.2小节将详细讨论分支的处理问题。

3.3.2　相关与流水线冲突

微视频 3-6：流水线的相关

1. 相关

相关是指两条指令之间存在某种依赖关系。确定程序中指令之间存在什么样的相关，对于充分发挥流水线的效率有重要的意义。如果指令之间没有任何关系，那么当流水线有足够的硬件资源时，它们就能在流水线中顺利地重叠执行，不会引起任何停顿。相反，如果两条指令相关，则它们就有可能不能在流水线中重叠执行或者只能部分重叠。

相关有 3 种类型：数据相关（也称真数据相关）、名相关和控制相关。

（1）数据相关

对于两条指令 i（在前，下同）和 j（在后，下同），如果下述条件之一成立，则称指令 j 与指令 i 数据相关：

① 指令 j 使用指令 i 产生的结果。

② 指令 j 与指令 k 数据相关,而指令 k 又与指令 i 数据相关。

其中第二个条件表明,数据相关具有传递性。即两条指令之间如果存在第一个条件所指出的相关的链,则它们是数据相关的。数据相关反映了数据的流动关系,即如何从其生产者流动到其消费者。

例如,下面这一段代码存在数据相关。

```
loop:   L.D       F0,0(R1)      // F0 为数组元素
                    ↘
        ADD.D     F4,F0,F2      // 加上 F2 中的值
                  ↓
        S.D       F4,0(R1)      // 保存结果
        DADDIU    R1,R1,-8      // 数组指针递减 8 个字节
                  ↓
        BNE       R1,R2,loop    // 如果 R1≠R2,则分支
```

这里及在本书后面的论述中,用箭头表示必须保证的执行顺序,它由产生数据的指令指向使用该数据的指令。

当数据的流动是经过寄存器时相关的检测比较直观和容易,因为寄存器是统一命名的,同一寄存器在所有指令中的名称都是唯一的。而当数据的流动是经过存储器时检测就比较复杂了,因为相同形式的地址其有效地址未必相同,如一条指令中的 10(R5)与另一条指令中的 10(R5)可能是不同的(R5 的内容可能发生了变化),而形式不同的地址其有效地址却可能相同。

(2) 名相关

这里的"名"是指指令所访问的寄存器或存储器单元的名称。如果两条指令使用相同的名,但是它们之间并没有数据流动,则称这两条指令存在名相关。指令 j 与指令 i 之间的名相关有以下两种。

① 反相关。如果指令 j 写的名与指令 i 读的名相同,则称指令 i 和 j 发生了反相关。反相关指令之间的执行顺序是必须严格遵守的,以保证 i 读的值是正确的。

② 输出相关。如果指令 j 和指令 i 写相同的名,则称指令 i 和 j 发生了输出相关。输出相关指令的执行顺序是不能颠倒的,以保证最后的结果是指令 j 写进去的。

与真数据相关不同,名相关的两条指令之间并没有数据的传送,只是使用了相同的名而已。如果把其中一条指令所使用的名换成别的,并不影响另外一条指令的正确执行。因此可以通过改变指令中操作数的名来消除名相关,这就是换名技术。寄存器换名指对寄存器操作数进行换名,该过程既可以用编译器静态实现,也可以用硬件动态完成。

例如,考虑下述代码:

```
DIV.D  F2,F6,F4
```

```
ADD.D  F6,F0,F12
SUB.D  F8,F6,F14
```

DIV.D 和 ADD.D 存在反相关。进行寄存器换名（F6 换成 S）后，变成：

```
DIV.D  F2,F6,F4
ADD.D  S,F0,F12
SUB.D  F8,S,F14
```

(3) 控制相关

控制相关是指由分支指令引起的相关，它需要根据分支指令的执行结果来确定后续指令是否执行。一般来说，为了保证程序应有的执行顺序，必须严格按控制相关确定的顺序执行。

控制相关的一个最简单的例子是 if 语句中的 then 部分。例如：

```
if p1 {
    S1;
};
S;
if p2 {
    S2;
};
```

这里的 if p1 和 if p2 编译成目标码以后都是分支指令。语句 S1 与 p1 控制相关，S2 与 p2 控制相关。S 与 p1 和 p2 均无关。

控制相关有以下两个限制：

① 与一条分支指令控制相关的指令不能被移到该分支之前，否则这些指令就不受该分支的控制了。对于上述示例，then 部分中的指令不能移到 if 语句之前。

② 如果一条指令与某分支指令不存在控制相关，就不能把该指令移到该分支之后。对于上述示例，不能把 S 移到 if 语句的 then 部分中。

微视频 3-7：流水线冲突（第1部分）

2. 流水线冲突

流水线冲突（pipeline hazard）是指对于具体的流水线来说，由于相关的存在，使得指令流中的下一条指令不能在指定的时钟周期执行。

流水线冲突有以下 3 种类型。

① 结构冲突（structural hazard）：因硬件资源满足不了指令重叠执行的要求而发生的冲突。

② 数据冲突（data hazard）：当指令在流水线中重叠执行时，因需要用到前面指令的执行结果而发生的冲突。

③ 控制冲突（control hazard）：流水线遇到分支指令和其他会改变 PC 值的指令所引起的冲突。

流水线冲突会给指令在流水线中的执行带来许多问题。如果不能很好地解决冲突问题，轻则影响流水线的性能，重则导致错误的执行结果。当发生冲突时，流水线可能会出现停顿，从而降低流水线的效率和实际的加速比。这是因为消除冲突往往需要使某些指令推后执行。在后面的讨论中约定：当一条指令被暂停时，在该暂停指令之后流出的所有指令都要被暂停，而在该暂停指令之前流出的指令则继续进行（否则就永远无法消除冲突）。显然，在整个暂停期间流水线不会启动新的指令。

（1）结构冲突

在流水线处理机中，为了使各种组合的指令都能顺利地重叠执行，需要对功能部件进行流水或重复设置资源。如果某种指令组合因为资源冲突而不能正常执行，则称该处理机有结构冲突。

当功能部件不是完全流水或资源份数不够时，往往容易发生冲突。例如，有些流水线处理机只有一个存储器，将数据和指令放在一起。在这种情况下，如果在某个时钟周期既要完成某条指令的访存操作，又要完成其后某条指令的取指令操作，那么就会发生访存冲突（结构冲突），如图 3.19 中带底纹的"M"所示。为了消除这个冲突，可以在前一条指令访问存储器时将流水线停顿一个时钟周期，推迟后面取指令的操作，如图3.20所示。该停顿周期往往被称为"流水线气泡"，简称"气泡"。

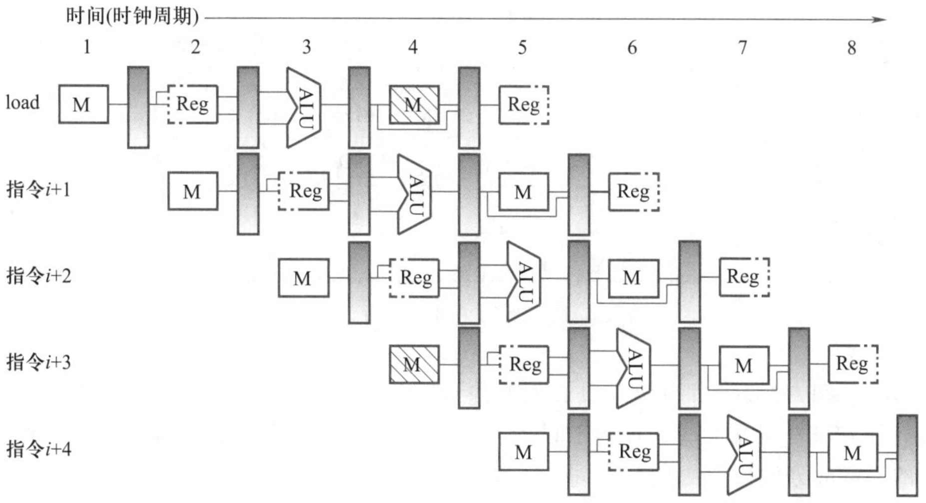

图 3.19　由于访问同一个存储器而引起的结构冲突

也可以用如图 3.21 所示的时空图来表示上述停顿情况。在图 3.21 中，将停顿周期标记为 stall，并将指令 i+3 的所有操作右移一个时钟周期。在这种情况下，在第 4 个时钟周期没有启动新指令（本来是要启动指令 i+3 的）。指令 i+3 要推迟到第 9 个时钟周期才完成。在第 8 个时钟周期，流水线中没有指令完成。

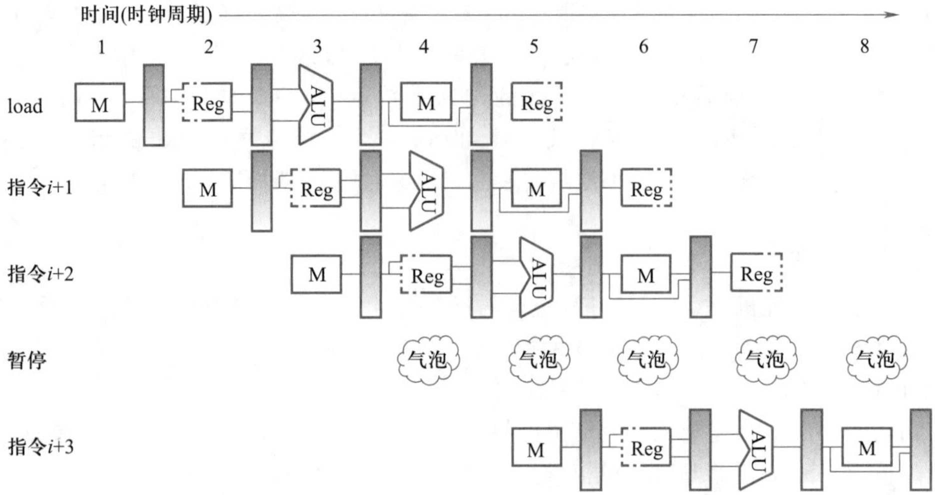

图 3.20 为消除结构冲突而插入流水线气泡

指令编号	时钟周期									
	1	2	3	4	5	6	7	8	9	10
指令i	IF	ID	EX	MEM	WB					
指令i+1		IF	ID	EX	MEM	WB				
指令i+2			IF	ID	EX	MEM	WB			
指令i+3				stall	IF	ID	EX	MEM	WB	
指令i+4						IF	ID	EX	MEM	WB
指令i+5							IF	ID	EX	MEM

图 3.21 图 3.20 的另一种画法

由上可知,为消除结构冲突而引入的停顿将影响流水线的性能。消除该结构冲突的另一种方法是在流水线处理机中设置相互独立的指令存储器和数据存储器,或者将统一的 Cache 分成独立的指令 Cache 和数据 Cache。

在其他因素相同的情况下,没有结构冲突的处理机的性能总是比较高。那么为什么有时流水线设计者却允许结构冲突的存在呢?其主要原因是减少硬件成本。如果把流水线中的所有功能单元完全流水化,或者重复设置足够份数,那么所花费的成本将相当高。例如,在上述例子中,为了消除结构冲突而允许在同一个周期同时访问一条指令和一个数据,所需要的存储器带宽将加倍。假如结构冲突并不是经常发生,那么就可能不值得为了消除结构冲突而大量增加硬件。

(2) 数据冲突

1) 数据冲突类型

当相关的指令靠得足够近时,它们在流水线中的重叠执行或重新排序会改变指令读/写操作数的顺序,使之不同于它们非流水线实现时的顺序,于是发生了数据冲突。这里以下列指令在流水线中的执行情况为例。

```
DADD  R1, R2, R3
DSUB  R4, R1, R5
XOR   R6, R1, R7
AND   R8, R1, R9
 OR   R10,R1, R11
```

DADD 指令后的所有指令都要用到该指令的计算结果,如图 3.22 所示。DADD 指令在其 WB 段(第 5 个时钟周期)才将计算结果写入寄存器 R1,但是 DSUB 指令在其 ID 段(第 3 个时钟周期)就要从寄存器 R1 读取该结果,这就是一个数据冲突。除非采取措施防止这一情况发生,否则 DSUB 指令读到的值就是错误的。XOR 指令也受到这种冲突的影响,它在第 4 个时钟周期从 R1 读出的值也是错误的。而 OR 指令则可以正常操作,因为它是在第 6 个时钟周期才读 R1 的内容。

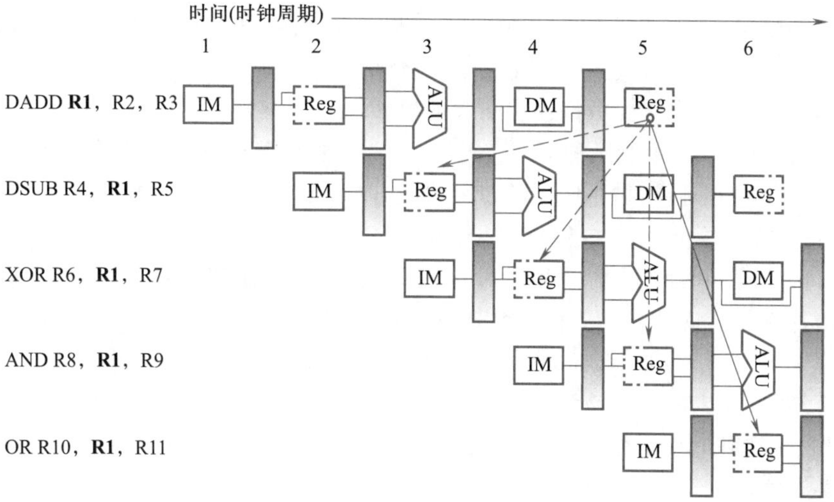

图 3.22 流水线的数据冲突举例

为了使流水线顺利地执行 AND 指令,把对通用寄存器组的写操作安排在时钟周期的前半拍完成,把读操作安排在后半拍完成。这样 AND 指令就能及时读到 DADD 指令刚写进去的结果。在本章的图中,将通用寄存器组的边框的一半画成实线来表示进行读/写操作，画成点画线表示不进行操作。

根据指令读访问和写访问的顺序，可以将数据冲突分为3种类型。习惯上，这些冲突是按照流水线必须保持的访问顺序来命名的。考虑两条指令 i 和 j，且 i 在 j 之前进入流水线，可能发生的数据冲突有以下3种。

① 写后读（read after write，RAW）冲突：指令 j 用到指令 i 的计算结果，而且在 i 将结果写入寄存器之前就去读该寄存器，因而得到的是旧值。这是最常见的一种数据冲突，它对应于真数据相关。图3.22中的数据冲突都是写后读冲突。

② 写后写（write after write，WAW）冲突：指令 j 和指令 i 的结果单元（寄存器或存储器单元）相同，而且 j 在 i 写入之前就先对该单元进行了写入操作，从而导致写入顺序错误。这时在结果单元中留下的是 i 写入的值，而不是 j 写入的。这种冲突对应于输出相关。写后写冲突仅发生在这样的流水线中：流水线中不止一个段可以进行写操作；或者当先前某条指令停顿时，允许其后续指令继续前进。前面介绍的5段流水线由于只在WB段写寄存器，所以不会发生写后写冲突。第4章“指令级并行”中将要介绍的流水线允许指令的顺序发生变化，就可能发生这种冲突了。

③ 读后写（write after read，WAR）冲突：指令 j 的结果单元和指令 i 的源操作数单元相同，而且 j 在 i 读取该单元之前就先对之进行了写操作，导致 i 读取到的值是错误的。这种冲突是由反相关引起的。读后写冲突在前述5段流水线中不会发生，因为这种流水线中的所有读操作（在ID段）都在写结果操作（在WB段）之前发生。这种冲突仅发生在这样的情况下：有些指令的写结果操作提前，而且有些指令的读操作滞后，或者指令被重新排序（将在第4章“指令级并行”中介绍）。

2）通过定向技术减少数据冲突引起的停顿

当出现如图3.22中所示的写后读冲突时，为了保证指令序列的正确执行，一种简单的处理方法是暂停流水线中DADD之后的所有指令，直到DADD指令将计算结果写入寄存器R1之后，再让其后的指令继续执行。

为了减少停顿时间，可以采用一种称为定向（也称为旁路或短路）的简单技术来解决写后读冲突。定向技术的关键思想是：在某条指令（如图3.22中所示的DADD指令）产生计算结果之前，其他指令（如图3.22中所示的DSUB和XOR指令）并不真正立即需要该计算结果，如果能够将该计算结果从其产生的地方（EX段和MEM段之间的流水线寄存器）直接送到其他指令需要它的地方（ALU的入口），那么就可以避免停顿。可以这样来实现定向：

① EX段和MEM段之间的流水线寄存器中保存的ALU运算结果总是回送到ALU的入口。

② 当定向硬件检测到前一个ALU运算结果写入的寄存器就是当前ALU操作的源寄存器时，那么控制逻辑就选择定向的数据作为ALU的输入，而不采用从通用寄存器组读出的值。

图 3.22 还表明，流水线中的指令所需要的通过定向送来的结果可能不仅仅是前一条指令的计算结果，还有可能是前面与其不相邻指令的计算结果。图 3.23 是采用定向技术后上述例子的执行情况，其中流水线寄存器到功能部件的连线表示定向路径，箭头表示数据的流向。上述指令序列可以按图 3.23 顺利执行而无须停顿。

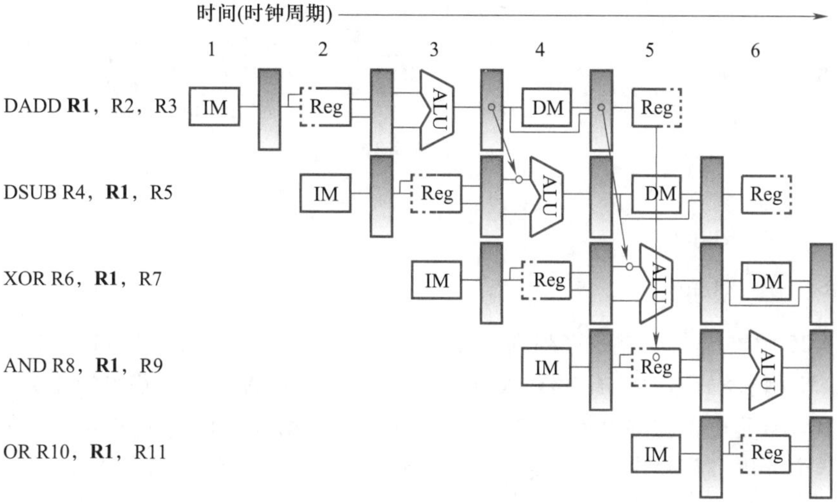

图 3.23 采用定向技术后的流水线数据通路

上述定向技术可以推广到更一般的情况：将结果数据从其产生的地方直接传送到所有需要它的功能部件。也就是说，结果数据不仅可以从某一功能部件的输出定向到其自身的输入，还可以定向到其他功能部件的输入。考虑下述指令序列：

```
DSUB  R1,R2,R3
LD    R5,0(R1)
SD    R5,12(R1)
```

这 3 条指令之间都存在数据冲突。为了消除这些冲突，可以采用如图 3.24 所示的定向，包括从 ALU 输出到 ALU 输入的定向、从数据存储器输出端到 ALU 输入的定向，以及从数据存储器输出端到数据存储器输入端的定向（都经过流水线寄存器）。

3）需要停顿的数据冲突

前面讨论了如何利用定向技术来消除数据冲突引起的停顿。但是，并不是所有的数据冲突都可以用定向技术来解决。考虑下述指令序列：

```
LD    R1,0(R2)
DADD  R4,R1,R5
```

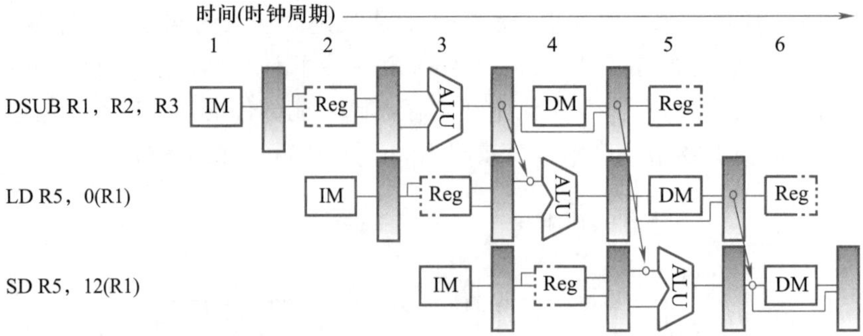

图 3.24　更多的定向路径

AND　　R6,R1,R7

XOR　　R8,R1,R9

图 3.25 中给出了该指令序列在流水线中执行时所需要的定向路径。显然,从 LD 指令到 AND 指令的定向没有问题,XOR 指令也能从通用寄存器组获得操作数,但从 LD 指令到 DADD 指令的定向却无法实现。LD 指令要到第 4 个时钟周期末尾才能将数据从存储器中读出,而 DADD 指令在第 4 个时钟周期的开始就需要该数据了,所以定向技术不能解决该数据冲突。

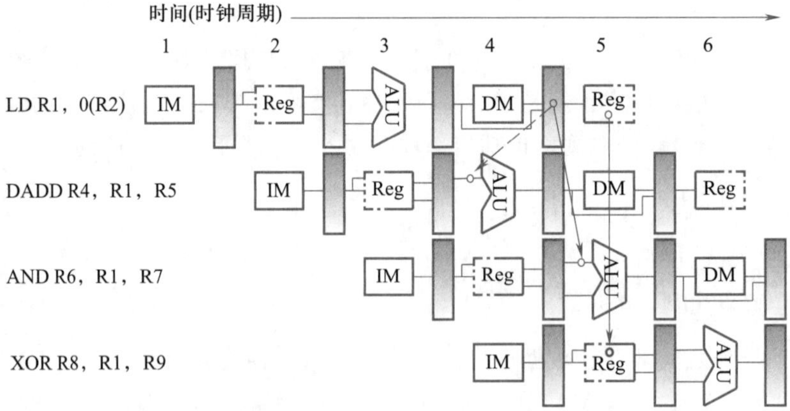

图 3.25　无法将 LD 指令的结果定向到 DADD 指令

为保证上述指令序列在流水线中正确执行,需要设置一个称为“流水线互锁机制”(pipeline interlock)的功能部件。一般来说,流水线互锁机制的作用是检测发现数据冲突并使流水线停顿,直至冲突消失。停顿是从等待相关数据的指令开始,到相应的指令产生该数据为止。停顿导致在流水线中插入气泡,使得被停顿指令的 CPI 增加了相应的时钟周期数,如图 3.26 所示。

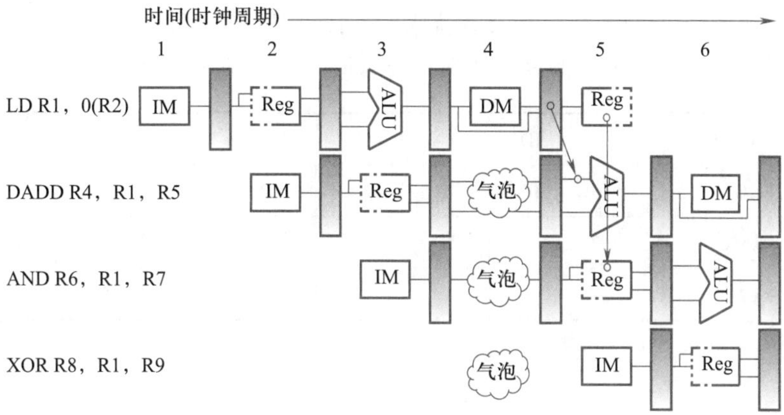

图 3.26 流水线互锁机制插入气泡后的执行过程

图 3.27 是上述例子加入停顿前后的流水线时空图,这里的停顿是一个时钟周期,因而被停顿指令的 CPI 增加了一个时钟周期,整个指令序列的执行时间也增加了一个时钟周期。在第 4 个时钟周期流水线没有启动指令,在第 6 个时钟周期没有指令完成。

LD R1,0(R2)	IF	ID	EX	MEM	WB			
DADD R4,R1,R5		IF	ID	EX	MEM	WB		
AND R6,R1,R7			IF	ID	EX	MEM	WB	
XOR R8,R1,R9				IF	ID	EX	MEM	WB

LD R1,0(R2)	IF	ID	EX	MEM	WB				
DADD R4,R1,R5		IF	ID	stall	EX	MEM	WB		
AND R6,R1,R7			IF	stall	ID	EX	MEM	WB	
XOR R8,R1,R9				stall	IF	ID	EX	MEM	WB

图 3.27 插入停顿前后的流水线时空图

4）依靠编译器解决数据冲突

为了减少停顿,对于无法用定向技术解决的数据冲突,可以通过在编译时让编译器重新组织指令顺序来消除冲突,这种技术称为“指令调度”（instruction scheduling）或“流水线调度”（pipeline scheduling）。实际上,对于各种冲突都有可能用指令调度来解决。

微视频 3-8：流水线冲突（第 2 部分）

例如,采用典型的代码生成方法对表达式 $A=B+C$ 进行处理后,可以得到如图 3.28 所示的指令序列及其流水时空图。从图中可以看出，必须在 DADD 指令的执行过程中插入一个停顿周期才能保证它所用的 C 值是正确的。

LD　Rb,B	IF	ID	EX	MEM	WB				
LD　Rc,C		IF	ID	EX	MEM	WB			
DADD　Ra,Rb,Rc			IF	ID	stall	EX	MEM	WB	
SD　Ra,A				IF	stall	ID	EX	MEM	WB

图 3.28　$A=B+C$ 的指令序列及其流水时空图

现在考虑为以下表达式生成代码：

$A = B+C$;

$D = E-F$;

调度前和调度后的指令序列如表 3.1 所示。这里，DADD Ra，Rb，Rc 与 LD Rc，C 之间存在数据冲突，DSUB Rd，Re，Rf 与 LD Rf，F 之间也是如此。为了保证流水线正确执行调度前的指令序列，必须在指令的执行过程中插入两个停顿周期。而在调度后的指令序列中，加大了 DADD 和 DSUB 指令与 LD 指令的距离。通过采用定向可以消除数据冲突，因而不必在执行过程中插入任何停顿周期。

表 3.1　调度前和调度后的指令序列

调度前的指令序列	调度后的指令序列
LD　Rb,B	LD　Rb,B
LD　Rc,C	LD　Rc,C
DADD　Ra,Rb,Rc	LD　Re,E
SD　Ra,A	DADD　Ra,Rb,Rc
LD　Re,E	LD　Rf,F
LD　Rf,F	SD　Ra,A
DSUB　Rd,Re,Rf	DSUB　Rd,Re,Rf
SD　Rd,D	SD　Rd,D

（3）控制冲突

在流水线中，控制冲突可能会比数据冲突造成更多的性能损失，所以同样需要得到很好的处理。执行分支指令的结果有两种：一种是分支成功，PC 值改变为分支转移的目标地址；另一种则是分支不成功或者失败，这时 PC 值保持正常递增，指向顺序的下一条指令。对分支指令成功的情况来说，是在条件判定和转移地址计算都完成后才改变

PC 值。对于 3.3.1 小节中的 5 段流水线来说，改变 PC 值是在 MEM 段进行的。

处理分支指令最简单的方法是“冻结”或者“排空”流水线。即一旦在流水线的译码段 ID 检测到分支指令，就暂停执行其后的所有指令，直到分支指令到达 MEM 段、确定是否成功并计算出新的 PC 值为止。如果分支成功，则按照新的 PC 值取指令，如图 3.29所示。在这种情况下，分支指令给流水线带来了 3 个时钟周期的延迟。这种方法的优点在于其简单性。

在后面的叙述中，把由分支指令引起的延迟称为分支延迟。

分支指令	IF	ID	EX	MEM	WB					
分支目标指令		IF	stall	stall	IF	ID	EX	MEM	WB	
分支目标指令+1						IF	ID	EX	MEM	WB
分支目标指令+2							IF	ID	EX	MEM
分支目标指令+3								IF	ID	EX

图 3.29 简单处理分支指令：分支成功的情况

图 3.30 所示是分支失败时的时空图。可以看出，在这种情况下，分支后面第一条指令已经正确取出，重复 IF 周期就毫无必要。此外，流水线空等也不是一种好的选择。后面将讨论如何充分利用这一事实来改善流水线处理分支指令的性能。

分支指令	IF	ID	EX	MEM	WB					
分支后继指令		IF	stall	stall	IF	ID	EX	MEM	WB	
分支后继指令+1						IF	ID	EX	MEM	WB
分支后继指令+2							IF	ID	EX	MEM
分支后继指令+3								IF	ID	EX

图 3.30 简单处理分支指令：分支失败的情况

分支指令在目标代码中出现的频度是不低的，统计结果表明，每 3~4 条指令就有一条是分支指令。假设分支指令出现的频度是 30%，流水线理想的 CPI 为 1，那么在上述分支延迟为 3 个时钟周期的情况下，流水线的实际 CPI 为 1.9，其性能损失是相当大的。所以降低分支延迟对于充分发挥流水线的效率是十分重要的。

为减少分支延迟，可采取以下措施：

① 在流水线中尽早判断出分支转移是否成功。

② 尽早计算出分支目标地址。

这两种措施要同时采用,缺一不可,因为只有判断出转移是否成功而且得到分支目标地址后才能进行转移。在下面的讨论中,假设这两步工作被提前到ID段完成(3.4.2小节将介绍如何做到这一点),即分支指令是在ID段的末尾执行完成,所带来的分支延迟为一个时钟周期。

减少分支延迟的方法有许多种。下面只介绍3种通过软件(编译器)来处理的方法,更复杂的软硬件结合的方法将在第4章中讨论。这3种方法有一个共同的特点,就是它们对分支的处理方法在程序执行过程中始终是不变的,是静态的。它们要么总是预测分支成功,要么总是预测分支失败。

1) 预测分支失败

当在译码段ID检测到分支指令时,如果流水线不空等,而是预测分支的两条执行路径中的一条,继续处理后续指令,就可以提高分支指令的处理性能。预测有两种选择,猜测分支成功或者猜测分支失败。不管采用哪一种,都可以通过编译器来优化性能,即让代码中最常执行的路径与所选的预测方向一致。

预测分支失败的方法是沿失败的分支继续处理指令,即允许该分支指令后的指令继续在流水线中流动,就好像什么都没发生。当确定分支是失败时,那么可以将分支指令看成一条普通指令,流水线正常流动,如图3.31(a)所示;当确定分支是成功时,流水线就把在分支指令之后取出的所有指令转化为空操作,并按分支目标地址重新取指令执行,如图3.31(b)所示。

分支失败	分支指令i	IF	ID	EX	MEM	WB				
	指令$i+1$		IF	ID	EX	MEM	WB			
	指令$i+2$			IF	ID	EX	MEM	WB		
	指令$i+3$				IF	ID	EX	MEM	WB	
	指令$i+4$					IF	ID	EX	MEM	WB

(a) 分支失败

分支成功	分支指令i	IF	ID	EX	MEM	WB				
	指令$i+1$		IF	idle	idle	idle	idle			
	分支目标指令			IF	ID	EX	MEM	WB		
	分支目标指令+1				IF	ID	EX	MEM	WB	
	分支目标指令+2					IF	ID	EX	MEM	WB

(b) 分支成功

图3.31　采用预测分支失败方法的流水线时空图

采用这种方法处理分支指令的后续指令时，要保证分支结果出来之前不能改变处理机的状态，以便一旦猜错时处理机能够回退到原先的状态。

2）预测分支成功

这种方法按分支成功的假设进行处理。当流水线 ID 段检测到分支指令后，一旦计算出了分支目标地址，就开始从该目标地址取指令执行。

在前述 5 段流水线中，因为判断分支是否成功与分支目标地址计算是在同一流水段完成的，所以这种方法对减少该流水线的分支延迟没有任何好处。而在其他一些流水线处理机中，特别是那些具有隐含设置条件码或分支条件更复杂（因而更慢）的流水线处理机中，在确定分支是否成功之前就能得到分支的目标地址。这时采用这种方法便可以减少分支延迟。

3）延迟分支

这种方法的主要思想是在分支指令的后面加上几条指令（如 m 条），然后把它们看成是一个整体，不管分支是否成功，都要按顺序执行这些指令。分支指令后这 m 条指令的位置被称为延迟槽。如下所示。

分支指令

*延迟槽*1（顺序后续指令 1）

…

延迟槽 m（顺序后续指令 m）

不管分支是否成功，都要按顺序执行延迟槽中的指令。延迟分支成功和失败两种情况下执行的指令序列如图 3.32 所示。

分支指令	分支指令
*顺序后续指令*1(延迟槽)	*顺序后续指令*1(延迟槽1)
···	···
顺序后续指令m(延迟槽m)	*顺序后续指令*m(延迟槽m)
分支目标指令	顺序后续指令m+1
分支目标指令+1	顺序后续指令m+2
(a) 分支成功的情况	(b) 分支失败的情况

图 3.32　延迟分支成功和失败的两种情况

可以看出，延迟分支实际上是用延迟槽中的指令来掩盖分支延迟。

在采用延迟分支的实际计算机中，绝大多数延迟槽只有一个。在这种情况下，流水线的执行情况如图 3.33 所示。可以看出，只要分支延迟槽中的指令是有用的，流水线中就没有出现停顿，这时延迟分支的方法能很好地消除分支延迟。

选择放入延迟槽中的指令是由编译器完成的。实际上，延迟分支能否带来好处完全取决于编译器能否把有用的指令调度到延迟槽中，这也是一种指令调度技术。常用的调度方法有 3 种：从前调度、从目标处调度与从失败处调度，如图 3.34 所示。其中，上

分支失败	分支指令*i*	IF	ID	EX	MEM	WB				
	延迟槽指令*i*+1		IF	ID	EX	MEM	WB			
	指令*i*+2			IF	ID	EX	MEM	WB		
	指令*i*+3				IF	ID	EX	MEM	WB	
	指令*i*+4					IF	ID	EX	MEM	WB

分支成功	分支指令*i*	IF	ID	EX	MEM	WB				
	延迟槽指令*i*+1		IF	ID	EX	MEM	WB			
	分支目标指令*j*			IF	ID	EX	MEM	WB		
	分支目标指令*j*+1				IF	ID	EX	MEM	WB	
	分支目标指令*j*+2					IF	ID	EX	MEM	WB

图 3.33 延迟分支的执行情况

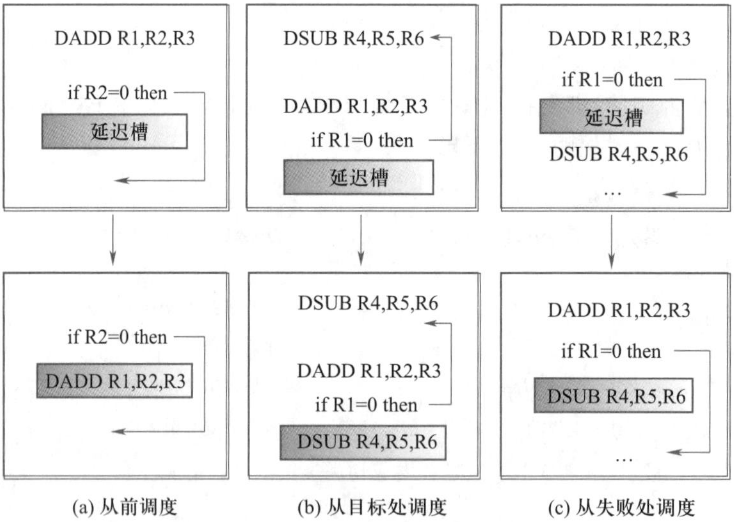

图 3.34 调度分支指令的 3 种常用方法

面的代码是调度前的，下面的代码是调度后的。

图 3.34(a)表示是从前调度，它是把位于分支指令之前的一条独立指令移到延迟槽。当无法使用从前调度时，就使用图 3.34(b)或图 3.34(c)所示的方法。在图3.34(b)和图 3.34(c)的指令序列中，由于分支指令是使用 R1 来判断的，所以不能把产生 R1 的值的 DADD 指令调度到延迟槽。图 3.34(b)表示的是从目标处调度，它是把目标处的指

令复制到延迟槽。之所以是复制而不是把该指令移过去，是因为别的路径可能也要执行到该指令。需要说明的是，这时需要修改分支指令的目标地址，如图 3.34(b)中的箭头所示。从目标处调度实际上是猜测了分支是成功的，所以当分支成功概率比较高(如循环转移)时采用这种方法比较好；否则，采用从失败处调度比较好(如图 3.34(c)所示)。需要注意的是，当猜测错误时，要保证图 3.34(b)和图 3.34(c)中调度到延迟槽中的指令的执行不会影响程序的正确性(当然，这时延迟槽中的指令是无用的)。

上述方法受到两方面的限制，一方面是可以被放入延迟槽中的指令要满足一定的条件，另一方面是编译器预测分支转移方向的能力。为了提高编译器在延迟槽中放入有用指令的能力，许多处理机采用了分支取消(cancelling)机制。在这种机制中，分支指令隐含了预测的分支执行方向。当分支的实际执行方向和事先所预测的一样时执行分支延迟槽中的指令，否则就将分支延迟槽中的指令转化成一个空操作。图 3.35 给出了预测分支成功时，分支取消机制在分支成功和失败两种情况下的执行情况。

分支失败	分支指令i(失败)	IF	ID	EX	MEM	WB				
	延迟槽指令i+1		IF	idle	idle	idle	idle			
	指令i+2			IF	ID	EX	MEM	WB		
	指令i+3				IF	ID	EX	MEM	WB	
	指令i+4					IF	ID	EX	MEM	WB

分支成功	分支指令i(成功)	IF	ID	EX	MEM	WB				
	延迟槽指令i+1		IF	ID	EX	MEM	WB			
	分支目标			IF	ID	EX	MEM	WB		
	分支目标+1				IF	ID	EX	MEM	WB	
	分支目标+2					IF	ID	EX	MEM	WB

图 3.35 预测分支成功时分支取消机制的执行情况

3.4 流水线的实现

本节在经典 5 段流水线结构基础上，以 MIPS 指令集为例，进一步深入、细致地讨论流水线的具体实现。这里仍旧是先给出非流水线方式下的实现，然后再论述流水线方式下的实现。

3.4.1 MIPS的一种简单实现

图3.36给出了实现MIPS指令集的一种简单数据通路。该数据通路的操作分成5个时钟周期：取指令、指令译码/读寄存器、执行/有效地址计算、存储器访问/分支完成和写回。下面只讨论整数指令的实现，包括数据字的load和store、等于0转移、整数ALU指令等。

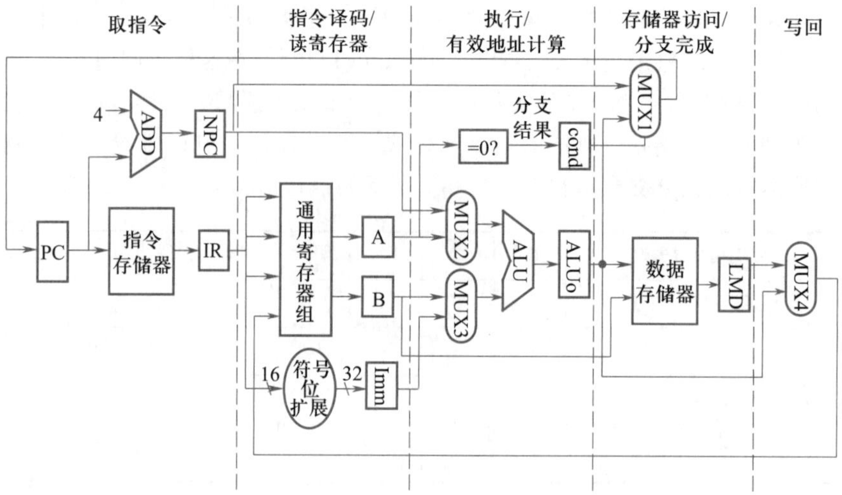

图3.36 实现MIPS指令集的一种简单数据通路

图3.36中设置了一些临时寄存器，其作用如下。

NPC：存放下一条指令的地址。

IR：指令寄存器，存放当前正在处理的指令。

A：第一操作数寄存器，存放从通用寄存器组读出的操作数。

B：第二操作数寄存器，存放从通用寄存器组读出的另一个操作数。

Imm：存放符号扩展后的立即数操作数。

cond：存放条件判定的结果，为“真”表示分支成功。

ALUo：存放ALU的运算结果。

LMD：存放load指令从存储器读出的数据。

在该数据通路上最多花5个时钟周期就能实现一条MIPS指令，具体操作如下。

1. 取指令(IF)周期

IR←Mem[PC]

NPC←PC+4

说明：根据PC指示的地址从存储器中取出指令并放入指令寄存器IR；同时PC值

加 4(每条指令占 4 B),指向顺序的下一条指令,其地址被放入临时寄存器 NPC。

2. 指令译码/读寄存器(ID)周期

A←Regs[rs]

B←Regs[rt]

$Imm \leftarrow ((IR_{16})^{16}\#\#IR_{16..31})$

说明:对指令进行译码,并以指令中的 rs 和 rt 字段作为地址访问通用寄存器组,把读出的操作数放入临时寄存器 A 和 B,同时将 IR 的低 16 位进行符号位扩展后存入 Imm。

指令的译码操作和读寄存器操作是并行进行的。之所以可以这样,是因为在 MIPS 指令格式中,操作码字段以及 rs、rt 字段都是在固定的位置。这种技术称为"固定字段译码"(fixed-field decoding)技术。值得注意的是,这里读出的操作数在后面并不一定会用到,但是这样统一处理并没有什么坏处(当然,读操作数会消耗能量,对功耗要求严格的设计也许会避免这样做),其好处是简化了硬件。

另外,由于立即数在所有 MIPS 指令中的位置是相同的,因此在这里统一对其进行符号扩展,以便在下一个周期使用。当然也许有的指令不会用到这个立即数,但无论如何,提前形成总是有益无害的。

3. 执行/有效地址计算(EX)周期

在这个周期,ALU 对在前一个周期准备好的操作数进行运算。不同指令所进行的操作不同。

(1) 存储器访问指令

ALUo←A+Imm

说明:ALU 将操作数相加形成有效地址,并存入临时寄存器 ALUo。

(2) 寄存器-寄存器 ALU 指令

ALUo←A funct B

说明:ALU 根据 funct 字段指出的操作类型对 A 和 B 中的数据进行运算,并将结果存入临时寄存器 ALUo。

(3) 寄存器-立即数 ALU 指令

ALUo←A op Imm

说明:ALU 根据操作码 op 指出的操作类型对 A 和 Imm 中的数据进行运算,并将结果存入临时寄存器 ALUo。该立即数在上一周期已进行了符号位扩展。

(4) 分支指令

ALUo←NPC+(Imm<<2);

cond←(A==0)

说明:ALU 将临时寄存器 NPC 和 Imm 中的值(左移两位后)相加,得到转移目标的地址存入 ALUo。同时,对在前一个周期读入寄存器 A 的值进行判断,决定分支是否成功。为简单起见,这里只考虑一种分支,即BEQZ(等于零时分支)。判断的结果存入寄存器cond,供以后使用。

这里将有效地址计算周期和执行周期合并为一个时钟周期,这是因为MIPS指令集采用load-store结构,没有任何指令需要同时进行数据有效地址的计算、转移目标地址的计算和对数据进行运算。除分支指令外,还有一些不同形式的跳转指令,它们与分支指令相似,这里不再赘述。

4. 存储器访问/分支完成(MEM)周期

所有指令都要在该周期对PC进行更新。除了分支指令,其他指令都是做PC←NPC。

在该周期内处理的MIPS指令仅有load、store和分支3种指令,下面分别讨论。

(1) 存储器访问指令

LMD←Mem[ALUo]

或者 Mem[ALUo]←B

说明:存储器访问指令包含load和store指令。如果是load指令,就从存储器中读出相应的数据,放入临时寄存器LMD;如果是store指令,就将B中的数据写入存储器。两种情况下均用ALUo中的值作为访存地址,它在上一个周期就已经计算好了。

(2) 分支指令

if(cond) PC ←ALUo else PC←NPC

说明:如果cond中的内容为"真",表明转移成功,把ALUo中的转移目标地址放入PC中;否则将NPC中的转移目标地址放入PC中。

5. 写回(WB)周期

不同的指令在写回周期完成的工作也不一样。

(1) 寄存器-寄存器ALU指令

Regs[rd]← ALUo

(2) 寄存器-立即数ALU指令

Regs[rt]← ALUo

(3) load指令

Regs[rt]← LMD

说明:上述指令均是将结果写入通用寄存器组,这个结果可能是ALU的计算结果(ALUo中的内容),也可能是来自存储器(LMD中的内容)。写入的目标寄存器由指令中的rd或rt字段指出,具体是哪一个由指令的操作码决定。

在图3.36中,不同的操作周期之间设置有存储单元,用于保存当前指令的执行结果或在上一个周期产生且在后面周期要用到的结果。其中,PC、通用寄存器组、指令存储器和数据存储器是在指令之间保存结果,而临时寄存器IR、NPC、A、B、Imm、cond、ALUo和LMD则是在单条指令的执行过程中保存中间结果。

在图 3.36 中，如果把 IF 周期内的加法器与 EX 周期的 ALU 合并，共享同一个 ALU，并把指令存储器与数据存储器合并为一个存储器，就会得到一个更加经济的方案。但图 3.36 的方案更便于后面改造为流水线实现。

在图 3.36 所示的方案中 CPI 为 5。读者也许会想，如果去掉一些临时寄存器，让每条指令在一个较长的时钟周期内完成，CPI 就可以减少为 1。不过，这时的时钟周期却可能接近上述多周期实现的时钟周期的 5 倍，因为每条指令的执行都要通过上述所有的功能部件。从单条指令的执行时间上看，改善并不多。虽然可以省去一些临时寄存器，但是计算机设计者一般不会采用单周期实现方案，主要原因是：

① 对于大多数 CPU 来说单周期实现效率很低，因为不同的指令所需完成的操作差别相当大，因而所需要的时钟周期时间也大不一样。

② 单周期实现时需要重复设置某些功能部件（如实现 PC 加 4 的加法器），而在多周期实现方案中这些部件是可以共享的。

3.4.2 基本的 MIPS 流水线

在上述实现方案中，把每一个时钟周期完成的工作看成是流水线的一段，很容易将之改造为流水线实现。流水段中的所有操作在一个时钟周期内完成，每个时钟周期启动一条新的指令。改造后的数据通路如图 3.37 所示。

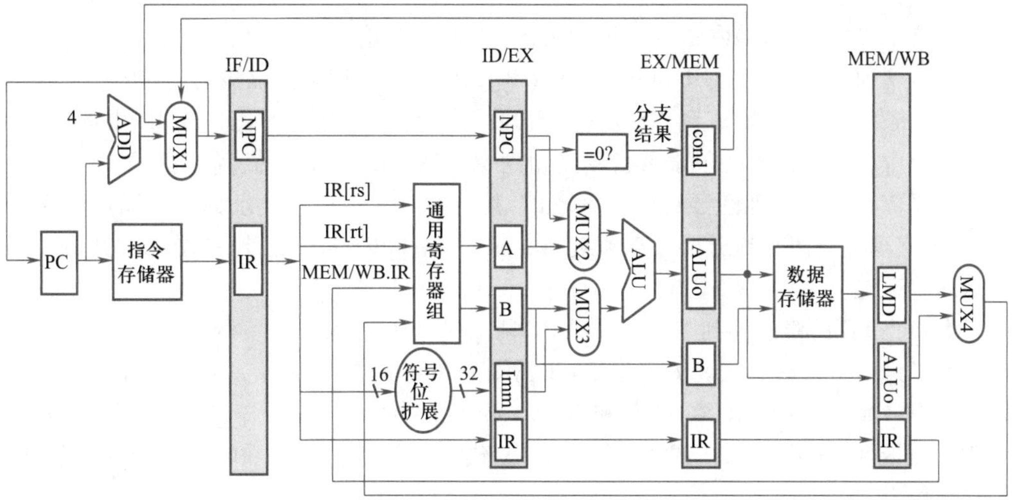

图 3.37 MIPS 流水线的数据通路

这里主要进行了以下几方面变动。

(1) 设置了流水线寄存器

在段与段之间设置了流水线寄存器。流水线寄存器的名称用其相邻的两个段的名

微视频 3-9：流水线的实现（第1部分）

称拼合而成。例如，ID段与EX段之间的流水线寄存器用ID/EX表示，其余类似。实际上，每个流水线寄存器是由若干个寄存器构成的，这些寄存器的命名形式为“x.y”，其包含的字段的命名形式为“x.y[s]”，其中x为流水线寄存器名称，y为具体寄存器名称，s为字段名称。例如，ID/EX.IR表示流水线寄存器ID/EX中的子寄存器IR，ID/EX.IR[op]表示该寄存器的op字段（即操作码字段）。

流水线寄存器有以下作用：

① 将各段的工作隔开，使它们不会互相干扰。流水线寄存器是边沿触发写入的，这点非常重要。

② 保存相应段的处理结果。例如，EX/MEM.ALUo保存EX段ALU的运算结果，MEM/WB.LMD保存MEM段从数据存储器读出的数据。

③ 向后传递后面将要用到的数据或控制信息。例如，EX/MEM.B传递ID/EX.B的内容（在ID段从通用寄存器读出），供在MEM段写入存储器时使用。MEM/WB.ALUo传递EX/MEM.ALUo的内容，供在WB段写入寄存器时使用。ID/EX.IR、EX/MEM.IR、MEM/WB.IR向后传递指令字的相关信息。随着指令在流水线中的流动，所有有用的数据和控制信息每个时钟周期会往后流动一段（复制过去）。当然，在传递过程中，只保存后面需要用到的数据和信息，丢弃不再需要的信息。

如果把PC也看成是IF段的流水线寄存器，那么每个段都有一个流水线寄存器，它位于该流水段的前面，提供指令在该段执行所需要的所有数据和控制信息。

（2）增加了向后传递IR和从MEM/WB.IR回送到通用寄存器组的连接

当一条指令从ID段流到EX段时，新的指令会进入ID段，冲掉IF/ID中的内容。所以指令中的有用信息必须跟着指令流动到ID/EX.IR。依此类推，后面需要用到的指令信息要依次往后传递，直到MEM/WB.IR，其中的目标寄存器地址回送到通用寄存器组，用于实现结果回写到通用寄存器组。实际上，除了传递IR之外，还增加了其他一些数据的传递连接，详见图3.37。

（3）将PC的修改移到IF段，以便PC能及时加4，为取下一条指令做好准备

为了详细了解该流水线的工作情况，需要知道各种指令在每一个流水段进行什么样的操作。如表3.2所示，在IF段和ID段，所有指令的操作都一样，从EX段开始才区分不同的指令。表中IR[rs]是指IR的第6位到第10位，即$IR_{6..10}$；IR[rt]是指$IR_{11..15}$；IR[rd]是指$IR_{16..20}$。

为了控制该流水线的工作，要确定如何控制图3.37中的4个多路器MUX1~MUX4。

① MUX2：若ID/EX.IR中的指令是分支指令，则选择上面的输入（ID/EX.NPC），否则选择下面的输入（ID/EX.A）。

② MUX3：若ID/EX.IR中的指令是寄存器-寄存器ALU指令，则选择上面的输入（ID/EX.B），否则选择下面的输入（ID/EX.Imm）。

表 3.2 MIPS 流水线的每个流水段的操作

流水段	指令		
IF	IF/ID.IR ← Mem[PC]; IF/ID.NPC,PC ← (if((EX/MEM.IR[op]==branch)& EX/MEM.cond) {EX/MEM.ALUo} else {PC+4});		
ID	ID/EX.A ← Regs[IF/ID.IR[rs]];ID/EX.B ← Regs[IF/ID.IR[rt]]; ID/EX.NPC ← IF/ID.NPC;ID/EX.IR ← IF/ID.IR; ID/EX.Imm ←(IF/ID.IR$_{16}$)^{16}##IF/ID.IR$_{16..31}$;		
EX	ALU 指令 EX/MEM.IR ← ID/EX.IR; EX/MEM.ALUo ← ID/EX.A func ID/EX.B 或 EX/MEM.ALUo ← ID/EX.A op ID/EX.Imm;	load/store 指令 EX/MEM.IR ← ID/EX.IR; EX/MEM.ALUo ← ID/EX.A+ID/EX.Imm; EX/MEM.B←ID/EX.B;	分支指令 EX/MEM.IR ← ID/EX.IR; EX/MEM.ALUo ← ID/EX. NPC + ID/EX.Imm<<2; EX/MEM.cond ← (ID/EX.A==0);
MEM	ALU 指令 MEM/WBIR←EX/MEM.IR; MEM/WB.ALUo ← EX/MEM.ALUo;	load/store 指令 MEM/WB.IR ← EX/MEM.IR; MEM/WB.LMD ← Mem[EX/MEM.ALUo]; 或 Mem[EX/MEM.ALUo] ← EX/MEM.B;	
WB	ALU 指令 Regs[MEM/WB. IR[rd]] ← MEM/WB.ALUo; 或 Regs[MEM/WB. IR[rt]] ← MEM/WB.ALUo;	load/store 指令 Regs[MEM/WB. IR[rt]] ← MEM/WB.LMD;	

③ MUX1:若 EX/MEM.IR 中的指令是分支指令,而且 EX/MEM.cond 为真,则选择上面的输入(EX/MEM.ALUo,即分支目标地址),否则选择下面的输入(PC+4)。

④ MUX4:若 MEM/WB.IR 中的指令是 load 指令,则选择上面的输入(MEM/WB.LMD),否则选择下面的输入(MEM/WB.ALUo)。

微视频 3-10:流水线的实现(第 2 部分)

此外,还有一个多路器图中没有画出,即从 MEM/WB 回传至通用寄存器组的写入地址应该是从 MEM/WB.IR[rd] 和 MEM/WB.IR[rt]中选一个。如果是寄存器-寄存器 ALU 指令,则选择前者;如果是寄存器-立即数 ALU 指令和 load 指令,则选择后者。

当然,该流水线要正常工作还要解决好数据冲突的问题。对于该流水线而言,所有的数据冲突均可以在 ID 段检测到。如果存在数据冲突,就在相应的指令流出 ID 段之前将之暂停。完成该工作的硬件称为流水线的互锁机制。类似地,若采用了定向技术,则可以在 ID 段确定需要什么样的定向,并设置相应的控制。按这样处理,就不必在流水过程中将已经改变了计算机状态的指令挂起,可以降低流水线的硬件复杂度。另外一种处理方法是在使用操作数的时钟周期(上述流水线中的 EX 和 MEM 段)的开始检测冲突并确定所需的定向技术。

检测冲突是通过比较寄存器地址是否相等来实现的。例如,若要在 ID 段检测由于使用 load 指令的结果而导致的 RAW 冲突,可以通过表 3.3 中的比较来实现(这时 load 指令在 EX 段)。

表 3.3 在 ID 段为检测是否需启动流水线互锁而进行的 3 种比较

ID/EX 中的操作码 (ID/EX.IR[op])	IF/ID 中的操作码 (IF/ID.IR[op])	比较的操作数字段
load	RR ALU	ID/EX.IR[rt] = IF/ID.IR[rs]
load	RR ALU	ID/EX.IR[rt] = IF/ID.IR[rt]
load	load、store、ALU 立即数或分支	ID/EX.IR[rt] = IF/ID.IR[rs]

这种由于使用 load 指令的结果而引起的流水线互锁称为 load 互锁。

一旦硬件检测到上述 RAW 冲突,流水线互锁机制必须在流水线中插入停顿,并使当前正处于 IF 段和 ID 段的指令不再前进。为实现这点,只要将 ID/EX.IR 中的操作码改为全 0(表示空操作),并将 IF/ID 寄存器的内容回送到自己的入口即可。

定向逻辑要考虑的情况更多,因此其实现比上述冲突检测机制更复杂。类似地,它也是通过比较流水线寄存器中的寄存器地址来确定的。例如,如果检测到以下条件成立:

(ID/EX.IR[op] == RR ALU) & (EX/MEM.IR[op] == RR ALU) &

(ID/EX.IR[rt] == EX/MEM.IR[rd])

即 EX 段和 MEM 段中的指令都是 RR ALU,而且 MEM 段中指令的目标寄存器地址与

EX 段中指令的第二源操作数地址相同，则需要把 EX/MEM.ALUo 定向到 ALU 的下面一个输入（图 3.38 中的①）。

又如，如果检测到以下条件成立：

(ID/EX.IR[op]==RR ALU)&(MEM/WB.IR[op]==load)&

(ID/EX.IR[rt]==MEM/WB.IR[rt])

即 EX 段中的指令是 RR ALU，WB 段中的指令是 load，而且该 load 指令的目标寄存器地址与 EX 段中指令的第二源操作数地址相同，则需要把 MEM/WB.LMD 定向到 ALU 的下面一个输入（图 3.38 中的②）。

类似地，可以列出所有的情况。这里不再赘述。

为了实现定向而增加的连接通路如图 3.38 中的虚线所示，它们分别把 ALU 的运算结果和访问存储器得到的数据定向到 ALU 的两个输入端。

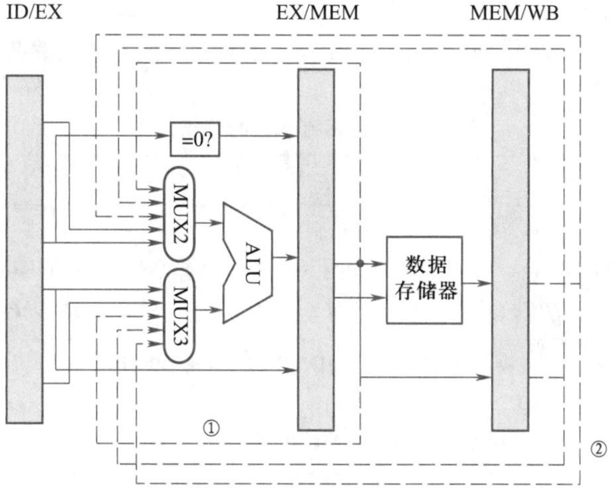

图 3.38 流水线增设的定向路径

在图 3.37 所示的流水线中，分支指令的条件测试和分支目标地址计算是在 EX 段完成，对 PC 的修改是在 MEM 段完成。它所带来的分支延迟是 3 个时钟周期。为了减少分支延迟，需尽早完成这些工作。如果只考虑 BEQZ 和 BNEZ，就可以把这些工作提前到 ID 段进行。为此，需要在 ID 段增设一个加法器，用于分支目标地址的计算，并把条件测试“=0?”的逻辑电路移到 ID 段。这些结果要直接回送到 IF 段的 MUX1，如图 3.39所示。改进后的流水线的分支延迟是 1 个时钟周期，它对分支指令的处理变成了表 3.4 所示的操作，其中斜体部分表示与表 3.2 不同的操作。

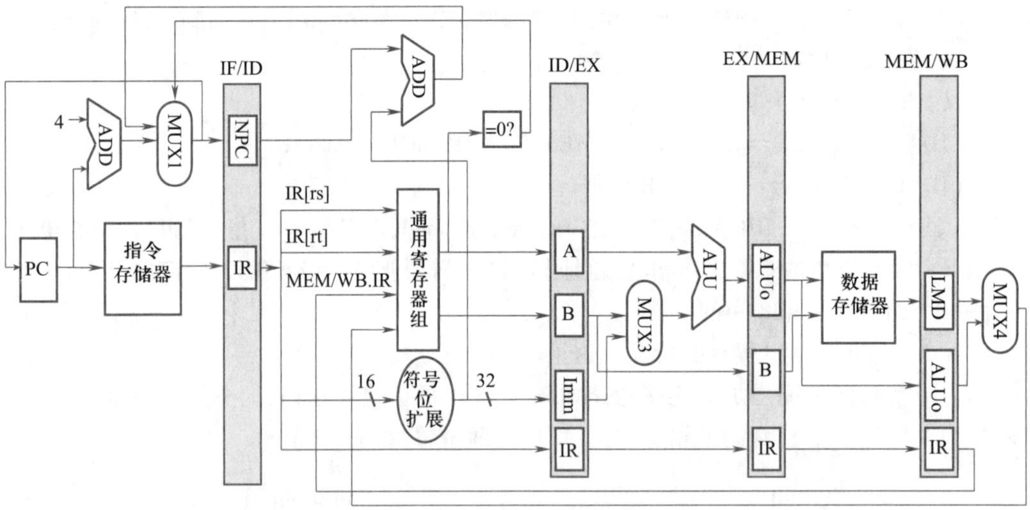

图 3.39　为减少分支延迟，对图 3.37 进行改进后的流水线数据通路

表 3.4　改进后流水线的分支操作

流水段	指令
IF	IF/ID.IR ← Mem[PC]; ***IF/ID.NPC,PC ← (if ((IF/ID[op]==branch) & (Regs[IF/ID.IR[rs]]==0))*** ***{IF/ID.NPC+(IF/ID.IR*** $_{16}$ ***)*** ^{16} ***## (IF/ID.IR*** $_{16..31}$ ***<< 2)} else {PC+4});***
ID	ID/EX.A ← Regs[IF/ID. IR[rs]]; ID/EX.B←Regs[IF/ID. IR[rt]]; ID/EX.IR ← IF/ID.IR; ID/EX.Imm ←(IF/ID.IR $_{16}$) ^{16} ## IF/ID. IR $_{16..31}$;
EX	
MEM	
WB	

3.5　向量处理机

如前所述，已知流水线非常适合进行大批量重复且互相没有关联的计算，而科学计算领域内的许多问题正好符合这个特点，许多运算可以表示为向量的运算。为了充分发挥流水线的效率，实现高性能计算，有的流水线处理机设置了向量数据表示和相应的向量指令，这种处理机称为向量处理机。

3.3 节和 3.4 节中讨论的流水线处理机不具有向量数据表示和相应的向量指令，这种处理机称为标量处理机。

早期典型的向量处理机是 1976 年出现的 Cray-1 超级计算机，其浮点运算速度达到了 1 亿次每秒。后来又陆续出现了许多高性能的向量处理机，如 Cray Y-MP、CDC Cyber 205、NEC SX-X/44 和 Fujitsu VP-2600 等，其性能达到了每秒几十亿～几百亿次浮点运算。这些向量处理机的性价比往往很高，与价格相当的标量处理机相比，其吞吐量往往要高出 1～2 个数量级，因此在科学计算中得到了广泛的应用。但是，向量处理机也具有一定的专用性，就是其高性能局限于求解那些可以转化为向量运算的问题。

3.5.1 向量的处理方式

对向量的运算可以采用 3 种不同的处理方式：横向（水平）处理方式、纵向（垂直）处理方式和纵横（分组）处理方式。采用不同的处理方式，向量处理机的结构也会不同。下面以计算表达式 $\boldsymbol{D}=\boldsymbol{A}\times(\boldsymbol{B}+\boldsymbol{C})$ 为例来说明向量的处理方式。其中 $\boldsymbol{A}$、$\boldsymbol{B}$、$\boldsymbol{C}$、$\boldsymbol{D}$ 都是长度为 N 的向量，设 $\boldsymbol{A}=(a_1,a_2,\cdots,a_N)$，$\boldsymbol{B}=(b_1,b_2,\cdots,b_N)$，$\boldsymbol{C}=(c_1,c_2,\cdots,c_N)$，$\boldsymbol{D}=(d_1,d_2,\cdots,d_N)$。

微视频 3-11：向量的处理方式

1. 横向（水平）处理方式

在横向处理方式中，向量计算是按行的方式从左到右横向地进行。对于给定的例子 $\boldsymbol{D}=\boldsymbol{A}\times(\boldsymbol{B}+\boldsymbol{C})$，就是逐个求 d_i：

先计算　$d_1 \leftarrow a_1\times(b_1+c_1)$

再计算　$d_2 \leftarrow a_2\times(b_2+c_2)$

…

最后计算　$d_N \leftarrow a_N\times(b_N+c_N)$

一般的计算机就是采用这种方式组成循环程序进行处理的。每次循环完成以下计算（共循环 N 次）：

$k_i \leftarrow b_i+c_i$

$d_i \leftarrow k_i\times a_i$

进行流水线处理时，在每次循环中都会发生一次数据相关和两次流水线的功能切换（若采用多功能流水线），所以总共会发生 N 次数据相关和 $2N$ 次功能切换。显然，横向处理方式不适用于向量处理机的并行处理。

2. 纵向（垂直）处理方式

在纵向处理方式中，向量计算是按列的方式从上到下纵向地进行。也就是说，是将整个向量按相同的运算处理完之后，再去进行别的运算。对于上述例子，就是先完成

$k_1 \leftarrow b_1+c_1$

…

$k_N \leftarrow b_N + c_N$

然后再计算

$d_1 \leftarrow k_1 \times a_1$

…

$d_N \leftarrow k_N \times a_N$

表示成向量指令,就是

$\boldsymbol{K} = \boldsymbol{B} + \boldsymbol{C}$

$\boldsymbol{D} = \boldsymbol{K} \times \boldsymbol{A}$

这里,在每条向量指令内都是单一相同的运算,两条向量指令间仅有1次数据相关和1次功能切换(若采用多功能流水线)。所以这种处理方式适用于向量处理机。

在纵向处理方式中,向量长度 N 的大小不受限制,无论 N 有多大,相同的运算都用一条向量指令完成。因此,需要采用存储器-存储器结构,即向量指令的源向量和目的向量都是存放在存储器中,运算的中间结果需要送回存储器(而不能通过设置向量寄存器来存放)。在采用这种处理方式的向量处理机中,流水线运算部件的输入和输出端都直接(或经过缓冲器)与存储器相联,从而构成存储器-存储器型操作的运算流水线,如图3.40所示。早期的向量处理机如STAR-100、Cyber 205等都是采用这种结构。

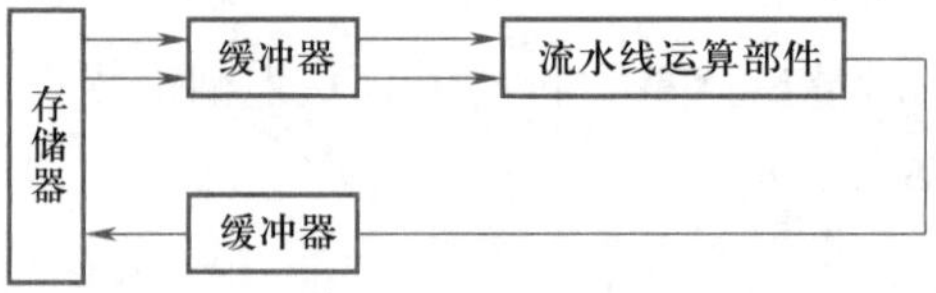

图3.40　存储器-存储器型操作的运算流水线

要使这种结构的流水线充分发挥效率,存储器要不断地提供源操作数数据流,并不断地从运算部件接收结果。具体来说,就是每拍从存储器读取两个数据,并向存储器写回一个结果。所以,这种结构对存储器的带宽以及存储器与处理部件的通信带宽提出了非常高的要求。一般是通过采用多体交叉并行存储器和缓冲器技术来解决。例如,20世纪70年代初问世的STAR-100就是把存储器设计成32个体交叉,且每个体的数据宽度又是8个字(字长64位),使其最大数据流量达到了2亿字每秒。

3. 纵横(分组)处理方式

纵横处理方式又称为分组处理方式,是上述两种方法的结合。它是把向量分成若干组,组内按纵向方式处理,再依次处理各组。

对于上述的例子,设

$$N = S \times n + r$$

其中,N 为向量长度,S 为组数,n 为每组的长度,r 为余数。若余下的 r 个数也作为一组处理,则共有 $S+1$ 组。

其运算过程如下。

先算第 1 组：

$$k_{1\sim n} \leftarrow b_{1\sim n} + c_{1\sim n}$$
$$d_{1\sim n} \leftarrow k_{1\sim n} \times a_{1\sim n}$$

再算第 2 组：

$$k_{(n+1)\sim 2n} \leftarrow b_{(n+1)\sim 2n} + c_{(n+1)\sim 2n}$$
$$d_{(n+1)\sim 2n} \leftarrow k_{(n+1)\sim 2n} \times a_{(n+1)\sim 2n}$$

依次进行下去，直到最后一组，即第 $S+1$ 组。

可以看出，每组内各用两条向量指令，执行时每组只发生一次数据相关和两次流水线功能切换。所以这种处理方式也适用于向量处理机。

这种处理方式对向量长度 N 的大小亦不限制，但它是以每 n 个元素为一组进行分组处理的。n 的值是固定的，因此可以设置能快速访问的向量寄存器，用于存放源向量、目的向量及中间结果，让运算部件的输入、输出端都与向量寄存器相连，构成寄存器-寄存器型操作的运算流水线。美国的 Cray-1 和我国的 YH-1 巨型机是典型的寄存器-寄存器结构的向量处理机。

3.5.2　向量处理机的结构

向量处理机的结构因具体机器不同而不同。上述存储器-存储器型结构和寄存器-寄存器型结构是两种典型的结构。下面以 Cray-1 机为例，进一步介绍寄存器-寄存器型向量处理机的结构和特点。

微视频 3-12：向量处理机的结构

Cray-1 是美国 Cray 公司于 1976 年推出的巨型机，其时钟周期为 12.5 ns，浮点运算速度达到了 1 亿次每秒以上。图 3.41 所示是 Cray-1 中央处理机中有关向量流水线处理部分的简图。它由以下几个部分构成。

1. 功能部件

Cray-1 共有 12 条可并行工作的单功能流水线，可分别流水进行地址、向量、标量的各种运算。它为向量运算提供了 6 个单功能流水线部件：整数加（3 拍）、逻辑运算（2 拍）、移位（4 拍）、浮点加（6 拍）、浮点乘（7 拍）和浮点迭代求倒数（14 拍）。括号中的数字为其流水经过的时间，每拍为一个时钟周期，即 12.5 ns。任何一条流水线只要满负荷工作，都可以每拍流出一个结果元素。

2. 向量寄存器组 V

向量寄存器组由 512 个 64 位的寄存器组成，分成 8 块，编号为 $V_0 \sim V_7$。每一个块称为一个向量寄存器，可存放一个长度（即元素个数）不超过 64 的向量。对于长度超过 64 的长向量，需用向量循环进行分段处理，每段的长度为 64 个元素（最后剩余的一段可能小于 64）。

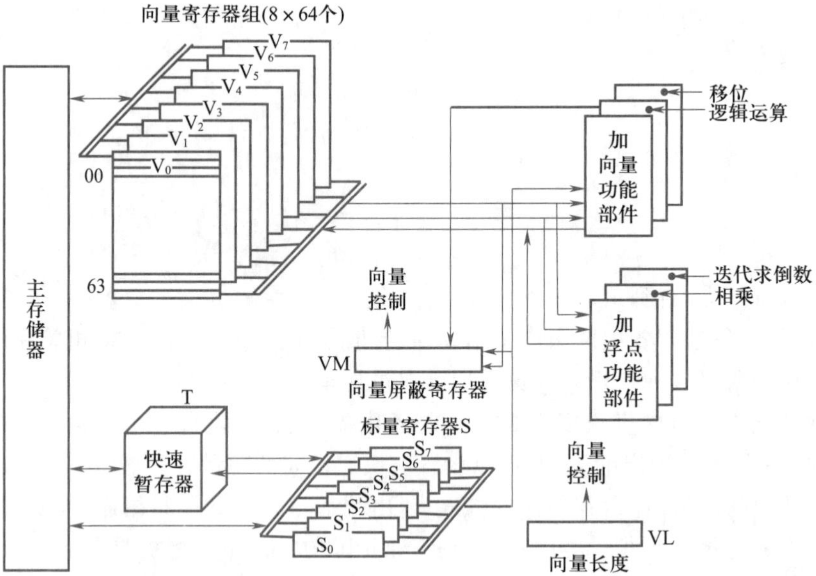

图 3.41 Cray-1 中央处理机中有关向量流水线处理部分的简图

每个向量寄存器可以每拍向功能部件提供一个数据元素,或者每拍接收一个从功能部件传来的结果元素。

3. 标量寄存器 S 和快速暂存器 T

标量寄存器有 8 个:$S_0 \sim S_7$,都是 64 位。

快速暂存器 T 用于在标量寄存器和主存之间提供缓冲。

4. 向量屏蔽寄存器 VM

向量屏蔽寄存器 VM 为 64 位,每一位对应于向量寄存器的一个单元。向量屏蔽寄存器用于向量的归并、压缩、还原和测试操作等,也可用于实现对向量某些元素的单独运算。

为了能充分发挥向量寄存器和可并行工作的 6 个流水线功能部件的作用,加快对向量的处理,Cray-1 中的每个向量寄存器 V_i 都有连到 6 个向量功能部件的单独总线,而每个向量功能部件也都有把运算结果送回向量寄存器组的总线。这样,只要不出现 V_i 冲突和功能部件冲突,各 V_i 之间和各功能部件之间都能并行工作,大大加快了向量指令的处理,这是 Cray-1 向量处理的一个显著特点。

所谓 V_i 冲突,是指并行工作的各向量指令的源向量或结果向量使用了相同的 V_i。除了相关的情况之外,就是出现源向量冲突,即源向量有相同的。例如:

$V_3 \leftarrow V_1 + V_2$

$V_5 \leftarrow V_4 \wedge V_1$

这两条向量指令的源向量之一都取自 V_1。由于两者的首元素下标可能不同,向量长度也可能不同，所以难以由 V_1 同时提供两条指令所需要的源向量。因此，这两条向量指令不能同时执行。只有等第一条向量指令执行完并释放出 V_1 之后，第二条向量指令才能开始执行。

所谓功能部件冲突，是指并行工作的各向量指令要使用同一个功能部件。例如：

$V_3 \leftarrow V_1 * V_2$

$V_5 \leftarrow V_4 * V_6$

这两条向量指令都需要使用浮点乘法流水线功能部件，所以产生功能部件冲突。这时，必须等第一条向量指令执行完毕并释放功能部件之后，第二条向量指令才能开始执行。

Cray-1 的指令系统包括标量指令和向量指令，共 128 条，其中 4 种向量指令如图 3.42所示。这里的 n 是通过流水线功能部件的节拍数。第一种指令从向量寄存器 V_j、V_k 取得源向量，进行运算操作后将结果送入向量寄存器 V_i。第二种指令与第一种的差别只在于它的一个操作数取自标量寄存器 S_j。大多数向量指令都属于这两种。由于它们不是从主存而是从向量寄存器取得操作数，结果也是存入向量寄存器，所以流水速度很高，而且减少了对主存带宽的要求。第三、第四种指令用于实现主存与向量寄存器组之间的成组数据传送，其中访存流水线建立时间为 6 拍。

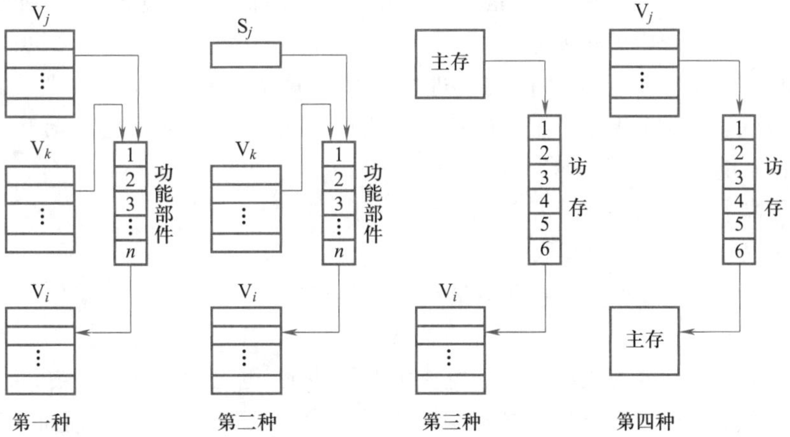

图 3.42 Cray-1 的 4 种向量指令

3.5.3 提高向量处理机性能的方法

为了提高向量处理机的性能，可采用多种方法，例如设置多个功能部件，使其并行工作；采用链接技术，加快一串向量指令的执行；采用分段开采技术，加快循环的处理；采用多处理机系统，进一步提高性能。

微视频 3-13：提高向量处理机性能的常用技术

1. 设置多个功能部件

在向量处理机中，为了提高性能，通常都设置多个独立的功能部件。这些部件能并行工作，并各自按流水线方式工作，从而形成了多条并行工作的运算操作流水线。例如，在前面介绍的 Cray-1 向量处理机中，有如下 4 组 12 个单功能流水线部件。

① 向量部件：向量加，移位，逻辑运算。

② 浮点部件：浮点加，浮点乘，浮点求倒数。

③ 标量部件：标量加，移位，逻辑运算，数“1”/计数。

④ 地址运算部件：整数加，整数乘。

2. 采用链接技术

链接（chaining）技术是指具有先写后读相关的两条指令，在不出现功能部件冲突和源向量冲突的情况下，可以把功能部件链接起来进行流水线处理，以达到加快执行的目的。链接特性是 Cray-1 向量处理的一个显著特点。

链接技术实际上可以看成是流水线的定向技术在向量处理机中的应用。当前一个向量功能部件产生第一个结果并送到结果向量寄存器的入口时，将该结果立即送往下一个功能部件的入口，开始后续的向量处理操作。此后依次得到的中间结果都按此处理。这样，前面功能部件的结果元素一产生就可以立即被后面的功能部件所使用，而不用等结果向量全部产生后再使用。

例 3.3 在 Cray-1 上用链接技术进行向量运算 $\boldsymbol{D}=\boldsymbol{A}\times(\boldsymbol{B}+\boldsymbol{C})$。假设向量长度 $N\leqslant 64$，向量元素为浮点数，且向量 $\boldsymbol{B}$、$\boldsymbol{C}$ 已存放在 V_0 和 V_1 中。画出链接示意图，并分析非链接执行和链接执行两种情况下的执行时间。

解 用以下 3 条向量指令完成上述运算：

① $V_3 \leftarrow$ 存储器 // 访存取向量 A

② $V_2 \leftarrow V_0+V_1$ // 向量 B 和向量 C 进行浮点加

③ $V_4 \leftarrow V_2 * V_3$ // 浮点乘，结果存入 V_4

第 1、2 条向量指令既无向量寄存器使用上的冲突，也无功能部件冲突，可以并行执行。第 3 条指令与第 1、2 条指令之间均存在且只存在先写后读相关，而且不存在功能部件冲突，因而可以将第 3 条指令与第 1、2 条指令链接执行，如图 3.43 所示。

由于同步的要求，Cray-1 中把向量数据元素送往向量功能部件以及把结果存入向量寄存器都需要一拍时间，从存储器中把数据送入访存功能部件也需要一拍时间。根据这一点以及各功能部件的通过时间，可以得出在各种情况下的执行时间。

如果这 3 条指令全部用串行方法执行，则执行时间为

$$[(1+6+1)+N-1]+[(1+6+1)+N-1]+$$
$$[(1+7+1)+N-1]=3N+22\ (拍)$$

如果前两条指令并行执行，然后再串行执行第 3 条指令，则执行时间为

$$[(1+6+1)+N-1]+[(1+7+1)+N-1] = 2N+15\ (\text{拍})$$

如果第1、2条向量指令并行执行（“访存”所需的拍数与“浮加”所需的拍数正好相同），并与第3条指令链接执行，则所需的时间最短。从访存开始到把第一个结果元素存入 V_4 所需的拍数（亦称为链接流水线的建立时间）为

$$(1+6+1)+(1+7+1) = 17\ (\text{拍})$$

此后，就是每拍得到一个结果元素存入 V_4，共有 $N-1$ 个元素。故3条指令的执行时间为

$$(1+6+1)+(1+7+1)+(N-1) = N+16\ (\text{拍})$$

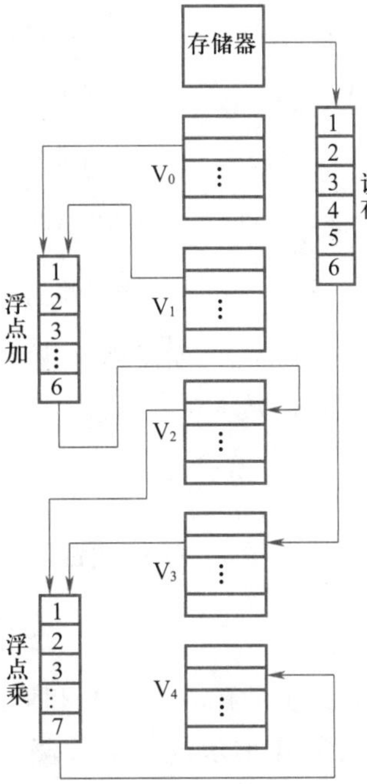

图 3.43 通过链接技术实现向量指令的重叠并行执行

进行向量链接时，除了要求无向量寄存器使用冲突和无功能部件使用冲突外，还有一些别的要求：

① 只有在前一条指令的第一个结果元素送入结果向量寄存器的那一个时钟周期才可以进行链接。如果错过这个时刻就无法进行链接了，这时只好等前一条指令全部执行完毕并释放相应的向量寄存器之后，才能执行后面的指令。

② 当一条向量指令的两个源操作数分别是两条先行指令的结果寄存器时，要求先行的两条指令产生运算结果的时间必须相等，即要求有关功能部件的通过时间相等。例如，上述例子中的访存和浮点加功能部件的通过时间都是6拍。

③ 要进行链接执行的向量指令的向量长度必须相等，否则无法进行链接。

3. 分段开采技术

当向量长度大于向量寄存器长度时，必须把长向量分成长度固定的段，然后循环分段处理，每一次循环只处理一个向量段。这种技术称为分段开采技术。将长向量分段并循环处理是由系统硬件和软件控制完成的，对程序员是透明的。

例 3.4 设 ***A*** 和 ***B*** 是长度为 N 的向量，考虑在 Cray-1 向量处理机上实现以下的循环操作。

```
DO  10 I = 1,N
10  A(I) = 5.0 * B(I)+C
```

当 N ≤64 时，可以用以下指令序列实现上述循环。

$S_1 \leftarrow 5.0$　　　　//将常数 5.0 装入标量寄存器 S_1

$S_2 \leftarrow C$　　　　//将常数 C 装入标量寄存器 S_2

$VL \leftarrow N$　　//在 VL 寄存器中设置向量长度 N

$V_0 \leftarrow B$　　//将向量 B 读入向量寄存器 V_0

$V_1 \leftarrow S_1 * V_0$　　//将向量 B 中的每个元素乘以 5.0

$V_2 \leftarrow S_2 + V_1$　　//V_1 中的每个元素加上常数 C

$A \leftarrow V_2$　　//将结果向量存入存储器

当 $N>64$ 时，就需要进行分段开采。在进行分段开采时，首先必须根据向量长度计算出循环次数 K：

$$K=\left\lfloor \frac{N}{64} \right\rfloor$$

一般来说，N 并不一定总是 64 的倍数，所以如果 $N/64$ 有余数，那么余数 L 为

$$L=N-64\times\left\lfloor \frac{N}{64} \right\rfloor \text{，即 } L=N-64\times K$$

依据上面计算出的 K 和 L 的值，进行向量循环的分段开采。在进入循环以前，首先计算向量 $\boldsymbol{A}$ 的余数个元素，然后用循环的方式计算向量 $\boldsymbol{A}$ 剩余的元素，每次循环计算 64 个元素，而循环体由上述第 4 条到第 7 条向量指令组成。例 3.4 的向量运算分段开采的过程可以表示为：

$S_1 \leftarrow 5.0$　　//将常数 5.0 装入标量寄存器 S_1

$S_2 \leftarrow C$　　//将常数 C 装入标量寄存器 S_2

$V_L \leftarrow L$　　//在 V_L 寄存器中设置向量长度 L

$V_0 \leftarrow B$　　//将向量 B 读入向量寄存器 V_0

$V_1 \leftarrow S_1 * V_0$　　//将向量 B 中的每个元素乘以 5.0

$V_2 \leftarrow S_2 + V_1$　　//V_1 中的每个元素加上常数 C

$A \leftarrow V_2$　　//将计算结果从 V_2 存入存储器的向量 A[0..L-1]

（以上 5 条：处理余数部分，计算 L 个元素）

$V_L \leftarrow 64$　　//在 V_L 寄存器中设置向量长度 64

for(I=0 to K-1){

　$V_0 \leftarrow B$　　//将向量 B[L+I * 64.. L+I * 64+63]读入向量寄存器 V_0

　$V_1 \leftarrow S_1 * V_0$　　//将向量 B 中的每个元素乘以 5.0

　$V_2 \leftarrow S_2 + V_1$　　//V_1 中的每个元素加上常数 C

　$A \leftarrow V_2$　　//将计算结果从 V_2 存入存储器的向量 A[L+I * 64.. L+I * 64+63]

}

（循环 K 次，分段处理）

4. 采用多处理机系统

为了进一步提高系统的向量处理性能，许多新型向量处理机系统采用了多处理机系统结构。例如，在 Cray-1 的基础上，Cray 公司在 20 世纪 80 年代推出了 Cray-2、Cray X-MP，90 年代推出了 Cray Y-MP、C90，它们基本上保持了 Cray-1 的基本结构，但都已

发展成为多处理机系统。Cray-2 包含了 4 个向量处理机，浮点运算速度最高可达 1 800 MFLOPS。Cray Y-MP、C90 最多可包含 16 个向量处理机。

3.5.4 向量处理机的性能评价

衡量向量处理机性能的主要参数有向量指令的处理时间 T_{vp}，向量长度为无穷大时的向量处理机的最大性能 R_{∞}，半性能向量长度 $n_{1/2}$，向量长度临界值 n_v。

1. 向量指令的处理时间 T_{vp}

在向量处理机上，执行一条向量长度为 n 的向量指令所需的时间 T_{vp} 可表示为

$$T_{vp}=T_s+T_{vf}+(n-1)T_c \tag{3.22}$$

其中，T_s 为向量流水线的建立时间；T_{vf} 为向量流水线的流过时间，它是从向量指令开始译码算起，到第一对向量元素流过流水线，直到产生第一个结果元素所需的时间；T_c 为流水线瓶颈段的执行时间。

如果流水线不存在瓶颈，每段的执行时间等于一个时钟周期，则上式也可以写为

$$T_{vp}=[s+e+(n-1)]T_{clk} \tag{3.23}$$

其中，s 为向量流水线的建立时间所对应的时钟周期数，e 为向量流水线的流过时间所对应的时钟周期数，T_{clk} 为时钟周期时间。

也可以将式(3.23)改写为

$$T_{vp}=[T_{start}+n]T_{clk} \tag{3.24}$$

其中，T_{start} 为向量功能部件启动所需的时钟周期数，n 为向量元素个数。

上面给出了单条向量指令的执行时间。对于一组向量指令而言，其执行时间主要取决于 3 个因素，即向量长度、向量操作之间是否链接、向量功能部件的冲突和数据的冲突。可以把几条能在同一个时钟周期内一起开始执行的向量指令集合称为一个编队。可以看出：同一个编队中的向量指令之间一定不存在向量功能部件的冲突和数据的冲突；如果任何两条向量指令之间存在向量功能部件的冲突或数据冲突，那么就必须将其编入不同的编队。

例 3.5 假设每种向量功能部件只有一个，那么下面的一组向量指令能分成几个编队？

```
LV        V1, Rx         //从存储器中载入向量 Rx
MULTSV    V2, R0, V1     //向量 V1 和标量寄存器 R0 中的内容相乘
LV        V3, Ry         //从存储器中载入向量 Ry
ADDV      V4, V2, V3     //向量 V2 和 V3 相加，结果保存在向量寄存器 V4 中
SV        Ry, V4         //将向量寄存器 V4 中的结果保存在存储器向量 Ry 中
```

解 第一条指令 LV 为第一个编队。MULTSV 指令因为与第一条 LV 指令冲突，所以它们不能在同一个编队中。MULTSV 指令和第二条 LV 指令之间不存在向量功能部

件冲突和数据冲突,所以这两条指令为第二个编队。ADDV 指令与第二条 LV 指令数据冲突,所以 ADDV 为第三个编队。SV 指令与 ADDV 指令数据冲突,所以它为第四个编队。即

第一编队:LV。

第二编队:MULTSV,LV。

第三编队:ADDV。

第四编队:SV。

从前面的论述可知,由于一个编队内部所有的向量指令之间不存在向量功能部件冲突和数据冲突,它们可以并行执行。根据式(3.24)可知,一个编队内所有向量指令执行完毕所需要的时间为

$$\begin{aligned} T_{\mathrm{c}}^{i} &= \max_{j}[T_{\mathrm{start}}^{ij}+n]T_{\mathrm{clk}} \\ &= (T_{\mathrm{start}}^{i}+n)T_{\mathrm{clk}} \end{aligned} \tag{3.25}$$

其中,T_{c}^{i} 为第 i 个编队的执行时间,T_{start}^{ij} 为第 i 个编队中第 j 条指令所使用向量功能部件的启动时钟周期数。这里假设第 i 个编队中所有向量指令处理的向量元素个数均为 n。

根据式(3.25),可以计算出经过编队后的向量指令序列总的执行时间 T_{v}:

$$\begin{aligned} T_{\mathrm{v}} &= \sum_{i=1}^{m} T_{\mathrm{c}}^{i} \\ &= \sum_{i=1}^{m} (T_{\mathrm{start}}^{i} + n) T_{\mathrm{clk}} \\ &= \left(\sum_{i=1}^{m} T_{\mathrm{start}}^{i} + mn\right) T_{\mathrm{clk}} \\ &= (T_{\mathrm{start}} + mn) T_{\mathrm{clk}} \end{aligned} \tag{3.26}$$

其中,m 为向量指令序列编队的个数,T_{start} 为向量指令序列编队总的启动时钟周期数。

如果向量元素个数 n 大于向量处理机内部的向量寄存器长度,则需进行分段开采。从前面论述可知,在分段开采过程中会引入一些标量处理和运算的额外时间开销。假设这些额外的时间开销为 T_{loop} 个时钟周期,那么编队并采用分段开采技术后,向量指令序列执行所需的总的时钟周期数为

$$\begin{aligned} T_{n} &= \left\lfloor \frac{n}{\mathrm{MVL}} \right\rfloor \times (T_{\mathrm{loop}}+T_{\mathrm{start}}+m\times\mathrm{MVL}) \\ &\quad +\left[T_{\mathrm{loop}}+T_{\mathrm{start}}+m\times\left(n-\left\lfloor \frac{n}{\mathrm{MVL}} \right\rfloor\times\mathrm{MVL}\right)\right] \\ &= \left\lceil \frac{n}{\mathrm{MVL}} \right\rceil \times (T_{\mathrm{loop}}+T_{\mathrm{start}})+mn \end{aligned} \tag{3.27}$$

其中,MVL 是向量处理机的向量寄存器长度。

例 3.6　在某向量处理机上执行 DAXPY 的向量指令序列,也即计算双精度浮点向量表达式 $\boldsymbol{Y}=a\times\boldsymbol{X}+\boldsymbol{Y}$。其中 $\boldsymbol{X}$ 和 $\boldsymbol{Y}$ 是双精度浮点向量,最初保存在外部存储器中,a 是一个双精度浮点常数,已存放在浮点寄存器 F0 中。计算该表达式的向量指令序列如下:

```
LV        V1, Rx          //从存储器中载入向量 Rx
MULTFV    V2, F0, V1      //向量 V1 和浮点寄存器 F0 中的内容相乘
LV        V3, Ry          //从存储器中载入向量 Ry
ADDV      V4, V2, V3      //向量 V2 和 V3 相加,结果保存在向量寄存器 V4 中
SV        Ry, V4          //将向量寄存器 V4 中的结果保存在存储器向量 Ry 中
```

可以把上述 5 条向量指令按如下方式进行编队。

第一编队:LV。

第二编队:MULTFV,LV。

第三编队:ADDV。

第四编队:SV。

假设在该向量处理机中,$T_{\text{loop}}=15$,向量存储部件的启动需要 12 个时钟周期,向量乘法部件的启动需要 7 个时钟周期,向量加法部件的启动需要 6 个时钟周期,向量寄存器长度 MVL=64。依据式(3.27),对 n 个向量元素进行 DAXPY 表达式计算所需的时钟周期数为

$$T_n=\left\lceil\frac{n}{\text{MVL}}\right\rceil\times(T_{\text{loop}}+T_{\text{start}})+mn$$

$$=\left\lceil\frac{n}{64}\right\rceil\times(15+12+12+6+12)+4n=\left\lceil\frac{n}{64}\right\rceil\times57+4n$$

如果考虑采用向量链接技术,那么 DAXPY 的向量指令序列可以按如下方式编队。

第一编队:LV,MULTFV。

第二编队:LV,ADDV。

第三编队:SV。

由于在第一编队中两条指令链接执行,所以第一编队启动需要 12+7=19 个时钟周期,同样第二个编队启动需要 12+6=18 个时钟周期,第三个编队启动仍然需要 12 个时钟周期。所以采用链接技术后,依据式(3.27)对 n 个向量元素进行 DAXPY 表达式计算所需的时钟周期数为

$$T_n=\left\lceil\frac{n}{\text{MVL}}\right\rceil\times(T_{\text{loop}}+T_{\text{start}})+mn$$

$$=\left\lceil\frac{n}{64}\right\rceil\times(15+19+18+12)+3n=\left\lceil\frac{n}{64}\right\rceil\times64+3n$$

2. 向量处理机的最大性能 R_∞

R_∞表示当向量长度为无穷大时向量处理机的最高性能，也称为峰值性能。在评价向量处理机峰值性能时常常使用 MFLOPS 评价指标。向量处理机的峰值性能可以表示为

$$R_\infty=\lim_{n\to\infty}\frac{\text{向量指令序列中浮点运算次数}\times\text{时钟频率}}{\text{向量指令序列执行所需的时钟周期数}} \tag{3.28}$$

对于例 3.6 向量指令序列中的操作而言，只有“MULTFV V2,F0,V1”和“ADDV V4,V2,V3”两条浮点操作向量指令。假设该向量处理机的时钟频率为200 MHz，那么

$$\begin{aligned}R_\infty&=\lim_{n\to\infty}\frac{\text{向量指令序列中浮点运算次数}\times\text{时钟频率}}{\text{向量执行序列执行所需的时钟周期数}}\\&=\lim_{n\to\infty}\frac{2\times n\times 200}{\left\lceil\frac{n}{64}\right\rceil\times 64+3n}\\&=\lim_{n\to\infty}\frac{2\times n\times 200}{4n}\\&=100\ \text{MFLOPS}\end{aligned}$$

3. 半性能向量长度 $n_{1/2}$

半性能向量长度 $n_{1/2}$是指向量处理机的运行性能达到其峰值性能 R_∞ 的一半时所必须满足的向量长度。它是评价向量功能部件的流水线建立时间对向量处理机性能影响的重要参数。通常希望向量处理机有较小的 $n_{1/2}$。

对于上面的例子，由于该向量处理机的峰值性能 $R_\infty=100$ MFLOPS，所以根据半性能向量长度的定义有

$$\frac{2\times n_{1/2}\times 200}{\left\lceil\frac{n_{1/2}}{64}\right\rceil\times 64+3n_{1/2}}=50$$

假设 $n_{1/2}\leqslant 64$，那么有

$$64+3n_{1/2}=\frac{2\times n_{1/2}\times 200}{50}=8n_{1/2}$$

可得

$$5n_{1/2}=64,\ n_{1/2}=12.8$$

所以 $n_{1/2}=13$。

4. 向量长度临界值 n_v

向量长度临界值 n_v 是指对于某一计算任务而言，向量方式的处理速度优于标量串行方式处理速度时所需的最小向量长度。该参数既是衡量向量处理部件流水线建立时间的重要指标，也是衡量标量、向量处理速度对向量处理机性能影响的重要指标。

对于上述 DAXPY 的例子，假设 $n_v<64$，在标量串行工作方式下实现 DAXPY 循环的开销为 10 个时钟周期。那么在标量串行方式下，计算 DAXPY 循环所需要的时钟周期数为

$$T_s=(10+12+12+7+6+12)\times n_v=59\ n_v$$

根据式(3.26)可知，在向量方式下计算 DAXPY 循环所需要的时钟周期数为

$$T_v=64+3n_v$$

根据向量长度临界值的定义，有

$$T_v=T_s$$

$$64+3n_v=59n_v$$

所以

$$n_v=\left\lceil\frac{64}{56}\right\rceil=2$$

习题 3

3.1 解释下列术语

流水线	单功能流水线	多功能流水线	静态流水线
动态流水线	部件级流水线	处理机级流水线	处理机间流水线
线性流水线	非线性流水线	按序流水线	乱序流水线
吞吐量	流水线加速比	流水线的效率	数据相关
名相关	控制相关	反相关	输出相关
换名技术	结构冲突	数据冲突	控制冲突
定向	写后读冲突	读后写冲突	写后写冲突
链接技术	分段开采	半性能向量长度	向量长度临界值

3.2 简述流水线技术的特点。

3.3 解决流水线瓶颈问题有哪两种常用方法？

3.4 减少流水线分支延迟的静态方法有哪些？

3.5 简述延迟分支方法中的 3 种调度策略的优缺点。

3.6 列举出下面循环中的所有相关，包括输出相关、反相关、真相关。

```
for (i=2; i<100; i=i+1)
    a[i]=b[i]+a[i];
    c[i+1]=a[i]+d[i];
    a[i-1]=2*b[i];
```

b[i+1]=2*b[i];

3.7　简述 3 种向量处理方式,它们对向量处理机的结构要求有何不同?

3.8　可采用哪些方法来提高向量处理机的性能?

3.9　有一指令流水线如图 3.44 所示。

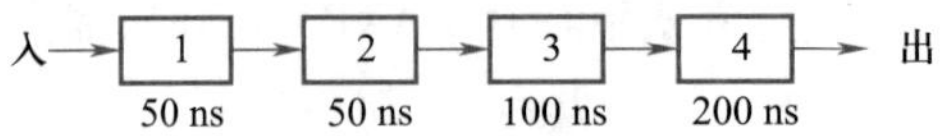

图 3.44　指令流水线

(1) 求连续输入 10 条指令,该流水线的实际吞吐量和效率。

(2) 该流水线的瓶颈在哪一段?请采取两种不同的措施消除此瓶颈。对于所给出的两种新的流水线,连续输入 10 条指令时,其实际吞吐量和效率各是多少?

3.10　有一个流水线由 4 段组成,其中每当流经第 3 段时总要在该段循环一次,然后才能流到第 4 段。如果每段经过一次所需要的时间都是 Δt,试问:

(1) 当在流水线的输入端连续地每 Δt 时间输入任务时,该流水线会发生什么情况?

(2) 此流水线的最大吞吐量为多少?如果每 $2\Delta t$ 输入一个任务,连续处理 10 个任务时的实际吞吐量和效率是多少?

(3) 当每段时间不变时,如何提高该流水线的吞吐量?仍连续处理 10 个任务时,其吞吐量提高多少?

3.11　有一条静态多功能流水线由 5 段组成(如图 3.45 所示),加法用 1、3、4、5 段,乘法用 1、2、5 段,第 3 段的时间为 $2\Delta t$,其余各段的时间均为 Δt,而且流水线的输出可以直接返回输入端或暂存于相应的流水线寄存器中。现要在该流水线上计算 $\prod_{i=1}^{4}(A_i + B_i)$,画出其时空图,并计算其吞吐量、加速比和效率。

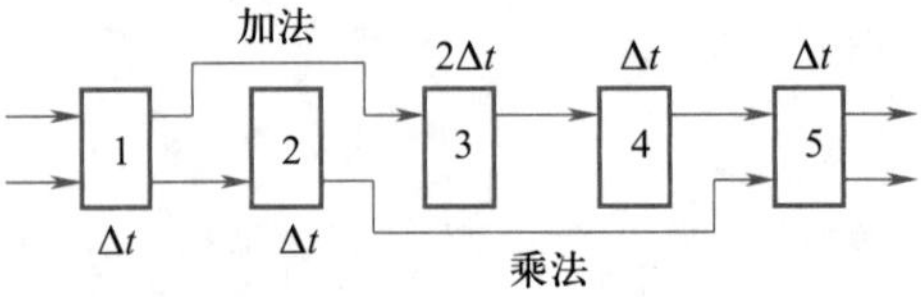

图 3.45　5 段静态多功能流水线

3.12　有一动态多功能流水线由 6 个功能段组成,如图 3.46 所示。其中,S1、S4、S5、S6 组成乘法流水线,S1、S2、S3、S6 组成加法流水线,各个功能段时间均为 50 ns,假设该流水线的输出结果可以直接返

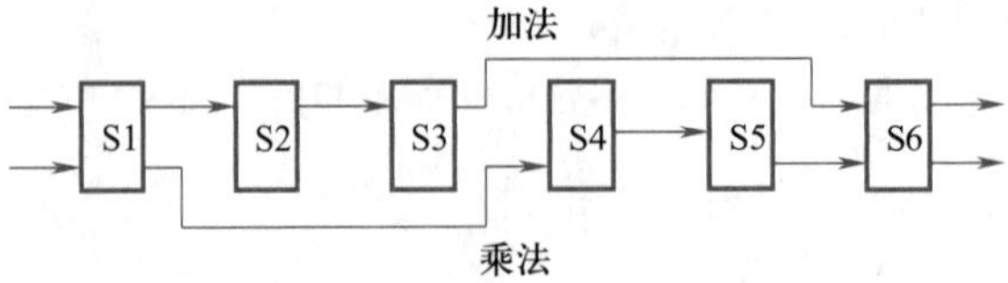

图 3.46　6 段动态多功能流水线

回输入端,而且设置有足够的缓冲寄存器,并以最快的方式用该流水线计算 $\sum_{i=1}^{5} x_i y_i z_i$。

(1) 画出时空图。

(2) 计算实际的吞吐量、加速比和效率。

3.13　在 MIPS 流水线上运行如下代码序列。

```
loop:  LW       R1,0(R2)
       DADDIU   R1,R1,#1
       SW       R1, 0(R2)
       DADDIU   R2,R2,#4
       DSUB     R4,R3,R2
       BNEZ     R4,loop
```

其中,R3 的初值是 R2 + 396。假设在整个代码序列的运行过程中,所有的存储器访问都是命中的,并且在一个时钟周期中对同一个寄存器的读操作和写操作可以通过寄存器文件定向。

(1) 在没有任何其他定向(或旁路) 硬件的支持下,画出该指令序列执行的流水线时空图。假设采用排空流水线的策略处理分支指令,且所有的存储器访问都命中 Cache,那么执行上述循环需要多少个时钟周期?

(2) 假设该流水线有正常的定向路径,画出该指令序列执行的流水线时空图。假设采用预测分支失败的策略处理分支指令,且所有的存储器访问都命中 Cache,那么执行上述循环需要多少个时钟周期?

(3) 假设该流水线有正常的定向路径和一个单周期延迟分支,请对该循环中的指令进行调度。可以重新组织指令的顺序,也可以修改指令的操作数,但是注意不能增加指令的条数。画出该指令序列执行的流水线时空图,并计算执行上述循环所需要的时钟周期数。

3.14　假设各种分支指令数占所有指令数的百分比如表 3.5 所示。

表 3.5　分支指令百分比

条件分支	20%(其中的 60% 是分支成功的)
跳转和调用	5%

现有一条段数为 4 的流水线,无条件分支在第二个时钟周期结束时就被解析出来,而条件分支要到第三个时钟周期结束时才能够被解析出来。第一个流水段是完全独立于指令类型的,即所有类型的指令都必须经过第一个流水段的处理。请问在没有任何控制相关的情况下,该流水线相对于存在上述控制相关情况下的加速比是多少?

3.15　在 Cray - 1 计算机上按照链接方式执行下述 4 条向量指令(括号中给出了相应功能部件的执行时间),如果向量寄存器和功能部件之间的数据传送需要 1 拍,试求此链接流水线的通过时间是多少拍?如果向量长度为 64,则需多少拍才能得到全部结果?

$V_0 \leftarrow$ 存储器　(从存储器中取数:7 拍)

$V_2 \leftarrow V_0 + V_1$　(向量加:3 拍)

$V_3 \leftarrow V_2 < A_3$　(按(A_3)左移:4 拍)

$V_5 \leftarrow V_3 \wedge V_4$　(向量逻辑乘:2 拍)

3.16　某向量处理机有16个向量寄存器，其中 $V_0 \sim V_5$ 中分别放有向量 $\boldsymbol{A}$、$\boldsymbol{B}$、$\boldsymbol{C}$、$\boldsymbol{D}$、$\boldsymbol{E}$、$\boldsymbol{F}$，向量长度均为8，向量各元素均为浮点数；处理部件采用两条单功能流水线，加法功能部件时间为2拍，乘法功能部件时间为3拍。采用类似于Cary-1的链接技术，先计算 $(\boldsymbol{A}+\boldsymbol{B})*\boldsymbol{C}$，在流水线不停流的情况下，接着计算 $(\boldsymbol{D}+\boldsymbol{E})*\boldsymbol{F}$。

（1）求此链接流水线的通过时间。（设寄存器入、出各需1拍）

（2）假如每拍时间为50 ns，完成这些计算并把结果存进相应寄存器，此处理部件的实际吞吐量为多少 MFLOPS？

第 4 章　指令级并行

主要内容

—指令级并行的概念
—指令的动态调度和 Tomasulo 算法
—动态分支预测技术
—多指令流出技术(超标量、超长指令字、超流水)
—循环展开和指令调度

4.1　指令级并行的概念

自 20 世纪 80 年代中期以来,几乎所有的处理机都利用流水线来使指令重叠并行执行,以达到提高性能的目的。这种指令之间存在的潜在并行性称为指令级并行(ILP)。本章研究如何利用各种技术,在流水线思想的基础上进一步扩展,开发出更多的指令级并行。

开发指令级并行的方法可以分为两大类:主要基于硬件的动态开发方法和基于软件的静态开发方法。在实际应用中这种区分不是绝对的,有些思想两者都可以采用。特别是要把硬件与软件技术相结合、动态与静态方法相结合,才能充分开发程序中潜在的指令级并行。

流水线处理机的实际平均指令周期数(CPI)等于理想流水线的平均指令周期数加上各类停顿的时钟周期数:

$$\text{CPI}_{\text{流水线}}=\text{CPI}_{\text{理想}}+\text{停顿}_{\text{结构冲突}}+\text{停顿}_{\text{数据冲突}}+\text{停顿}_{\text{控制冲突}}$$

其中,$\text{CPI}_{\text{理想}}$是衡量流水线最高性能的一个指标。通过减少该式右边的各项就能减少总的 CPI,从而提高每周期指令数(instructions per cycle,IPC)。

如果一串连续的代码除了入口和出口以外,没有其他分支指令和转入点,则称之为一个基本程序块。由于程序中往往每隔 4~7 条指令就会有一个分支,而且指令之间还可能存在相关,因此在基本程序块中能开发出的并行性是很有限的,很可能比基本块的平均大小要小得多。为了明显地提高性能,必须跨越多个基本块开发指令级并行。

增加指令之间的并行,最简单和最常用的方法是开发循环的不同迭代之间存在的并行,这种并行称为循环级并行。例如,考虑下述语句:

```
for(i=1; i<=500; i=i+1)
    a[i]=a[i]+s;
```

这里每一次循环都可以与其他循环重叠并行执行,而在每一次循环的内部却是没有任何的并行性可言。在本章末尾将讨论把循环级并行转换为指令级并行的一些方法,在基本原理方面,它们都是把循环展开处理。

另一种开发循环级并行的重要方法是采用向量指令和向量数据表示。第3章已对向量处理机做了比较详细的讨论,虽然向量处理思想的出现比开发指令级并行的方法早许多,但目前开发指令级并行的处理机在通用应用领域占统治地位,几乎是完全替代了向量处理机。当然,向量处理机在某些特定的应用领域还有广泛的应用,如图形、数字信号处理和多媒体应用等。

在第3章中讲过,确定程序中指令之间存在什么样的相关,对于确定程序中有多少并行性以及如何开发这些并行性有重要的意义。相关是程序固有的一种属性,它反映了程序中指令之间的相互依赖关系。而具体的一次相关是否会导致实际冲突以及该冲突会带来多长的停顿,则是流水线的属性。

数据相关限制了所能开发的指令级并行,本章论述的主要内容之一就是如何克服这些限制。可以从两个方面来解决相关问题,一是保持相关,但避免发生冲突;二是通过代码变换消除相关。

指令调度就是一种用来避免冲突的主要方法,它并不改变相关。在第3章介绍了一些依靠编译器静态进行指令调度的方法,本章将论述动态调度代码的硬件方法。读者还将看到,有些类型的相关是可以消除的。

由于相关的存在,必须保持程序顺序,即由源程序确定的在完全串行方式下指令的执行顺序。后面要介绍的各种软硬件技术的目标是尽可能开发并行性,只有在可能影响程序正确性的情况下才保持程序顺序。

对于提高性能来说,控制相关本身并不是一个主要的限制。当存在控制相关时,如果不遵守其依赖关系而执行本来不该执行的指令对程序的正确性没有影响,那么就完全可以这么做(如果有好处)。因此控制相关并不是一个必须严格保持的关键属性。对于程序的正确执行来说,必须保持的最关键的两个属性是数据流和异常行为(exception behavior)。

保持异常行为属性,是指无论怎么改变指令的执行顺序都不能改变程序中异常的发生情况。即原来程序中是怎么发生的,改变执行顺序后还是怎么发生。这个条件经常被弱化为:指令执行顺序的改变不能导致程序中发生新的异常。

如果能做到保持程序的数据相关和控制相关,就能保持程序的数据流和异常行为属性。下面举一例说明。

```
DADDU     R2,R3,R4
BEQZ      R2,L1
LW        R1,0(R2)
L1:
```

很容易看出,如果不保持关于 R2 的数据相关,程序的执行结果就会改变。比较隐藏的另一个事实是:如果不保持控制相关而把 LW 指令移到分支指令之前,就有可能使 LW 指令产生一个访存保护异常(如果 R2=0)。如果一定要把 LW 指令移到 BEQZ 之前也是可以实现的,只要在分支成功时对该异常置之不理即可。

数据流是指数据值从其生产者指令到其消费者指令的实际流动。分支指令使得数据流具有动态性,因为它使得给定指令的数据可以有多个来源。也就是说,仅仅保持数据相关性是不够的,因为一条指令有可能数据相关于多条先前的指令。程序顺序决定了哪条指令真正是所需数据的生产者,因此应再加上保持控制顺序才能保持程序顺序。

考虑下述例子:

```
DADDU     R1,R2,R3
BEQZ      R4,L1
DSUBU     R1,R5,R6
L1:…
OR        R7,R1,R8
```

在这个例子中,OR 指令所用的 R1 的值取决于分支是否成功。可以看出 OR 指令数据相关于 DADDU 和 DSUBU 指令,但若仅仅保持这个数据相关顺序并不能保证这段代码的正确性,必须保证数据流也是正确的,即如果分支成功,OR 指令所用 R1 的值应该是 DADDU 计算出的;如果分支不成功,OR 指令所用 R1 的值就应该是 DSUBU 计算出的。通过保持控制相关可以避免对数据流的非法修改。所以 DSUBU 不能被移到分支指令之前。

有时会发现不遵守控制相关既不影响异常行为,也不改变数据流,这时就可以大胆地进行指令调度,把失败分支中的指令调度到分支指令前。例如,考虑下面这个例子:

```
DADDU           R1,R2,R3
BEQZ            R12,skipnext
DSUBU           R4,R5,R6
DADDU           R5,R4,R9
skipnext: OR    R7,R8,R9
```

假设已知 R4 在 Skipnext 之后不再被使用,而且 DSUBU 不会产生异常,那么就可以把 DSUBU 移到分支指令之前,这是因为这个移动不会改变数据流。如果分支成功,尽管按原程序 DSUBU 指令是不该执行的,但现在执行了也没关系,因为它不会影响程序的执行结果。

后面要讨论的前瞻执行不仅能解决异常问题，而且能够在保持数据流的情况下减少控制相关对开发指令级并行的影响。

4.2　指令的动态调度

第 3 章中论述的流水线属于静态调度的流水线。在这样的流水线中，当取出的指令与已在流水线中执行的指令不存在数据相关，或者虽存在数据相关但可以通过定向机制将相关隐藏时，就可以流出这条指令。如果数据相关不能被隐藏，冲突检测硬件就会从使用该数据的指令开始使流水线停顿，不再取指令和流出指令。

静态调度的流水线依靠编译器对代码进行静态调度，以减少相关和冲突。之所以称为静态调度（static scheduling），是因为它不是在程序执行过程中进行代码调度和优化，而是在编译期间进行的。静态调度通过把相关的指令拉开距离来减少可能产生的停顿。

与静态调度不同，动态调度（dynamic scheduling）是在程序的执行过程中依靠专门的硬件对代码进行调度。这是一种很重要的技术，许多现代处理器都采用了这种技术。动态调度能在保持数据流和异常行为的情况下，通过硬件对指令执行顺序进行重新安排，减少数据相关导致的停顿。动态调度有许多优点：

① 能够处理一些编译时情况不明的相关（如涉及存储器访问的相关），并简化了编译器。

② 能够使本来是面向某一流水线优化编译的代码在其他流水线上也能高效地执行。

当然，动态调度的这些优点是以硬件复杂性的显著增加为代价的。

4.2.1　动态调度的基本思想

微视频 4-1：指令动态调度的基本思想

第 3 章中讨论的简单流水线有一个主要局限性，即其指令是按序流出和按序执行的。如果某条指令在流水线中被停顿了，则后面所有的指令都停止前进。所以，如果相近的指令存在相关就很可能会导致冲突，引起停顿。如果系统中有多个功能部件，那么这些部件很可能因为没有指令可处理而处于空闲状态，系统效率低下。

考虑下述例子：

DIV.D　***F4***,F0,F2
SUB.D　F10,***F4***,F6
ADD.D　F12,F6,F14

SUB.D 指令与 DIV.D 指令关于 F4 相关，导致流水线停顿。ADD.D 指令也因此受阻,而实际上它与流水线中的任何指令都没有关系。这是按序流出和按序执行带来的局限性。如果可以不要求按程序顺序执行指令,那么就能进一步提高性能。

在第 3 章的流水线中,结构冲突和数据冲突都是在译码(ID)段进行检测。只有当既没有结构冲突也没有数据冲突时,指令才能流出。为了使上面指令序列中的 ADD.D 指令能继续执行下去,必须把指令流出的工作拆分为两个步骤:检测结构冲突,等待数据冲突消失。只要检测到没有结构冲突,就可以让指令流出,并且流出后的指令一旦其操作数就绪就可以立即执行,这样上面的 ADD.D 指令就不会被阻塞了。修改后的流水线是乱序执行的,即指令的执行顺序与程序顺序不相同。同样,指令的完成也是乱序的,即指令的完成顺序与程序顺序不相同。

为了支持乱序执行,将前述 5 段流水线的译码段细分为以下两个段。

① 流出:指令译码并检查是否存在结构冲突,如果不存在结构冲突就将指令流出。

② 读操作数:等待数据冲突消失(如果有),然后读操作数。

可以看出,指令的流出仍然是按序流出,即按程序顺序流出。但是,它们在读操作数段可能停顿和互相跨越,因而进入执行段时就可能已经是乱序的了。

前面讲过,在 5 段流水线中是不会发生读后写冲突和写后写冲突的,但现在的乱序执行就使得它们可能发生了。例如,考虑下面的代码:

```
DIV.D   F10,F0,F2
SUB.D   F10,F4,F6
ADD.D   F6, F8,F14
```

ADD.D 指令与 SUB.D 指令存在反相关(寄存器 F6),如果流水线在 SUB.D 读出 F6 之前就完成 ADD.D 将会出现错误。类似地,SUB.D 与 DIV.D 存在输出相关(寄存器 F10),流水线必须能检测出该相关并避免写后写冲突。在后面将看到,Tomasulo 算法可以通过使用寄存器重命名来消除它们。

执行(EX)段紧跟在读操作数段之后,和前述 5 段流水线一样。在浮点流水线中,执行段可能需要多个时钟周期,因不同的运算而不同。

在后面的讨论中将区分指令何时开始执行、何时结束执行。在开始执行与结束执行之间,指令是处于正在执行当中。采用动态调度的流水线支持多条指令同时处于执行当中,这是动态调度的一大优点。但这要求具有多个功能部件或流水线功能部件,或者两者兼而有之。后面假设具有多个功能部件。

指令乱序完成大大增加了异常处理的复杂度。一般来说,动态调度要保持正确的异常行为,即只有那些在程序严格按顺序执行时会发生的异常才能真正发生。动态调度处理机保持正确的异常行为的作法为:对于一条会产生异常的指令来说,只有当处理机确切地知道该指令将被执行后,才允许它产生异常。

即使保持了正确的异常行为,动态调度处理机仍可能发生不精确异常,即当执行指

令 i 导致发生异常时,处理机的现场(状态)与严格按程序顺序执行时指令 i 的现场不同。反之,如果发生异常时,处理机的现场与严格按程序顺序执行时指令 i 的现场相同,就称为精确异常。不精确异常使得在异常处理后难以接着继续执行程序。

之所以会发生不精确异常,是因为当执行指令 i 发生异常时出现了以下两种情况:

① 流水线可能已经执行完按程序顺序来说位于指令 i 之后的指令。

② 流水线可能还没完成按程序顺序来说位于指令 i 之前的指令。

记分牌算法和 Tomasulo 算法是两种比较典型的动态调度算法。Tomasulo 算法比记分牌算法改进了许多,是一种更强的算法。许多开发指令级并行的现代处理机都采用了 Tomasulo 算法或其变形。下面仅介绍 Tomasulo 算法。

4.2.2　Tomasulo 算法

微视频 4-2:Tomasulo 算法基本思想

Tomasulo 算法是由 IBM 公司的 Robert Tomasulo 在 1967 年研发的,是一种用来改善处理器乱序执行的指令级并行性硬件算法。该算法在 IBM 360/91 的浮点部件中首先采用。

1. Tomasulo 算法基本思想

尽管许多现代处理机采用了这种方法的各种变形,但其核心思想都是一样的,主要包含以下两点:

① 记录和检测指令相关,操作数一旦就绪就立即执行,把发生写后读冲突的可能性减小到最少。

② 通过寄存器换名来消除读后写冲突和写后写冲突。

IBM 360/91 采用 Tomasulo 算法,主要基于以下几个方面的考虑:

① IBM 360/91 的设计目标是基于整个 360 系列机的统一指令系统和编译器来实现高性能,而不是设计和使用专用编译器来提高性能。这样就需要更多地依赖于硬件。

② IBM 360 体系结构只有 4 个双精度浮点寄存器,限制了编译器调度的有效性。

③ IBM 360/91 的访存时间和浮点计算时间都很长。

寄存器换名可以消除读后写冲突和写后写冲突。见如下代码:

```
DIV.D    F0,F2,F4
ADD.D    F6,F0,F8
S.D      F6,0(R1)
SUB.D    F8,F10,F14
MUL.D    F6,F10,F8
```

ADD.D 和 MUL.D 指令之间存在一个输出相关(F6),这可能导致一个写后写冲突;ADD.D 和 SUB.D 之间存在一个反相关(F8),这可能导致一个读后写冲突。引入两个临时寄存器 S 和 T，并把代码中前两个 F6 换名为 S、后两个 F8 换名为 T，则得到以下代码：

```
DIV.D     F0,F2,F4
ADD.D     S,F0,F8
S.D       S,0(R1)
SUB.D     T,F10,F14
MUL.D     F6,F10,T
```

这样就消除了代码中的名相关。

(1) 基于 Tomasulo 算法的 MIPS 处理器浮点部件的基本结构

这里结合 MIPS 指令集来介绍 Tomasulo 算法，重点关心的是浮点部件以及 load/store 部件。图 4.1 是基于 Tomasulo 算法的 MIPS 处理器浮点部件的基本结构，其中采用了多个功能部件。图中没有画出记录和控制指令执行所使用的各种表格。

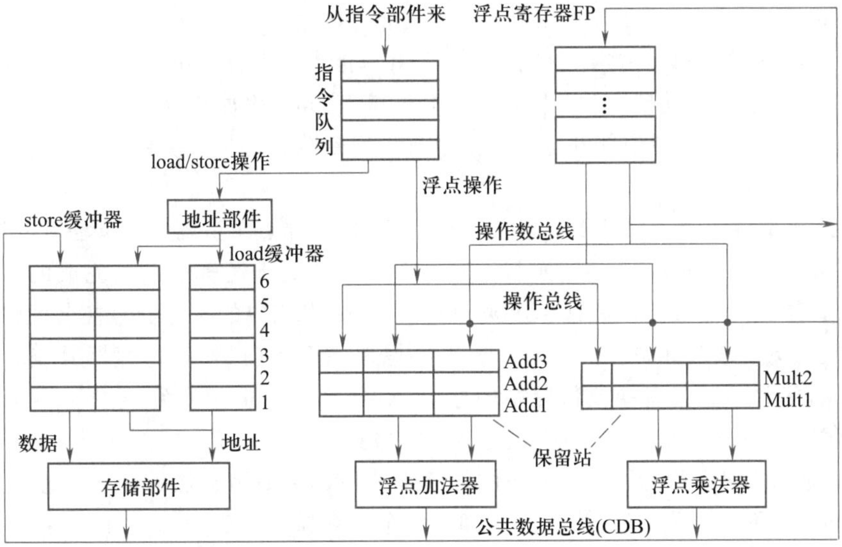

图 4.1 基于 Tomasulo 算法的 MIPS 处理器浮点部件的基本结构

下面先对图 4.1 中的各组成部分作一简要说明。

① 保留站。保留站(reservation station)设置在运算部件的入口。浮点加法器的入口处共有 3 个加法保留站，分别命名为 Add1、Add2 和 Add3；浮点乘法器的入口处有两个保留站，分别命名为 Mult1 和 Mult2。每个保留站都有一个标识，唯一地标识了该保留站。每个保留站中保存一条已经流出并等待到本功能部件执行的指令，其内容包括操作码、操作数以及用于检测和解决冲突的信息（后面将详细介绍这些信息）。在一条指令流出到保留站时，如果该指令的源操作数已在寄存器中就绪，则将之取到该保留站中；如果操作数还没有计算出来，则在该保留站中记录将产生这个操作数的保留站的

标识。

② 公共数据总线。公共数据总线(common data bus,CDB)是该结构中的一条重要的数据通路,所有功能部件的计算结果都是送到CDB上,由它把这些结果直接传送到各个需要该结果的地方;从存储器读取的数据也是送到CDB上。CDB连接到除load缓冲器以外的所有部件的入口。浮点寄存器通过一对总线连接到功能部件,并通过CDB连接到store缓冲器的入口。

③ load缓冲器和store缓冲器。load缓冲器和store缓冲器中存放的是读/写存储器的数据或地址。它们的行为和保留站类似,所以在后面的讨论中也把它们当成保留站来看待,只有在必须区别它们时才加以区分。load缓冲器的作用有3个:存放用于计算有效地址的分量;记录正在进行的load访存,等待存储器的响应;保存已经完成的load结果(即从存储器取来的数据),等待CDB传输。类似地,store缓冲器的作用也有3个:存放用于计算有效地址的分量;保存正在进行的store访存,该store正在等待存储数据的到达;保存该store的地址和数据,直到存储部件接收。

④ 浮点寄存器FP。图4.1的结构共有16个浮点寄存器:F0,F2,F4,…,F30。它们通过一对总线连接到功能部件,并通过CDB连接到store缓冲器。

⑤ 指令队列。从指令部件送来的指令放入指令队列。指令队列中的指令按先进先出的顺序流出。

⑥ 运算部件。浮点加法器完成加法和减法操作,浮点乘法器完成乘法和除法操作。

在Tomasulo算法中,寄存器换名是通过保留站和流出逻辑来共同完成的。当指令流出时,如果其操作数还没有计算出来,则将该指令中相应的寄存器号换名为将产生这个操作数的保留站的标识。所以指令流出到保留站后,其操作数寄存器号或者换成数据本身(若已就绪),或者换成保留站的标识,不再与寄存器有关系。这样,后面的指令对该寄存器的写入操作就不可能产生读后写冲突了。

下面通过图4.2所示的一个简单的例子来说明Tomasulo算法的基本思想。

把图4.1简化为图4.2(a),并且增加了一个寄存器状态表Q_i。每个寄存器在Q_i中有一项,用于指出哪个保留站将产生该寄存器的值。

参见图4.2(b),当指令MUL流出到保留站Mult1时,由于其操作数a和b就绪(在F2和F4中),就将它们从寄存器取到保留站,这样该指令以后就和寄存器F2和F4没有关系了,执行时直接从保留站中取数据。同时,将目的寄存器F0对应的Q_i标识置为Mult1,表示该寄存器的内容将由保留站Mult1提供(图4.2(b)中的虚线所示)。

参见图4.2(c),当指令ADD流出到保留站Add1时,也将操作数c取到保留站,但发现F0中的操作数还没有就绪,于是就把其提供者Mult1的标识取到保留站中,这样就有两个地方在等待Mult1的结果。同时,它将目的寄存器F2对应的Q_i标识置为Add1,表示该寄存器的内容将由保留站Add1提供。

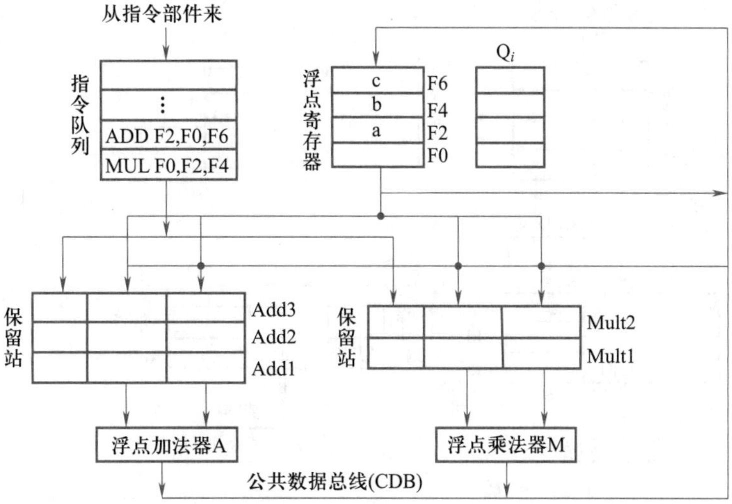
从指令部件来
指令队列
⋮
ADD F2,F0,F6
MUL F0,F2,F4
浮点寄存器
c
b
a
F6
F4
F2
F0
Q_i
保留站
Add3
Add2
Add1
保留站
Mult2
Mult1
浮点加法器A
浮点乘法器M
公共数据总线(CDB)

(a)

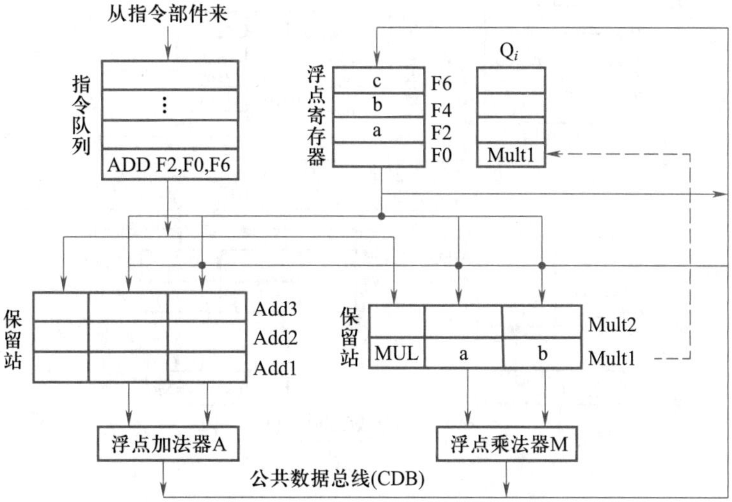
从指令部件来
指令队列
⋮
ADD F2,F0,F6
浮点寄存器
c
b
a
F6
F4
F2
F0
Q_i
Mult1
保留站
Add3
Add2
Add1
保留站
MUL
a
b
Mult2
Mult1
浮点加法器A
浮点乘法器M
公共数据总线(CDB)

(b)

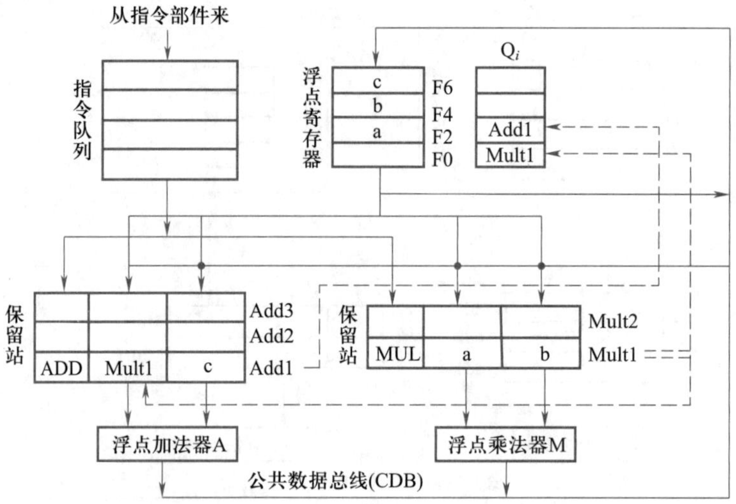

(c)

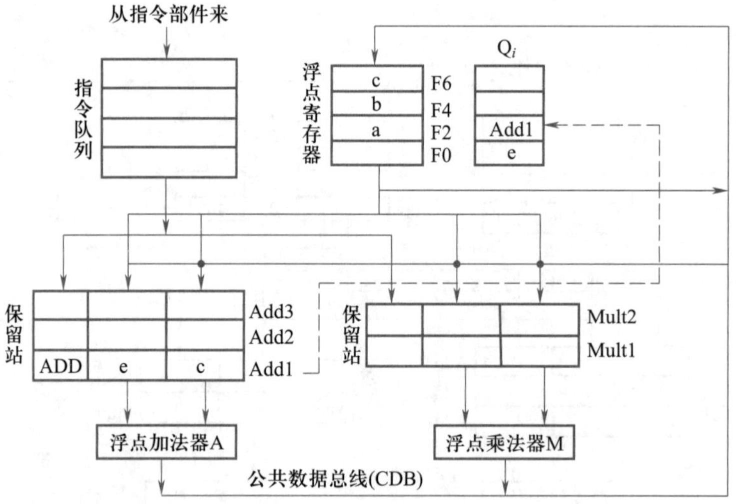

(d)

图 4.2　一个简单的例子

参见图 4.2(d),当 Mult1 的运算结果产生后(设为 e),就把数据放到总线上(广播),所有等待该数据的地方都会自动把数据取走。Add1 中的 ADD 指令得到该数据后,马上就可以开始执行。

Tomasulo 算法采用分布式保留站,因而具有以下两个特点:

① 冲突检测和指令执行控制是分布式的。每个功能部件的保留站中的信息决定了什么时候指令可以在该功能部件开始执行。

② 计算结果通过 CDB 直接从产生它的保留站传送到所有需要它的功能部件，而无须经过寄存器。

(2) 指令执行步骤

在详细介绍 Tomasulo 算法之前，先来看一下指令执行的步骤。这里只需要以下 3 步。

1) 流出

从指令队列的头部取一条指令。如果该指令的操作所要求的保留站有空闲，就将其送到该保留站（设为 r）。同时，如果其操作数在寄存器中已就绪，就将这些操作数送入保留站 r；如果其操作数还没有就绪，就把将产生该操作数的保留站的标识送入保留站 r。这样，一旦被记录的保留站完成计算将直接把数据送给保留站 r。这一步实际上是进行了寄存器换名（换成保留站的标识）和对操作数进行缓冲，消除了读后写冲突。另外，还要完成对目的寄存器的预约工作，将之设置为接收保留站 r 的结果。这实际上相当于提前完成了写操作（预约）。由于指令是按程序顺序流出的，所以当出现多条指令写同一个结果寄存器时，最后留下的预约结果肯定是最后一条指令的，就是说消除了写后写冲突。

微视频 4-3：Tomasulo 算法（第 1 部分）

当然，如果没有空闲的保留站，指令就不能流出，这时就发生了结构冲突。

2) 执行

如果某个操作数还没有计算出来，该保留站将监视 CDB，等待所需的计算结果。一旦结果产生，它将被放到 CDB 上，该保留站将立即获得该数据。当两个操作数都就绪后，该保留站就用相应的功能部件开始执行指令规定的操作。这里是等到所有操作数都备齐后才开始执行指令，也就是说是靠推迟执行的方法解决写后读冲突。由于结果数据是从其产生的部件（保留站）直接送到需要它的地方，所以这已经是最大限度地减少了写后读冲突的影响。

显然，保留站有可能会出现多条指令在同一时钟周期变成就绪的情况。不同的功能部件可以并行执行，但在一个功能部件内部，就绪的多条指令则需逐条处理。可以采用随机的方法选择要执行的指令。

load 和 store 指令的执行需要两个步骤：计算有效地址（要等到基地址寄存器就绪）和把有效地址放入 load 或 store 缓冲器。load 缓冲器中的 load 指令的执行条件是存储器部件就绪，而 store 缓冲器中的 store 指令在执行前必须等到要存入存储器的数据到达。通过按顺序进行有效地址计算来保证程序顺序，有助于避免访问存储器的冲突。

3) 写结果

功能部件计算完毕后，就将计算结果放到 CDB 上，所有等待该计算结果的寄存器和保留站（包括 store 缓冲器）都同时从 CDB 上获得所需要的数据。store 指令在这一步完成对存储器的写入：当写入地址和数据都备齐时，将它们送给存储器部件，store 指令完成。

保留站、寄存器组和 load/store 缓冲器都包含附加标识信息，用于检测和消除冲突。不同部件的附加信息略有不同。标识字段实际上就是用于换名的一组虚拟寄存器的名称（编号）。例如，在图4.1中，标识字段可以是一个4位的二进制数字，用于表示5个保留站和6个 load 缓冲单元中的某一个。这相当于有11个保留站可以被指定为产生结果的源（而 IBM 360 体系结构中只有4个双精度浮点寄存器）。特殊编号0用于表示寄存器中的操作数就绪。

Tomasulo 算法把保留站作为扩展的虚拟寄存器，而在别的方法中也可以采用其他存储单元作为虚拟寄存器，例如采用额外的寄存器或类似于后面将要介绍的再定序缓冲器结构等。

每个保留站有以下8个字段。

- Op：要对源操作数进行的操作。
- Qj，Qk：将产生源操作数的保留站号。等于0表示操作数已就绪且在 Vj 或 Vk 中，或者不需要操作数。
- Vj，Vk：源操作数的值。对于每一个操作数来说，V 或 Q 字段只有一个有效。对于 load 来说，Vk 字段用于保存偏移量。
- Busy：为"yes"表示本保留站或缓冲单元"忙"。
- A：仅 load 和 store 缓冲器有该字段。开始时存放指令中的立即数字段，地址计算后存放有效地址。
- Qi：寄存器状态表。每个寄存器在该表中有对应的一项，用于存放将把结果写入该寄存器的保留站的站号。为0表示当前没有正在执行的指令要写该寄存器，也即该寄存器中的内容就绪。

2. Tomasulo 算法示例

在讨论具体的算法之前，先通过两个例子来看一下 Tomasulo 算法是如何工作的。

例 4.1 对于下述指令序列，给出当第一条指令完成并写入结果时 Tomasulo 算法所用的各信息表中的内容。假设 load 操作的延迟是2个时钟周期。

```
L.D      F6,34(R2)
L.D      F2,45(R3)
MUL.D    F0,F2,F4
SUB.D    F8,F2,F6
DIV.D    F10,F0,F6
ADD.D    F6,F8,F2
```

解 图4.3给出了当采用 Tomasulo 算法时，在上述给定时刻的指令执行状态、保留站以及寄存器状态。标识 Add1 表示第一个加法功能部件，Mult1 表示第一个乘法功能部件，其余依此类推。图4.3中列出的指令执行状态仅仅是为了帮助理解，实际上并不是硬件的一部分，每条指令流出后的状态都是保存在保留站中。

指令		指令执行状态		
		流出	执行	写结果
L.D	F6,34(R2)	√	√	√
L.D	F2,45(R3)	√	√	
MUL.D	F0,F2,F4	√		
SUB.D	F8,F2,F6	√		
DIV.D	F10,F0,F6			
ADD.D	F6,F8,F2			

名称	保留站						
	Busy	Op	Vj	Vk	Qj	Qk	A
Load1	no						
Load2	yes	L.D					45+Regs[R3]
Add1	yes	SUB.D		Mem[34+Regs[R2]]	Load2		
Add2	no						
Add3	no						
Mult1	yes	MUL.D		Regs[F4]	Load2		
Mult2	no						

	寄存器状态							
	F0	F2	F4	F6	F8	F10	…	F30
Qi	Mult1	Load2			Add1			

图 4.3 第一条 load 指令结束后的指令执行状态、保留站和寄存器状态

图 4.3 中所有的指令均已流出，但只有第一条 load 指令执行完毕并将结果写到 CDB 上。第 2 条 load 指令已经完成有效地址计算，正在等待存储器的响应。用 Regs[ ] 表示寄存器组，用 Mem[ ] 表示存储器。这里，刚刚流出的 ADD.D 指令与前一条指令 DIV.D 有一个读后写冲突，但它可以先于 DIV.D 完成而不会导致错误。

与其他更简单的动态调度方法（例如记分牌）相比，Tomasulo 算法具有以下两个主要的优点：

① 冲突检测逻辑是分布式的（通过保留站和 CDB 实现）。如果有多条指令已经获得了一个操作数，并同时在等待同一运算结果，那么这个结果一产生，就可以通过 CDB 同时播送给所有这些指令，使它们可以同时执行。如果用的是集中式寄存器组，各条指令就要等结果写入寄存器，然后再依次顺序从寄存器组读出。

② 消除了写后写冲突和读后写冲突导致的停顿。这是通过使用保留站进行寄存器换名，并且在操作数一旦就绪就将之放入保留站来实现的。

上述例子中,ADD.D 指令与 DIV.D 指令有一个读后写冲突。当 DIV.D 流出时有两种可能,一种是提供 DIV.D 的操作数的 L.D 指令已经执行完成,那么该操作数已就绪,将之取到保留站的 Vk 中;另一种情况是该 L.D 指令尚未完成,即该操作数还没有就绪,那么就让 Qk 指向保留站 Load1(即把 Load1 保留站的标识放入 Qk)。不管是哪一种情况,DIV.D 流出后都已和寄存器 F6 没有关系了,因而也与 ADD.D 毫无关系。所以 ADD.D 可以执行和保存结果到 F6,而对 DIV.D 的正确执行没有影响。

例 4.2 对于例 4.1 中的代码,假设各种操作的延迟:load 指令 1 个时钟周期,加法操作 2 个时钟周期,乘法操作 10 个时钟周期,除法操作 40 个时钟周期。给出 MUL.D 指令准备写结果时各状态表及保留站的内容。

解 MUL.D 指令准备写结果时各状态表及保留站的内容如图 4.4 所示。

指令		指令执行状态		
		流出	执行	写结果
L.D	F6,34(R2)	✓	✓	✓
L.D	F2,45(R3)	✓	✓	✓
MUL.D	F0,F2,F4	✓	✓	
SUB.D	F8,F6,F2	✓	✓	✓
DIV.D	F10,F0,F6	✓		
ADD.D	F6,F8,F2	✓	✓	✓

名称	保留站						
	Busy	Op	Vj	Vk	Qj	Qk	A
Load1	no						
Load2	no						
Add1	no						
Add2	no						
Add3	no						
Mult1	yes	MUL.D	Mem[45+Regs[R3]]	Regs[F4]			
Mult2	yes	DIV.D		MEM[34+Regs[R2]]	Mult1		

域	寄存器状态						
	F0	F2	F4	F6	F8	F10	…	F30
Qi	Mult1					Mult2		

图 4.4 MUL.D 指令准备写结果时各状态表及保留站的内容

这里,由于 ADD.D 指令与 DIV.D 指令的读后写冲突已经消除,ADD.D 可以先于 DIV.D 完成并将结果写入 F6,不会出现错误。

3. 具体算法

下面给出 Tomasulo 算法中指令进入各阶段的条件,以及在各阶段进行的操作和状态表内容修改。

微视频 4-4:Tomasulo 算法(第 2 部分)

先介绍以下符号的意义。

- r:分配给当前指令的保留站或缓冲器单元(编号)。
- rd:目的寄存器编号。
- imm:符号扩展后的立即数。
- result:浮点部件或 load 缓冲器返回的结果。
- Regs[ ]:寄存器组。
- rs、rt:操作数寄存器号。
- RS:保留站。
- Qi:寄存器状态表。
- Op:当前指令的操作码。

对于 load 指令来说,rt 是保存所取数据的寄存器号;对于 store 指令来说,rt 是保存所存储数据的寄存器号。与 rs 对应的保留站字段是 Vj、Qj,与 rt 对应的保留站字段是 Vk、Qk。

注意:Qi、Qj、Qk 的内容或者为 0,或者是一个大于 0 的整数。Qi 为 0 表示相应寄存器中的数据就绪,Qj、Qk 为 0 表示保留站或缓冲器单元中的 Vj 或 Vk 字段中的数据就绪。当它们为正整数时,表示相应的寄存器、保留站或缓冲器单元正在等待结果。这个正整数就是将产生该结果的保留站或 load 缓冲器单元的编号。

(1) 指令流出

1) 浮点运算指令

进入条件:有空闲保留站(设为 r)。

操作和状态表内容修改

```
if(Qi[rs]=0)                 // 检测第一操作数是否就绪
    {RS[r].Vj ← Regs[rs];    // 第一操作数就绪。把寄存器 rs 中的操作数取到当前保留站
                             // 的 Vj
     RS[r].Qj← 0};           // 置 Qj 为 0,表示当前保留站的 Vj 中的操作数就绪
else                         // 第一操作数没有就绪
    {RS[r].Qj ← Qi[rs]}      // 进行寄存器换名,即把将产生该操作数的保留站的编号
                             // 放入当前保留站的 Qj。该编号是一个大于 0 的整数
if(Qi[rt]=0)                 // 检测第二操作数是否就绪
    {RS[r].Vk ← Regs[rt];    // 第二操作数就绪。把寄存器 rt 中的操作数取到当前保留站
                             // 的Vk
```

```
        RS[r].Qk← 0};          // 置 Qk 为 0,表示当前保留站的 Vk 中的操作数就绪
else                           // 第二操作数没有就绪
     {RS[r].Qk ← Qi[rt]}       // 进行寄存器换名,即把将产生该操作数的保留站的编号
                               // 放入当前保留站的 Qk
RS[r].Busy← yes;               // 置当前保留站为"忙"
RS[r].Op← Op;                  // 设置操作码
Qi[rd]← r;                     // 把当前保留站的编号 r 放入 rd 所对应的寄存器状态表项,
                               // 以便rd 将来接收结果
```

2) load 和 store 指令

进入条件:缓冲器有空闲单元(设为 r)。

操作和状态表内容修改:

```
if(Qi[rs]=0)                   // 检测第一操作数是否就绪
     {RS[r].Vj ← Regs[rs];     // 第一操作数就绪,把寄存器 rs 中的操作数取到当前缓冲器
                               // 单元的 Vj
      RS[r].Qj← 0};            // 置 Qj 为 0,表示当前缓冲器单元的 Vj 中的操作数就绪
else                           // 第一操作数没有就绪
     {RS[r].Qj ← Qi[rs]}       // 进行寄存器换名,即把将产生该操作数的保留站的编号存入
                               // 当前缓冲器单元的 Qj
RS[r].Busy← yes;               // 置当前缓冲器单元为"忙"
RS[r].A← Imm;                  // 把符号位扩展后的偏移量放入当前缓冲器单元的 A
```

对于 load 指令:

```
Qi[rt]← r;                     // 把当前缓冲器单元的编号 r 放入 load 指令的目标寄存器 rt
                               // 所对应的寄存器状态表项,以便 rt 将来接收所取的数据
```

对于 store 指令:

```
if(Qi[rt]=0)                   // 检测要存储的数据是否就绪
     {RS[r].Vk ← Regs[rt];     // 该数据就绪,把它从寄存器 rt 取到 store 缓冲器单元的 Vk
      RS[r].Qk← 0};            // 置 Qk 为 0,表示当前缓冲器单元的 Vk 中的数据就绪
else                           // 该数据没有就绪
     {RS[r].Qk ← Qi[rt]}       // 进行寄存器换名,即把将产生该数据的保留站的编号放入
                               // 当前缓冲器单元的 Qk
```

(2) 指令执行

1) 浮点操作指令

进入条件:(RS[r].Qj=0)且(RS[r].Qk=0)(两个源操作数就绪)。

操作和状态表内容修改:进行计算,产生结果。

2) load/store 指令

进入条件:(RS[r].Qj=0)且 r 成为 load/store 缓冲队列的头部。

操作和状态表内容修改:

```
RS[r].A← RS[r].Vj+RS[r].A;      // 计算有效地址
```

对于 load 指令,在完成有效地址计算后,还要从 Mem[RS[r].A]读取数据(从存储器中读取数据)。

(3) 写结果

1) 浮点运算指令和 load 指令

进入条件:保留站 r 执行结束,且 CDB 就绪。

操作和状态表内容修改:

```
∀x (if(Qi[x]=r)            // 对于任何一个正在等该结果的浮点寄存器 x
     {Regs[x] ← result;    // 向该寄存器写入结果
       Qi[x]← 0};          // 把该寄存器的状态置为数据就绪
∀x (if(RS[x].Qj=r)         // 对于任何一个正在等该结果作为第一操作数的保留站 x
     {RS[x].Vj ← result;   // 向该保留站的 Vj 写入结果
       RS[x].Qj← 0});      // 置 Qj 为 0,表示该保留站的 Vj 中的操作数就绪
∀x (if(RS[x].Qk=r)         // 对于任何一个正在等该结果作为第二操作数的保留站 x
     {RS[x].Vk ← result;   // 向该保留站的 Vk 写入结果
       RS[x].Qk← 0});      // 置 Qk 为 0,表示该保留站的 Vk 中的操作数就绪
RS[r].Busy← no;            // 释放当前保留站,将之置为空闲状态
```

2) store 指令

进入条件:保留站 r 执行结束,且 RS[r].Qk=0(要存储的数据已就绪)。

操作和状态表内容修改:

```
Mem[RS[r].A]← RS[r].Vk   // 数据写入存储器,地址由 store 缓冲器单元的 A 字段给出
RS[r].Busy← no;          // 释放当前缓冲器单元,将之置为空闲状态
```

说明:

① 当浮点运算指令流出到一个保留站 r 时,把该指令的目标寄存器 rd 的状态表项置为 r,以便将来从 r 接收运算结果(相当于进行了预约或者定向)。如果该指令所需的操作数都已就绪,就将其取到保留站 r 的 V 字段;否则,就表示需要等待由别的保留站(设为 s)为其产生操作数,这时就把保留站 r 的 Q 字段设置为指向保留站 s,指令将在保留站 r 中等待操作数,直到保留站 s 把结果送来(同时将该 Q 字段置为 0)。当指令执行完成且 CDB 就绪就可以把结果写回,即把数据放到 CDB 上,所有 Qj、Qk 或 Qi 字段等于 s 的保留站、缓冲器单元以及寄存器都可以在同一个时钟周期内同时接收该结果,即把该结果在一个时钟周期内传送到所有需要它的地方。操作数因此而备齐的指令可以在下一个时钟周期开始执行。

② 在 Tomasulo 算法中,load 和 store 指令的处理与浮点运算指令有些不同。只要 load 缓冲器有空闲单元,load 指令就可以流出。load 指令在"执行"阶段分两步进行:计算有效地址和访存读取数据,执行完毕后,与其他功能部件一样,一旦获得 CDB 的使用权,就可以将结果放到 CDB 上。store 指令的写入操作在"写结果"阶段进行,如果要写

入的数据已就绪就可以马上进行;否则就需要等待,等该数据产生后从 CDB 获得,然后写入存储器。最后要释放当前缓冲器单元,将之置为空闲状态。

③ 该算法对于指令的执行有限制,即如果流水线中还有分支指令没有执行,则当前指令就不能进入“执行”阶段。这是因为在“流出”阶段后,程序顺序就不再被保证了。所以,为了保持正确的异常行为,必须加上这个限制。4.3 节将介绍如何利用前瞻执行来消除这个限制。

如果能够准确地预测分支,采用 Tomasulo 算法将获得很高的性能。这种方法的主要缺点是具有复杂性,实现它需要大量的硬件。此外,其性能还可能受单条 CDB 的限制。虽然可以增加更多的 CDB,但这会进一步增加所需的硬件。由于 Tomasulo 算法的实现成本比较高,所以在单流出的流水线中,与用编译器实现指令调度的方法相比,采用 Tomasulo 算法所带来的好处与所花的代价相比不一定值得。但是,对于多流出的处理机来说,随着流出能力的提高以及设计者更多关注于难以静态调度的代码的性能,寄存器换名以及动态调度技术就变得越来越重要了。特别是 Tomasulo 算法还是硬件前瞻执行的基础,因此该算法得到了广泛应用。

4.3 动态分支预测技术

微视频 4-5:
动态分支预测技术

当开发的指令级并行提高时,控制相关就会成为主要的限制因素之一。所开发的指令级并行越高,控制相关的制约就越大,分支预测就要有更高的准确度。本节介绍的方法对于每个时钟周期流出多条指令(若为 n 条,就称为 n 流出)的处理机来说是非常重要的。主要原因如下:

① 在 n 流出的处理机中,遇到分支指令的可能性增加了 n 倍。要给处理器连续提供指令,就需要预测分支的结果。

② 由 Amdahl 定律可知,计算机的平均指令周期数(CPI)越小,控制停顿的相对影响就越大。

在第 3 章中介绍过几种静态处理分支指令的基本方法,如预测成功和延迟分支。在这些方法中所进行的操作是预先定好的,与分支的实际执行情况无关。本节论述的用硬件动态进行分支处理的方法是在程序运行时,根据分支指令过去的表现来预测其将来的行为。如果分支行为发生了变化,预测结果也跟着改变,因此有更好的预测准确度和适应性。

分支预测的有效性不仅取决于其准确性,而且与预测正确和不正确两种情况下的分支开销都有密切关系。这些分支开销是由流水线结构、预测方法和预测错误时的恢复策略等因素决定的。

采用这些动态分支预测技术的目的有两个:预测分支是否成功和尽快找到分支目标地址(或指令),从而避免控制相关造成的流水线停顿。

在这些方法中需要解决两个关键问题:如何记录分支的历史信息,以及如何根据这些信息预测分支的去向(甚至取到指令)。

此外,在预测错误时,要作废已预取和分析的指令,恢复现场,并从另一条分支路径重新取指令,如图 4.5 所示。显然,为了能恢复现场,需要在执行预测的目标指令之前将现场保存起来。

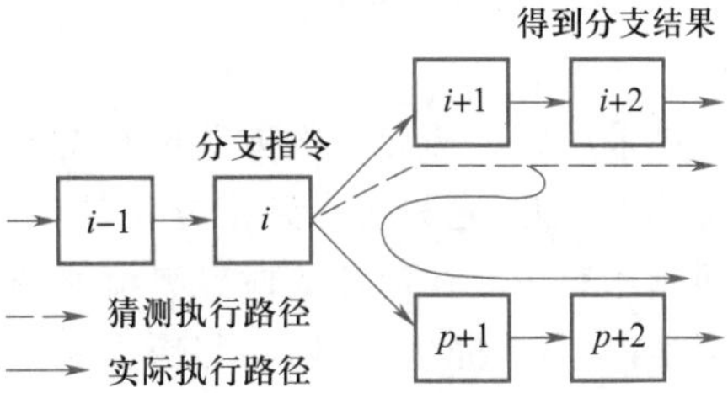

图 4.5 分支预测不成功时的重新执行过程

4.3.1 采用转移历史表

转移历史表(branch history table,BHT)也称为分支历史表、分支预测缓冲器(branch prediciton buffer)。转移历史表是最简单的动态分支预测方法,它记录分支指令最近一次或几次的执行情况(成功或不成功),并据此进行预测。如果只记录分支指令最近一次的历史,转移历史表中只需要一位二进制位,是最简单的。为了提高预测的准确度,常采用两位二进制位来记录历史。有研究结果表明,两位分支预测的性能与 n 位($n>2$)分支预测的性能差不多,因而大多数处理机是采用两位分支预测。下面只介绍这种方案。

采用两位分支预测的转移历史表状态转换如图 4.6 所示。其中,在 00 和 01 状态下,预测分支不成功;在 10 和 11 状态下,预测分支成功。连线边上写的是分支指令的实际执行情况。例如,在 11 状态下(预测分支成功)预测错误,即分支指令的实际执行结果为不成功,那么状态就转换为 10。可以看出,只有连续两次预测错误才会改变对分支去向的预测。例如,在 11 状态下连续两次预测错误,状态将变为 00(预测分支不成功)。

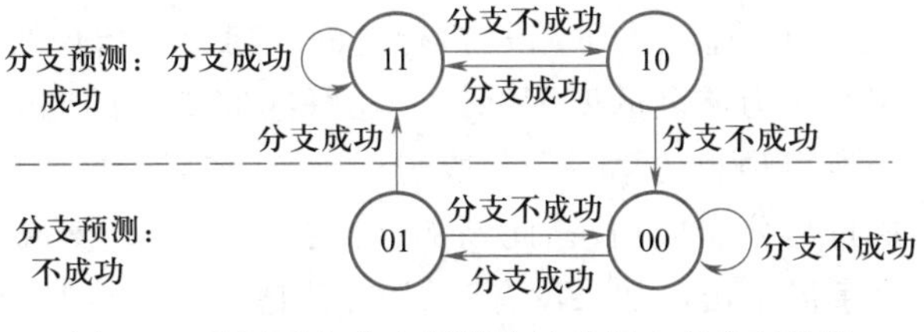

图 4.6 采用两位分支预测的转移历史表状态转换

采用两位分支预测的操作有两个步骤:分支预测和状态修改。当分支指令到达译码(ID)段时,根据从转移历史表中读出的信息进行分支预测,如果是“预测成功”,那么就从分支目标地址取后续的指令。分支指令的实际执行结果出来后，如果发现预测正确，则继续处理后续的指令，流水线没有断流；否则，作废已预取和分析的指令，恢复现场，并从另一条分支路径重新取指令。不管是哪种情况，都要按照图 4.6 对状态进行修改。

在采用转移历史表的方法中只对分支是否成功进行预测，对分支目标地址没有提供支持。因此，它只有在判定分支是否成功所需的时间大于确定分支目标地址所需的时间时才有用。在前述 5 段经典流水线中，由于判定分支是否成功和计算分支目标地址都是在 ID 段完成，所以转移历史表方法不会给该流水线带来好处。

研究结果表明，对于 SPEC 89 测试程序来说，大小为 4 KB 的转移历史表的预测准确率为 82%~99%，并且与大小为无穷大的转移历史表的准确率相近。所以一般来说，采用 4 KB 的转移历史表就可以了。如果要进一步提高预测准确率，必须采用更复杂的预测方法。

转移历史表可以与分支指令一起存放在指令 Cache 中，也可以用一块专门的硬件来实现。如果是前者，在取指阶段就把历史位一起读出来；如果是后者，就在取指令的同时用指令地址的低位（如低 12 位）访问转移历史表，读出历史位。

4.3.2 采用转移目标缓冲器

在高性能流水线中，特别是在多流出的处理机中，只准确地预测分支还不够，还要能够提供足够的指令流。许多现代处理器都要求每个时钟周期能提供 4~8 条指令，这需要尽早知道分支是否成功、尽早知道分支目标地址，并尽早获得分支目标指令。

对于前述 5 段流水线来说，转移历史表方法是在 ID 段对转移历史表进行访问，所以在 ID 段的末尾能够获得分支目标地址（在该段计算出）、顺序下一条指令地址（在 IF 段计算出）以及预测的结果。如果能提前一拍（即在 IF 段）就知道这些信息，那么分支开销就可以减少为 0。转移目标缓冲器（branch target buffer，BTB）可以实现这一点。BTB 有时也称为分支目标 Cache。

转移目标缓冲器的结构如图 4.7 所示。可以把它看成是用专门的硬件实现的一张表格，表格中的每一项至少包含两个字段：执行过的成功分支指令的地址和预测的分支目标地址。第一个字段作为该表的匹配标识。在每次取指令的同时，把该指令的地址与转移目标缓冲器中所有项目的第一个字段进行比较，如果有匹配的，就知道该指令是分支指令且上一次执行是分支成功，据此预测这次执行也将分支成功。其分支目标地址由匹配项的第二个字段给出。如果没有匹配的，就把当前指令当成普通的指令（即不是分支指令）来执行。

当采用转移目标缓冲器后，在流水线各个阶段所进行的相关操作如图 4.8 所示。由于转移目标缓冲器中存放的是执行过的成功分支指令的地址，所以如果当前指令的地址与转移目标缓冲器中的第一字段匹配，那么就将该匹配项中第二个字段的地址送给

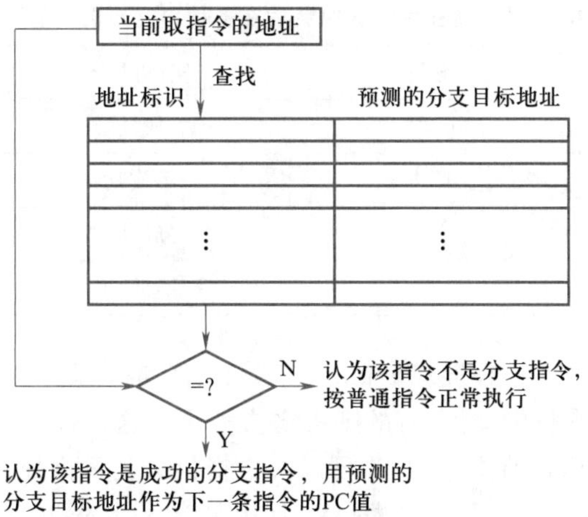

图 4.7 转移目标缓冲器的结构

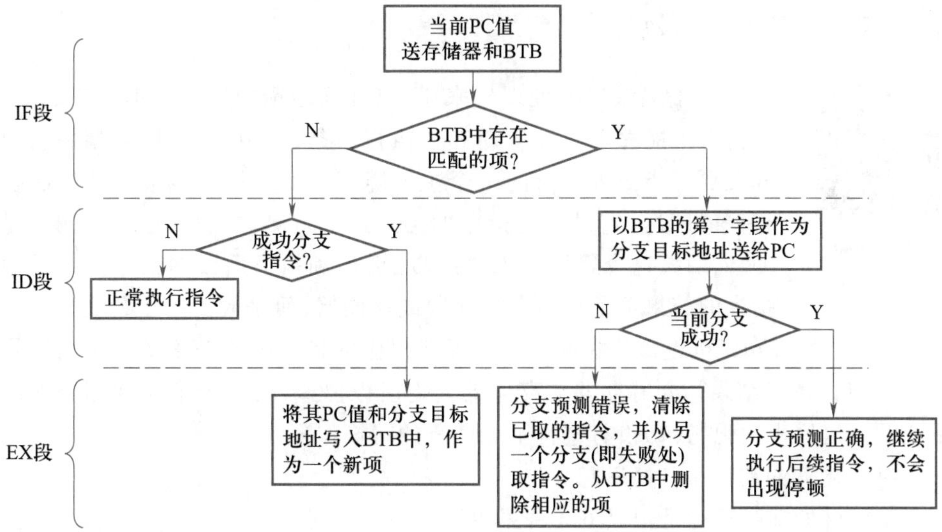

图 4.8 采用转移目标缓冲器时在流水线各阶段所进行的相关操作

PC 寄存器，从分支目标处开始取指令。如果预测正确，则不会有任何分支延迟。如果预测错误或在转移目标缓冲器中没有匹配的项，则会有至少两个时钟周期的开销。因为这时需要更新转移目标缓冲器中的项，这要花费一个时钟周期。而且一般来说，当对转移目标缓冲器中的项进行修改时需要停止取指令，所以取新的指令又要花费另一个时钟周期。

表 4.1 列出了采用转移目标缓冲器后在各种可能情况下的延迟。

表 4.1　采用转移目标缓冲器后在各种可能情况下的延迟

指令在 BTB 中?	预测	实际情况	延迟周期
是	成功	成功	0
是	成功	不成功	2
否		成功	2
否		不成功	0

转移目标缓冲器的另一种形式是在其中存放一条或多条分支目标处的指令。有的实现方案还保留了分支目标地址，有的则将之去掉了。这种方案有 3 个潜在的好处：一是更快地获得分支目标处的指令；二是可以一次提供分支目标处的多条指令，这对于多流出处理器是很有必要的；三是可以进行称为分支折叠（branch folding）的优化，该优化可用来实现零延迟无条件分支，甚至有时还可以做到零延迟条件分支。

4.3.3　基于硬件的前瞻执行

微视频 4-6：基于硬件的前瞻执行

对于多流出的处理机来说，只准确地预测分支已不能满足要求，因为有可能每个时钟周期都要执行一条分支指令。控制相关已成为开发更多指令级并行的一个主要障碍。前瞻执行能很好地解决控制相关的问题，它对分支指令的结果进行猜测，并假设这个猜测总是对的，然后按这个猜测结果继续取、流出和执行后续的指令。只是执行指令的结果不是写回到寄存器或存储器，而是放到一个称为 ROB（reorder buffer）的缓冲器中。等到相应的指令得到“确认”（即确实是应该执行的）后，才将结果写入寄存器或存储器。之所以要这样，是为了在猜测错误的情况下能够恢复原来的现场（即没有进行不可恢复的写操作）。

1. 基于硬件的前瞻执行的思想

基于硬件的前瞻执行是把以下 3 种思想结合在了一起：

① 动态分支预测，用来选择后续执行的指令。

② 在控制相关的结果尚未出来之前，前瞻地执行后续指令。

③ 用动态调度对基本块的各种组合进行跨基本块的调度。

前瞻执行是在 Tomasulo 算法的基础上实现的。PowerPC 603/604/G3/G4、MIPS R10000/R12000、Intel Pentium Ⅱ/Ⅲ/4、Alpha 21264 和 AMD K5/K6/Athlon 等处理器中实现的前瞻执行也是如此。

对 Tomasulo 算法加以扩充就可以支持前瞻执行。当然，硬件也需要做相应的扩展。在 Tomasulo 算法中，写结果和指令完成是一起在“写结果”段完成的。现在要把写结果和指令完成加以区分，分成两个不同的段，即“写结果”和“指令确认”。“写结果”段是把前瞻执行的结果写到 ROB 中，并通过 CDB 在指令之间传送结果，供需要用到这些结果的指令使用。当然，这些指令的执行也是前瞻执行的。“指令确认”段是在分支指令的结果出来后，对相应指令的前瞻执行给予确认，把在 ROB 中的结果写到寄存器或存储器（如果前面所做的猜测是对的）。但是，如果发现前面对分支结果的猜测是错误的，那就不予以确认，并从那条分支指令的另一条路径开始重新执行。

前瞻执行允许指令乱序执行，但要求按程序顺序确认；并且在指令被确认之前，不允许它进行不可恢复的操作，如更新计算机状态或发生异常。

2. 支持前瞻执行的浮点部件的结构

支持前瞻执行的浮点部件的结构如图 4.9 所示。与图 4.1 相比，主要是增加了一个 ROB 缓冲器。ROB 是为实现前瞻执行而设置的，它在指令操作完成后到指令被确认这段时间中，为指令保存数据。正在前瞻执行的指令之间也是通过 ROB 传送结果的，因为前瞻执行的指令在被确认前是不能写寄存器的。由于 ROB 与图 4.1 中的 store 缓冲器类似，这里把 store 缓冲器的功能合并到 ROB 中。

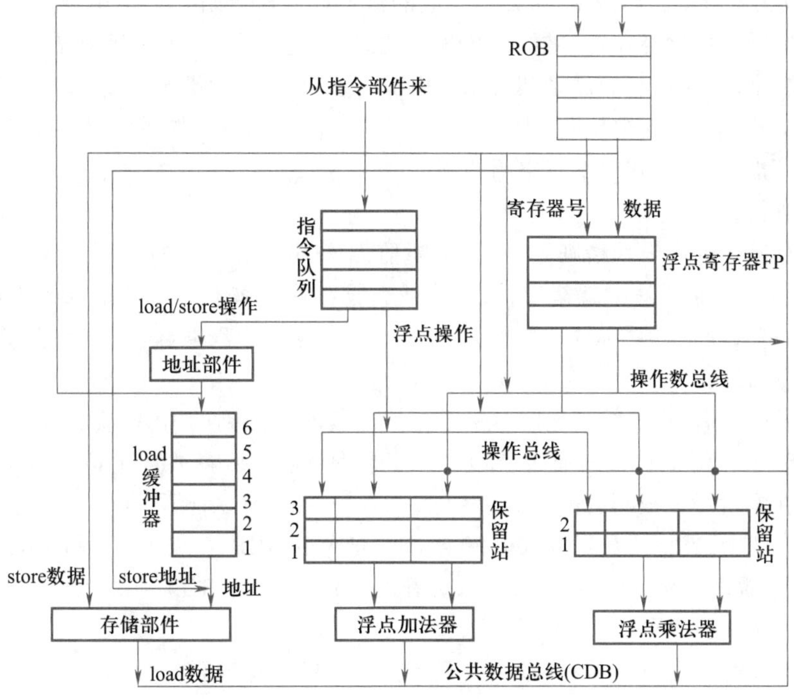

图 4.9 支持前瞻执行的浮点部件的结构

ROB 中的每一项由以下 4 个字段组成。

- 指令类型：指出该指令是分支指令、store 指令或寄存器操作指令。
- 目标地址：给出指令执行结果应写入的目标寄存器号（如果是 load 和 ALU 指

令)或存储器单元的地址(如果是 store 指令)。

- 数据值字段:用来保存指令前瞻执行的结果,直到指令得到确认。
- 就绪字段:指出指令是否已经完成执行并且数据已就绪。

在前瞻执行机制中,Tomasulo 算法中保留站的换名功能是由 ROB 来完成的。这样,保留站的作用就仅仅是在指令流出到指令开始执行期间为指令保存运算操作码和操作数。由于每条指令在被确认前在 ROB 中都有相应的一项,对执行结果是用 ROB 的项目编号作为标识,而不像 Tomasulo 算法那样是用保留站的编号,所以要求在保留站中记录分配给该指令的 ROB 项(编号)。

3. 前瞻执行机制下指令的执行步骤

采用前瞻执行机制后,指令的执行步骤如下所示(注意,这些步骤是在 Tomasulo 算法的基础上改造的,与 Tomasulo 算法类似的操作这里不再说明)。

(1) 流出

从浮点指令队列的头部取一条指令,如果有空闲的保留站(设为 r)且有空闲的 ROB 项(设为 b),就流出该指令,并把相应的信息放入保留站 r 和 ROB 项 b。即如果该指令需要的操作数已经在寄存器或 ROB 中就绪,就把它(们)送入保留站 r 中。修改 r 和 b 的控制字段,表示它们已经被占用。ROB 项 b 的编号也要放入保留站 r,以便将来当该保留站的执行结果被放到 CDB 上时可以用它作为标识。如果保留站或 ROB 全满,便停止流出指令,直到它们都有空闲的项。

(2) 执行

如果有操作数尚未就绪则等待,并不断监测 CDB。这一步检测写后读冲突。当两个操作数都已在保留站中就绪后,就可以执行该指令的操作。load 指令的操作还是分两步完成(有效地址计算和读取数据),store 指令在这一步只进行有效地址计算。

(3) 写结果

当结果产生后,将该结果连同本指令在流出段所分配到的 ROB 项的编号放到 CDB 上,经 CDB 写到 ROB 以及所有等待该结果的保留站,然后释放产生该结果的保留站。store 指令在本阶段完成,其操作有些特殊(与 Tomasulo 算法不同):如果要写入存储器的数据已经就绪,就把该数据写入分配给 store 指令的 ROB 项;否则监测 CDB,直到该数据在 CDB 上播送出来,这时才将其写入分配给 store 指令的 ROB 项。

(4) 确认

这一阶段对分支指令、store 指令以及其他指令的处理不同。

① 对于除分支指令和 store 指令以外的指令来说,当该指令到达 ROB 队列的头部而且其结果已经就绪时,就把结果写入该指令的目标寄存器,并从 ROB 中删除该指令。

② 对 store 指令的处理与上一条类似,只不过它是把结果写入存储器。

③ 当预测错误的分支指令到达 ROB 队列的头部时,就表示是错误的前瞻执行。这时要清空 ROB,并从分支指令的另一个分支重新开始执行。

④ 当预测正确的分支指令到达 ROB 队列的头部时,该指令执行完毕。

一旦指令得到确认,就释放它所占用的 ROB 项。当 ROB 满时,就停止指令的流出,直到有空闲项被释放出来。

例 4.3 假设浮点功能部件的延迟时间:加法 2 个时钟周期,乘法 10 个时钟周期,除法 40 个时钟周期。对于下面的代码段,给出当指令 MUL.D 即将确认时的保留站和 ROB 内容及浮点寄存器状态。

```
L.D      F6,34(R2)
L.D      F2,45(R3)
MUL.D    F0,F2,F4
SUB.D    F8,F6,F2
DIV.D    F10,F0,F6
ADD.D    F6,F8,F2
```

解 保留站和 ROB 内容及浮点寄存器状态如图 4.10 所示。这时指令 SUB.D 尽管已经执行完毕,但需要等 MUL.D 得到确认后才能确认。保留站内容和寄存器状态与 Tomasulo 算法保存的信息类似,所不同的是 Qj 和 Qk 字段以及寄存器状态字段中存放的是 ROB 项编号,而不是保留站的编号。在保留站中还增加了 Dest 字段,指出是哪个 ROB 项将接收该保留站产生的结果。#*x* 表示 ROB 项 *x* 中的数值字段。

图 4.10 中,ROB 中的两条 load 指令已经完成,列出只是为了便于理解。尽管 SUB. D 和 ADD.D 指令还没有确认(需要等 MUL.D 先确认),但结果已经产生,放在 ROB 中的 Value 字段,可以用作其他指令的源操作数。

比较图 4.10 与图 4.3 可以看到前瞻执行和 Tomasulo 算法的一个重要区别,即前瞻执行通过增添的 ROB 实现了指令的顺序完成,而在 Tomasulo 算法中则是可以乱序完成的。在本例中,MUL.D 是第一条尚未确认的指令,其后的指令SUB.D、DIV.D 和 ADD. D 都未得到确认。虽然 DIV.D 指令是因其执行时间长而尚未完成执行,但 SUB.D 和 ADD. D 都已完成了执行(只差最后一步的确认),它们都要等其前面的指令都确认后,才能够得到确认。而在图 4.3 中,在 MUL.D 指令即将写结果时,SUB.D 和 ADD.D 指令都已全部完成,是乱序完成的。

由于前瞻执行通过 ROB 实现了指令的顺序完成,所以它不仅能够进行前瞻执行,而且能够实现精确异常。在例 4.3 中,如果指令 MUL.D 引起异常,先不予理睬,等到它到达 ROB 的头部时再对该异常进行处理,同时清除所有正在执行的指令,这样就实现了精确异常。相反,在例 4.2 的 Tomasulo 算法示例中,SUB.D 和 ADD.D 指令在 MUL. D 产生异常之前早已完成,F8 和 F6(SUB.D 和 ADD.D 指令的目标寄存器)的原内容已被覆盖,因而这个异常是不精确的。

尽管这里使用前瞻执行的技术是针对浮点的,但它可以很容易地推广到整数寄存器和整数功能单元上。实际上,前瞻执行对于整数程序更有效,因为这些程序中的分支

名称	保留站							
	Busy	Op	Vj	Vk	Qj	Qk	Dest	A
Add1	no							
Add2	no							
Add3	no							
Mult1	no	MUL	Mem[45+Regs[R2]]	Regs[R4]			#3	
Mult2	yes	DIV		Mem[34+Regs[R2]]	#3		#5	

编号	ROB					
	Busy	指令		状态	目的	Value
1	no	L.D	F6,34(R2)	确认	F6	Mem[34+Regs[R2]]
2	no	L.D	F2,45(R3)	确认	F2	Mem[45+Regs[R3]]
3	yes	MUL.D	F0,F2,F4	写结果	F0	#2 × Regs[F4]
4	yes	SUB.D	F8,F6,F2	写结果	F8	#1–#2
5	yes	DIV.D	F10,F0,F6	执行	F10	
6	yes	ADD.D	F6,F8,F2	写结果	F6	#4+#2

字段	浮点寄存器状态							
	F0	F2	F4	F6	F8	F10	…	F30
ROB项编号	3			6	4	5		
Busy	yes	no	no	yes	yes	yes	…	no

图 4.10 前瞻执行中 MUL.D 确认前保留站和 ROB 内容及浮点寄存器状态

特征更不容易预测。基于硬件的前瞻和动态调度相结合，可以做到系统结构相同但实现不同的机器能够使用相同的编译器。

前瞻执行的主要缺点是所需的硬件太复杂。与 Tomasulo 算法相比，前瞻执行在控制方面复杂得多，因而在控制逻辑硬件方面增加了许多。

4.4 多指令流出技术

前面介绍的技术能够减少或消除数据冲突和控制冲突导致的停顿，使平均指令周期数（CPI）尽可能达到为 1 的理想情况。虽然希望 CPI 越小越好，但如果是每次只流出一条指令（单流出），CPI 就不可能小于 1。如果想进一步提高性能，使 CPI 小于 1，就必须采用多流出技术，在每个时钟周期流出多条指令。单流出和多流出处理机执行指令的时空图对比如图 4.11 所示。

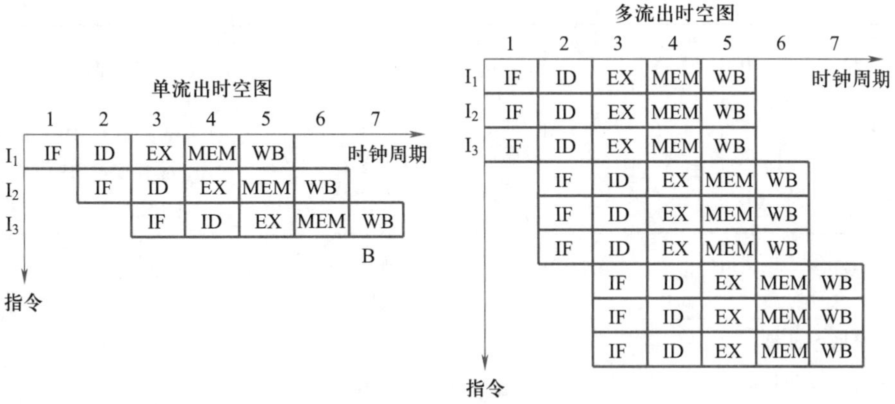

图 4.11 单流出和多流出处理机执行指令的时空图

多流出处理机有两种基本风格：超标量（superscalar）和超长指令字（very long instruction word，VLIW）。超标量在每个时钟周期流出的指令条数不固定，依代码的具体情况而定，不过它有上限。设这个上限为 n，就称该处理机为 n 流出。对于超标量处理机，既可以通过编译器进行静态调度，也可以基于 Tomasulo 算法进行动态调度。静态调度的超标量处理机一般采用按序执行，而动态调度的处理机一般采用乱序执行。

微视频 4-7：多指令流出技术

与超标量处理机不同，VLIW 处理机在每个时钟周期流出的指令条数是固定的，这些指令构成一条长指令或者一个指令包，在这个指令包中，指令之间的并行性通过指令显式地表示出来。这种处理机的指令调度是由编译器静态完成的。

超标量处理机与 VLIW 处理机相比有两个优点：

① 超标量结构对程序员是透明的，因为处理机能自己检测下一条指令能否流出，从而不需要重新排列指令来满足指令的流出。

② 没有经过编译器针对超标量结构进行调度优化的代码，或旧的编译器生成的代码都可以运行，当然运行的效果不会很好。要想达到很好的效果，方法之一就是使用动态超标量调度技术。

表 4.2 列出了一些基本的多流出技术及其特点，以及采用这些技术的处理机实例。

表 4.2 各种多流出技术的特点以及采用这些技术的处理机实例

技术	流出结构	冲突检测	调度	主要特点	处理机实例
超标量（静态）	动态	硬件	静态	顺序执行	Sun UltraSPARC Ⅱ/Ⅲ
超标量（动态）	动态	硬件	动态	部分乱序执行	IBM Power2

续表

技术	流出结构	冲突检测	调度	主要特点	处理机实例
超标量(猜测)	动态	硬件	带有猜测的动态执行	带有猜测的乱序执行	PentiumⅢ/4,MIPS R10K,Alpha 21264,HP PA 8500,IBM RS64Ⅲ
VLIW/LIW	静态	软件	静态	流出包之间没有冲突	Trimedia,i860
显式并行指令计算(explicitly parallel instruction computing,EPIC)	主要是静态	主要是软件	主要是静态	相关性被编译器显式地标记出来	Itanium

4.4.1 基于静态调度的多流出技术

典型的超标量处理机每个时钟周期可流出 1~8 条指令。在静态调度的超标量处理机中,指令按序流出,所有的冲突检测都在流出时进行,由硬件检测当前流出的指令之间是否存在冲突,以及当前流出的指令与正在执行的指令之间是否有冲突。如果在当前流出的指令序列中某条指令存在着上述冲突,那么就只流出该指令之前的指令。

例如,一个 4 流出的静态调度超标量处理机,在取指令阶段,流水线将从取指令部件收到 1~4 条指令,在一个时钟周期内,这些指令有可能是全部都能流出,也可能是只有一部分能流出。不妨把这些指令称为流出包。对于流出包中的任意一条指令来说,如果该指令的流出会与该流出包或已在执行中的某条指令产生结构冲突或数据冲突,那么该指令就不能流出。这些检测是由流出部件完成的,由于比较复杂,难以在一个时钟周期内完成,所以在许多静态调度的超标量处理机和所有动态调度的超标量处理机中,都是将之分成多个流水段,按流水线方式工作。例如,可以让第一个段只进行流出包内的冲突检测,选出初步判定可以流出的指令,而在第二段检测所选出的指令与正在执行的指令是否有冲突。

当提高指令流出的速率时,指令流出段有可能会成为指令流水线的瓶颈。虽然把流出段拆分为两段还是比较直观的,但如何进一步分段就不是那么明显了。所以,指令流出段很可能会成为限制超标量处理机的时钟频率提高的一个因素。

如果 MIPS 处理机按超标量方式工作,结果将会怎样?假设每个时钟周期可以流出 1 条整数型指令和 1 条浮点指令,其中把 load 指令、store 指令、分支指令也归类为整数型指令。与任意的双流出相比,把整数型指令和浮点指令结合流出简单了很多,对硬件的要求也没那么高。这种配置和 HP 7100 处理机中采用的结构很相似,Intel 的 Pentium

也有类似的结构，只不过它是针对整数运算的两路超标量。

为了实现每个时钟周期流出两条指令，显然是要能够同时取两条指令（64 位），也要能同时译码两条指令（64 位）。对指令的处理包括以下 3 个步骤：首先从 Cache 中取两条指令，然后确定哪几条指令可以流出（0~2 条指令），最后把它们发送到相应的功能部件。取两条指令还比较容易实现，若要取更多的指令，所要进行的处理就复杂得多。高性能超标量处理机一般是依靠一个独立的指令预取部件来提供足够的指令流。

对于上述简单的超标量处理机来说，冲突检测还比较简单，因为“1 条整数型指令+1 条浮点指令”的流出方式消除了大多数流出包内的冲突。主要的难点出现在当整数型指令是一条浮点 load、store 或 move 指令的情况，这时有可能会争用浮点寄存器端口或产生新的写后读冲突。后者出现在后面一条指令数据相关于前一条指令的时候。

在这个双流出超标量处理机中，指令执行的时空图如图 4.12 所示。其中假设所有的浮点指令都是加法指令，其执行时间为两个时钟周期。为简单起见，图 4.12 中总是把整数型指令放在浮点指令的前面，但实际上也可能是浮点指令在前面。从图中可以看出，在每个时钟周期并行流出一条整数型指令和一条浮点指令，它们分别在各自的流水线上流动。

指令类型	流水线工作情况							
整数型指令	IF	ID	EX	MEM	WB			
浮点指令	IF	ID	EX	EX	MEM	WB		
整数型指令		IF	ID	EX	MEM	WB		
浮点指令		IF	ID	EX	EX	MEM	WB	
整数型指令			IF	ID	EX	MEM	WB	
浮点指令			IF	ID	EX	EX	MEM	WB
整数型指令				IF	ID	EX	MEM	WB
浮点指令				IF	ID	EX	EX	MEM

图 4.12 双流出超标量处理机中指令执行的时空图

这个双流出超标量处理机大大提高了浮点指令流出的速率。与此相匹配，还要提高其浮点运算能力，可以采用流水线浮点运算部件，也可以采用多个独立的浮点运算部件。否则，浮点部件会成为整条流水线的瓶颈，丧失双流出带来的好处。

采用“1 条整数型指令+1 条浮点指令”并行流出的方式，需要增加的硬件很少。这是因为整数型指令和浮点指令使用不同的寄存器组和不同的功能部件。当然，冲突检测逻辑电路的增加是少不了的。此外，由于把所有 load 和 store 指令归类到整数型指令中，所以会出现浮点 load 或浮点 store 指令与浮点操作指令并行流出的情况，这会导致对浮点寄存器的访问冲突,因此需要增设一个浮点寄存器的读/写端口。还有,由于流水线中的指令多了一倍,所以定向路径也要增加。

另外还存在一个限制超标量流水线性能发挥的障碍。在前述简单流水线中,load 指令有一个时钟周期的延迟,这就使得紧跟其后并使用其结果的指令要停顿一个时钟周期后才可以流出。在超标量流水线中,load 指令的结果显然不能被同时流出的指令所使用,也不能被下一个周期流出的两条指令所使用(因 load 的延迟),所以 load 指令的后续 3 条指令都不能使用其结果,否则就会引起停顿。再来看看分支延迟。在前述简单流水线中,分支延迟为一个时钟周期,如果分支指令是流出包中的第一条指令,则其延迟是 3 个时钟周期;否则就是流出包中的第二条指令,其延迟为两个时钟周期。

为了能有效地利用超标量处理机所具有的并行性,需要采用更有效的编译技术或硬件调度技术。如果不采用这些技术,超标量技术所能带来的性能上的提高可能很小。

4.4.2 基于动态调度的多流出技术

在多流出处理机中,动态调度技术是提高性能的一种方法。动态调度不仅在有数据冲突的情况下能提高性能,而且还有可能克服指令流出所受的限制。换句话说,尽管从硬件的角度来看,在每个时钟周期最多只能启动一个整数型操作和一个浮点操作的执行,但是动态调度可以使得在指令流出时不受这个限制,至少在保留站被全部占用之前是如此。

假如要对 Tomasulo 算法进行扩展,使之能支持双流出超标量流水线,又不想乱序地向保留站流出指令(这会破坏程序语义),为了充分利用动态调度的优点,应该去掉每个时钟周期只能流出一条整数型指令和一条浮点指令的限制。但这会大大地增加指令流出的硬件复杂度。

可以采用另一种比较简单的方法:将整数所用的表结构与浮点所用的表结构分离,分别进行处理,这样就可以同时流出一条浮点指令和一条整数型指令到各自的保留站。

有两种不同的方法可以用来在采用动态调度的处理机中实现多流出。它们都是建立在这样一个认识之上的:关键在于对保留站的分配和对流水线控制表格的修改。一种方法是在半个时钟周期里完成流出步骤,这样一个时钟周期就能处理两条指令。另一种方法是设置一次能同时处理两条指令的逻辑电路。现代的流出 4 条或 4 条以上指令的超标量处理机经常是两种方法都采用。

例 4.4 对于采用 Tomasulo 算法和多流出技术的 MIPS 流水线,考虑以下简单循环的执行。该程序把 F2 中的标量加到一个向量的每个元素上。

```
loop:L.D     F0,0(R1)       // 取一个数组元素放入 F0
     ADD.D   F4,F0,F2       // 加上在 F2 中的标量
     S.D     F4,0(R1)       // 存结果
     DADDIU  R1,R1,#-8      // 将指针减少 8(每个数据占 8 B)
```

```
BNE    R1,R2,loop   // 若 R1 不等于 R2,表示尚未结束,转移到 Loop 继续
```

现做以下假设:

① 每个时钟周期能流出一条整数型指令和一条浮点指令,即使它们相关也是如此。

② 有一个整数部件,用于整数 ALU 运算和地址计算,并且对于每一种浮点操作类型都有一个独立的流水化浮点功能部件。

③ 指令流出和写结果各占用一个时钟周期。

④ 具有动态分支预测部件和一个独立的计算分支条件的功能部件。

⑤ 分支指令单独流出,没有采用延迟分支,但分支预测是完美的。分支指令完成前,其后续指令只能被取出和流出,但不能执行。

⑥ 因为写结果占用一个时钟周期,所以产生结果的延迟为整数运算一个周期,load 两个周期,浮点加法运算 3 个周期。

列出该程序前面 3 遍循环中各条指令的流出、开始执行和将结果写到 CDB 上的时间。

解　执行时,该循环将动态展开,并且只要可能就流出两条指令。为了便于分析,列出了访存发生的时刻。运行结果如图 4.13 所示。

说明:

① store 和分支指令不经过写结果段,因为它们不写寄存器。

② 对于 load 和 store 指令来说,在执行段是进行有效地址计算。

③ 对于分支指令来说,在执行段是进行转移条件判定,并检测分支预测是否正确。假设它所用的操作数一旦就绪,就可以立即执行。

④ 需注意,下一个循环迭代中的 load 指令比当前迭代的 store 指令先访问存储器。

从图 4.13 中可以看出,程序基本可以达到 3 拍流出 5 条指令,IPC = 5/3 = 1.67 条/拍。虽然指令的流出率比较高,但是执行效率并不是很高,16 拍共执行 15 条指令,平均指令执行速度为 15/16 = 0.94 条/拍。这相对于单流出流水线来说改进不大,其原因是浮点运算少,ALU 成为瓶颈。

为解决这个问题,可以考虑在此结构的基础上增加一个加法器,把 ALU 运算功能和地址运算功能分开。不过,这样做会出现多条指令同时写 CDB 的情况,也就是出现了 CDB 竞争。在增加了一条 CDB 以后竞争消失,这时会发现已在原有结构的基础上增加了大量硬件,系统开始变得很复杂了。与此同时,各个部件的使用效率问题将会列入考虑范围。

上述双流出动态调度流水线的性能受限于以下 3 个因素:

① 整数部件和浮点部件的工作负载不平衡,没有充分发挥出浮点部件的作用,应设法减少循环中整数型指令的数量。

② 每个循环迭代中的控制开销太大,5 条指令中有两条指令是辅助指令,应设法减少或消除这些指令。4.5 节中将介绍减少这种开销的方法。

遍数	指令		流出	执行	访存	写CDB	说明
1	L.D	F0,0 (R1)	1	2	3	4	流出第一条指令
1	ADD.D	F4,F0,F2	1	5		8	等待L.D的结果
1	S.D	F4,0(R1)	2	3	9		等待ADD.D的结果
1	DADDIU	R1,R1,#-8	2	4		5	等待ALU(计算指令S.D的有效地址也是用该ALU)
1	BNE	R1,R2,Loop	3	6			等待DADDIU的结果
2	L.D	F0,0(R1)	4	7	8	9	等待BNE完成
2	ADD.D	F4,F0,F2	4	10		13	等待L.D的结果
2	S.D	F4,0(R1)	5	8	14		等待ADD.D的结果
2	DADDIU	R1,R1,#-8	5	9		10	等待ALU
2	BNE	R1,R2,Loop	6	11			等待DADDIU的结果
3	L.D	F0,0(R1)	7	12	13	14	等待BNE完成
3	ADD.D	F4,F0,F2	7	15		18	等待L.D的结果
3	S.D	F4,0(R1)	8	13	19		等待ADD.D的结果
3	DADDIU	R1,R1,#-8	8	14		15	等待ALU
3	BNE	R1,R2,Loop	9	16			等待DADDIU的结果

图4.13　基于Tomasulo算法的双流出超标量流水线中指令的流出、执行和写CDB时钟分析

③ 控制相关使得处理机必须等到分支指令的结果出来后，才能开始下一条LD指令的执行。采用前瞻执行可以解决这个问题。

4.4.3　超长指令字技术

超长指令字（VLIW）技术是另一种多指令流出技术。与超标量不同，它在指令流出时不需要进行复杂的冲突检测，而是依靠编译器在编译时找出指令之间潜在的并行性，并通过指令调度把可能出现的数据冲突减少到最少，最后把能并行执行的多条指令组装成一条很长的指令。这种指令字经常是100多位到几百位，超长指令字因此得名。

在VLIW处理机中一般设置有多个功能部件。相应地，指令字也被分割成一些字段，每个字段称为一个操作槽，直接独立控制一个功能部件。为了使功能部件充分忙碌，程序指令序列中应有足够的并行性，从而尽量填满每个操作槽。这种并行性是依靠编译器来挖掘的。编译器把循环展开，并在展开后的代码中进行指令调度。

在VLIW处理机中，所有的处理和指令安排都是由编译器完成的，它不需要超标量

处理机中用于指令流出控制的硬件,因而控制硬件比较简单。特别是当流出宽度增加时,VLIW 技术的优点更加明显。

例 4.5 假设 VLIW 处理机每个时钟周期可同时流出 5 条指令:两条访存指令、两条浮点操作指令和一条整数型指令或分支指令。对于例 4.4 中的循环展开后的代码,给出它在该 VLIW 中的代码序列。不考虑分支指令的延迟槽。

解 代码序列如图 4.14 所示。

访存指令1	访存指令2	浮点指令1	浮点指令2	整数/转移指令
L.D F0,0 (R1)	L.D F6,–8 (R1)			
L.D F10,–16 (R1)	L.D F14,–24 (R1)			
L.D F18,–32 (R1)		ADD.D F4,F0,F2	ADD.D F8,F6,F2	
		ADD.D F12,F10,F2	ADD.D F16,F14,F2	
		ADD.D F20,F18,F2		
S.D F4,0 (R1)	S.D F8,–8 (R1)			
S.D F12,–16 (R1)	S.D F16,–24 (R1)			DADDIU R1,R1,#–40
S.D F20,8 (R1)				BNE R1,R2,Loop

图 4.14 循环展开后的 VLIW 代码序列

这段程序的运行时间为 8 个时钟周期,每遍循环平均 1.6 个时钟周期。8 个时钟周期内流出了 17 条指令,每个时钟周期 2.1 条。8 个时钟周期共有操作槽 $8\times5=40$ 个,有效槽的比例为 42.5%。

当然,VLIW 也存在以下 3 个问题。

① 程序代码长度增加。有两个因素导致代码长度的增加,一是为了提高并行性而进行的大量的循环展开,二是指令字中的操作槽并非总能填满。虽然编译器会尽量使各操作部件充分忙碌,但总会出现无法安排指令到操作部件执行的情况,这时指令字中与该操作部件对应的操作槽就没有被利用起来,这会造成空间上的浪费。

为了解决这个问题,可采用指令共享立即数字段的方法,或者采用指令压缩存储、调入 Cache 或译码时展开的方法。

② 采用了锁步机制。由于没有冲突检测硬件,早期的 VLIW 都采用了锁步(lockstep)机制。即任何一个操作部件出现停顿时,整个处理机都要停顿,这是因为所有的功能部件是同步操作的。当指令流出速率和访存数量增加很多时,这个同步限制条件就变得让人无法接受了。在新近的 VLIW 处理机中,各功能部件有更多的独立性,可以通过设置适当的硬件动态检测机制来允许指令流出后的非同步执行。

③ 机器代码的不兼容性。在 VLIW 中,编译生成代码时是充分利用了指令集的特

点以及具体流水线结构的细节(如指令流出数目、功能单元延迟时间等都不同)来进行优化的,所以在不同配置的 VLIW 计算机中,机器代码差别很大。即使是同一系列的 VLIW 计算机也难以实现机器代码的兼容。而超标量处理机在这方面则好很多。

为了解决这个问题,可以采用机器代码翻译或者仿真的方法。这两种方法实际上是解决所有移植问题的通用方法。

4.4.4　多流出处理机受到的限制

指令多流出处理机受哪些因素的限制呢？既然每个时钟周期可以流出 5 条指令,为什么不能流出 50 条呢？实际上,处理机中指令的流出能力是有限的,它主要受以下 3 个方面的影响:

- 程序所固有的指令级并行性。
- 硬件实现上的困难。
- 超标量和超长指令字处理器固有的技术限制。

程序所固有的指令级并行性是最简单的,也是最根本的因素。对于流水线处理机,需要有大量可并行执行的操作才能避免流水线出现停顿。如果浮点流水线的延迟为 5 个时钟周期,要使该浮点流水线不停顿,就必须有 5 条无相关的浮点指令。通常情况下,所需要的无相关指令数等于流水线的深度乘以可以同时工作的功能部件数。例如,要使具有 5 个功能部件的流水线充分忙碌,需要连续 15~25 条无相关指令。

多指令流出的处理机需要大量的硬件资源。因为每个时钟周期不仅要流出多条指令,而且还要执行它们。随着每个时钟周期流出指令数的增加,所需的硬件成正比例地增长,包括控制流出的硬件、整数运算部件和浮点运算部件等。同时,所需的存储器带宽和寄存器带宽也大大增加了,这样的带宽要求必然导致大量增加硅片面积,从而导致产生时钟频率下降、功耗增加、可靠性降低等一系列问题。在例 4.5 中的 5 个功能单元的 VLIW 处理机中,由于有两个访存指令同时执行,就需要两个存储器读端口,它比寄存器端口的硬件成本大得多。如果要使流出指令的数目增加,就需要进一步增加更多的存储器端口。这时,只增加运算部件是没用的,因为这时处理机受限于存储器的带宽。多端口、层次化的存储系统带来的系统复杂性和访问延迟,可能是超标量和超长指令字处理机等指令多流出技术所面临的最严重的硬件限制。

多指令流出所需的硬件量随实现方法的不同有很大的差别。一个极端是动态调度的超标量处理机,无论采用记分牌技术还是 Tomasulo 算法,都需要大量的硬件,而且动态调度也大大增加了设计的复杂性,使提高时钟频率更加困难。另一个极端是 VLIW 处理机,指令的流出和调度仅需要很少甚至不需要额外的硬件,因为这些工作全都由编译器进行。这两种极端之间是现存的多数超标量处理器,它们将编译器的静态调度和硬件的动态调度机制结合起来,共同决定可同时并行流出的指令数。设计多流出处理机的主要难点是访存的开销、硬件的复杂性和编译器技术的难度。各个因素的权衡和技术的取舍往往取决于设计人员认为它们对性能有多大的影响。

4.4.5 超流水线处理机

在第 3 章介绍的流水线处理机中，把一条指令的执行过程分解为取指令、译码、执行、访存、写结果 5 个流水段。如果把其中的每个流水段进一步细分，如分解为两个延迟时间更短的流水段，则一条指令的执行过程就要经过 10 个流水段。这样，在一个时钟周期内，取指令、译码、执行、访存、写结果等各段都在处理各自的两条指令。这种在一个时钟周期内能够分时流出多条指令的处理机，称为超流水线处理机（super-pipelined processor）。

前面介绍的超标量处理机是通过重复设置多份硬件来提高性能的，即设置多个取指、译码、执行、访存、写结果等部件，并让它们同时工作。它需要增加比较多的硬件。而超流水线处理机则不同，它只需要增加少量硬件，通过各部分硬件的充分重叠工作来提高性能。超标量处理机采用的是空间并行性，而超流水线处理机采用的是时间并行性。

对于一台每个时钟周期能流出 n 条指令的超流水线处理机来说，这 n 条指令不是同时流出的，而是每隔 $1/n$ 个时钟周期流出一条指令。因此，实际上该超流水线计算机的流水线周期为 $1/n$ 个时钟周期。图 4.15 是一台每个时钟周期分时流出两条指令的超流水线处理机的时空图。该图只是超流水线处理机原理上的指令执行时空图。实际上，还要将流水段进一步细分为多个流水级（本小节用流水"级"来表示流水"段"进一步细分后的结果），每一个流水级也都有名称。在分解流水段时，根据实际情况，各段的级数可以多少不一。例如将取指令段再细分为"取指 1""取指 2"两个级，把译码段再细分为"译码""取操作数"两个级等，而 WB 段一般不再细分。在有的资料中，把指令流水线级数为 8 或 8 以上的流水线处理机称为超流水线处理机。

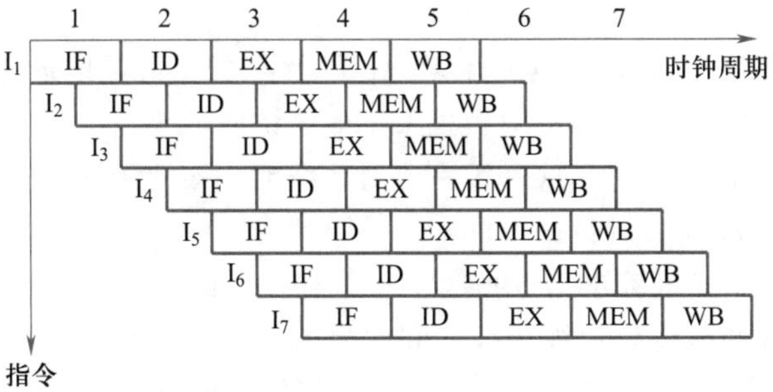

图 4.15 超流水线处理机的指令执行时空图

在目前大量使用的微处理器中,SGI 公司的 MIPS 系列 R4000 是典型的超流水线处理器。R4000 微处理器芯片内有两个 Cache:指令 Cache 和数据 Cache,容量都是 8 KB,每个 Cache 的数据宽度为 64 位。

整数部件是 R4000 的核心处理部件,主要包括一个 32×32 位的通用寄存器组、一个算术逻辑部件(ALU)、一个专用的乘法/除法部件。整数部件负责取指令、整数操作的译码和执行、load/store 操作的执行等。通用寄存器组有两个输出端口和一个输入端口,用于标量整数操作和地址计算,并设置有专用的数据通路,可以对每一个寄存器读/写两次。算术逻辑部件包括一个整数加法器和一个逻辑部件,负责执行算术运算操作、地址运算和所有的移位操作。乘法/除法部件能够执行 32 位带符号和不带符号的乘法或除法操作,它可以和 ALU 部件并行地执行指令。

浮点部件包括一个执行部件和一个 16×64 位的浮点通用寄存器组。浮点通用寄存器组也可以设置成 32 个 32 位的浮点寄存器。浮点执行部件由浮点乘法部件、浮点除法部件和浮点加法/转换/求平方根部件 3 个独立的部件组成,它们可以并行工作。

R4000 的指令流水线有 8 级,如图 4.16 所示。这里把取指令段细分成 IF 和 IS 两级,把取数据也细分成 DF 和 DS 两级。各级的功能如下所示。

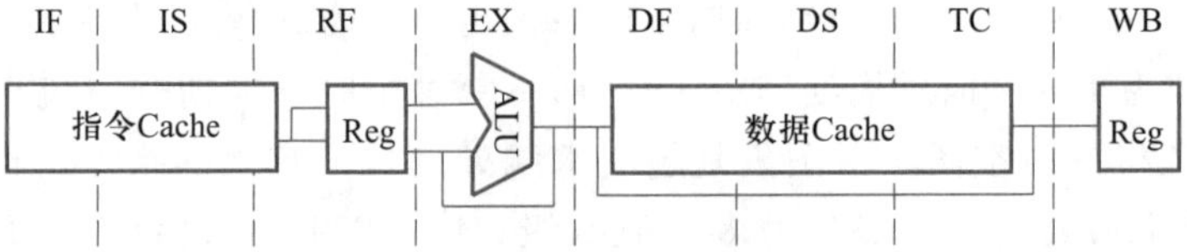

图 4.16 MIPS R4000 的 8 级流水线结构

- IF:取指令的前半步,根据 PC 值启动对指令 Cache 的访问。
- IS:取指令的后半步,在这一级完成对指令 Cache 的访问。
- RF:指令译码,访问寄存器组读取操作数,冲突检测,并判断指令 Cache 是否命中。
- EX:指令执行,包括有效地址计算、ALU 操作、分支目标地址计算和条件码测试。
- DF:取数据的前半步,启动对数据 Cache 的访问。
- DS:取数据的后半步,在这一级完成对数据 Cache 的访问。
- TC:标识比较,判断对数据 Cache 的访问是否命中。
- WB:load 指令或运算型指令把结果写回寄存器组。

图 4.16 中垂直的虚线表示级与级之间的界限,也即流水线寄存器所在的位置。在该流水线中,指令在 IS 的末尾就可以使用了。不过判断指令 Cache 是否命中是在 RF 段执行的。对于非存储器访问指令,如果指令 Cache 命中,那么指令可以在 EX 段执行,执行结果可以在 EX 的末尾得到。对于存储器访问指令,则是在 DF 和 DS 流水级期间访

问数据 Cache，这时存储管理部件（MMU）要在这两个流水级中把数据的虚拟地址变换成主存物理地址，然后在 TC 段把该物理地址与从数据 Cache 中读出的标识（tag）进行比较，判断是否命中（关于 Cache 的知识见第 5 章“存储系统”）。对于 store 指令来说，如果命中，只要把数据送到写入缓冲器，由写入缓冲器负责把数据写到数据 Cache 的指定单元中去。对于非存储器操作指令，在 WB（写结果）段把指令的最后执行结果写回到通用寄存器组中。

正常情况下，MIPS R4000 指令流水线时空图如图 4.17 所示。一条指令的执行过程经历 8 个流水线周期。从流水线的输入端看，每一个流水线周期启动一条指令。同样，从流水线输出端看，每一个流水线周期执行完一条指令。当流水线被填满时，如图 4.17 中**加粗的方**框内所示，有 8 条指令在同时执行。如果把两个流水线周期看作是一个时钟周期，则在一个时钟周期内分时流出了两条指令。同样，在一个时钟周期内也是完成了两条指令。

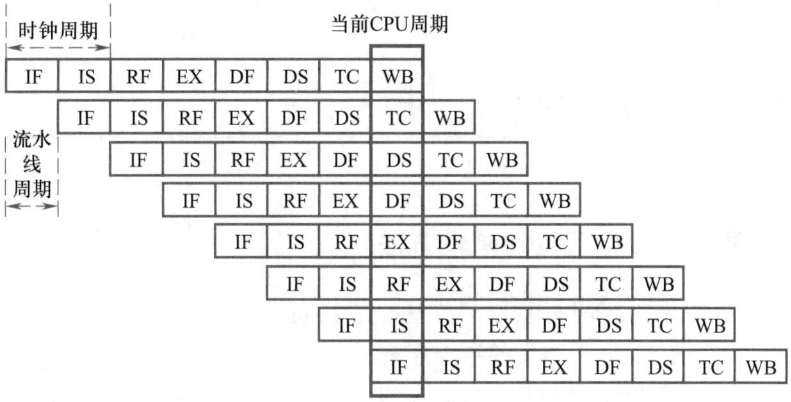

图 4.17 MIPS R4000 正常指令的流水线时空图

对于 load 指令，数据要在 DS 的末尾才能准备好。紧跟其后的指令若是需要使用该 load 取来的数据，就要等待两个流水线周期（已经采用了数据定向），如图 4.18 所示。可以看出，这时数据 Cache 是否命中的结果还没出来，流水线实际上超前使用了该数据。如果后面发现数据 Cache 不命中，流水线就要等正确的数据来到时回退一个时钟周期，然后继续执行。

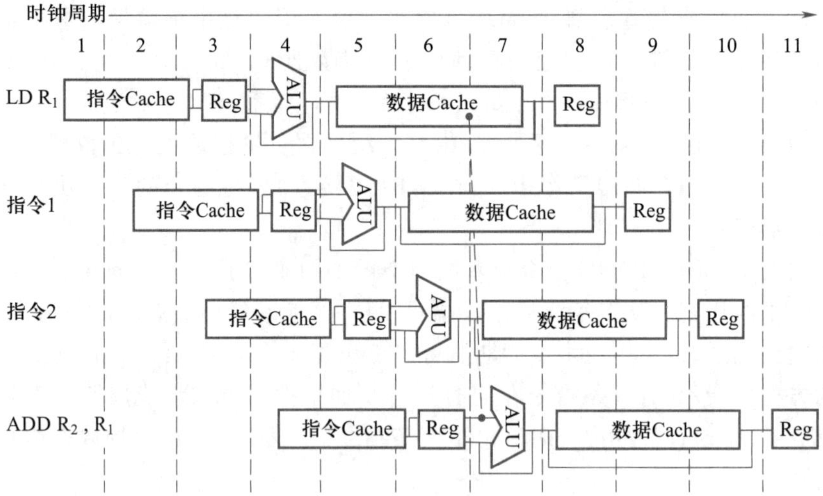

图 4.18 load 指令引起的流水线停顿

4.5 循环展开和指令调度

4.5.1 循环展开和指令调度的基本方法

为了充分发挥流水线的作用,必须设法让它满负荷地工作。这就要求充分开发指令之间存在的并行性,找出不相关的指令序列,让它们在流水线上重叠并行执行。前面讲过,增加指令间并行最简单和最常用的方法是开发循环级并行——循环的不同迭代之间存在的并行性。在把循环展开(loop unrolling)后,通过重命名和指令调度来开发更多的并行性。本小节讨论通过编译器来开发这种并行性的方法。

编译器完成指令调度的能力受限于两个特性:一是程序固有的指令级并行,二是流水线功能部件的执行延迟。本节假设浮点流水线的延迟如表 4.3 所示。

表 4.3 浮点流水线的延迟

产生结果的指令	使用结果的指令	延迟(时钟周期数)
浮点计算	另一个浮点计算	3
浮点计算	浮点 store(S.D)	2
浮点 load(L.D)	浮点计算	1
浮点 load(L.D)	浮点 store(S.D)	0

需要说明的是,由于浮点 load 指令的结果可以通过定向路径及时送给浮点 store 指

令,所以延迟为0(就是不用插入停顿)。这里仍假设采用5段整数流水线,分支的延迟是一个时钟周期,整数load指令的延迟为一个时钟周期,并假设整数运算部件是全流水或重复设置了足够的份数,因而每个时钟周期都能流出一条整数指令。

下面通过一个实例对循环展开技术进行研究和性能分析。

例 4.6 对于下面的源代码,转换成MIPS汇编语言,在不进行指令调度和进行指令调度两种情况下,分析其代码一次循环所需的执行时间。

```
for (i=1; i<=1000; i++)
    x[i]=x[i]+s;
```

解 显然这一循环的不同迭代之间是不存在相关的,所以多次迭代可以并行执行。

先把该程序翻译成MIPS汇编语言代码,如下所示。

```
loop:L.D     F0,0(R1)       // 取一个向量元素放入 F0
     ADD.D   F4,F0,F2       // 加上在 F2 中的标量
     S.D     F4,0(R1)       // 存结果
     DADDIU  R1,R1,#-8      // 将指针减 8(每个数据占 8 B)
     BNE     R1,R2,loop     // 若 R1 不等于 R2,表示尚未结束,转移到 loop 继续
```

其中,整数寄存器R1用于指向向量中的当前元素,其初值指向第一个元素,8(R2)指向最后一个元素,浮点寄存器F2用于保存常数s。

在不进行指令调度的情况下,根据表4.3给出的浮点流水线中指令执行的延迟,以上程序的实际执行情况如下。

```
                              指令流出时钟
loop: L.D      F0,0(R1)           1
      (空转)                       2
      ADD.D    F4,F0,F2           3
      (空转)                       4
      (空转)                       5
      S.D      F4,0(R1)           6
      DADDIU   R1,R1,#-8          7
      (空转)                       8
      BNE      R1,R2,loop         9
      (空转)                       10
```

可以看出,每完成一个元素的操作需要10个时钟周期,其中有5个是空转周期。

在用编译器对上述程序进行指令调度以后,程序的执行情况如下。

```
                              指令流出时钟
loop:L.D      F0,0(R1)            1
     DADDIU   R1,R1,#-8           2
     ADD.D    F4,F0,F2            3
     (空转)                        4
```

```
          BNE       R1,R2,loop        5
          S.D       F4,8(R1)          6
```

这里,把 DADDIU 指令调度到 L.D 指令和 ADD.D 指令之间的“空转”拍,把S.D指令放到分支指令的延迟槽中。由于修改指针的 DADDIU 指令被调度到 S.D 指令之前,提前对指针进行了减 8 的操作,所以要把 S.D 指令中的偏移量进行修正,即把 0(R1)改为 8(R1)。

经过这样的指令调度后,一个元素的操作时间从 10 个时钟周期减少到了 6 个时钟周期,其中 5 个周期是有指令执行的,只剩下一个空转周期。

进一步分析上面的例子可以发现,虽然完成对一个元素的操作时间从 10 个时钟周期减少到了 6 个时钟周期,但是其中只有 L.D、ADD.D 和 S.D 这 3 条指令是需要的有效操作,占用 3 个时钟周期,而 DADDIU、空转和 BNE 这 3 个时钟周期都是为了控制循环和解决数据相关等待而附加的,因此整个执行过程中有效操作的比例并不高。

要减少这种附加的循环控制开销在程序执行时间中所占的比例,一个简单办法就是运用循环展开技术。所谓循环展开,是指把循环体的代码复制多次并按顺序排放,然后相应调整循环的结束条件。

这种技术给编译器进行指令调度带来了更大的空间,多次循环的代码可以合到一起来调度,而且消除了中间的分支指令。通过下面的例子可以更清楚地看到循环展开技术所带来的好处。

例 4.7 将例 4.6 中的循环展开 3 次得到 4 个循环体,然后对展开后的指令序列在不调度和调度两种情况下分析代码的性能。假定 R1 的初值为 32 的倍数,即循环次数为 4 的倍数。消除冗余的指令,并且不要重复使用寄存器。

解 由于假定 R1 的初值为 32 的倍数,即循环次数为 4 的倍数,因此在展开成 4 个循环体后,循环结束后没有剩余尚未执行的操作,无须在循环体后增加补偿代码。

首先分配寄存器(注意不重复使用寄存器):F0、F4 已用于展开后的第 1 个循环体,F2 用于保存常数,F6 和 F8 用于展开后的第 2 个循环体,F10 和 F12 用于第 3 个循环体,F14 和 F16 用于第 4 个循环体。这里不重复使用寄存器实际上就是进行了重命名。展开后没有调度的代码如下。

```
                                  指令流出时钟
loop:L.D        F0,0(R1)          1
     (空转)                       2
     ADD.D      F4,F0,F2          3
     (空转)                       4
     (空转)                       5
     S.D        F4,0(R1)          6
     L.D        F6,-8(R1)         7
     (空转)                       8
```

```
ADD.D    F8,F6,F2        9
(空转)                   10
(空转)                   11
S.D      F8,-8(R1)       12
L.D      F10,-16(R1)     13
(空转)                   14
ADD.D    F12,F10,F2      15
(空转)                   16
(空转)                   17
S.D      F12,-16(R1)     18
L.D      F14,-24(R1)     19
(空转)                   20
ADD.D    F16,F14,F2      21
(空转)                   22
(空转)                   23
S.D      F16,-24(R1)     24
DADDIU   R1,R1,#-32      25
(空转)                   26
BNE      R1,R2,loop      27
(空转)                   28
```

这里删除了展开后的前 3 个循环体中的 DADDIU 指令,并对 L.D 指令中的偏移量进行了相应修正,对最后留下的 DADDIU 指令中的立即数也进行了相应调整。

这个循环每遍共使用 28 个时钟周期,有 4 个循环体,完成 4 个元素的操作,平均每个元素使用 28/4=7 个时钟周期。与原代码每个元素需要 10 个时钟周期相比较,展开后的循环节省了不少时间,这主要是从减少循环控制的开销中获得的。但是在展开后的循环体中实际指令只有 14 条,其他 13 个周期都是空转,可见效率并不高。下面对指令序列进行优化调度,以减少空转周期。

```
                                指令流出时钟
loop:L.D      F0,0(R1)          1
     L.D      F6,-8(R1)         2
     L.D      F10,-16(R1)       3
     L.D      F14,-24(R1)       4
     ADD.D    F4,F0,F2          5
     ADD.D    F8,F6,F2          6
     ADD.D    F12,F10,F2        7
     ADD.D    F16,F14,F2        8
     S.D      F4,0(R1)          9
     S.D      F8,-8(R1)         10
```

```
      DADDIU   R1,R1,#-32      11
      S.D      F12,16(R1)      12
      BNE      R1,R2,loop      13
      S.D      F16,8(R1)       14
```

这个循环由于没有数据相关引起的空转等待，整个循环仅使用了 14 个时钟周期，平均每个元素使用 14/4 = 3.5 个时钟周期。

从上述例子中可以知道，通过循环展开、寄存器重命名和指令调度，可以有效地开发出指令级并行。

在进行循环展开和指令调度时要注意以下几个方面：

① 保证正确性。在循环展开和调度过程中尤其要注意两方面正确性：循环控制和操作数偏移量的修改。

② 注意有效性。只有找到不同循环体之间的无关性，才能有效地使用循环展开。

③ 使用不同的寄存器。如果使用相同的寄存器或者使用较少数量的寄存器，就可能导致新的冲突。

④ 删除多余的测试指令和分支指令，并对循环结束代码和新的循环体代码进行相应的修正。

⑤ 注意对存储器数据的相关性分析。例如，对于 load 指令和 store 指令，如果它们在不同的循环迭代中访问的存储器地址是不同的，它们就是相互独立的，可以相互对调。

⑥ 注意新的相关性。由于原循环不同次的迭代在展开后都到了同一次循环体中，因此可能带来新的相关性。

4.5.2 静态超标量处理机中的循环展开

本小节通过一个例子来讨论在表 4.3 中列出的延迟条件下，超标量处理器如何进行循环展开和指令调度。

例 4.8 下面是前面使用的循环程序段，对其进行循环展开，并在超标量流水线上进行调度。

```
loop:L.D       F0,0(R1)       // 取一个数组元素放入 F0
     ADD.D     F4,F0,F2       // 加上在 F2 中的标量
     S.D       F4,0(R1)       // 存结果
     DADDIU    R1,R1,#-8      // 将指针减少 8(每个数据占 8 B)
     BNE       R1,R2,loop     // 若 R1 不等于 R2,表示尚未结束,转移到 loop 继续
```

解 要达到无延迟的指令调度，须将 5 遍循环展开，这样才能使 S.D 指令（使用 ADD.D 的结果）不会停顿。采用类似于例 4.7 的方法进行展开和调度，可得到如下代码。

```
loop:L.D     F0,0(R1)
     L.D     F6,-8(R1)
     L.D     F10,-16(R1)
     L.D     F14,-24(R1)
     L.D     F18,-32(R1)
     ADD.D   F4,F0,F2
     ADD.D   F8,F6,F2
     ADD.D   F12,F10,F2
     ADD.D   F16,F14,F2
     ADD.D   F20,F18,F2
     S.D     F4,0(R1)
     S.D     F8,-8(R1)
     S.D     F12,-16(R1)
     DADDIU  R1,R1,#-40
     S.D     F16,16(R1)
     BNE     R1,R2,loop
     S.D     F20,8(R1)
```

进一步针对超标量进行调度后的指令序列如图 4.19 所示。

	整数型指令		浮点指令		时钟周期
loop:	L.D	F0,0(R1)			1
	L.D	F6,-8(R1)			2
	L.D	F10,-16(R1)	ADD.D	F4,F0,F2	3
	L.D	F14,-24(R1)	ADD.D	F8,F6,F2	4
	L.D	F18,-32(R1)	ADD.D	F12,F10,F2	5
	S.D	F4,0(R1)	ADD.D	F16,F14,F2	6
	S.D	F8,-8(R1)	ADD.D	F20,F18,F2	7
	S.D	F12,-16(R1)			8
	DADDIU	R1,R1,#-40			9
	S.D	F16,16(R1)			10
	BNE	R1,R2,loop			11
	S.D	F20,8(R1)			12

图 4.19　在超标量流水线上展开并调度后的代码

在超标量流水线上展开的代码每次循环需 12 个时钟周期，即计算每个结果需要 2.4 个时钟周期（每次循环计算 5 个结果）。而在普通的 MIPS 流水线上，没有调度的代码迭代一次为 9 个时钟周期，调度后为 6 个时钟周期，展开 4 次并调度后每个迭代为3.5

个时钟周期。与之相比，超标量流水线的性能提高分别为 3.75 倍、2.5 倍和 1.5 倍。

在这个例子中可以看到，超标量 MIPS 流水线的性能主要受限于整数计算和浮点计算之间的平衡问题。本例中没有足够的浮点指令来使两路流水线都达到饱和。

习题 4

4.1　解释下列术语

指令级并行	指令调度	指令的动态调度	指令的静态调度
保留站	CDB	动态分支预测技术	BHT
转移目标缓冲器	前瞻执行	ROB	超标量
超流水	超长指令字	循环展开	

4.2　简述 Tomasulo 算法的基本思想。

4.3　根据需要展开下面的循环并进行指令调度，直到没有任何延迟。指令的延迟如表 4.3 所示。

```
loop:  L.D      F0,0(R1)
       MUL.D    F0,F0,F2
       L.D      F4,0(R2)
       ADD.D    F0,F0,F4
       S.D      F0,0(R2)
       DSUBI    R1,R1,#8
       DSUBI    R2,R2,#8
       BNEZ     R1,loop
```

4.4　假设有一条长流水线，仅仅对条件转移指令使用分支目标缓冲。假设分支预测错误的开销为 4 个时钟周期，缓冲不命中的开销为 3 个时钟周期。假设命中率为 90%，预测精度为 90%，分支频率为 15%，没有分支的基本 CPI 为 1。

(1) 求程序执行的 CPI。

(2) 相对于采用固定的两个时钟周期延迟的分支处理，哪种方法程序执行速度更快？

4.5　假设分支目标缓冲的命中率为 90%，程序中无条件转移指令的比例为 5%，没有无条件转移指令的程序 CPI 值为 1。假设分支目标缓冲中包含分支目标指令，允许无条件转移指令进入分支目标缓冲，则程序的 CPI 值为多少？

4.6　下面的一段 MIPS 汇编程序是计算高斯消去法中的关键一步，用于完成如下公式的计算：

$$Y=a\times X+Y$$

其浮点指令延迟如表 4.3 所示，整数指令均为 1 个时钟周期完成，浮点和整数部件均采用流水线方式。整数操作之间以及与其他所有浮点操作之间的延迟为 0，转移指令的延迟为 0。X 中的最后一个元素存放在存储器中的地址为 DONE。

```
foo:  L.D      F2,0(R1)
      MUL.D    F4,F2,F0
      L.D      F6,0(R2)
```

```
ADD.D     F6,F4,F6
S.D       F6,0[R2]
DADDIU    R1,R1,#8
DADDIU    R2,R2,#8
DSUBIU    R3,R1,#DONE
BNEZ      R3,foo
```

(1) 对于标准的 MIPS 单流水线,上述循环计算一个 Y 值需要多少时钟周期？其中有多少空转周期？

(2) 对于标准的 MIPS 单流水线,将上述循环顺序展开 4 次,不进行任何指令调度,计算一个 Y 值平均需要多少时钟周期？加速比是多少？其加速是如何获得的？

(3) 对于标准的 MIPS 单流水线,将上述循环顺序展开 4 次,优化和调度指令,使循环处理时间达到最优,计算一个 Y 值平均需要多少时钟周期？加速比是多少？

(4) 对于采用图 4.9 的前瞻执行机制的 MIPS 处理器(只有一个整数部件),当第二次循环执行到指令"BNEZ　R3,foo"时,写出前面所有指令的状态,包括指令使用的保留站,指令起始节拍、执行节拍和写结果节拍,并写出处理器当前的状态。

(5) 对于两路超标量的 MIPS 流水线,设有两个指令流出部件,可以流出任意组合的指令,系统中的功能部件数量不受限制。将上述循环展开 4 次,优化和调度指令,使循环处理时间达到最优。计算一个 Y 值平均需要多少时钟周期？加速比是多少？

(6) 对于如图 4.14 结构的超长指令字 MIPS 处理器,将上述循环展开 4 次,优化和调度指令,使循环处理时间达到最优。计算一个 Y 值平均需要多少时钟周期？加速比是多少？

4.7　对于两路超标量处理器,从存储器取数据有两拍附加延迟,其他操作均有 1 拍附加延迟,对于下列代码,请按要求进行指令调度。

```
LW      R4,(R5)
LW      R7,(R8)
DADD    R9,R4,R7
LD      R10,(R11)
DMUL    R12,R13,R14
DSUB    R2,R3,R1
SW      R15,(R2)
DMUL    R21,R4,R7
SW      R23,(R22)
SW      R21,(R24)
```

(1) 假设两路功能部件中同时最多只有一路可以是访问存储器的操作,同时也最多只有一路可以是运算操作,指令顺序不变。

(2) 假设两路功能部件均可以执行任何操作,指令顺序不变。

(3) 假设指令窗口足够大,指令可以乱序流出,两路功能部件均可以执行任何操作。

4.8　对于例 4.5,在相同的条件下如果展开 7 遍循环,求:

(1) 每遍循环的平均时钟周期。

（2）每个时钟周期流出的指令数。

（3）操作槽（功能部件）的使用效率。

（4）如果展开 10 遍，会出现哪些问题？

4.9　设指令流水线由取指令、分析指令和执行指令 3 个部件构成，每个部件经过的时间为 Δt，连续流入 12 条指令。分别画出标量流水线处理机以及 ILP 均为 4 的超标量处理机、超长指令字处理机、超流水线处理机的时空图，并分别计算它们相对于标量流水线处理机的加速比。

第 5 章　存储系统

主要内容

—存储系统的层次结构
—Cache 基本知识
—降低 Cache 不命中率
—减少 Cache 不命中开销
—减少命中时间
—并行主存系统
—虚拟存储器
—实例:AMD Opteron 的存储器层次结构

5.1　存储系统的层次结构

5.1.1　存储系统的层次结构

存储系统的性能直接影响整个计算机系统的性能。如何以合理的价格设计容量和速度都满足计算机系统要求的存储器系统,始终是计算机系统结构设计中关键的问题之一。

微视频 5-1:存储系统的层次结构

容量大、速度快、价格低的存储器一直是人们所梦寐以求的,但这样的要求却是相互矛盾的。综合考虑不同的存储器实现技术会发现:

- 速度越快,每位价格就越高。
- 容量越大,每位价格就越低。
- 容量越大,速度越慢。

从实现"容量大、价格低"的要求来看,应采用能提供大容量的存储器技术;但从满足性能需求的角度来看,又应采用昂贵且容量较小的快速存储器。走出这种困境的唯一方法是采用多种存储器技术,构成多级存储层次结构。

1. 程序访问的局部性原理

在展开讨论存储系统的多级层次结构之前,先来看看程序的一种特性:程序访问的局部性原理。它是使多级存储层次成为可能的一个重要特性。

程序访问的局部性原理是指,对于绝大多数程序来说,程序所访问的指令和数据在地址上不是均匀分布的,而是相对簇聚的。程序访问的局部性包含两个方面:时间局部性和空间局部性。

时间局部性是指程序将要用到的信息很可能就是现在正在使用的信息,典型的例子是循环的反复执行。空间局部性是指程序将要用到的信息很可能与现在正在使用的信息在存储空间上是相邻的。这是因为大的程序和数据结构经常是按顺序存放和按顺序访问的。

2. 存储系统的多级层次结构

存储系统的多级层次结构如图 5.1 所示。其中 $M_1, M_2, \cdots, M_n$是用不同技术实现的存储器。M_1最靠近 CPU,它的速度最快(与 CPU 的速度相匹配)、容量最小、每位价格最高。因为速度快,所以其每位价格比其他存储器都高,存储容量也就比较小。而 M_n则相反,它离 CPU 最远、速度最慢、容量最大、每位价格最低。假设第 i 个存储器 M_i的访问时间为 T_i,容量为 S_i,平均每位价格为 C_i,则该存储系统中 n 个存储器的参数满足以下关系:

访问时间　　　　$T_1<T_2<\cdots<T_n$

容量　　　　　　$S_1<S_2<\cdots<S_n$

平均每位价格　　$C_1>C_2>\cdots>C_n$

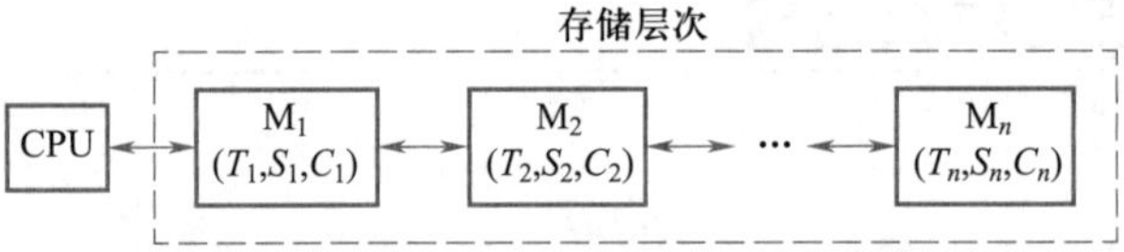

图 5.1　存储系统的多级层次结构

整个存储系统要达到的目标是:从 CPU 来看,该存储系统的速度接近于 M_1,而容量和每位价格都接近于 M_n。为了实现这一目标,必须做到存储器越靠近 CPU,则 CPU 对它的访问频度越高,而且最好大多数访问都能在 M_1完成。这是通过利用程序访问的局部性来实现的。

M_1的容量较小,一般不足以存放整个程序及其数据。但是,根据局部性原理,只要把近期内 CPU 访问的程序和数据放在 M_1中,就能使 CPU 对存储系统的绝大多数访问都能在 M_1中命中,即在 M_1中找到所要的信息。

在存储层次中,各存储器之间一般满足包容关系,即任何一层存储器中的内容都是其下一层(离 CPU 更远的一层)存储器中内容的子集。CPU 访存时,首先是访问 M_1,若在 M_1中找不到所要的数据,就要访问 M_2,将包含所需数据的块或页面调入 M_1;若在 M_2

中还找不到，就要访问 M_3；依此类推。

CPU 与 M_1 之间传送信息一般是以字为单位，M_1 以外（含 M_1）的相邻存储器之间一般以块或页面为单位传送信息。

5.1.2 存储系统的性能参数

为简单起见，仅考虑由 M_1 和 M_2 两个存储器构成的两级存储层次结构。M_1 的容量、访问时间和每位价格分别为 S_1、T_1、C_1，M_2 的参数为 S_2、T_2、C_2，如图 5.2 所示。

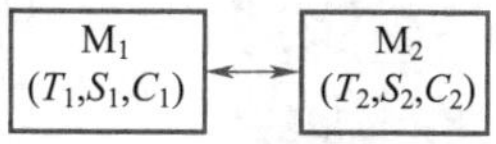

图 5.2 两级存储层次结构

1. 存储容量 S

一般来说，整个存储系统的容量是第二级存储器 M_2 的容量，即 $S=S_2$。例如，在由高速缓冲存储器（Cache）和主存所组成的系统中，存储系统的容量就是主存的容量。

2. 存储系统的平均每位价格 C

$$C=\frac{C_1S_1+C_2S_2}{S_1+S_2}$$

显然，当 $S_1<<S_2$ 时，$C\approx C_2$。

3. 命中率 H

命中率（hit ratio）H 的定义为：CPU 访问该存储系统时，在 M_1 中找到所需信息的概率。其计算公式为

$$H=\frac{N_1}{N_1+N_2}$$

其中 N_1 和 N_2 分别为访问 M_1 和 M_2 的次数，可以通过模拟执行一组有代表性的程序来获得。

显然，H 越接近于 1 越好。为了突出反映不命中的情况，还经常使用不命中率 F 这个参数。它是指 CPU 访存时在 M_1 中找不到所需信息的概率。显然

$$F=1-H$$

4. 平均访存时间 T_A

分两种情况来考虑 CPU 的一次访存：

① 当命中时，访问时间即为 T_1。T_1 常称为命中时间（hit-time）。

② 当不命中时，情况比较复杂。在大多数二级存储系统中，若访问的字不在 M_1 中，就必须从 M_2 中把包含所要访问的字的块（或页面）传送到 M_1，之后 CPU 才可在 M_1 中访问到这个字。假设传送一个信息块所需的时间为 T_B，则不命中时的访问时间为

$$T_2+T_B+T_1=T_1+T_M$$

其中，$T_M=T_2+T_B$ 常称为不命中开销（miss penalty，又称缺失损失），它是指从向 M_2

发出访问请求到把整个数据块调入 M_1 中所需的时间。

考虑到命中和不命中的概率分别是 H 和 $1-H$，故该存储系统的平均访存时间为

$$T_A = HT_1 + (1-H)(T_1+T_M) = T_1 + (1-H)T_M$$

或

$$T_A = T_1 + FT_M$$

5.1.3　三级存储系统

微视频 5-2：三级存储系统

目前，大多数计算机都采用了由 Cache、主存和磁盘存储器（辅存）构成的三级存储系统。这个存储系统可以看成是由“Cache-主存”层次和“主存-辅存”层次构成的系统，如图 5.3 中的实线框和虚线框所示。下面分别讨论之。

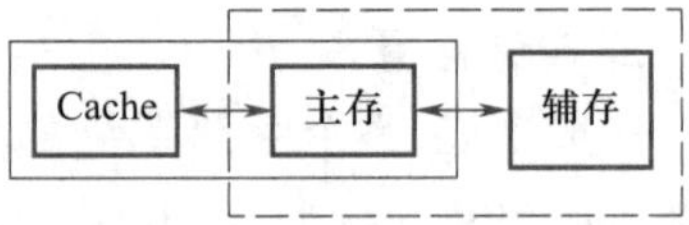

图 5.3　三级存储系统

由于程序在执行时需先调入主存，即使是在虚拟存储器中也是如此，只是不必一次全部调入，而是根据需要调入。因此，下面将从主存的角度来讨论这两个存储层次。

1. “Cache-主存”层次

近十多年，CPU 的性能提高得很快，在 1980—1986 年之间，CPU 性能以每年 35%的速度递增，而在 1987—2000 年之间，CPU 性能则是每年提高 55%，如图 5.4 所示。但是，主存性能的提高却慢得多。例如，DRAM 的速度每年只提高 7%。因此，CPU 和主存之间在速度上的差距越来越大。为了填补这个差距，现代计算机都是在 CPU 和主存之间

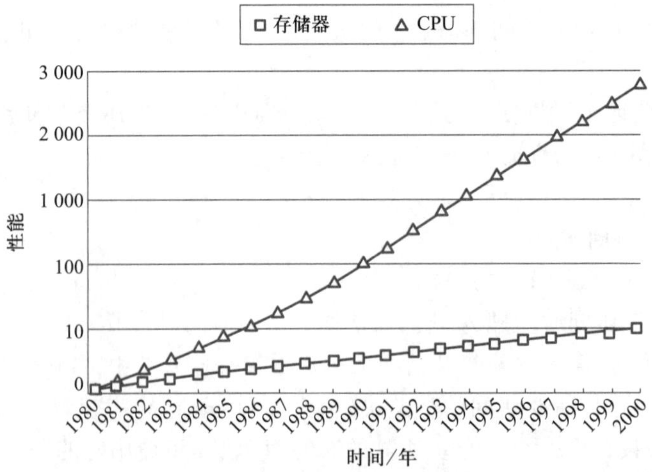

图 5.4　存储器和 CPU 性能随时间而提高的情况

（以 1980 年时的性能作为基准）

设置一个高速、小容量(一般为几十千字节(KB)到几十兆字节(MB))的 Cache。Cache 对于提高整个计算机系统的性能有着重要的意义,几乎是一个不可缺少的部件。

图 5.5(a)是“Cache-主存”层次的示意图。借助于辅助硬件,Cache 与主存构成一个有机的整体,以弥补主存速度的不足。一般来说,这个层次的工作完全由硬件实现,所以它不但对应用程序员是透明的,而且对系统程序员也是透明的。

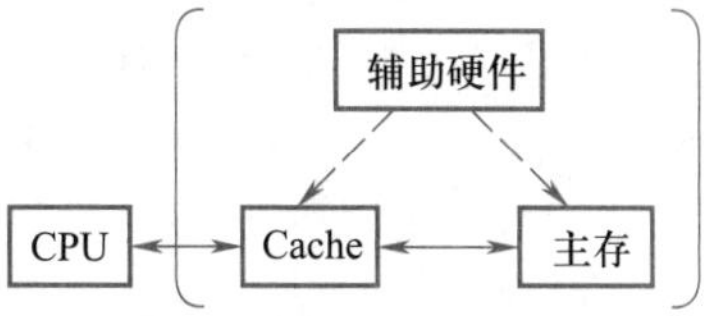

(a)“Cachc-主存”层次

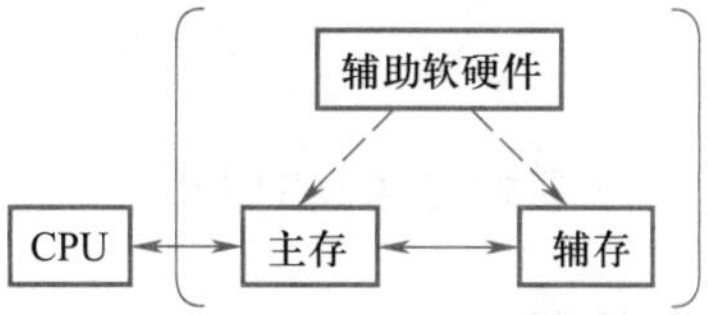

(b)“主存-辅存”层次

图 5.5　两种存储层次

2.“主存-辅存”层次

这个层次的目的是弥补主存容量的不足。它是在主存外面增设一个容量更大、每位价格更低,但速度更慢的存储器(称为辅存,一般是硬盘)。它们依靠辅助软硬件的作用构成一个整体,如图 5.5(b)所示。“主存-辅存”层次常被用来实现虚拟存储器,向编程人员提供似乎“用不完”的程序空间。

3. 两者的比较

表 5.1 对“Cache-主存”和“主存-辅存”层次做了一个简单的比较。

表 5.1　“Cache-主存”与“主存-辅存”层次的区别

比较项目	“Cache-主存”层次	“主存-辅存”层次
目的	弥补主存速度的不足	弥补主存容量的不足
存储管理的实现	全部由专用硬件实现	主要由软件实现
访问速度的比值 (第一级比第二级)	几比一	几万比一
典型的块(页)大小	几十~几百个字节	几千个字节或更大
CPU 对第二级的访问方式	可直接访问	均通过第一级
不命中时 CPU 是否切换	不切换	切换到其他进程

5.1.4　存储层次的 4 个问题

下面将展开论述“Cache-主存”层次。首先要考虑以下 4 个问题:

① 当把一个块(页)调入高一层(靠近 CPU)存储器时,可以放到哪些位置上。(映像规则)

② 当所要访问的块(页)在高一层存储器中时,如何找到该块。(查找算法)

③ 当发生不命中而且高一层存储器已满时,应替换哪一块。(替换算法)

④ 当进行写访问时,应进行哪些操作。(写策略)

搞清楚这些问题,对于理解一个具体存储层次的工作原理以及设计时的考虑十分重要。

5.2 Cache 基本知识

5.2.1 基本结构和原理

微视频 5-3:
Cache 基本知识(第 1 部分)

Cache 是按块进行管理的。Cache 和主存均被分割成大小相同的块,信息以块为单位调入 Cache。相应地,CPU 的主存地址被分割成两部分:块地址和块内位移,如下所示。

主存地址	块地址	块内位移

块地址(块号)用于查找该块在 Cache 中的位置,块内位移用于确定所访问的数据在该块中的位置。

图 5.6 是 Cache 的基本工作原理示意图。当 CPU 要访问存储器系统时,它把地址

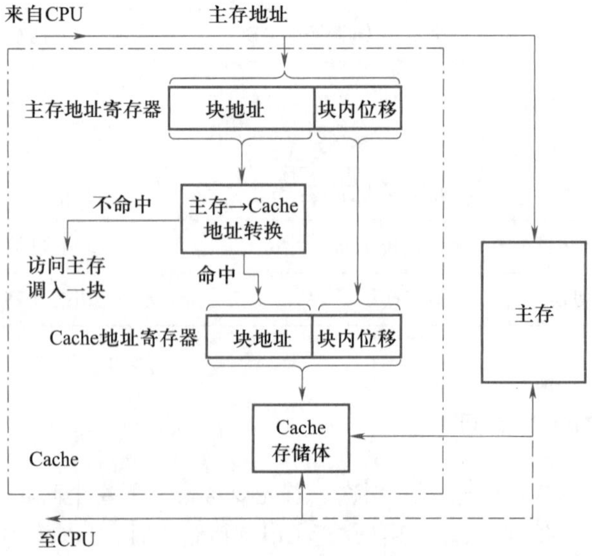

图 5.6　Cache 的基本工作原理示意图

送入主存地址寄存器。主存→Cache 地址转换部件判定包含所访问数据或指令的块是否已在 Cache 中，如果在 Cache 中（即命中），主存→Cache 地址转换部件就把主存地址中的块地址转换成 Cache 块地址放入 Cache 地址寄存器，块内位移保持不变，然后用所形成的地址去访问 Cache 存储器，把所得数据或指令送给 CPU。如果不在 Cache 中（即不命中），就需要用主存地址去访问主存，把相应的块调入 Cache，继续上述流程，把 CPU 所要的数据或指令送给 CPU。当然，也可以把 CPU 所要的数据或指令直接送给 CPU 以提高性能。在进行调块前，需先判定 Cache 中是否还有位置来存放将调入的块。如果没有，就需要按某种替换策略先从 Cache 中把某个块替换出去，然后将新调入的块放到被替换的块的位置上。关于替换策略，将在后面进一步讨论。

5.2.2　映像规则

当把一个块（页）从主存调入 Cache 时可以放到哪些位置，这是映像规则所要解决的问题。映像规则有以下 3 种。

1. 全相联映像（fully associative mapping，或称全相联映射）

全相联映像是指主存的任一块可以被放到 Cache 的任意一个位置，如图5.7（a）所示。图中给出了主存的第 9 块可以放入的位置（深色部分）。

为简单起见，图中只画出了 Cache 大小为 8 块、主存大小为 16 块的情况。

2. 直接映像（direct mapping，或称直接映射）

直接映像是指主存的每一个块只能被放到 Cache 中唯一的一个位置，如图 5.7（b）所示。图中带箭头的连线表示映像关系。从主存块到 Cache 块的对应关系是依次循环分配的。

图中带箭头的实线连线表示，主存的第 9 块只能放入 Cache 的第 1 块。一般地，如果主存的第 i 块（即块地址为 i）映像到 Cache 的第 j 块，则

$$j = i \bmod M$$

其中 M 为 Cache 的块数。

设 $M = 2^m$，则当表示为二进制数时，j 实际上就是 i 的低 m 位，如下所示。

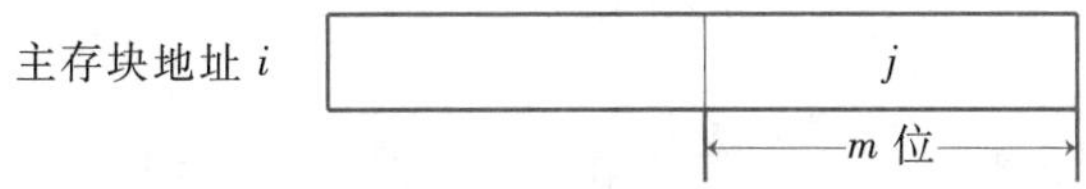

因此，可以直接用主存块地址的低 m 位去选择直接映像 Cache 中的块。

3. 组相联映像（set associative mapping，又称组相联映射）

在组相联映像中，Cache 被等分为若干组，每组由若干个块构成。主存中的每一块可以被放到 Cache 中唯一的一个组中的任何一个位置。它是直接映像和全相联映像的一种折中：一个主存块首先直接映像到唯一的一个组上（直接映像的特征），然后这个块可以被放入这个组中的任何一个位置（全相联映像的特征）。组的选择常采用位选择算

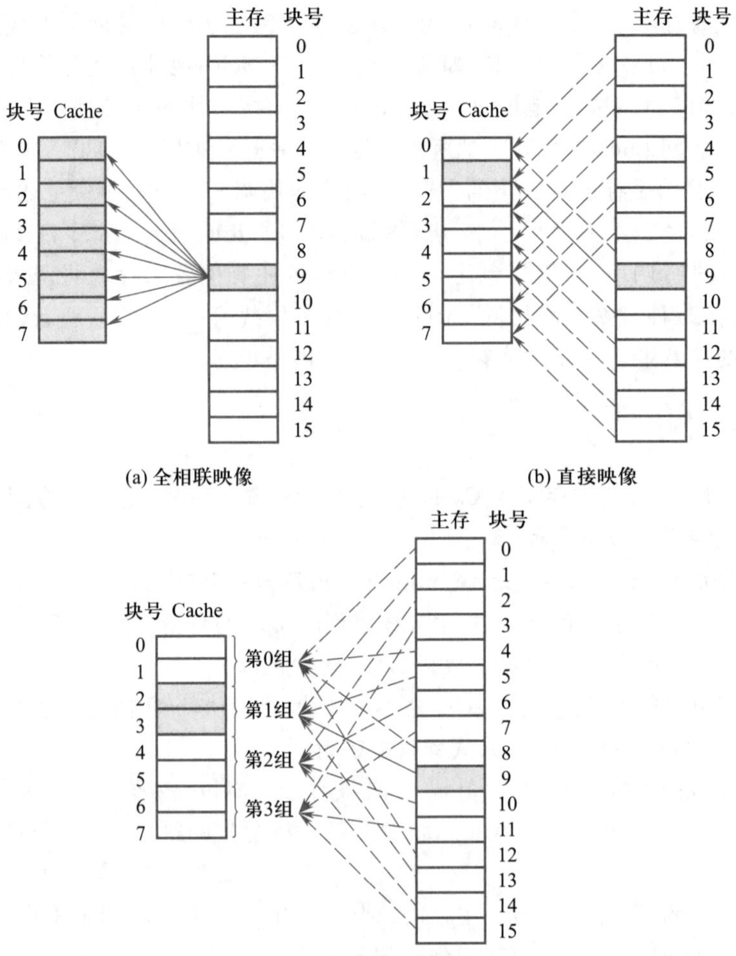

(a) 全相联映像　(b) 直接映像

(c) 组相联映像

图 5.7　3 种映像规则

法，即对于主存的第 i 块，若它所映像到 Cache 组的组号为 k，则有

$$k = i \bmod G$$

其中 G 为 Cache 的组数。

设 $G = 2^g$，则当表示为二进制数时，k 实际上就是 i 的低 g 位，如下所示。

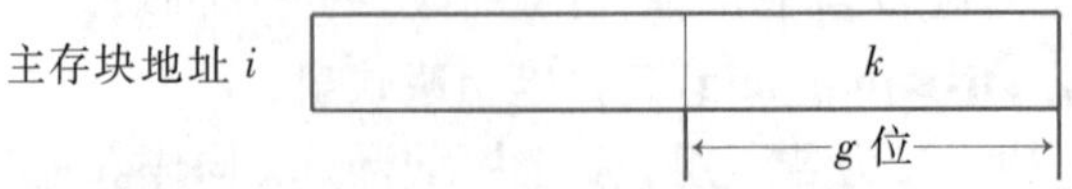

因此，可以直接用主存块地址的低 g 位去选择 Cache 中的相应组。这里的低 g 位以及上述直接映像中的低 m 位通常称为索引（index）。

如果每组中有 n 个块（$n = M/G$），则称该映像规则为 n 路组相联（n-way set associative)。图 5.7(c)为 2 路组相联映像的示意图,这里的每个组由两块组成。主存第 9 块可以被放入 Cache 第一组的两个块中的任何一个。

相联度越高(即 n 的值越大),Cache 空间的利用率就越高,块冲突概率就越低,因而 Cache 的不命中率就越低。块冲突是指当要把一个主存块调入 Cache 时,按映像规则所对应的 Cache 块位置都已被占用。显然,全相联映像的不命中率最低,直接映像的不命中率最高。虽然从降低不命中率的角度来看,n 的值越大越好,但在后面将看到,增大 n 值并不一定能使整个计算机系统的性能提高,而且还会使 Cache 的实现复杂度和成本增加。因此,绝大多数计算机都采用直接映像、2 路组相联或 4 路组相联,特别是直接映像应用得最多。

5.2.3 查找方法

当 CPU 访问存储器中的某个单元时,如何在 Cache 中找到包含该地址的块(如果有的话)?这是通过查找目录表来实现的。Cache 中设有一个目录表,每一个 Cache 块在该表中都有唯一的一项,用于指出当前该块中存放的信息是哪个主存块的(一般有多个主存块映像到该 Cache 块)。它实际上是记录了该主存块的块地址的高位部分,称为标识(tag)。每个主存块能唯一地由其标识来确定。标识在主存块地址中的位置如图 5.8 所示。

微视频 5-4:Cache 基本知识(第 2 部分)

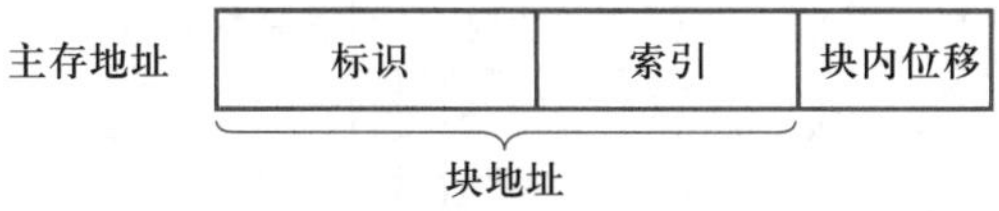

图 5.8 主存地址的分割

由于目录表中存放的是标识,所以存放目录表的存储器又称为标识存储器。目录表中给每一项设置一个有效位,用于指出 Cache 中的块是否包含有效信息。例如,用该位为"1"表示 Cache 中相应块所包含的信息有效。当一个主存块被调入 Cache 中某一个块位置时,其标识就被填入目录表中与该 Cache 块相对应的项中,并将其有效位置为"1"。

根据映像规则的不同,一个主存块可能被映像到 Cache 中的一个或多个 Cache 块位置。为便于讨论,将之称为候选位置。当 CPU 访问该主存块时,必须且只需查找它的候选位置的目录表项(标识)。如果有标识匹配(即相同)的项,且其有效位为"1",则它所对应的 Cache 块即是所要找的块。为了保证速度,对各候选位置的标识的检查应并行进行。

在图 5.6 中,虽然从原理上讲是先进行主存→Cache 地址转换,得到 Cache 地址后再去访问 Cache 存储体，而且对于全相联映像的情况来说也必须如此，但实际上在采用直接映像或组相联映像的情况下，为了提高访问速度，一般是把主存→Cache 地址转换和访问 Cache 存储体安排为同时进行。这时，由于还不知道哪个候选位置上有所要访问的数据，所以就把所有候选位置中的相应信息都读出来，在主存→Cache 地址转换完成后（如果命中），再根据其结果从这些信息中选一个，发送给 CPU。

直接映像 Cache 的候选位置最少，只有一个；全相联映像 Cache 的候选位置最多，为 M 个；而 n 路组相联映像则介于两者之间，为 n 个。实现并行查找的方法有两种：一种是用相联存储器实现，另一种是用单体多字的按地址访问存储器和比较器来实现。

图 5.9 是采用第一种方法来实现并行查找的示意图，图中只画出了标识存储器，其目录由 2^g 个相联存储区构成，每个相联存储区的大小为 $n\times(h+\log_2 n)$ 位，需用相联存储器来实现。根据所查找到的组内块地址就可以从 Cache 存储体中读出的多个信息字中选一个，发送给 CPU。

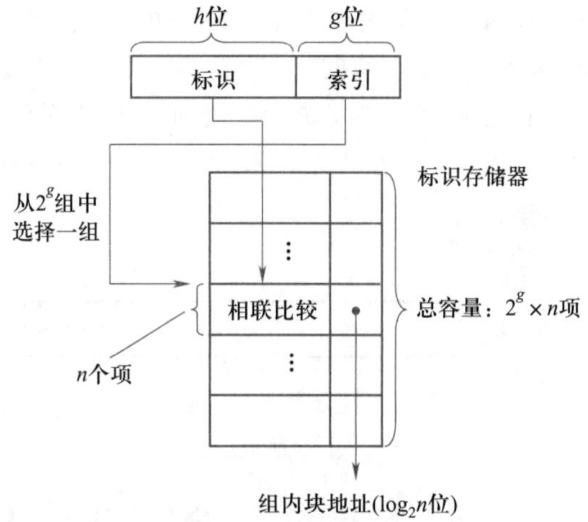

图 5.9　用相联存储器实现并行查找

图 5.10 中画出了用第二种方法来实现 4 路组相联的情况。与图 5.9 一样，也只画了标识存储器部分。这时需要 4 个比较器。CPU 访存时，用本次访存地址中的索引作为地址从标识存储器中选取一行（对应于一组），并从该行并行读出 4 个标识（分别对应于 4 路）。与此同时，也从 Cache 存储体中并行读出 4 个信息字。然后将所读出的 4 个标识与本次访存地址中的标识进行并行比较，以确定是否命中以及该组中哪一个块是要访问的块（若命中）。根据这些信息，就可以从已经读出的 4 个信息字中选择一个，送给 CPU。这种方法的优点是不必采用相联存储器，而是用按地址访问的存储器来实现。它所需要的硬件是大小为 $2^g\times n\times h$ 位的存储器和 n 个 h 位比较器。当相联度 n 增加时，不仅比较器的个数会增加，而且比较器的位数也会增加。

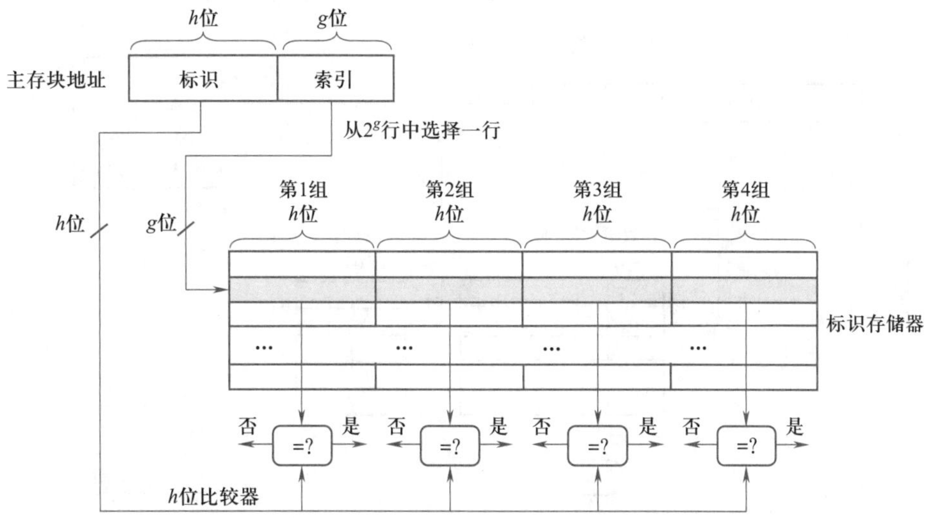

图 5.10 用按地址访问存储器和比较器实现并行查找

可以看出,n 越大,实现查找的机制就越复杂,代价就越高。而直接映像 Cache 的查找最简单,只需查找一个位置,所访问的块要么就在这个位置上,要么就不在 Cache 中。

无论是直接映像还是组相联映像,查找时只需比较标识,索引无须参加比较。这是因为索引已被用来选择要查找的组(或块),而所有索引相同且只有索引相同的块才被映像到该组(块)中,所以该组中各块的索引一定与本次访存的索引相同。如果 Cache 的容量不变,提高相联度会增加每一组中的块数,从而会减少索引的位数和增加标识的位数。在全相联映像情况下,索引的位数为 0,块地址就是标识。

5.2.4 Cache 的工作过程

本小节以 DEC 的 Alpha AXP 21064 微处理器中的数据 Cache 为例,介绍 Cache 的工作过程。图 5.11 为其结构图。这是一个容量为 8 KB 的直接映像 Cache,相联度为 1,块大小为 32 B,共有 256 个块。采用写直达法,写缓冲器的大小为 4 个块。

下面参照图 5.11 来介绍访问 Cache 的工作过程(图中带圈的数字表示步骤的顺序)。

第①步是从 21064 微处理器传送物理地址给 Cache。该地址为 34 位,分为两部分:块地址(29 位)和块内位移(5 位)。块地址又进一步被分为标识和索引两部分。

Cache 容量与索引(index)、相联度、块大小之间的关系为

$$\text{Cache 容量} = 2^{\text{index}} \times \text{相联度} \times \text{块大小}$$

把容量为 8 KB、相联度为 1、块大小为 32 B 代入,可得

$$2^{\text{index}} = \frac{\text{Cache 容量}}{\text{块大小} \times \text{相联度}} = \frac{8\ 192}{32 \times 1} = 256 = 2^8$$

因此,index 为 8 位,标识为 29-8=21 位。

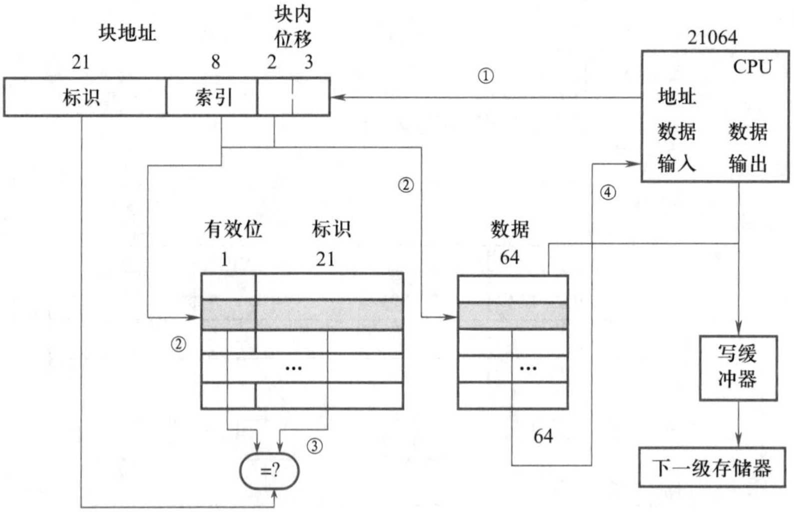

图 5.11　Alpha AXP 21064 微处理器中的数据 Cache 结构

第②步是用索引作为地址从 256 个目录项中选择一项,读出相应的标识和有效位。同时用索引作为地址从 Cache 的数据体中选择一块,用块内位移的高两位作为偏移量读出相应的数据字(每个块为 4 个字,每个字为 8 B)。在直接映像 Cache 中,读出数据并送往 CPU 与读出标识并进行匹配这两个过程可以并行进行。

第③步是把上一步读出的标识与 CPU 送来的物理地址中的标识进行比较。为了保证标识信息有效,其相应的有效位必须为"1",否则比较的结果就是无效的。

如果标识比较的结果是匹配,且有效位为"1",就表示本次访问 Cache 命中,那么最后一步(即第④步)就是发信号通知 CPU 取走数据。21064 微处理器完成这 4 步需要 2 个时钟周期。

与任何 Cache 一样,在 21064 微处理器中对"写"的处理比对"读"的处理更复杂。在写命中的情况下,前 3 步和上面是一样的。最后,在确认标识比较为匹配之后,才把数据写入。

不管"写"是否命中,21064 微处理器都要把数据写入主存(即采用的是写直达法)。为了提高"写"访问的速度,21064 微处理器设置了一个写缓冲器。这个写缓冲器是按字寻址的,它含有 4 个块,每块大小为 4 个字。当要进行写入操作时,如果写缓冲器不满,那么就把数据和完整的地址写入缓冲器。对 CPU 而言,本次"写"访问已完成,CPU 可以继续往下执行。由写缓冲器负责把该数据写入主存。

在写入缓冲器时要进行写合并检查,即检查本次写入数据的地址是否与缓冲器内某个有效块的地址匹配。如果匹配,就把新数据与该块合并。

当发生读不命中时,Cache 向 CPU 发出一个暂停信号通知其等待,并从下一级存储器中新调入一个数据块(32 B)。21064 微处理器的 Cache 和它的下一级存储器之间的数据通路宽度为 16 B。每次数据传送需 5 个时钟周期,传送全部 32 B 数据需要 10 个时钟周期。由于 21064 微处理器的数据 Cache 是直接映像的,所以当发生调块时必然引起替换。因为该 Cache 采用写直达法,所以替换时不必把被替换块写回主存。

当发生写不命中时,21064 微处理器将使数据"绕过"Cache,直接写入主存。

作为对比,考虑 Alpha AXP 21264 微处理器中的数据 Cache,图 5.12 为其结构框图。该 Cache 与 21064 微处理器的数据 Cache 相比,主要区别在于它采用了两路组相联及写回法。当 CPU 对该 Cache 进行读访问时,同时进行两路标识和数据的读出,并根据比较结果从分别来自两路的数据中选择一个,送给 CPU。而当进行写访问时,只写入 Cache,不写入主存,所以它没有写缓冲器。21264 微处理器数据 Cache 的容量为 64 KB,块大小为64 B,采用最近最少使用替换策略,其工作过程与 21064 微处理器的数据 Cache 的工作过程类似,此处略去。

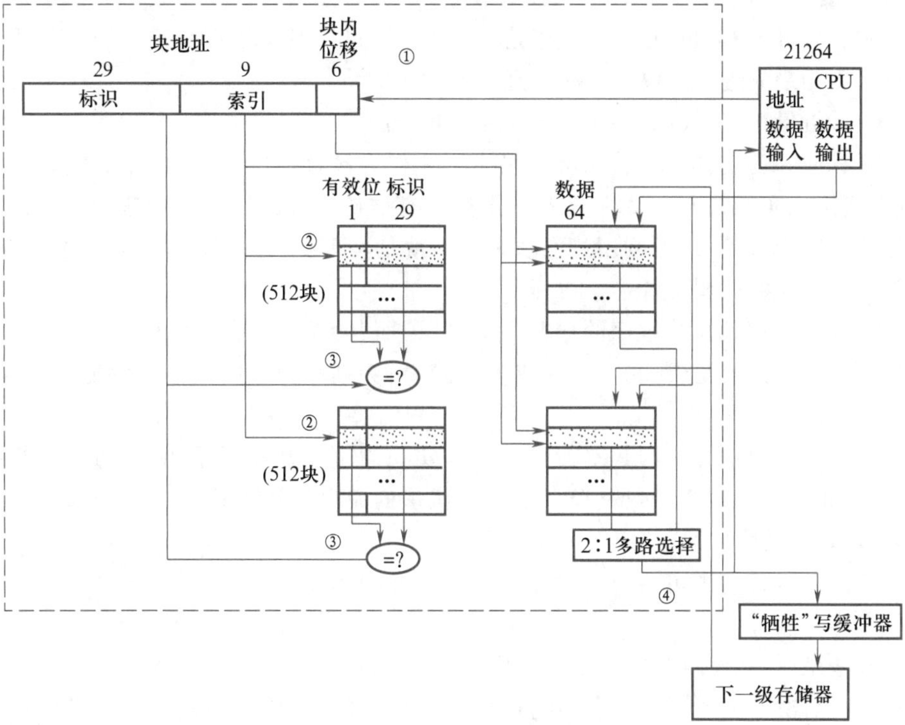

图 5.12 Alpha AXP 21264 微处理器中的数据 Cache 结构

5.2.5 替换算法

1. 替换算法

当要从主存调一个块到 Cache 中时,经常会出现该块所映像到的 Cache 块位置(一个或一组)已全被占用的情况。这时,需选择其中的某一块,用新调入的块取而代之(因为新块更重要)。那么应如何选择这个被替换的块呢? 这就是替换算法所要解决的问题。

微视频 5-5:Cache 基本知识(第 3 部分)

直接映像 Cache 中的替换很简单,因为只有一个块,别无选择。而在组相联映像和全相联映像 Cache 中则有多个块供选择,应尽可能避免替换马上就要用到的信息。主要的替换算法有以下 3 种。

(1) 随机法

随机法随机地选择被替换的块,其优点是简单、易于用硬件实现。但这种方法没有考虑 Cache 块过去被使用的情况,反映不了程序的局部性,所以命中率比较低。

(2) 先进先出(first in first out,FIFO)法

FIFO 法选择最早调入的块作为被替换的块,其优点也是容易实现。它虽然利用了同一组中各块进入 Cache 的先后顺序这一"历史"信息,但还是不能正确地反映程序的局部性。因为最先进入的块也可能是经常要用到的块。

(3) 最近最少使用(least recently used,LRU)法

LRU 法本来是选择近期使用次数最少的块作为被替换的块,但由于其实现比较复杂,现在实际上实现的 LRU 都只是选择最久没有被访问过的块。LRU 法所依据的是局部性原理的一个推论:最近刚用过的块很可能就是马上要再用到的块,因此最久没有用过的块就是最佳的被替换者。

LRU 法能较好地反映程序的局部性原理,因而其命中率在上述 3 种方法中是最高的。但是该方法比较复杂,硬件实现成本比较高,特别是当组的大小增加时,其实现代价会越来越高。

LRU 法和随机法分别因其不命中率低和实现简单而被广泛采用。不过,有模拟数据表明,对于容量很大的 Cache,LRU 法和随机法的命中率差别不大。

2. LRU 法的硬件实现

LRU 法的硬件实现主要有两种方法:堆栈法和比较对法。

(1) 堆栈法

堆栈法是用一个堆栈来记录组相联映像 Cache 的同一组中各块被访问的先后次序。这个先后次序是用堆栈元素的物理位置来反映的,从栈底到栈顶的先后次序依次记录了该组中各块被访问的先后次序(存放的是组内块地址)。栈底记录的是该组中最早被访问过的块,次栈底记录的是该组中第二个被访问过的块……栈顶记录的是刚被访问过的块,如图 5.13(a)所示。这样,当需要替换时就可以从栈底得到应被替换的块(块地址)。

显然,随着 Cache 访问的发生,该堆栈中的内容必须动态更新,以便保持该堆栈的上述属性。当 Cache 访问命中时,通过用块地址进行相联查找在堆栈中找到相应的元

素,然后把该元素之上的所有元素下压一个位置,同时把本次访问的块地址抽出来,从最上面压入栈顶,而该元素下面的所有元素则保持不动,如图 5.13(b)所示。

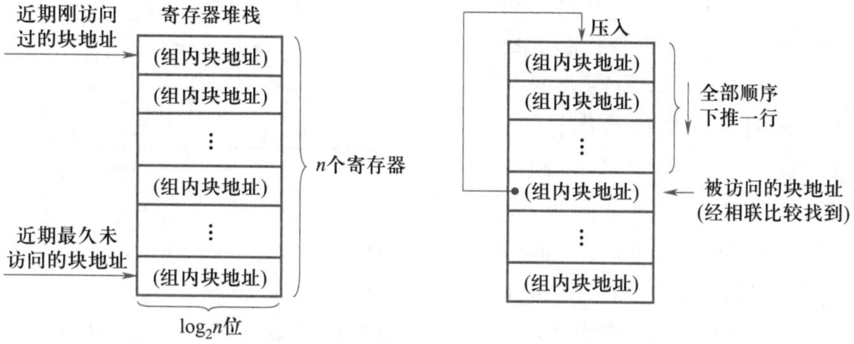

(a) 用位置记录访问的先后次序　　(b) 发生访问时所进行的操作

图 5.13　堆栈法

如果 Cache 访问不命中,则把本次访问的块地址从最上面压入栈顶,堆栈中所有原来的元素都下移一个位置。如果 Cache 中该组已经没有空闲块,就要替换一个块。这时从栈底被挤出去的块地址就是需要被替换的块的块地址。

下面来看看堆栈法所需要的硬件。需要为每一组都设置一个项数与相联度相同的小堆栈,每一项的位数为 $\log_2 n$ 位。这种硬件堆栈不仅要有相联比较的功能,而且还要具备能全部下移、部分下移和从中间取出一项的功能,成本较高,因此只适用于相联度较小的 LRU 法。

(2) 比较对法

堆栈法需要硬件有相联比较的功能,因此其速度较低,成本也比较高。那么,能否不用相联比较,只用一般的门、触发器来实现 LRU 替换算法呢? 比较对法就是其中的一种。

比较对法的基本思路是让各块两两组合,构成比较对。每一个比较对用一个触发器的状态来表示它所相关的两个块最近一次被访问的远近次序,再经过门电路就可找到 LRU 块。例如,假设有 3 个块 A、B、C,可以组成 3 对:AB、AC、BC。每对块的访问次序分别用“对触发器”T_{AB}、T_{AC}、T_{BC}表示。T_{AB}为“1”,表示 A 比 B 更近被访问过;T_{AB}为“0”,表示 B 比 A 更近被访问过。T_{AC}、T_{BC}也是按这样的规则定义。

显然,当 $T_{AC}=1$ 且 $T_{BC}=1$ 时,即 A 和 B 都比 C 更近被访问过,则 C 就是最久没有被访问过的。即

$$C_{LRU}=T_{AC}\cdot T_{BC}$$

同理可得

$$B_{LRU}=T_{AB}\cdot \overline{T}_{BC}$$

$$A_{LRU}=\overline{T}_{AB}\cdot \overline{T}_{AC}$$

用触发器和与门实现上述逻辑的电路如图 5.14 所示。

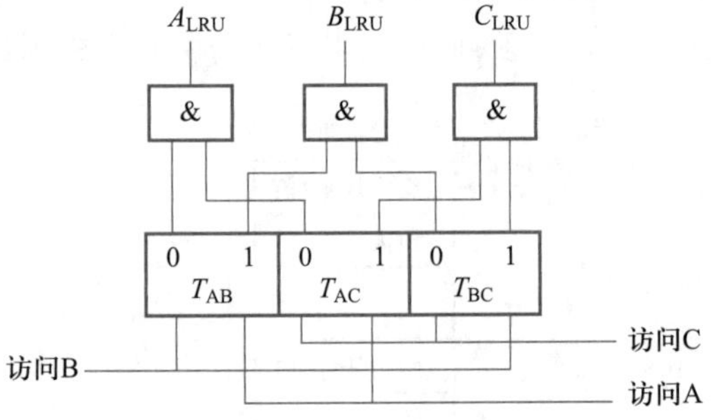

图 5.14　用比较对法实现 LRU 算法

显然,每次访问某块时,应改变与该块有关的比较对触发器的状态。在上述例子中,每次访问 A 后需改变与 A 有关的比较对触发器的状态,具体操作是置 T_{AB}和 T_{AC}为“1”,以反映 A 比 B 更近、A 比 C 更近被访问过,也即 A 是最近被访问过;同理,访问 B 后,置 T_{AB}为“0”、置 T_{BC}为“1”;访问 C 后,置 T_{AC}、T_{BC}为“0”。据此可以确定各比较对触发器的输入控制逻辑,如图 5.14 所示。

下面来分析比较对法所需的硬件数量。由于每个块都可能成为 LRU 块,其信号需用与门产生,所以有多少个块就要有多少个与门;每个与门的输入端要连接所有与之相关的触发器。对于一个具有 P 块的组中的任何一个块来说,由于它可以与除自己之外的所有其他块两两组合,所以与该块相关的比较对触发器个数为 $P-1$,因而其相应的与门的输入端个数是 $P-1$。

比较对法所需要的触发器个数与两两组合的比较对的数目相同。这是一个 P 中取 2 的组合问题:$C_P^2=P\times(P-1)$。表 5.2 列出了比较对法中所需要的触发器个数、与门个数、与门的输入端个数与块数 P 的关系。

表 5.2　比较对触发器个数、与门个数、与门输入端个数与块数 P 的关系

组内块数	3	4	8	16	64	256	…	P
比较对触发器个数	3	6	28	120	2 016	32 640	…	$\frac{P(P-1)}{2}$
与门个数	3	4	8	16	64	256	…	P
与门输入端个数	2	3	7	15	63	255	…	$P-1$

从表 5.2 可以看出,在块数少时,比较对法所需要的硬件较少,比前面的堆栈法更容易实现。但随着组内块数 P 的增加,它所需要的触发器个数会以平方的关系迅速增加,与门的输入端个数也线性增加。当 P 超过 8 时,所需要的触发器个数就多得不能承受了。硬件实现的成本很高。

当组内块数较多时,可以用多级状态位技术来减少所需的硬件量。例如,在 IBM 3033 中,组内块数为 16,可分成群、对、行 3 级。先分成 4 群,每群两对,每对两行。这样,选 LRU 群需 6 个触发器;每群中选 LRU 对需要一个触法器,4 个群共需要 4 个触发器;每行中选 LRU 块需要一个触发器,8 个行共需要 8 个触发器。因此,所需的触发器

总个数为

$$6(\text{选群})+4(\text{选对})+8(\text{选行})=18(\text{个})$$

而单级则需要 120 个触发器。但这是以牺牲速度为代价的。一般来说,所分的级数越多,能节省的器件也越多,但多级电路所造成的延迟时间就越大。

5.2.6 写策略

处理器对 Cache 的访问主要是读访问,因为所有对指令的访问都是“读”,而且大多数指令都不对存储器进行“写”。有统计结果表明,store 和 load 指令所占的比例分别为 9%和 26%,由此可得出“写”在所有访存操作中所占的比例为

$$9\%/(100\%+26\%+9\%)\approx 7\%$$

而在访问数据 Cache 操作中所占的比例为

$$9\%/(26\%+9\%)\approx 25\%$$

由于“读”所占的百分比要高得多,特别是考虑到处理器一般是对“读”要等待,而对“写”却不必等待,所以设计 Cache 要针对 “读”进行优化。但是,Amdahl 定律表明高性能 Cache 的设计不能忽略“写”的速度。

“写”一般比“读”花费更多的时间,这是因为只有在读出标识并进行比较、确认是命中后,才可对 Cache 进行写入。所以检查标识不能与写入 Cache 并行进行。另一个比较麻烦的地方是处理器要写入的数据的宽度不是定长的(通常为 1~8 B)。写入时,只能修改 Cache 块中相应的部分,而“读”则多读出几个字节也没关系。

按照存储层次的要求,Cache 内容应是主存部分内容的一个副本。但是“写”访问却可能导致它们内容的不一致。例如,当处理机进行“写”访问时,往 Cache 写入新的数据后,则 Cache 中相应单元的内容已发生变化,而主存中该单元的内容却仍然是原来的。这就产生了 Cache 与主存内容的不一致性问题。显然,为了保证正确性,主存的内容也必须更新。至于何时更新,这正是写策略所要解决的问题。

写策略是区分不同 Cache 设计方案的一个重要标志。写策略主要有以下两种。

① 写直达(write through)法。写直达法也称为存直达法,它是指在执行“写”操作时,不仅把数据写入 Cache 中相应的块,而且也写入下一级存储器。这样下一级存储器中的数据都是最新的。

② 写回(write back)法。写回法也称为拷回法,这种写策略只把数据写入 Cache 中相应的块,不写入下一级存储器。因此有些数据的最新版本是在 Cache 中,这些最新数据只有在相应的块被替换时,才被写回下一级存储器。

为了减少在替换时数据块的写回,常设置“修改位”标识,即为 Cache 中的每一块设置一个“修改位”,用于指出该块是否被修改过。当一个块被替换时,若没有被修改过,则不必写回下一级存储器。

写回法和写直达法各有特色。写回法的优点是速度快,“写”操作能以 Cache 的速

度进行，而且所有"写"只到达 Cache。对于同一单元的多次写来说，最后只需一次写回下一级存储器，因而减少了对存储器带宽的要求。这使得写回法对于多处理机很有吸引力。写直达法的优点是易于实现，而且下一级存储器中的数据总是最新的，这个优点对于 I/O 和多处理机来说是重要的。

采用写直达法时，若在进行"写"操作的过程中 CPU 必须等待，直到"写"操作结束，则称之为 CPU 写停顿(write stall)。减少写停顿的常用方法是采用写缓冲器(write buffer)。CPU 一旦把数据写入该缓冲器就可以继续执行，从而使下一级存储器的更新和 CPU 的执行重叠起来。

由于"写"访问并不需要用到所访问单元中原有的数据，所以当发生写不命中时是否调入相应的块，有以下两种选择。

① 按写分配法(write allocate)。写不命中时，先把所写单元所在的块从主存调入 Cache，然后再进行写入。这种方法也称为写时取(fetch on write)方法。

② 不按写分配法(no-write allocate)。写不命中时，直接写入下一级存储器而不将相应的块调入 Cache。这种方法也称为绕写法(write around)。

虽然上述两种方法都可应用于写直达法和写回法，但写回法 Cache 一般采用按写分配法，而写直达法 Cache 一般采用不按写分配法。

5.2.7　Cache 性能分析

微视频 5-6：Cache 性能分析

虽然用不命中率来评价存储系统的性能非常方便，但它也容易产生一些误导。平均访存时间是一种更好的评测存储系统性能的指标。

平均访存时间=命中时间+不命中率×不命中开销

平均访存时间的两个组成部分既可以用绝对时间(如命中时间为 2 ns)，也可以用时钟周期数(如不命中开销为 50 个时钟周期)来衡量。

平均访存时间仍然是衡量性能的一个间接指标，尽管它是一个比不命中率更好的指标，但并不能代替程序执行时间。执行一个程序所需的 CPU 时间能更好地反映存储系统的性能。

CPU 时间=(CPU 执行周期数+存储器停顿周期数)×时钟周期时间　　(5.1)

为了简化对各种 Cache 设计方案的评价，有时设计者假设所有的访存停顿都是由 Cache 不命中引起的，这是因为和其他原因引起的停顿(如 I/O 设备使用存储器引起的竞争)相比，不命中引起的停顿占了绝大多数。这里也作这种假设。但需要说明的是，在计算最终的性能时，要把所有存储器停顿都考虑进去。

式(5.1)提出了一个问题，即 Cache 命中所用的时钟周期数应被看作是 CPU 执行的时钟周期数的一部分，还是存储器停顿时钟周期数的一部分。尽管两种考虑都是合理的,但广泛使用的还是前一种。

可以用程序的访存总次数、不命中开销(单位为时钟周期)以及“读”和“写”的不命中率来计算存储器停顿的时钟周期数,即

$$\text{存储器停顿时钟周期数} = \text{“读”的次数} \times \text{读不命中率} \times \text{读不命中开销} + \text{“写”的次数} \times \text{写不命中率} \times \text{写不命中开销}$$

一般通过将“读”的次数和“写”的次数合并,并求出“读”和“写”的平均不命中率和平均不命中开销,将上式简化为

$$\text{存储器停顿时钟周期数} = \text{访存次数} \times \text{不命中率} \times \text{不命中开销} \tag{5.2}$$

由于“读”和“写”的不命中率和不命中开销通常是不相等的,所以这只是一个近似公式。

把式(5.2)代入式(5.1),得

$$\text{CPU 时间} = (\text{CPU 执行周期数} + \text{访存次数} \times \text{不命中率} \times \text{不命中开销}) \times \text{时钟周期时间}$$

提取公因子“指令数”(IC),得

$$\begin{aligned}\text{CPU 时间} &= \text{IC} \times \left(\text{CPI}_{\text{execution}} + \frac{\text{访存次数}}{\text{指令数}} \times \text{不命中率} \times \text{不命中开销}\right) \times \text{时钟周期时间} \\ &= \text{IC} \times (\text{CPI}_{\text{execution}} + \text{每条指令的平均访存次数} \times \text{不命中率} \times \text{不命中开销}) \times \text{时钟周期时间}\end{aligned} \tag{5.3}$$

例 5.1 用一个和 Alpha AXP 类似的机器作为第一个例子。假设 Cache 不命中开销为 50 个时钟周期,当不考虑存储器停顿时所有指令的执行时间都是 2.0 个时钟周期,访问 Cache 不命中率为 2%,平均每条指令访存 1.33 次。试分析 Cache 对性能的影响。

解 可以直接用式(5.3)来计算。

$$\begin{aligned}\text{CPU 时间}_{\text{有Cache}} &= \text{IC} \times (\text{CPI}_{\text{execution}} + \text{每条指令的平均访存次数} \times \text{不命中率} \times \text{不命中开销}) \times \text{时钟周期时间} \\ &= \text{IC} \times (2.0 + 1.33 \times 2\% \times 50) \times \text{时钟周期时间} \\ &= \text{IC} \times 3.33 \times \text{时钟周期时间}\end{aligned}$$

因此,当考虑了 Cache 的不命中影响后 CPI 就会增大,本例中 CPI 从理想情况的 2.0 增加到 3.33,是原来的 1.67 倍。由于不管有没有 Cache,时钟周期时间和指令数都保持不变,所以 CPU 时间也将增加到原来的 1.67 倍。然而,若不采用 Cache,CPI 将增加为 2.0+50×1.33=68.5,即超过原来的 30 倍。

从这个例子可以看出,Cache 的行为可能会对系统性能产生巨大的影响。而且,Cache 不命中对于一个 CPI 较小而时钟频率较高的 CPU 来说,影响是双重的:

① $\text{CPI}_{\text{execution}}$越低,固定周期数的 Cache 不命中开销的相对影响就越大。

② 在计算 CPI 时,不命中开销的单位是时钟周期数。因此,即使两台计算机的存储

层次完全相同,时钟频率较高的 CPU 的不命中开销较大,其 CPI 中存储器停顿这部分也就较大。

因此 Cache 对于低 CPI、高时钟频率的 CPU 来说更加重要,而且在评价这类计算机的性能时,如果忽略 Cache 的行为就更容易出错。

尽可能地减少平均访存时间是一个合理的目标,而且在本章许多地方也是使用平均访存时间这个指标的。但是请记住,最终目标是减少 CPU 的执行时间。下面的例子就说明了二者的区别。

例 5.2　考虑两种不同组织结构的 Cache:直接映像 Cache(类似于图 5.11)和两路组相联映像 Cache(类似于图 5.12),假设:

① 理想 Cache(命中率为 100%)情况下的 CPI 为 2.0,时钟周期为 2 ns,平均每条指令访存 1.3 次。

② 两种 Cache 容量均为 64 KB,块大小都是 32 B。

③ 在组相联映像 Cache 中,由于多路选择器的存在而使 CPU 的时钟周期增加到原来的 1.10 倍。这是因为对 Cache 的访问总是处于关键路径上,对 CPU 的时钟周期有直接的影响。

④ 这两种结构 Cache 的不命中开销都是 70 ns(在实际应用中应取整为整数个时钟周期)。

⑤ 命中时间为 1 个时钟周期,64 KB 直接映像 Cache 的不命中率为 1.4%,相同容量的两路组相联映像 Cache 的不命中率为 1.0%。

试问它们对 CPU 的性能有什么影响?先求平均访存时间,然后再计算 CPU 性能。

解　平均访存时间为

$$\text{平均访存时间}=\text{命中时间}+\text{不命中率}\times\text{不命中开销}$$

因此,两种结构的平均访存时间分别是

$$\text{平均访存时间}_{1\text{路}}=2.0+0.014\times70=2.98\ \text{ns}$$

$$\text{平均访存时间}_{2\text{路}}=2.0\times1.10+0.010\times70=2.90\ \text{ns}$$

两路组相联 Cache 的平均访存时间比较低。

CPU 性能为

$$\begin{aligned}\text{CPU 时间}&=\text{IC}\times\left(\text{CPI}_{\text{execution}}+\frac{\text{每条指令的}}{\text{平均访存次数}}\times\text{不命中率}\times\text{不命中开销}\right)\times\frac{\text{时钟周}}{\text{期时间}}\\&=\text{IC}\times\left(\text{CPI}_{\text{execution}}\times\text{时钟周期时间}+\frac{\text{每条指令的}}{\text{平均访存次数}}\times\right.\\&\qquad\left.\text{不命中率}\times\text{不命中开销}\times\frac{\text{时钟周}}{\text{期时间}}\right)\end{aligned}$$

用 70 ns 代替“不命中开销×时钟周期时间”,并用 $\text{CPI}_{\text{execution}}=2$,时钟周期时间 = 2 ns,每条指令的平均访存次数 = 1.3 代入,得两种结构的性能分别为

$$\text{CPU 时间}_{1路} = IC \times (2.0 \times 2 + 1.3 \times 0.014 \times 70) = 5.27 \times IC\ \text{ns}$$

$$\text{CPU 时间}_{2路} = IC \times (2.0 \times 2 \times 1.10 + 1.3 \times 0.010 \times 70) = 5.31 \times IC\ \text{ns}$$

相对性能比为

$$\frac{\text{CPU 时间}_{2路}}{\text{CPU 时间}_{1路}} = \frac{5.31 \times IC}{5.27 \times IC} = \frac{5.31}{5.27} = 1.01$$

和平均访存时间的比较结果相反,直接映像 Cache 的平均性能稍好一些。这是因为在两路组相联映像的情况下,虽然不命中次数减少了,但所有指令的时钟周期时间都增加了 10%。由于 CPU 时间是进行评价的基准,而且直接映像 Cache 的实现更简单,所以本例中直接映像 Cache 是较好的选择。

5.2.8 改进 Cache 性能

CPU 和主存之间在速度上越来越大的差距,已经引起了许多系统结构设计人员的关注。从 1989 年到 1995 年,全世界共发表了 1 600 多篇有关 Cache 的研究论文。根据平均访存时间公式:

$$\text{平均访存时间} = \text{命中时间} + \text{不命中率} \times \text{不命中开销}$$

可知,可以从以下 3 个方面改进 Cache 的性能:降低不命中率、减少不命中开销和减少命中时间。

5.3~5.5 节将介绍 17 种 Cache 优化技术,其中 8 种用于降低不命中率,5 种用于减少不命中开销,4 种用于减少命中时间。

5.3 降低 Cache 不命中率

提高 Cache 性能的经典方法是降低不命中率。本节介绍 8 种降低不命中率的方法。需要注意的是,许多降低不命中率的方法会增加命中时间或不命中开销。因此,在具体使用时要综合考虑,保证降低不命中率确实能使整个系统的速度提高。

5.3.1 3 种类型的不命中

按照产生不命中的原因不同,可以把不命中分为以下 3 类(简称为 3C)。

微视频 5-7:3 种类型的不命中

① 强制性不命中(compulsory miss)。当第一次访问一个块时,该块不在 Cache 中,需从下一级存储器中调入 Cache,这就是强制性不命中。这种不命中也称为冷启动不命中或首次访问不命中。

② 容量不命中(capacity miss)。如果程序执行时所需的块不能全

部调入 Cache 中，则当某些块被替换后，若又重新被访问，就会发生不命中。这种不命中称为容量不命中。

③ 冲突不命中(conflict miss)。在组相联映像或直接映像 Cache 中，若太多的块映像到同一组(块)中，则会出现该组中某个块被别的块替换，然后又被重新访问的情况，这就是发生了冲突不命中。这种不命中也称为碰撞不命中(collision miss)或干扰不命中(interference miss)。

表 5.3 给出了在不同容量和不同相联度的情况下，Cache 的总不命中率以及上述 3 种不命中所占的比例。这些数据是在 DECstation 5000 上针对一组基准程序测得的。Cache 的块大小为 32 B，并采用 LRU 算法。为了说明高相联度的好处，表中列出了在直接映像(即 1 路)，2 路、4 路和 8 路组相联的情况下冲突不命中的值。

表 5.3 在不同容量、不同相联度的情况下 Cache 的总不命中率以及 3C 所占的比例

Cache 容量	相联度	总不命中率	不命中率组成(相对百分比)					
			强制性不命中		容量不命中		冲突不命中	
1 KB	1 路	0.134	0.002	1%	0.080	60%	0.052	39%
1 KB	2 路	0.105	0.002	2%	0.080	76%	0.023	22%
1 KB	4 路	0.095	0.002	2%	0.080	84%	0.013	14%
1 KB	8 路	0.087	0.002	2%	0.080	92%	0.005	6%
2 KB	1 路	0.098	0.002	2%	0.044	45%	0.052	53%
2 KB	2 路	0.076	0.002	2%	0.044	58%	0.030	39%
2 KB	4 路	0.064	0.002	3%	0.044	69%	0.018	28%
2 KB	8 路	0.054	0.002	4%	0.044	82%	0.008	14%
4 KB	1 路	0.072	0.002	3%	0.031	43%	0.039	54%
4 KB	2 路	0.057	0.002	3%	0.031	55%	0.024	42%
4 KB	4 路	0.049	0.002	4%	0.031	64%	0.016	32%
4 KB	8 路	0.039	0.002	5%	0.031	80%	0.006	15%
8 KB	1 路	0.046	0.002	4%	0.023	51%	0.021	45%
8 KB	2 路	0.038	0.002	5%	0.023	61%	0.013	34%
8 KB	4 路	0.035	0.002	5%	0.023	66%	0.010	28%
8 KB	8 路	0.029	0.002	6%	0.023	79%	0.004	15%
16 KB	1 路	0.029	0.002	7%	0.015	52%	0.012	42%

续表

Cache 容量	相联度	总不命中率	不命中率组成(相对百分比)					
			强制性不命中		容量不命中		冲突不命中	
16 KB	2 路	0.022	0.002	9%	0.015	68%	0.005	23%
16 KB	4 路	0.020	0.002	10%	0.015	74%	0.003	17%
16 KB	8 路	0.019	0.002	10%	0.015	80%	0.002	9%
32 KB	1 路	0.020	0.002	10%	0.010	52%	0.008	38%
32 KB	2 路	0.014	0.002	14%	0.010	74%	0.002	12%
32 KB	4 路	0.013	0.002	15%	0.010	79%	0.001	6%
32 KB	8 路	0.013	0.002	15%	0.010	81%	0.001	4%
64 KB	1 路	0.014	0.002	14%	0.007	50%	0.005	36%
64 KB	2 路	0.010	0.002	20%	0.007	70%	0.001	10%
64 KB	4 路	0.009	0.002	21%	0.007	75%	0.000	3%
64 KB	8 路	0.009	0.002	22%	0.007	78%	0.000	0%
128 KB	1 路	0.010	0.002	20%	0.004	40%	0.004	40%
128 KB	2 路	0.007	0.002	29%	0.004	58%	0.001	14%
128 KB	4 路	0.007	0.002	31%	0.004	61%	0.001	8%
128 KB	8 路	0.006	0.002	31%	0.004	62%	0.000	7%

从该表可以看出：

① 相联度越高，冲突不命中就越少。

② 强制性不命中和容量不命中不受相联度的影响。

③ 强制性不命中不受 Cache 容量的影响，但容量不命中却随着容量的增加而减少。

图 5.15 是表 5.3 中数据的图示，其中图(a)为绝对不命中率，图(b)为各种类型不命中率所占的百分比。图中 4 路组相联的冲突不命中所对应的区域为标有“4 路”和“8 路”两个区域的合并，2 路组相联的冲突不命中所对应的区域为标有“2 路”“4 路”和“8 路”3 个区域的合并。

从图 5.15 中可以看出，强制性不命中率很小。其他许多运行时间较长的程序也是如此。在 3C 中，冲突不命中似乎是最容易减少的，只要采用全相联映像就不会发生冲突不命中。但是用硬件实现全相联映像很昂贵，而且有可能会降低处理器的时钟频率，从而导致整体性能的下降。至于容量不命中，除了增大 Cache 以外没有别的办法。

另一个减少 3C 的方法是增加块的大小，以减少强制性不命中。但在下面将看到，块大小增大可能会增加其他类型的不命中。

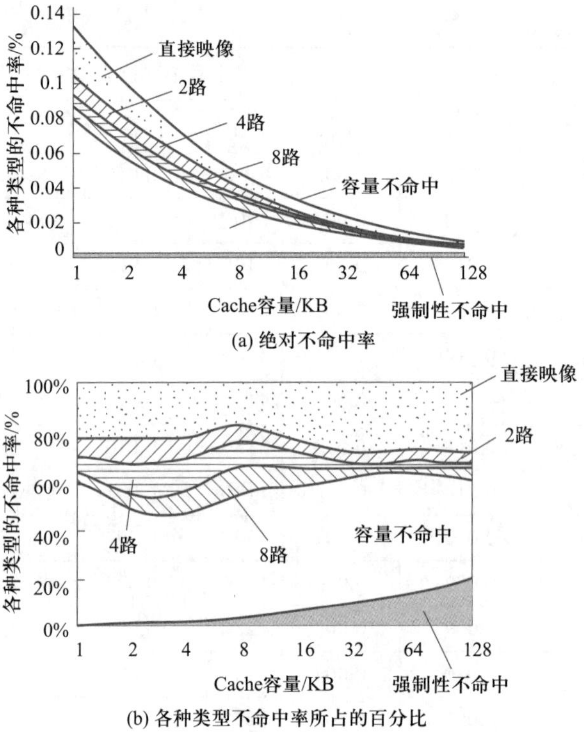

图 5.15　总不命中率及 3C 的分布情况

5.3.2　增加 Cache 块大小

降低不命中率最简单的方法是增加块大小。图 5.16 给出了在不同 Cache 容量的情况下不命中率和块大小的关系。表 5.4 列出了图 5.16 的具体数据。

微视频 5-8：增加 Cache 块大小

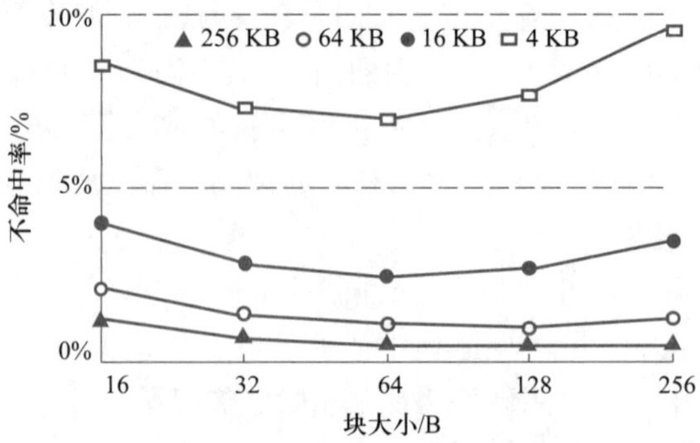

图 5.16　不命中率随块大小变化的曲线

表 5.4 各种块大小情况下 Cache 的不命中率

块大小/B	Cache 容量/KB			
	4	16	64	256
16	8.57%	3.94%	2.04%	1.09%
32	7.24%	2.87%	1.35%	0.70%
64	**7.00%**	**2.64%**	1.06%	0.51%
128	7.78%	2.77%	**1.02%**	**0.49%**
256	9.51%	3.29%	1.15%	**0.49%**

从图 5.16 或表 5.4 可以看出,对于给定的 Cache 容量,当块大小从 16 B 开始增加时,不命中率开始是下降,但后来反而上升了。这是因为增加块大小会产生双重作用:

① 增强了空间局部性,减少了强制性不命中。

② 减少了 Cache 中块的数目,所以有可能会增加冲突不命中。

在块大小比较小的情况下,上述第一种作用超过第二种作用,从而使不命中率下降。但等到块大小比较大时,第二种作用超过了第一种作用,反而使不命中率上升了。

Cache 容量越大,使不命中率达到最低的块大小就越大。例如在本例中,对于大小分别为 16 KB、64 KB 和 256 KB 的 Cache,使不命中率达到最低的块大小分别为 64 B、128 B、128 B(或 256 B)。

此外,增加块大小同时也会增加不命中开销,如果这个负面效应超过了不命中率下降所带来的好处,就会使平均访存时间增加。这时,即使降低不命中率也是得不偿失。所以选择块大小时,要综合考虑各方面的因素。

5.3.3 增加 Cache 容量

从表 5.3 可以看出,降低 Cache 不命中率最直接的方法是增加 Cache 的容量。不过,这种方法不但会增加成本,而且还可能增加命中时间。这种方法在片外 Cache 中用得比较多。

5.3.4 提高相联度

根据表 5.3 和图 5.15,可以得出两条经验规则。

① 对于表中所列出的 Cache 容量,从实际应用的角度来看,在降低不命中率方面 8 路组相联的作用已经和全相联一样有效。也就是说,采用相联度超过 8 的方案其实际意义不大。

② 2∶1 Cache 经验规则:容量为 N 的直接映像 Cache 的不命中率和容量为 $N/2$ 的

两路组相联 Cache 的不命中率差不多相同。

一般来说，改进平均访存时间的某一方面是以损失另一方面为代价的。例如，增加块大小会增加不命中开销，而提高相联度则是以增加命中时间（hit-time）为代价。为了实现很高的处理器时钟频率，需要设计结构简单的 Cache；但时钟频率越高，不命中开销就越大（所需的时钟周期数越多）。为减少不命中开销，又要求提高相联度。

5.3.5　伪相联 Cache

微视频 5-9：
伪相联 Cache

伪相联（pseudo associative）Cache 又称为列相联（column associative）Cache。它既能获得多路组相联 Cache 的低不命中率，又能保持直接映像 Cache 的命中速度。

当对伪相联 Cache 进行访问时，首先是按与直接映像相同的方式进行访问。如果命中，则从相应的块中取出所访问的数据送给 CPU，访问结束。这与直接映像 Cache 中的情况完全相同；但如果是不命中，就与直接映像 Cache 不同了，伪相联 Cache 会检查 Cache 的另一个位置（块），看是否匹配。确定“另一个块”的一种简单方法是将索引字段的最高位取反，然后按照新索引去寻找伪相联组中的对应块。如图 5.17 所示。如果这一块的标识匹配，则称发生了“伪命中”。否则，只好访问下一级存储器。

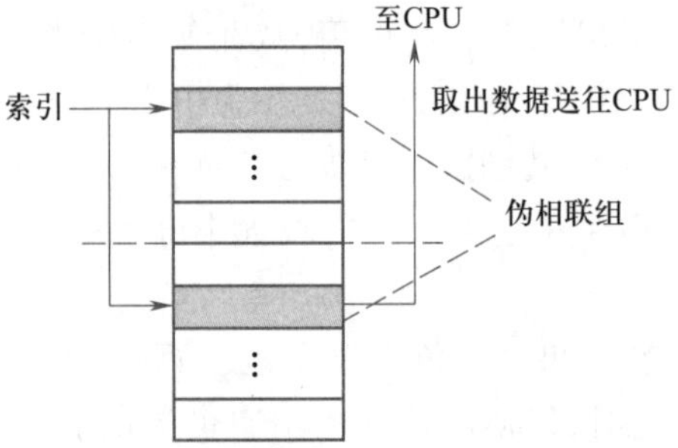

图 5.17　伪相联 Cache 示意图

伪相联 Cache 具有一快一慢两种命中时间，它们分别对应于正常命中和伪命中的情况。图 5.18 中绘出了它们的相对关系。伪相联技术在性能上存在一种潜在的不足：如果直接映像 Cache 里的许多快速命中在伪相联 Cache 中变成慢速命中，那么这种优化措施反而会降低整体性能。所以，要能够指出在同一组的两个块中访问哪个块才更可能是快速命中。一种简单的解决方法是当出现伪命中时交换两个块的内容，把最近刚访问过的块放到第一位置（即按直接映像所对应的块）上。这是因为根据局部性原理，刚访问过的块很可能就是下一次要访问的块。

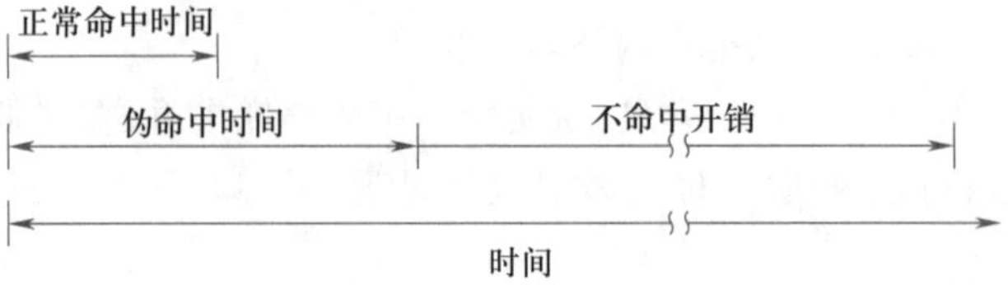

图 5.18　正常命中时间、伪命中时间和不命中开销之间的关系

尽管从理论上来说伪相联是一种很有吸引力的方法,但它的多种命中时间会使 CPU 流水线的设计复杂化。因此伪相联技术往往是应用在离处理器比较远的 Cache 上,例如第二级 Cache。

5.3.6 硬件预取

指令和数据都可以在处理器提出访问请求之前进行预取。预取内容可以直接放入 Cache,也可以放在一个访问速度比主存快的外部缓冲器中。

指令预取通常由 Cache 之外的硬件完成。例如,Alpha AXP 21064 微处理器在发生指令不命中时取两个块:被请求指令块和顺序的下一指令块。被请求指令块返回时放入 Cache,而预取的指令块则放在缓冲器中;如果某次 Cache 访问不命中,而相应的指令块正好在缓冲器里,则取消对存储器的访问,直接从缓冲器中读取这一块,同时发出对下一指令块的预取访存请求。21064 微处理器的指令缓冲器中只包含一个 32 B 的块。

Jouppi 的研究结果表明:对于块大小为 16 B,容量为 4 KB 的直接映像指令 Cache 来说,大小为一个块的指令缓冲器就可以捕获 15%~25%的不命中,大小为 4 个块的指令缓冲器可以捕获大约 50%的不命中,而 16 个块的缓冲器则可以捕获 72%的不命中。

可以用相似的技术预取数据。Jouppi 统计,一个数据流缓冲器大约可以捕获 4 KB 直接映像 Cache 的 25%的不命中。对于数据 Cache,可以采用多个数据流缓冲器,分别从不同的地址预取数据。Jouppi 发现,用 4 个数据流缓冲器可以将命中率提高到 43%。

Palacharla 和 Kessler 于 1994 年针对一组科学计算程序研究了既能预取指令又能预取数据的流缓冲器。他们发现,对于一个具有两个 64 KB 4 路组相联 Cache(一个用于指令,一个用于数据)的处理器来说,8 个数据缓冲器能够捕获其 50%~70%的不命中。

预取建立在利用存储器的空闲带宽(若不采用预取,这些带宽将浪费掉)的基础上。但是,如果它影响了对正常不命中的处理,就可能会降低性能。利用编译器的支持,可以减少不必要的预取。

5.3.7 编译器控制的预取

利用编译器控制的预取是另一种预取方法。它不是用硬件进行预取,而是由编译器在程序中加入预取指令来实现预取,这些指令在数据被用到之前就将它们取到寄存器或 Cache 中。

按照预取数据所放的位置,可把预取分为以下两种类型。

① 寄存器预取(register prefetch):把数据取到寄存器中。

② Cache 预取(Cache prefetch):只将数据取到 Cache 中。

按照预取的处理方式不同,可把预取分为以下两种。

① 故障性预取(fault prefetch):在预取时,若出现虚地址故障或违反保护权限,就会

发生异常。

② 非故障性预取(non-fault prefetch):当出现虚地址故障或违反保护权限时,不发生异常,而是放弃预取,转变为空操作。

最有效的预取对程序是“语义上不可见的”,它既不会改变指令和数据之间的各种逻辑关系或存储单元的内容,也不会造成虚拟存储器故障。本节假定 Cache 预取都是非故障性的,也叫做非绑定预取。

只有在预取数据的同时处理器还能继续执行的情况下,预取才有意义。这就要求 Cache 在等待预取数据返回的同时,还能继续提供指令和数据。这种灵活的 Cache 称为非阻塞(nonblocking)Cache 或非锁定(lockup free)Cache,后面将进一步讨论。

编译器控制预取的目的也是要使执行指令和读取数据能重叠执行。循环是预取优化的主要对象。如果不命中开销较小,编译器只要简单地将循环体展开一次或两次,并调度好预取和执行的重叠。如果不命中开销较大,编译器就将循环体展开多次,以便为后面较远的循环预取数据。

每次预取需要花费一条指令的开销,因此,要注意保证这种开销不超过预取所带来的收益。编译器可以通过把重点放在那些可能会导致不命中的访问上,使程序避免不必要的预取,从而较大程度地减少平均访存时间。

5.3.8 编译优化

微视频 5-10:
编译优化

编译优化是通过对软件进行优化来降低不命中率。与其他降低 Cache 不命中率的方法相比,这种方法的特色是无须对硬件做任何改动。

处理器和主存之间越来越大的性能差距,促使编译器的设计者去仔细研究存储层次的行为,以期能通过编译时的优化来改进性能。这种研究分为减少指令不命中和减少数据不命中两个方面。下面的优化技术在很多编译器中均有使用。

1. 程序代码和数据重组

可以很容易地重新组织程序而不影响程序的正确性。例如,把一个程序中的过程重新排序,就可能会减少冲突不命中,从而降低指令不命中率。McFarling 研究了如何使用配置文件(profile)来进行这种优化。还有一种优化,是为了提高大 Cache 块的效率。它把基本块对齐,使得程序的入口点与 Cache 块的起始位置对齐,就可以减少顺序代码执行时所发生的 Cache 不命中的可能性。

另外,如果编译器知道一个分支指令很可能会成功转移,那么它就可以通过以下两步来改善空间局部性:

① 将转移目标处的基本块和紧跟着该分支指令后的基本块进行对调。

② 把该分支指令换为操作语义相反的分支指令。

与代码相比,数据对存储位置的限制更少,因此更便于调整顺序。对数据进行变换的目的是改善其空间局部性和时间局部性。例如,对数组的运算可以变换为对存放在同一 Cache 块中的所有数据的操作,而不是按照程序员原来随意编写的顺序访问数组元素。

编译优化技术包括数组合并、内外循环交换、循环融合、分块等。数组合并是将本来相互独立的多个数组合并成为一个复合数组,以提高访问它们的局部性。循环融合是将若干个独立的循环融合为单个循环。这些循环访问同样的数组,对相同的数据作不同的运算,从而使读入 Cache 的数据在被替换出去之前得到反复使用。

下面展开论述内外循环交换和分块技术。

2. 内外循环交换

有些程序中含有嵌套循环,程序不是按照数据在存储器中存储的顺序进行访问。在这种情况下,只要简单地交换循环的嵌套关系,就能使程序按数据在存储器中存储的顺序进行访问。这种技术是通过提高空间局部性来减少不命中次数。

考虑以下代码:

```
for(j=0;j<100;j=j+1)
    for(i=0;i<5000;i=i+1)
        x[i][j]=2*x[i][j];
```

该程序以 100 个字的跨距访问存储器,局部性不好。

把该程序的内外循环进行交换,可得如下的代码:

```
for(i=0;i<5000;i=i+1)
    for(j=0;j<100;j=j+1)
        x[i][j]=2*x[i][j];
```

修改后的程序顺序依次访问同一个 Cache 块中的各元素,然后再访问下一块中的各元素。

3. 分块

分块技术可能是 Cache 优化技术中最知名的一种,它是通过提高时间局部性来减少不命中。还是以对多个数组的访问为例,有些数组是按行访问,而有些则是按列访问。无论数组是按行优先还是按列优先存储,都不能解决问题,因为在每一次循环中既有按行访问也有按列访问。这种正交的访问意味着前面的变换方法,如内外循环交换,对此无能为力。

分块算法不是对数组的整行或整列进行访问,而是对子矩阵或块进行操作,其目的仍然是使一个 Cache 块在被替换之前最大限度地利用它。下面这个矩阵乘法程序会帮助我们理解为什么要采用这种优化技术。

```
for(i=0;i<N;i=i+1)
    for(j=0;j<N;j=j+1) {
        r=0;
```

```
        for(k=0;k<N;k=k+1)
            r=r+y[i][k] * z[k][j];
        x[i][j]=r;
    }
```

两个内部循环读取了数组 z 的全部 $N \times N$ 个元素，并反复读取数组 y 的某一行中的 N 个元素，所产生的 N 个结果被写入数组 x 的某一行。图 5.19 给出了当 $i=1$ 时，对 3 个数组的访问情况。其中深色底纹表示最近被访问过，浅色底纹表示早些时候被访问过，而白色表示尚未被访问。

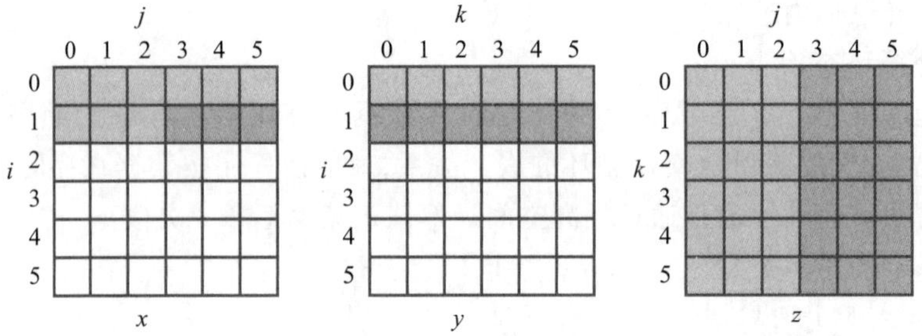

图 5.19 当 $i=1$ 时，对 x、y、z 3 个数组的访问情况

显然，容量不命中次数的多少取决于 N 和 Cache 的容量。如果 Cache 只能放下一个 $N \times N$ 的数组和一行 N 个元素，那么至少数组 y 的第 i 行和数组 z 的全部元素能同时放在 Cache 里。如果 Cache 容量还要小，对 x 或 z 的访问都可能导致不命中。在最坏的情况下，N^3 次操作会导致 $2N^3+N^2$ 次不命中。

为了保证正在访问的元素能在 Cache 中命中，把原程序改为只对大小为 $B \times B$ 的子数组进行计算，而不是像原来那样，从 x 和 z 的第一个元素开始一直处理到最后一个元素。

图 5.20 说明了分块后对 3 个数组的访问情况，与图 5.19 相比它所访问的元素个数减少了。只考虑容量不命中，它访问存储器的总字数为 $2N^3/B+N^2$ 次，大约降低到原来的 $1/B$。分块技术同时利用了空间局部性和时间局部性，因为访问 y 时利用了空间局部性，而访问 z 时利用了时间局部性。

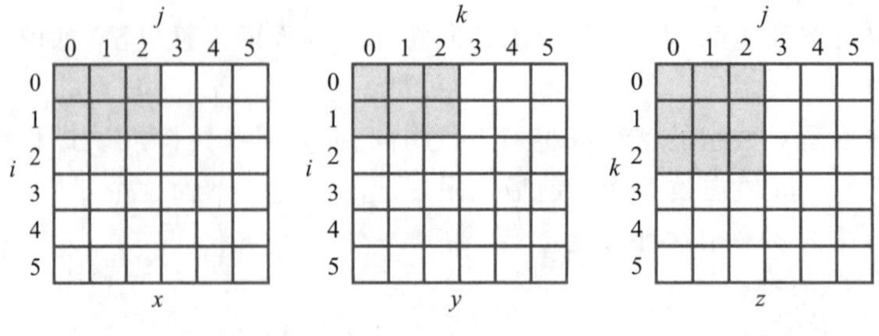

图 5.20 分块后对数组 x、y、z 的访问

分块技术还有助于进行寄存器分配。通过减小块大小，使得寄存器能容纳下整个 Cache 块，可以把程序中的 load 和 store 操作的次数减少到最少。

上述重点讨论了针对 Cache 优化的编译器和程序可能带来的好处。随着时间的推移，处理器速度和存储器速度之间的差距越来越大，这种好处的重要性也会越来越大。

5.3.9 "牺牲"Cache

在 Cache 和其下一级存储器的数据通路上增设一个全相联的小 Cache，称为"牺牲"Cache，其中存放因冲突而被替换出去的那些块（即"牺牲者"）。采用这种方法时，每当发生不命中时，在访问下一级存储器之前，先检查"牺牲"Cache 中是否含有所需的块。如果有，就将该块与 Cache 中某个块（按替换规则选择）交换，把所需的块从"牺牲"Cache 调入 Cache。Jouppi 于 1990 年发现，含 1～5 项的"牺牲"Cache 对减少冲突不命中很有效，尤其是对于那些小型的直接映像数据 Cache 更是如此。对于不同的程序，一个项数为 4 的"牺牲"Cache 能使一个 4 KB 直接映像数据 Cache 的冲突不命中减少 20%～90%。

从 Cache 的层次来看，"牺牲"Cache 可以看成位于 Cache 和存储器之间的又一级 Cache。它容量小，采用命中率较高的全相联映像，而且仅仅在替换时发生作用。

这里是把"牺牲"Cache 归类为减少不命中率的方法。这是因为把"牺牲"Cache 看成是 Cache 向下的扩展，即把在"牺牲"Cache 中找到所需的数据也算是命中。实际上，如果把"牺牲"Cache 归到下一级存储器，即站在 Cache 和"牺牲"Cache 之间来看问题，把"牺牲"Cache 归类为减少不命中开销的方法也是可以的。前面介绍的伪相联和预取技术等也都是如此。

5.4 减少 Cache 不命中开销

从 Cache 性能公式可知，减少 Cache 不命中开销时间是提高 Cache 性能的另一种有效途径。此外，由前所述，随着技术的发展，处理器速度的提高要快于 DRAM 速度的提高，这使得 Cache 不命中开销的相对代价随时间不断增加。下面将逐一讨论解决这一问题的 5 种优化措施，其中两级 Cache 是采用比较多的方法。

微视频 5-11：减少 Cache 不命中开销

5.4.1 两级 Cache

许多减少不命中开销的技术会对 CPU 产生影响。与之不同，本小节介绍的两级 Cache 技术是在 Cache 和主存之间进行改进，而不影响 CPU。

为了解决 CPU 与存储器之间性能差距越来越大的问题，当一级 Cache 不能满足要求时，可以在原有 Cache 和存储器之间增设另一级 Cache，构成两级 Cache。这样，就可以把第一级 Cache 做得足够小，使其速度与快速 CPU 的时钟周期相匹配；同时，通过把第二级 Cache 做得足够大，使它能捕获更多本来需要到主存进行的访问，从而降低实际不命中开销。

增加一级存储层次在概念上是直观和简单的，但其性能分析却变得复杂多了。用下标 L1 和 L2 分别表示第一级和第二级 Cache，则原有的平均访存时间公式就变为

$$平均访存时间=命中时间_{L1}+不命中率_{L1}\times不命中开销_{L1}$$

$$不命中开销_{L1}=命中时间_{L2}+不命中率_{L2}\times不命中开销_{L2}$$

所以，

$$平均访存时间=命中时间_{L1}+不命中率_{L1}\times(命中时间_{L2}+不命中率_{L2}\times不命中开销_{L2})$$

在这个公式里，第二级 Cache 的不命中率是以在第一级 Cache 中不命中而到达第二级 Cache 的访存次数为分母来计算的。为避免二义性，引入两个术语：局部不命中率和全局不命中率。

对于某一级 Cache 来说，

局部不命中率=该级 Cache 的不命中次数/到达该级 Cache 的访存次数

对于第一级 Cache 来说，其局部不命中率就是上面的不命中率$_{L1}$，对于第二级 Cache 来说，其局部不命中率就是上面的不命中率$_{L2}$。

对于某一级 Cache 来说，

全局不命中率=该级 Cache 的不命中次数/CPU 发出的访存总次数

使用上面公式中的变量，第二级 Cache 的全局不命中率就是

$$全局不命中率_{L2}=不命中率_{L1}\times不命中率_{L2}$$

全局不命中率是一个比局部不命中率更有用的衡量指标，它指出在 CPU 发出的访存中究竟有多大比例是穿过各级 Cache 最终到达存储器的。

采用两级 Cache 时，每条指令的平均访存停顿时间为

$$每条指令的平均访存停顿时间=每条指令的平均不命中次数_{L1}\times命中时间_{L2}+每条指令的平均不命中次数_{L2}\times不命中开销_{L2}$$

例 5.3 考虑某一两级 Cache，第一级 Cache 为 L1，第二级 Cache 为 L2。

① 假设在 1 000 次访存中，L1 的不命中次数是 40 次，L2 的不命中次数是 20 次。求 L1 和 L2 的局部不命中率和全局不命中率。

② 假设 L2 的命中时间是 10 个时钟周期，L2 的不命中开销是 100 个时钟周期，L1 的命中时间是 1 个时钟周期，平均每条指令访存 1.5 次，不考虑写操作的影响。试问平均访存时间是多少？每条指令的平均停顿时间是多少个时钟周期？

解 由上面的公式可知：

① L1 的不命中率(全局和局部)是 40/1 000=4%

L2 的局部不命中率是 20/40=50%

L2 的全局不命中率是 20/1 000=2%

② 平均访存时间=命中时间$_{L1}$+不命中率$_{L1}$×(命中时间$_{L2}$+不命中率$_{L2}$×不命中开销$_{L2}$)

$$= 1+4\%\times(10+50\%\times100) = 1+4\%\times60 = 3.4 \text{ 个时钟周期}$$

由于平均每条指令访存 1.5 次,且每次访存的平均停顿时间为

$$3.4-1.0 = 2.4 \text{ 个时钟周期}$$

所以,

$$\text{每条指令的平均停顿时间} = 2.4\times1.5 = 3.6 \text{ 个时钟周期}$$

请注意,上述公式是针对读写混合操作而言,而且假设第一级 Cache 采用写回法。当采用写直达法时,第一级 Cache 将把所有的写访问送往第二级 Cache。

对于第二级 Cache,有以下结论:

① 在第二级 Cache 比第一级 Cache 大得多的情况下,两级 Cache 的全局不命中率和容量与第二级 Cache 相同的单级 Cache 的不命中率非常接近。这时可以利用前面关于单级 Cache 的知识和结论来分析它们。

② 局部不命中率不是衡量第二级 Cache 的一个好指标,因为它会随第一级 Cache 参数的变化而跟着变化,而且不能全面地反映两级 Cache 体系的性能。因此,在评价第二级 Cache 时,应该用全局不命中率这个指标。

第一级 Cache 和第二级 Cache 之间的首要区别是:第一级 Cache 的速度会影响 CPU 的时钟频率,而第二级 Cache 的速度只影响第一级 Cache 的不命中开销。因此,在设计第二级 Cache 时可以有更多的考虑空间,许多不适合第一级 Cache 的方案对于第二级 Cache 却可以使用。设计第二级 Cache 只有两个问题需要权衡,一是它能否降低 CPI 中的平均访存时间部分,二是它的成本是多少。

由于第一级 Cache 中的所有信息都会出现在第二级 Cache 中,所以一般来说,第二级 Cache 的容量应比第一级的大许多。如果第二级 Cache 只是稍大一点,局部不命中率将会很高。因此,第二级 Cache 的容量一般很大(和过去计算机的主存一样大)。大容量意味着第二级 Cache 可能实际上没有容量不命中的情况,只剩下一些强制性不命中和冲突不命中。

下面来讨论一个问题:相联度对第二级 Cache 的作用是否会更大。

例 5.4 给出有关第二级 Cache 的以下数据:

① 对于直接映像,命中时间$_{L2}$=10 个时钟周期;

② 两路组相联使命中时间增加 0.1 个时钟周期,即为 10.1 个时钟周期;

③ 对于直接映像,局部不命中率$_{L2}$=25%;

④ 对于两路组相联,局部不命中率$_{L2}$=20%;

⑤ 不命中开销$_{L2}$=50 个时钟周期。

试问第二级 Cache 的相联度对不命中开销的影响如何?

解 对一个直接映像的第二级 Cache 来说,第一级 Cache 的不命中开销为

$$不命中开销_{直接映像,L1} = 10+25\%\times50 = 22.5 \text{ 个时钟周期}$$

对于两路组相联第二级 Cache 来说,命中时间增加了 10%,即为 10.1 个时钟周期,故第一级 Cache 的不命中开销为

$$不命中开销_{两路组相联,L1} = 10.1+20\%\times50 = 20.1 \text{ 个时钟周期}$$

在实际机器中,第二级 Cache 几乎总是和第一级 Cache 以及 CPU 同步。相应地,第二级 Cache 的命中时间必须是时钟周期的整数倍。如果幸运的话,可以把该命中时间取整为 10 个时钟周期,否则就只好取整为 11 个时钟周期。即

$$不命中开销_{两路组相联,L1} = 10+20\%\times50 = 20.0 \text{ 个时钟周期}$$

或

$$不命中开销_{两路组相联,L1} = 11+20\%\times50 = 21.0 \text{ 个时钟周期}$$

不管怎样,都比直接映像第二级 Cache 好。

可以利用 5.3 节介绍的技术来减少第二级 Cache 的不命中率,从而达到减少不命中开销的目的。提高相联度和伪相联方法都值得考虑,因为它们对第二级 Cache 的命中时间影响很小,而且平均访存时间中很大一部分是由于第二级 Cache 的不命中而产生的。虽然较大容量的第二级 Cache 消除了一些冲突不命中(因块数增加了),但它同时也减少了容量不命中,所以在直接映像的第二级 Cache 中,冲突不命中所占的比例依然很大。

对于第二级 Cache 来说,同样也可以采用增加块大小的方法来减少其不命中率。前面已经得出这样的结论:Cache 块的大小增加到一定程度后,反而可能导致不命中率上升。但对于大容量的第二级 Cache 来说,这一点并不成为问题,因为它容量大,使其不命中率达到最低的块大小也比较大。64 B、128 B 甚至 256 B 的块大小都是第二级 Cache 经常采用的。

需要考虑的另一个问题是,第一级 Cache 中的数据是否总是同时存在于第二级 Cache 中。如果是,就说第二级 Cache 具有多级包容性(multilevel inclusion property)。多级包容性是我们所希望的,因为它便于实现 I/O 和 Cache 之间内容一致性的检测。

为了减少平均访存时间,可以让容量较小的第一级 Cache 采用较小的块,而让容量较大的第二级 Cache 采用较大的块。在这种情况下仍可实现包容性,但在处理第二级 Cache 不命中时要做更多的工作:替换第二级 Cache 中的块时,必须作废所有对应于该块的第一级 Cache 中的块。这样不但会使第一级 Cache 不命中率有所增加,而且会造成不必要的作废操作。如果结合使用其他一些性能优化技术(如非阻塞的第二级 Cache),包容性会进一步增加复杂度。

综合上述考虑,Cache 设计的本质是在快速命中和减少不命中次数这两个方面进行权衡。大部分优化措施都是在提高一方的同时损害另一方。对于第二级 Cache 而言,

由于它的命中次数比第一级 Cache 少得多，所以重点就放在减少其不命中次数上。这就导致了更大容量、更高相联度和块大小更大的 Cache 的出现。

5.4.2 让读不命中优先于写

在写直达 Cache 中，每次写访问都要对主存进行写入。为了提高性能，一般都是设置一个大小适中的写缓冲器。不过，写缓冲器却导致了存储器访问的复杂化，因为在读不命中时所读单元的最新值有可能还在写缓冲器中，尚未写入主存。

解决这个问题的最简单的办法是推迟对读不命中的处理，直至写缓冲器清空。由于在发生读不命中时写缓冲器中几乎总是有数据，这就增加了处理读不命中的开销。另一种方法是在读不命中时检查写缓冲器的内容，如果没有冲突（即没有地址相同）而且存储器可访问，就可继续处理读不命中。几乎所有的台式机和服务器都采用了后一种方法，即让读不命中优先于写。

在写回法 Cache 中，也可以利用写缓冲器来提高性能。假定读不命中将替换一个修改过的存储块。可以不像往常那样先把该块写回存储器，然后再从存储器调块，而是先把被替换的块临时复制到一个缓冲器中，然后从存储器调块，最后再把缓冲器中的内容写入存储器。这样 CPU 的读访问就能更快地完成。和上面的情况类似，发生读不命中时，处理器既可以采用等待缓冲区清空的方法，也可以采用检查与缓冲器中各字的地址是否有冲突的方法。

5.4.3 写缓冲合并

前面讲到为了减少写访问所花的时间，写直达 Cache 一般都采用一个写缓冲器。如果该缓冲器不满，就可以把数据和相应地址写入该缓冲器。从 CPU 的角度来看，这个写操作就算是完成了，CPU 可以继续执行后面的指令，而写缓冲器则负责将之写入存储器。在写缓冲器不为空的情况下，则需要把这次的写入地址与写缓冲器中已有的所有地址进行比较，看是否有匹配的项。如果有地址匹配而对应的位置又是空闲的，就把这次要写入的数据与该项合并，称为写缓冲合并。当然，如果写缓冲器满且没有能进行写合并的项，就只好等待。

图 5.21 给出了采用写合并和不采用写合并的例子。这里假设写缓冲器有 4 项，每项能够存放 4 个 64 位的字。图中 V 代表有效位。当不采用写合并时，写入 4 个连续存放的数据就会使写缓冲器满，3/4 的空间被浪费。而当采用写合并时，则只需占用一个项。

可以看出，这种技术不仅提高了写缓冲器的空间利用率，而且能减少因写缓冲器满而等待的时间。

写地址	V		V		V		V	
100	1	Mem[100]	0		0		0	
108	1	Mem[108]	0		0		0	
116	1	Mem[116]	0		0			
124	1	Mem[124]	0		0			

(a) 不采用写合并

写地址	V		V		V		V	
100	1	Mem[100]	1	Mem[108]	1	Mem[116]	1	Mem[124]
	0		0		0		0	
	0		0		0		0	
	0		0		0		0	

(b) 采用写合并

图 5.21　写缓冲器的两种方案

5.4.4　请求字处理

与前面减少不命中开销的方法不同,本小节介绍的方法不用增加硬件。当从存储器向 CPU 调入一块时,块中往往只有一个字是 CPU 立即需要的,这个字称为请求字(requested word)。

请求字处理技术正是着眼于这种请求字的特性。当 CPU 所请求的字到达后,不等整个块都调入 Cache,就可把该字发送给 CPU 并重启 CPU 继续执行。有以下两种具体的方案。

① 尽早重启动(early restart):在请求字没有到达时,CPU 处于等待状态。一旦请求字到达,就立即发送给 CPU,让等待的 CPU 尽早重启动,继续执行。

② 请求字优先(requested word first):调块时,让存储器首先提供 CPU 所要的请求字。请求字一旦到达,就立即送给 CPU,让 CPU 继续执行,同时从存储器调入该块的其余部分。请求字优先也称为回绕读取(wrapped fetch)或关键字优先(critical word first)。

一般来说,这些技术仅当 Cache 块很大时才有效。因为当 Cache 块较小时,用不用这些技术不命中开销差别不大。此外,在采用请求字优先时,若下一条指令正好访问 Cache 块的另一部分(以请求字为界,该 Cache 块被分为两部分),则只能节省一个时钟周期,因为只有得到请求字的指令在流水线中可以继续前进,下一条指令还是必须停下来等待所需的数据。

5.4.5　非阻塞 Cache

采用尽早重启动技术时,在请求字到达之前,CPU 还是要处于等待状态。有些流水线方式的计算机采用记分牌或 Tomasulo 类控制方法，允许指令乱序执行(后面的指令可以跨越前面的指令先执行)，CPU 无须在 Cache 不命中时停顿。例如，不命中发生后，CPU 在等待数据 Cache 给出数据的同时，有可能继续执行后面的指令。如果采用非阻塞 Cache 或非锁定 Cache 技术，就可以把 CPU 的性能提高得更多，因为这种 Cache 在不命中时仍允许 CPU 进行其他访问(但只能是命中的访问)。这种“不命中下的命中”的优化措施在 Cache 不命中时，不是完全拒绝 CPU 的访问，而是能处理部分访问，从而减少了实际不命中开销。如果更进一步，让 Cache 允许多个不命中重叠，即支持“多重不命中下的命中”和“不命中下的不命中”，则可进一步减少实际不命中开销。不过，这种方法只有在存储器能处理多个不命中的情况下才能带来好处。

可以同时处理的不命中次数越多，所能带来的性能上的提高就越大，但这并不意味着不命中次数越多越好。有人对数据 Cache 的平均存储器等待时间(以周期为单位)与阻塞 Cache 平均存储器等待时间的比值进行了模拟研究。测试条件为 8 KB 直接映像 Cache，块大小为 32 B。测试程序为 SPEC 92(14 个浮点程序，4 个整数程序)。结果表明，在重叠不命中个数为 1、2 和 64 的情况下，浮点程序的平均比值分别为 76%、51%和 39%，而整数程序的平均比值则分别为 81%、78%和 78%。这说明对于整数程序来说，重叠次数对性能提高影响不大，简单的“一次不命中下命中”就几乎可以得到所有的好处。

非阻塞 Cache 大大增加了 Cache 控制器的复杂度，特别是多重重叠的非阻塞 Cache 更是如此。所以，在设计时要做全面综合的考虑。

5.5 减少命中时间

本节讨论减少命中时间的技术。命中时间也是平均访存时间的 3 个组成部分之一。

减少命中时间是设计 Cache 的重要工作之一，因为它直接影响到处理器时钟频率的高低。在当今的许多计算机中，往往是 Cache 的访问时间限制了处理器系统时钟频率的提高，即使在 Cache 访问时间为几个时钟周期的计算机中亦是如此。因此，一定要设法减少命中时间。

微视频 5-12：减少命中时间

5.5.1 容量小、结构简单的 Cache

为了有效减少 Cache 的命中时间，可以采用容量小、结构简单的 Cache。用地址的索引部分访问标识存储器，读出标识并与地址进行比较，是 Cache 命中访问过程中最耗时的部分。我们知道，硬件越简单，速度就越快。小容量 Cache 对减少命中时间当然有益。应使 Cache 容量足够小，以便可以与处理器做在同一芯片上，避免因片外访问而增加时间开销，这一点是非常重要的。有些设计采用了一种折中方案：把 Cache 的标识放在片内，而把 Cache 的数据存储体放在片外，这样既可以实现快速标识检测，又能利用独立的存储芯片来提供更大的容量。此外，还要保持 Cache 结构的简单性，例如采用直接映像 Cache。直接映像 Cache 的主要优点是可以让标识检测和数据传送同时进行，从而有效减少 Cache 的命中时间。

5.5.2 虚拟 Cache

在采用虚拟存储器的计算机中，每次访存都必须进行虚→实地址的转换，即将 CPU 发出的虚地址转换为物理地址，这一般是由存储管理部件（MMU）完成的。

1. 物理（physical）Cache

按照访问 Cache 的地址是物理地址还是虚拟地址，可把 Cache 分为物理 Cache 和虚拟 Cache。物理 Cache 是指使用物理地址进行访问的传统 Cache，其标识存储器中存放的是物理地址，进行地址检测也是用物理地址。如图 5.22 所示，当 CPU 要访问存储器时，给出一个虚拟地址，由 MMU 中的地址转换部件把该地址转换为主存物理地址，然后再用这个物理地址去访问 Cache。如果要访问的数据或指令在 Cache 中被找到，则 Cache 命中，否则就是不命中。这时要用该物理地址去访问主存，取出一块数据或指令装入 Cache。物理 Cache 的缺点是地址转换和访问 Cache 串行进行，访问速度很慢。

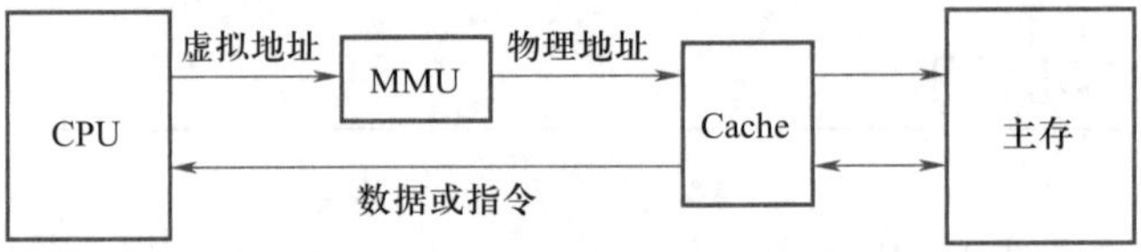

图 5.22 物理 Cache 存储系统

2. 虚拟（virtual）Cache

虚拟 Cache 是指可以直接用虚拟地址进行访问的 Cache，其标识存储器中存放的是虚拟地址，进行地址检测用的也是虚拟地址。当 CPU 要访问存储器时，把虚拟地址同时送给 Cache 和 MMU，如图 5.23 所示。Cache 根据该虚拟地址把 CPU 所需的数据或指令找出来。如果 Cache 不命中，就要用经过 MMU 转换得到的主存物理地址访问主存，读出相应的块，装入 Cache 中。虚拟 Cache 的优点是在命中时不需要进行地址转换，因而也就省去了地址转换的时间。另外，即使不命中，地址转换和访问 Cache 也是并行进行的，其速度比物理 Cache 快很多。

然而，并非所有计算机都采用虚拟 Cache。其原因之一是，每当进行进程切换时需要清空 Cache。这是由于新进程的虚拟地址有可能与原进程的相同，但它们所指向的物

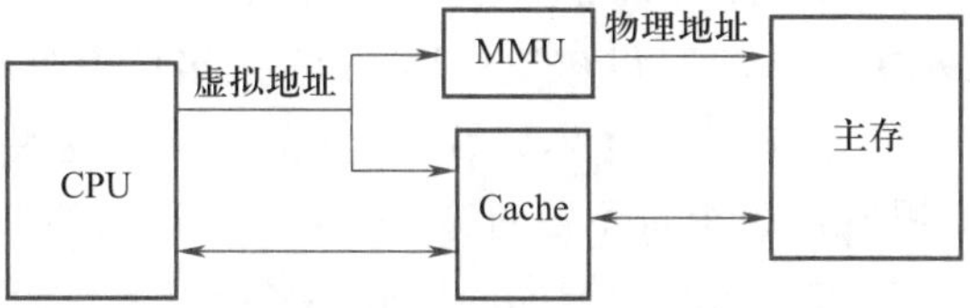

图 5.23　虚拟 Cache 存储系统

理空间却是不同的。图 5.24 说明了这种清空对不命中率的影响。解决这个问题的一种办法是在地址标识中增加一个进程标识符字段(PID),这样多个进程的数据可以混合存放于 Cache 中,由 PID 指出 Cache 中的各块是属于哪个程序的。为了减少 PID 的位数,经常由操作系统指定 PID。对于每一个进程,操作系统从循环使用的几个数字中指定一个作为其 PID。不过,这种方法有时也需要清空 Cache,这种情况仅发生在当某个 PID 被重用的时候,即该 PID 以前已被分配给了某个进程,现又把它分配给另一个进程。

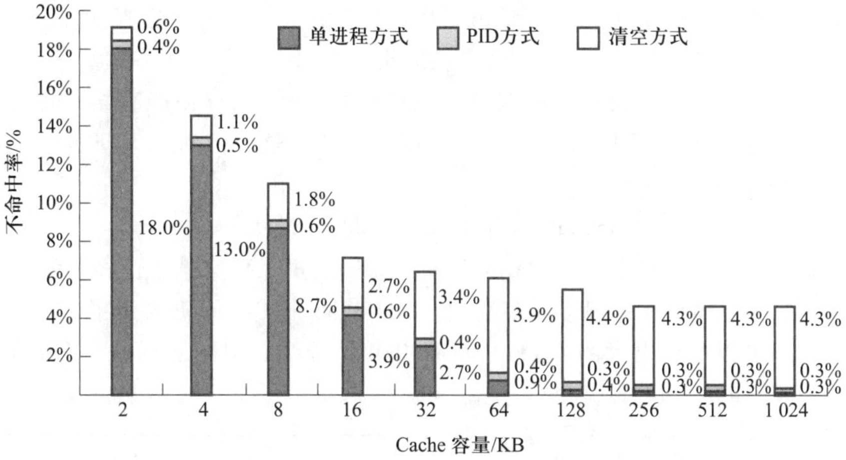

图 5.24　对于 3 种方式虚地址 Cache 在不同容量下的不命中率

图 5.24 说明了采用 PID 所带来的不命中率上的改进。它给出了在以下 3 种情况下各种大小的虚拟 Cache 的不命中率:没有进程切换(单进程方式),允许进程切换并使用进程标识符(PID 方式),允许进程切换但不使用进程标识符(清空方式)。从图中可看出,与单进程方式相比,PID 方式的绝对不命中率多出了 0.3%~0.6%;而与清空方式相比,PID 方式的绝对不命中率减少了 0.6%~4.3%。

虚拟 Cache 没有流行起来的另一个原因是,操作系统和用户程序对于同一个物理地址可能采用两种以上不同形式的虚拟地址来访问,这些地址称为同义或别名。它们可能会导致同一个数据在虚拟 Cache 中存在两个副本,而这是不允许的,否则就会发生错误。这种情况在物理 Cache 中不会发生,因为物理 Cache 会首先把虚拟地址转换到同一物理地址,从而找到同一个物理 Cache 块。

用软件的办法来解决别名问题很容易,只要要求别名的某些地址位相同。例如,SUN 公司的 UNIX 要求所有别名的地址最后 18 位都相同。这种限制被称为页着色(page coloring)。这一限制使得容量不超过 2^{18} B(256 KB)的直接映像 Cache 不可能出现一个 Cache 块有重复物理地址的情况。所有别名将被映像到同一 Cache 块位置。

对于虚拟地址,最后还应考虑 I/O。I/O 通常使用物理地址,所以为了与虚拟 Cache 打交道,需要把物理地址映像为虚拟地址。

3. 虚拟索引-物理标识方法

虚拟索引-物理标识方法能同时吸取虚拟 Cache 和物理 Cache 的优点。它直接用虚地址中的页内位移(页内位移在虚→实地址的转换中保持不变)作为访问 Cache 的索引,但标识却是物理地址。CPU 发出访存请求后,在进行虚→实地址转换的同时,可并行进行标识的读取。在完成地址转换之后,再把得到的物理地址与标识进行比较。

这种方法的局限性是直接映像 Cache 的容量不能超过页面的大小。Alpha AXP 21064 采用了这种方法,其 Cache 容量为 8 KB,最小页大小为 8 KB,所以可以直接从虚地址的页内位移部分中得到 8 位的索引(块大小为 32 B)。

为了既能实现大容量的 Cache,又能使索引位数比较少,以便能直接从虚拟地址的页内位移部分得到索引,可以采用提高相联度的办法。这一点可以从下面的公式中看出(其中 index 表示索引):

$$\text{Cache 的容量} = 2^{\text{index}} \times \text{相联度} \times \text{块大小}$$

下面举一个极端的例子——IBM 3033 的 Cache。虽然研究结果已经表明,8 路以上的组相联对减少不命中率已没多大好处,但 IBM 3033 的 Cache 仍采用了 16 路组相联,其主要好处是可以采用更大的 Cache。尽管 IBM 系统结构限制了页的大小为 4 KB,但 16 路组相联却使得可以用虚拟索引对 64 KB(16×4 KB)的 Cache 进行寻址。图 5.25 给出了索引字段和页内位移的关系。页大小为 4 KB 意味着地址的最后 12 位不必进行转换,因此其中某些位可以用作访问 Cache 的索引。

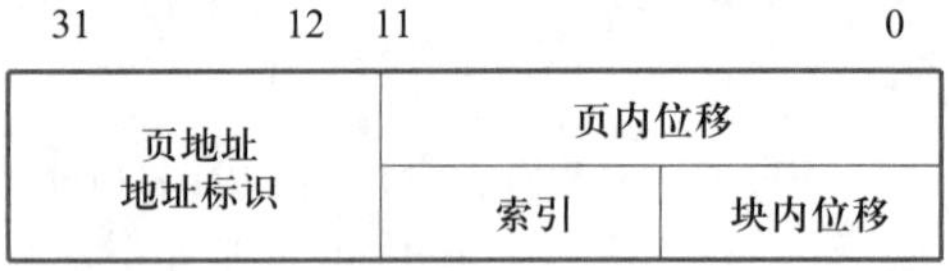

图 5.25 IBM 3033 的 Cache 中索引字段和页内位移的关系

5.5.3 Cache 访问流水化

这种技术把对第一级 Cache 的访问按流水线方式组织,这样一来,就使得访问 Cache 需要多个时钟周期才可以完成。例如 Intel 的 Pentium 访问指令 Cache 需要一个时钟周期,Pentium Pro 到 Pentium Ⅲ 需要两个时钟周期,而 Pentium 4 则需要 4 个时钟周期。这样处理的好处是可以提高时钟频率。实际上它并不能真正减少 Cache 的命中时间,但可以提高访问 Cache 的带宽。

5.5.4 踪迹 Cache

开发指令级并行所遇到的一个挑战是：当要每个时钟周期流出超过 4 条指令时，要提供足够多条彼此互不相关的指令是很困难的。解决这个问题的一个方法是采用踪迹（trace）Cache。普通的指令 Cache 都是存放静态指令序列，与之不同，踪迹 Cache 中存放的是 CPU 所执行过的动态指令序列，其中包含由分支预测展开的指令。该分支预测是否正确，需要在取到该分支指令时进行确认。

Intel 的 NetBurst 微体系结构是 Pentium 4 及其后续型号处理器的基础，它采用了踪迹 Cache。

踪迹 Cache 的地址映像机制比普通 Cache 的更复杂，但在另一方面，它能够提高指令 Cache 的空间利用率。对于普通 Cache 中的一个块来说，如果通过分支成功转到该块的某个位置开始执行，那么该块中处于该位置之前的部分就可能根本不会被用到。类似地，在往后面执行该块中的指令时，也可能因为遇到成功的分支而从该块中转移出去。这样，在该块中位于该分支指令之后的那些指令也可能是用不到的。这样会浪费不少空间。如果每 5~10 条指令就有一次跳转或成功分支，那么空间的浪费确实是个问题。踪迹 Cache 中则只存放上述从转入位置到转出位置之间的指令，从而避免了上述空间开销。

当然，踪迹 Cache 也有它的不足，就是相同的指令序列有可能被当作条件分支的不同选择而重复存放。

5.5.5 Cache 优化技术总结

5.3~5.5 节中论述的减少不命中率、不命中开销和命中时间的技术通常会影响平均访存时间公式的其他组成部分，而且会影响存储层次的复杂性。表 5.5 对这些技术进行了总结，并估计了它们对复杂度的影响。表中加号表示改进了相应指标，减号表示使该指标变差，而空格栏则表示它对该指标无影响。从表中可以看出，没有什么技术能同时改进两项或三项指标。表中关于复杂度的衡量是主观上的判定，0 表示最容易，3 表示最复杂。

微视频 5-13：Cache 优化技术总结

表 5.5 Cache 优化技术总结

优化技术	不命中率	不命中开销	命中时间	硬件复杂度	说明
增加 Cache 块大小	+	–		0	实现容易；Pentium 4 的第二级 Cache 采用了 128 B 的块

续表

优化技术	不命中率	不命中开销	命中时间	硬件复杂度	说明
增加 Cache 容量	+			1	被广泛采用,特别是第二级 Cache
提高相联度	+		–	1	被广泛采用
伪相联 Cache	+			2	MIPS R10000 的第二级 Cache 采用
硬件预取	+			2~3	许多机器预取指令,UltraSPARC Ⅲ预取数据
编译器控制的预取	+			3	需同时采用非阻塞 Cache;有几种微处理器提供了对这种预取的支持
编译优化	+			0	向软件提出了新要求;有些机器提供了编译器选项
“牺牲”Cache	+			2	AMD Athlon 采用了 8 个项的“牺牲”Cache
让读不命中优先于写		+		1	在单处理机上实现容易,被广泛采用
写缓冲合并		+		1	与写直达合用,广泛应用,例如 21164,UltraSPARC Ⅲ
请求字处理		+		2	被广泛采用
非阻塞 Cache		+		3	所有乱序执行的 CPU 中都采用
两级 Cache		+		2	硬件代价大;两级 Cache 的块大小不同时实现困难;被广泛采用
容量小、结构简单的 Cache	–		+	0	实现容易,被广泛采用
虚拟 Cache			+	2	对于小容量 Cache 来说实现容易,已被 Alpha 21164 和 UltraSPARC Ⅲ采用
Cache 访问流水化			+	1	被广泛采用
踪迹 Cache			+	3	Pentium 4 采用

5.6 并行主存系统

主存的性能主要用延迟和带宽来衡量。以往 Cache 主要关心的是主存的延迟(它影响 Cache 的不命中开销),而 I/O 则主要关心主存的带宽。随着第二级 Cache 的广泛使用,主存带宽对于 Cache 来说也变得重要了,这是因为第二级 Cache 的块比较大。实际上,Cache 可以通过增加 Cache 块的大小来利用主存带宽的增加,因为在高带宽的情况下,块大小增大并不会使不命中开销增加多少。

并行主存系统是在一个访存周期内能并行访问多个存储字的存储器,它能有效地提高存储器的带宽。

图 5.26 是一个普通存储器,这是一个单体单字宽的存储器,其字长与 CPU 的字长相同。每一次只能访问一个存储字。假设该存储器的访问周期是 T_M,字长为 W 位,则其带宽为

$$B_M = \frac{W}{T_M}$$

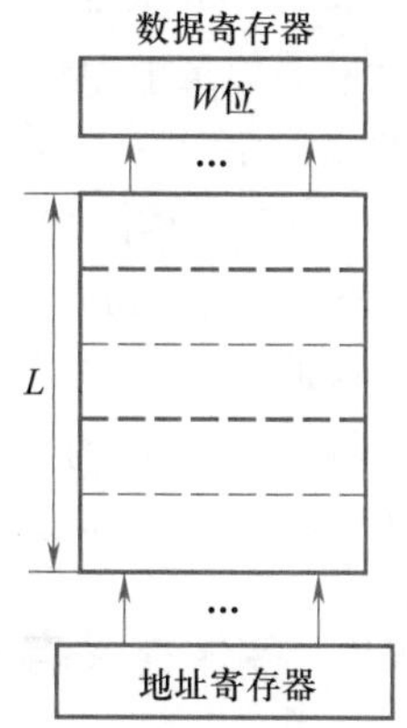

图 5.26 普通存储器

在相同的器件条件(即 T_M 相同)下,如果要提高主存的带宽,可以采用以下两种并行存储器结构:单体多字存储器和多体交叉存储器。

5.6.1 单体多字存储器

图 5.27 是一个单体 m 字(这里 $m=4$)存储器的示意图。该存储器能够在每个存储周期读出 m 个 CPU 字,因此其最大带宽提高到了原来的 m 倍:

$$B_M = m \times \frac{W}{T_M}$$

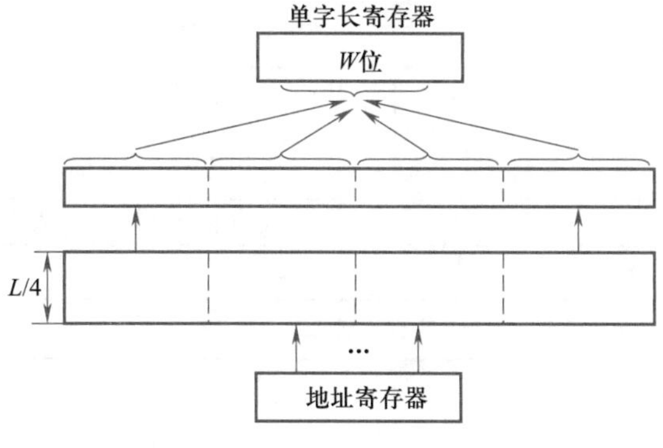

图 5.27 单体 m 字存储器($m=4$)

当然,由于程序执行过程中所访问的指令和数据具有一定的随机性,因此一次读出的 m 个指令字或数据字中可能有些是当前无用的。所以单体多字存储器的实际带宽比最大带宽小。

单体多字存储器的优点是实现简单,缺点是访存效率不高。其原因包括以下 4 个方面。

① 单体多字存储器一次能读取 m 个指令字,如果这些指令字中有分支指令,而且分支成功,那么该分支指令之后的指令是无用的。

② 这种存储器一次取出的 m 个数据不一定都是有用的,而另一方面,当前执行指令所需要的多个操作数也不一定正好都存放在同一个长存储字中。由于数据存放的随机性比程序指令存放的随机性大,所以发生这种情况的概率较大。

③ 在这种存储器中,必须凑齐了 m 个数之后才能一起写入存储器。如果只写个别字,就必须先把相应的长存储字读出来,放到数据寄存器中,然后在地址码的控制下修改其中的一个字,最后再把长存储字写回存储器。

④ 当要读出的数据字和要写入的数据字处于同一个长存储字内时,读和写的操作就无法在同一个存储周期内完成。

5.6.2 多体交叉存储器

微视频 5-14:多体交叉存储器

多体交叉存储器由多个单字存储体构成,如图 5.28 所示,每个存储体都有自己的地址寄存存器以及地址译码和读/写驱动等电路。假设共有 m 个存储体,每一个存储体有 n 个存储单元,这 $n\times m$ 个单元可以看成是一个由存储单元构成的二维矩阵。但是,对于计算机使用者来说,存储器是按顺序线性编址的。如何在二维矩阵和线性地址之间建立对应关系?这就是对多体存储器如何进行编址的问题。

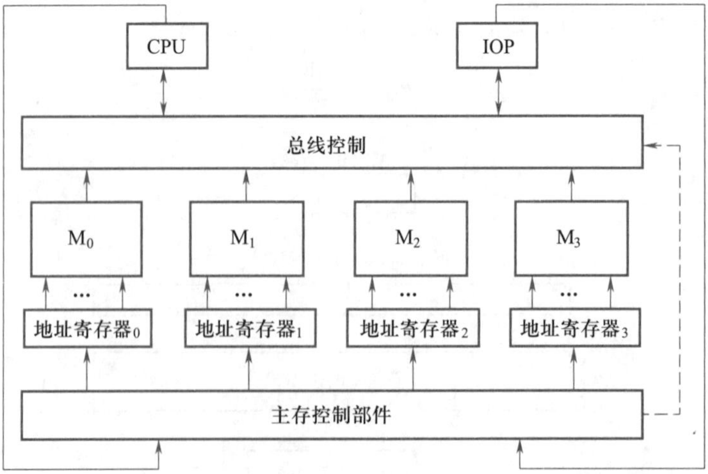

图 5.28 多体($m=4$)交叉存储器

有两种方法对多体存储器进行编址：高位交叉编址和低位交叉编址。其中只有低位交叉编址存储器才能有效地解决访问冲突问题，下面将着重介绍这种存储器。但由于高位交叉编址目前使用也很普遍，能很方便地扩展常规存储器的容量，所以首先对它进行简单介绍。

1. 高位交叉编址

高位交叉编址相当于对存储单元矩阵按列优先的方式进行编址，如图 5.29 所示。即先给第 0 列的各单元按从上到下的顺序依次赋予地址，然后再给第 1 列的各单元按顺序依次赋予地址……最后给最后一列的各单元按顺序依次赋予地址。可以看出，同一个存储体中的高 $\log_2 m$ 位都是相同的，这就是体号。

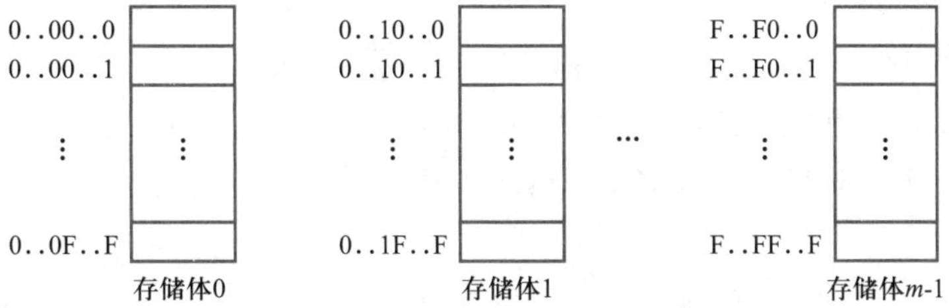

图 5.29 高位交叉编址

考虑处于第 i 行第 j 列的单元，即体号为 j、体内地址为 i 的单元，其线性地址可按下式求得

$$A=j\times n+i \quad (其中\ j=0,1,2,\cdots,m-1;i=0,1,2,\cdots,n-1)$$

反过来，如果已知一个单元的线性地址为 A，则其体号 j 和体内地址 i 可按以下公式求得

$$j=\left\lfloor \frac{A}{n} \right\rfloor,\quad i=A \bmod n$$

如果把 A 表示为二进制数，则其高 $\log_2 m$ 位就是体号，而剩下的部分就是体内地址，如图 5.30 所示。

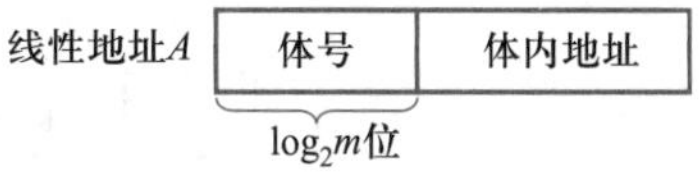

图 5.30 高位交叉编址的线性地址

2. 低位交叉编址

低位交叉编址相当于对存储单元矩阵按行优先进行编址，如图 5.31 所示。即先给第 0 行的各单元按从左到右的顺序依次赋予地址，再给第 1 行的各单元按顺序依次赋予地址……最后给最后一行的各单元按顺序依次赋予地址。可以看出，同一个体中的低 $\log_2 m$ 位都是相同的，这就是体号。

考虑处于第 i 行第 j 列的单元，即体号为 j、体内地址为 i 的单元，其线性地址可按下式求得

$$A=i\times m+j \quad (i=0,1,2,\cdots,n-1;j=0,1,2,\cdots,m-1)$$

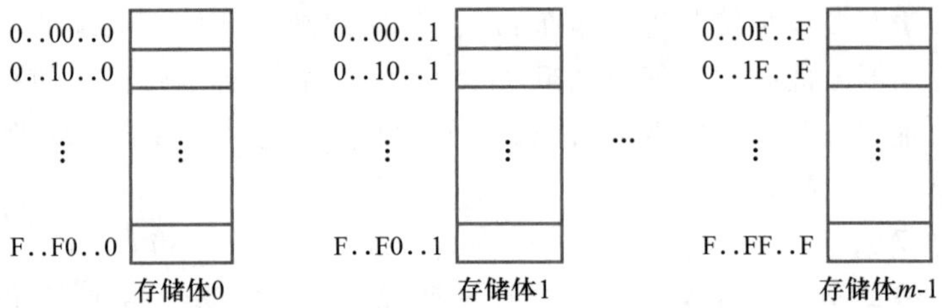

图 5.31 低位交叉编址

反过来，如果已经知道一个单元的线性地址为 A，则其体号 j 和体内地址 i 可按以下公式求得

$$i=\left\lfloor \frac{A}{m} \right\rfloor,\quad j=A \bmod m$$

如果把 A 表示为二进制数，则其低 $\log_2 m$ 位就是体号，而剩下的部分就是体内地址，如图 5.32 所示。

图 5.32 低位交叉编址的线性地址

图 5.33 是一个采用低位交叉编址的存储器示例。这是一个由 8 个存储体构成、总容量为 64 的存储器。图中方框内的编号就是其线性地址。

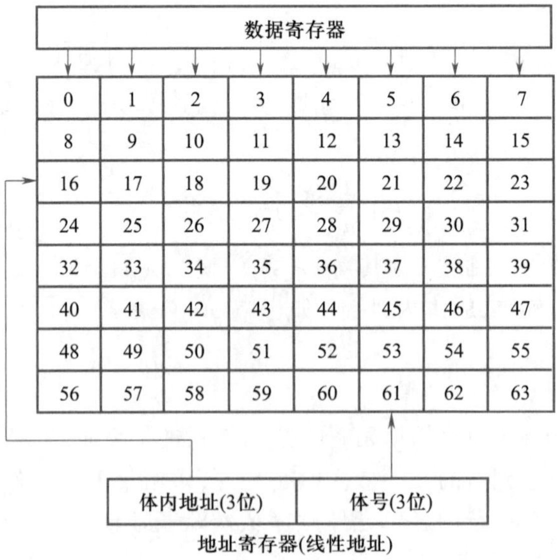

图 5.33 采用低位交叉编址的存储器（8 个存储体）示例

为了提高主存的带宽，需要多个或所有存储体能并行工作。由于程序执行过程中 CPU 所访问的指令和数据的地址是按顺序连续的，所以必须采用低位交叉编址的存储

器，并在每一个存储周期内分时启动 m 个存储体。如图 5.34 所示。

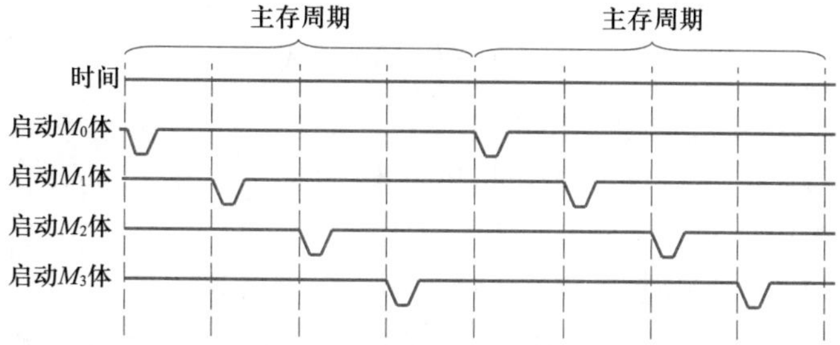

图 5.34 低位交叉编址主存的分时启动

如果每个存储体的访问周期是 T_M，则各存储体的启动间隔为 $t=T_M/m$。

采用低位交叉编址方式能大幅度地提高主存储器的带宽，目前这种存储器已经在高性能单处理机和多处理机中得到了广泛应用。

虽然在理想情况下，这种存的带宽最高能提高到原来的 m 倍，增加 m 的值就能够提高主存的带宽。但是由于存在访问冲突，实际加速比小于 m。下面通过一个模型来分析并行主存系统的实际带宽。

考虑一个由 m 个独立分体组成的主存系统，设 CPU 发出的一串地址为 $A_1,A_2,\cdots,A_q$ 的访存申请队列。存储控制器扫描这个队列，并截取从头起的 $A_1,A_2,\cdots,A_k$ 序列作为申请序列。这个申请序列是满足以下条件的最长序列：k 个地址所访问的存储器单元都处在不同的分体中。申请序列 $A_1\sim A_k$ 不一定是顺序地址，只要它们之间不出现分体冲突。显然，k 是一个随机变量，其最大值为 m，但由于会发生分体冲突，所以其值往往小于 m。截取的这个长度为 k 的申请序列可以同时访问 k 个分体。k 越接近于 m，系统的效率就越高。

微视频 5-15：并行主存系统的实际带宽

设 $P(k)$ 表示申请序列长度为 k 的概率，其中 $k=1,2,\cdots,m$。用 B 表示 k 的平均值，则

$$B = \sum_{k=1}^{m} k \cdot P(k) \tag{5.4}$$

它实际上就是每个主存周期所能访问到的字数的平均值，正比于主存实际带宽。

$P(k)$ 与具体程序的运行状况密切相关。如果访存申请队列都是指令，那么影响最大的是转移概率 λ，它是指给定指令的下条指令地址为非顺序地址的概率。程序中的指令一般是顺序执行的，但如果遇到转移成功的指令，则申请序列中在该转移指令之后的指令都是没用的。

① 当 $k=1$ 时，所表示的情况是：第一条就是转移指令且转移成功。

$$P(1) = \lambda = (1-\lambda)^0 \cdot \lambda$$

② 当 $k=2$ 时，所表示的情况是：第一条指令没有转移（其概率为 $1-\lambda$），第二条是转移指令且转移成功。所以有

$$P(2)=(1-\lambda)^1\cdot\lambda$$

③ 同理，

$$P(3)=(1-\lambda)^2\cdot\lambda$$

④ 依此类推，

$$P(k)=(1-\lambda)^{k-1}\cdot\lambda\text{，其中 }1\leqslant k<m$$

⑤ 如果前 $m-1$ 条指令均不转移，则不管第 m 条指令是否转移，k 都等于 m，因此有

$$P(m)=(1-\lambda)^{m-1}$$

代入式(5.4)，得

$$B=\sum_{k=1}^{m}k\cdot P(k)=1\cdot\lambda+2\cdot(1-\lambda)\cdot\lambda+3\cdot(1-\lambda)^2\cdot\lambda+\cdots+(m-1)(1-\lambda)^{m-2}\cdot\lambda+m(1-\lambda)^{m-1}$$

用数学归纳法化简后，可得

$$B=\sum_{i=0}^{m-1}(1-\lambda)^i$$

它是一个等比级数，因此

$$B=\frac{1-(1-\lambda)^m}{\lambda} \tag{5.5}$$

若每条指令都是转移指令且转移成功($\lambda=1$)，则 $B=1$，就是说使用并行多体交叉存取的实际带宽低到和使用单体单字的一样。若所有指令都不转移($\lambda=0$)，则 $B=m$，即此时使用多体交叉存取的效率最高。

当 m 等于4、8、16时，B 与 λ 的关系曲线如图5.35所示。从图中可以看出，当转移概率 $\lambda>0.3$时，m 等于4、8、16情况下的 B 差别不大。也就是说，此时 m 取值再大，也不会带来多大的好处。而在 $\lambda<0.1$ 时，m 值的大小对 B 的改进会有显著影响。

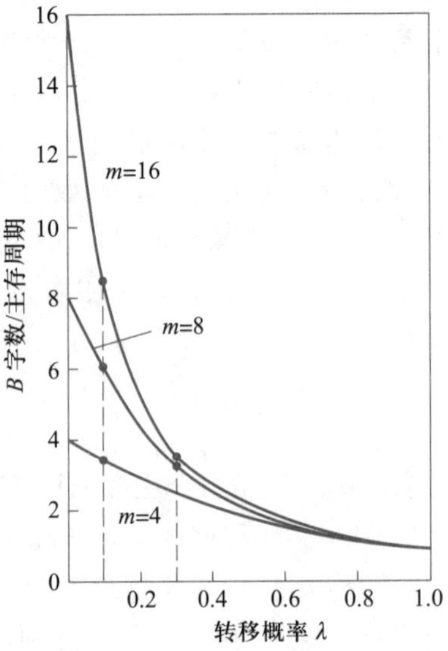

图5.35 m 为4、8、16时 B 与 λ 的关系曲线

对于数据来说，由于其顺序性差，m 值的增大给 B 带来的好处就更差一些。若计算机主要是运行标量运算的程序，一般取 $m\leqslant 8$，很少采用$m=$

16。但如果是向量处理机，由于数据的顺序性好，加上向量指令的使用大大减少了循环的次数，也就减少了转移指令的概率，所以其 m 值可以取大些。

正是因为程序的转移概率不会很低，数据分布的离散性较大，所以单纯靠增大 m 来提高并行主存系统的带宽是有限的，而且性能价格比还会随 m 的增大而下降。

5.6.3 避免存储体冲突

在许多情况下都要求存储系统能支持多个独立的访存请求，例如不命中下的不命中、能从多个不连续地址读数据（收集）或向多个不连续地址写数据（散播）的 DMA 方式 I/O、多处理机或向量计算机。这时存储器系统的性能将取决于这些独立的访存请求发生体冲突的频度高低。所谓体冲突，是指两个访问请求要访问同一个存储体。

在传统的多体交叉结构中，顺序访问被处理得很好，不会发生体冲突。地址相差奇数值的访存也是如此。问题是当地址相差偶数值时，冲突的频度就增加了。解决这个问题的一种方法是采用许多存储体去减少体冲突的次数，不过这种方法只有在较大规模的机器中才采用，例如 NEC SX/3 最多可使用 128 个体。这种方法存在问题，因为对存储器中数据的访问不是随机的，无论有多少个存储体，多个访问都有可能去访问同一个存储体。假设有 128 个存储体，按字交叉方式工作，并执行以下程序：

```
int  x [256][512];
for(j=0;j<512;j=j+1)
    for(i=0;i<256;i=i+1)
        x [i][j]=2 * x[i][j];
```

因为 512 是 128 的整数倍，同一列中的所有元素都在同一个体内，无论 CPU 或存储系统多么高级，该程序都会因数据 Cache 不命中而暂停。

体冲突问题既可以用软件方法解决，也可以用硬件方法来解决。编译器可以通过循环交换优化来避免对同一个存储体的访问。更简单的一种方法是让程序员或编译器来扩展数组的大小，使之不是 2 的幂，从而强制使上述地址落在不同的存储体内。

在介绍硬件解决方法之前，先来回顾一下存储体是如何寻址的。对于给定的一个地址 A，有

体内地址：$i=\left\lfloor \frac{A}{m} \right\rfloor$，体号：$j=A \bmod m$（$m$ 为体数）。

为能快速实现上述计算，传统存储系统的存储体数 m 和每个存储体的容量 n 都取为 2 的幂。

减少体冲突的一种硬件解决方案是使存储体数为素数。采用素数看起来会需要更多的硬件来完成复杂的计算，如上述的取模和除法运算，而且这些复杂的计算会延长每次访存的时间。

幸运的是，有几种硬件方法能快速地进行上述计算，尤其是当存储体数为素数且为

2 的幂减 1 时，可以用下面的计算来代替除法运算：

体内地址：$i = A \bmod n$

由于一个存储体中包含的字数 n 一般是 2 的幂，所以可以用位选择方法来实现上述计算。

这种方法的正确性可以用中国剩余定理（孙子剩余定理）来证明，此处略。

表 5.6 为顺序交叉和取模交叉地址映像示例。其中列出了 3 个存储模块的情况，每个模块为 8 个字。表中为用两种不同方法进行地址映像的结果：左边用的是传统的顺序交叉地址映像，右边用的是修改后的新方法，即取模交叉地址映像。当寻址一个字时，在前一种方法中需进行除法运算，而在后一种方法中只需对 2 的幂进行取模运算。

表 5.6　顺序交叉和取模交叉地址映像示例

体内地址	存储体					
	顺序交叉地址映像			取模交叉地址映像		
	0	1	2	0	1	2
0	0	1	2	0	16	8
1	3	4	5	9	1	17
2	6	7	8	18	10	2
3	9	10	11	3	19	11
4	12	13	14	12	4	20
5	15	16	17	21	13	5
6	18	19	20	6	22	14
7	21	22	23	15	7	23

5.7　虚拟存储器

5.7.1　基本概念

早在 1961 年，英国曼彻斯特大学的 Kilburn 等人就已提出了虚拟存储器的概念。经过 20 世纪 60 年代初到 70 年代初的发展和完善，虚拟存储器已广泛应用于大中型计算机系统。目前几乎所有的计算机都采用了虚拟存储系统。

虚拟存储器是“主存—辅存”层次进一步发展的结果。它由价格较贵、速度较快、容量较小的主存和一个价格低廉、速度较慢、容量很大的辅存（通常是硬盘）组成，在系统软件和辅助硬件的管理下，就像一个单一的、可直接访问的大容量主存。应用程序员可以用机器指令的地址码对整个程序统一编址，就如同应用程序员具有对应于这个地址码宽度的存储空间（称为程序空间）一样，而不必考虑实际主存空间的大小。

虚拟存储器可以分为两类：页式虚拟存储器和段式虚拟存储器。页式虚拟存储器把空间划分为大小相同的块，称为页面；而段式虚拟存储器则把空间划分为可变长的块，称为段。页面是对空间的机械划分，而段则往往是按程序的逻辑意义进行划分。

页式虚拟存储器和段式虚拟存储器各有优缺点，操作系统教材中有详细的论述。由于在段式虚拟存储器中实现替换很复杂，现代计算机中几乎不采用纯段式虚拟存储器。许多计算机采用段式和页式虚拟存储器的组合——段页式虚拟存储器，它兼有两者的优点。在段页式虚拟存储器中，每段被划分成若干个页面，这样既保持了段作为逻辑单位的优点，又简化了替换的实现，而且段不必作为整体全部一次调入主存，而是可以以页面为单位部分调入。

表 5.7 对 Cache 和虚拟存储器的参数取值范围做了简单的比较。

表 5.7　Cache 和虚拟存储器的参数取值范围比较

参数	第一级 Cache	虚拟存储器
块（页）大小	16~128 B	4 096~65 536 B
命中时间	1~3 个时钟周期	100~200 个时钟周期
不命中开销	8~200 个时钟周期	1 000 000~10 000 000 个时钟周期
访问时间	6~160 个时钟周期	800 000~8 000 000 个时钟周期
传输时间	2~40 个时钟周期	200 000~2 000 000 个时钟周期
不命中率	0.1%~10%	0.000 01%~0.001%
地址映像	25~45 位物理地址到 14~20 位 Cache 地址	32~64 位虚拟地址到 25~45 位物理地址

5.7.2　快速地址转换技术

页表一般都很大，存放在主存中，有时页表本身也是按页存储的。这样，每次访存都要引起对主存的两次访问：第一次是访问页表，以获得所要访问数据的物理地址；第二次才是访问数据本身。显然，这使得对存储器的访问速度至少下降了一倍，是无法实用的。一般采用变换旁查缓冲器（translation lookaside buffer，TLB）来解决这个问题。

TLB 是一个专用的高速缓冲器，用于存放近期经常使用的页表项（page table entry，PTE）。根据程序的局部性原理，CPU 在近期访问的指令和数据是相对簇聚的，因而它所用的页表项也是簇聚的。这样，大多数访存都可以通过 TLB 快速地完成虚→实地址转换，只有偶尔在 TLB 不命中时，才需要去访问主存中的页表。

TLB 中的项由两部分构成:标识和数据。标识中存放的是虚地址的一部分,而数据部分中存放的则是物理页帧号、有效位、存储保护信息、使用位、修改位等。为了使 TLB 中的内容与页表保持一致,当修改页表中的某一项时,操作系统必须保证 TLB 中没有该页表项的副本。这可以通过作废 TLB 中的页表项来实现。

图 5.36 是 AMD Opteron 的数据 TLB 的组织结构。该 TLB 共包含 40 个项,采用全相联映像。

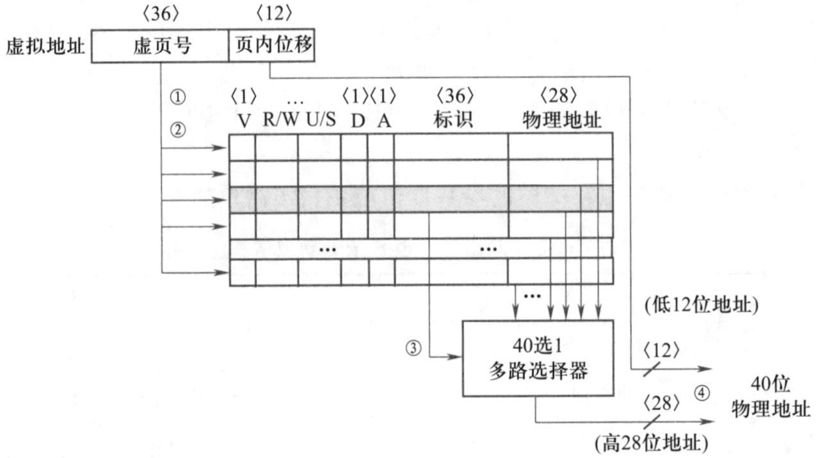

图 5.36 AMD Opteron 的数据 TLB 组织结构

图中的①、②、③、④等表示进行地址转换的步骤。进行地址转换时,把虚拟地址送往各个标识,同时进行比较(图中的①和②)。显然,只有有效位为"1"的标识才有可能匹配。与此同时,根据 TLB 中的存储保护信息对本次访存的类型进行检查,看是否越权。

若存在匹配的标识,则多路选择器把相应 TLB 项中的物理地址选出(③)。该地址与页内位移拼接成完整的 40 位物理地址(④)。

地址转换很容易处在确定处理器时钟周期的关键路径上,因为即使是采用最简单的 Cache,也需要读取 TLB 中的值并对其进行比较。所以,一般 TLB 比 Cache 的标识存储器更小,而且更快,这样才能保证 TLB 的读出操作不会使 Cache 的命中时间延长。

5.7.3 页式虚拟存储器实例:64 位 Opteron 的存储管理

Opteron 的页面大小为 4 KB、2 MB 和 4 MB。

在 AMD 64 系统结构中,虚拟地址和物理地址分别是 64 位和 52 位。进行虚→实地址转换时,是把 64 位的虚拟地址映射到 52 位的物理地址。当然,具体实现时可以采用更少的位数来简化硬件,例如 Opteron 使用了 48 位虚拟地址和 40 位物理地址。AMD64 要求 64

位虚拟地址中的高 16 位是由低 48 位进行符号位扩展而来,称为规范格式。

64 位地址空间的页表实在是太大了。因此,AMD 64 采用多级分层页表结构来映射地址空间,以使页表大小合适。分级的级数取决于虚拟地址空间的大小。图 5.37 给出了 Opteron 的 48 位虚拟地址的 4 级转换。

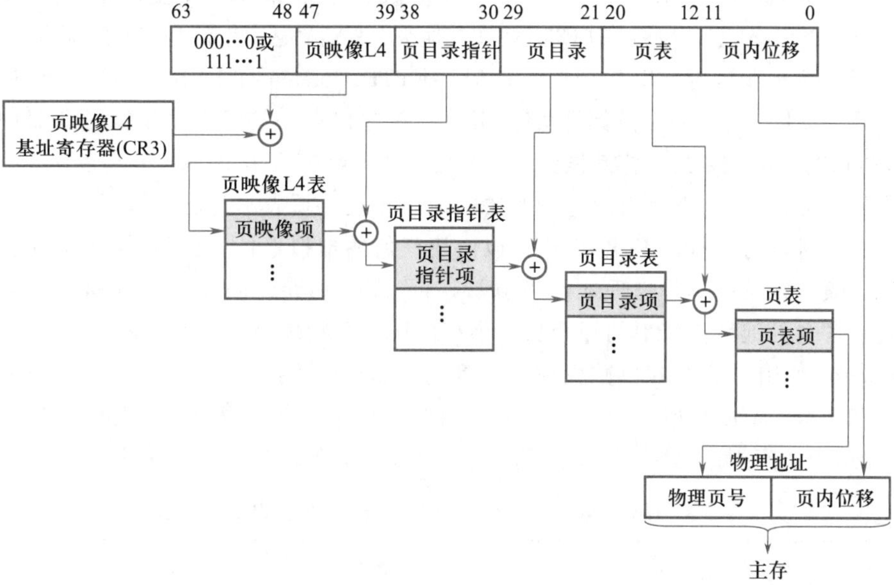

图 5.37 Opteron 的 48 位虚拟地址的 4 级转换

每个分级页表的偏移量分别来自 4 个 9 位的字段。开始地址转换时,首先是在第 4 级基址寄存器上加上第一个偏移量,然后按照所得到的地址从存储器中读出下一级(第 3 级)页表的基址。再把下一级偏移量加到新的基址上,并再次访存,得到第 2 级页表的基址。如此反复进行,直到获得最后一个页表的基址,然后用此基址和最后一个偏移量相加,并用所得到的地址访问存储器,便可得到物理页号。把此页号与 12 位页内位移拼接,便得到完整的物理地址。注意,Opteron 中的页表大小不超过 4 KB。

Opteron 的每一级页表都采用 64 位的项。这 64 位项的前 12 位留给将来使用,随后的 52 位是物理页号,其中最后的 12 位包括保护和使用信息。虽然最后这 12 位在不同级的页表中都有所不同,但大都包含以下基本字段。

- 存在位:说明该页面在存储器中。
- 读/写位:说明该页面是只读还是可读写。
- 用户/管理位:说明用户是否能访问此页或只能由上面的 3 个特权级所访问。
- 修改位:说明该页面已被修改过。
- 访问位:说明自上次该位被清 0 后,到现在该页面是否被读或写过。
- 页面大小:说明最后一级页面是 4 KB 还是 4 MB;如果是 4 MB,则 Opteron 仅使用三级页表而非四级。

- 非执行位:在有些页面中用来阻止代码的执行。
- 页级 Cache 使能:说明该页面能否进入 Cache。
- 页级写直达:说明该页是允许对数据 Cache 进行写回还是写直达。

由于 Opteron 通常在 TLB 不命中时要遍历所有四级页表,故有 3 个位置可以进行保护限制的检查。Opteron 仅遵从底层的 PTE,而在其他级上只需确认有效位是有效的即可。

由于 PTE 的长度为 8 B,每个页表有 512 项 PTE,Opteron 有 4 KB 大小的页面,所以页表正好是一页长。每级的字段都是 9 位,页内位移为 12 位。按照这种方案,虚地址中还有 $64-(4\times9+12)=16$ 位未用,这 16 位要按符号位扩展来填充,以确保地址的规范化。

在保护方面,如何避免用户进行非法的地址转换? 页表本身已经被保护,用户程序无法对它们进行写操作。因此,用户可以使用任何的虚拟地址。但是,操作系统能够通过控制页表项来控制哪些物理地址可以被访问,哪些不能访问。多个进程共享存储器是通过使各自的地址空间中的一个页表项指向同一个物理页面来实现的。

Opteron 使用 4 个 TLB 以减少地址转换时间:两个用于访问指令,另两个用于访问数据。和多级 Cache 类似,Opteron 通过采用两个更大的第二级 TLB 来减少 TLB 不命中:一个用于访问指令,另一个用于访问数据。表 5.8 给出了每个 TLB 的关键参数。

表 5.8　Opteron 中第一级和第二级指令、数据 TLB 的参数

参数	描述
块大小	1 个 PTE(8 B)
L1 命中时间	1 个时钟周期
L2 命中时间	7 个时钟周期
L1 TLB 大小	指令和数据 TLB 都是 40 个 PTE,其中 32 个用于 4 KB 大小的页面,8 个用于 2 MB 或 4 MB 页面
L2 TLB 大小	指令和数据 TLB 都是 512 个 PTE,用于 4 KB 页面
块选择	LRU
L1 映像规则	全相联
L2 映像规则	4 路组相联

5.8　实例:AMD Opteron 的存储器层次结构

本节以 AMD Opteron 为例,介绍其存储器的层次结构。Opteron 是一个乱序执行处理器,其每个时钟周期最多可以取出 3 条 80X86 指令,并将之转换成类 RISC 操作,然后以每个时钟周期 3 个操作的速率流出。Opteron 有 11 个并行的执行部件。2006 年,其 12 级定点流水线使得该处理器的最高时钟频率达到 2.8 GHz。Opteron 采用的虚地址是 48 位,物理地址是 40 位。

图 5.38 给出了 Opteron 中通过两级 TLB 实现的从虚拟地址到物理地址的转换以及对两级数据 Cache 的访问情况。其中 Cache、TLB、虚拟存储器的关系是具有典型意义的,不少处理器都采用了类似的方案。这里采用了虚拟索引、物理标识的 Cache。在虚拟地址到物理地址的转换中,虚拟地址中的页内位移是不变的,所以可以直接用它的一部分作为索引访问 Cache。在这个过程中,同时进行虚拟地址到物理地址的转换,以便当 Cache 中的标识读出来后,可以用物理地址进行比较。

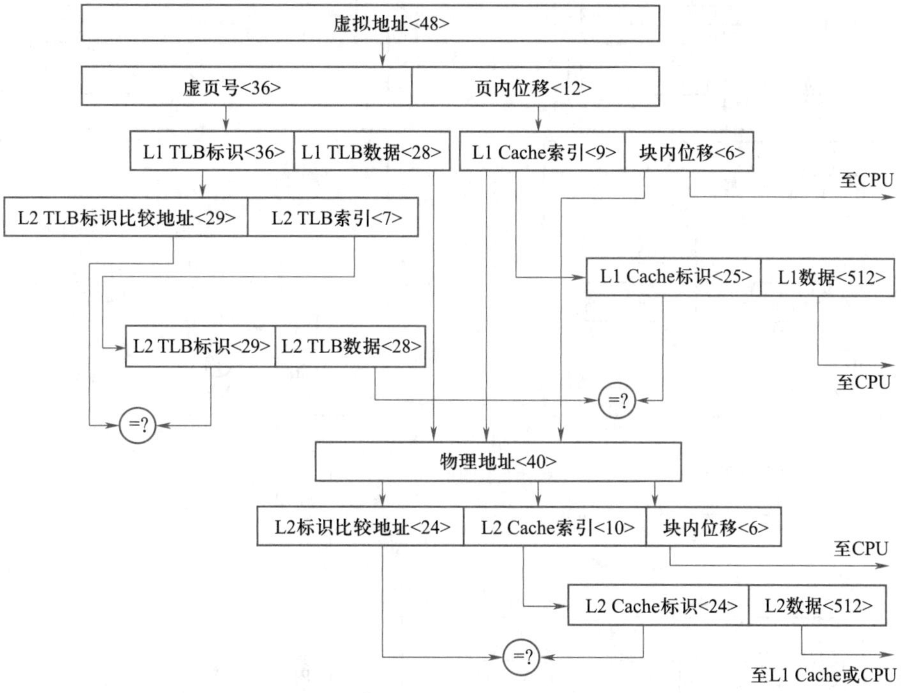

图 5.38 AMD Opteron 的两级 TLB 和两级 Cache 的层次结构

由于指令 Cache 与数据 Cache 的结构类似,图中就只画出了一种情况。图中 L1 TLB 和 L2 TLB 分别是第一级和第二级 TLB,L1 Cache 和 L2 Cache 分别是第一级和第二级 Cache。L1 TLB 采用全相联,共有 40 个条目。L2 TLB 采用 4 路组相联,共有 512 个条目。L1 Cache 的大小是 64 KB,块大小为 64 B,采用 2 路组相联和 LRU 替换算法。L2 Cache 的大小是 1 MB,块大小也是 64 B,采用 16 路组相联和伪 LRU 替换算法。

图 5.39 是 AMD Opteron 存储器层次结构的详细示意图,下面来逐步研究该存储器层次结构的工作情况。图中以分步标识(①②③……)的形式表示了这一过程。

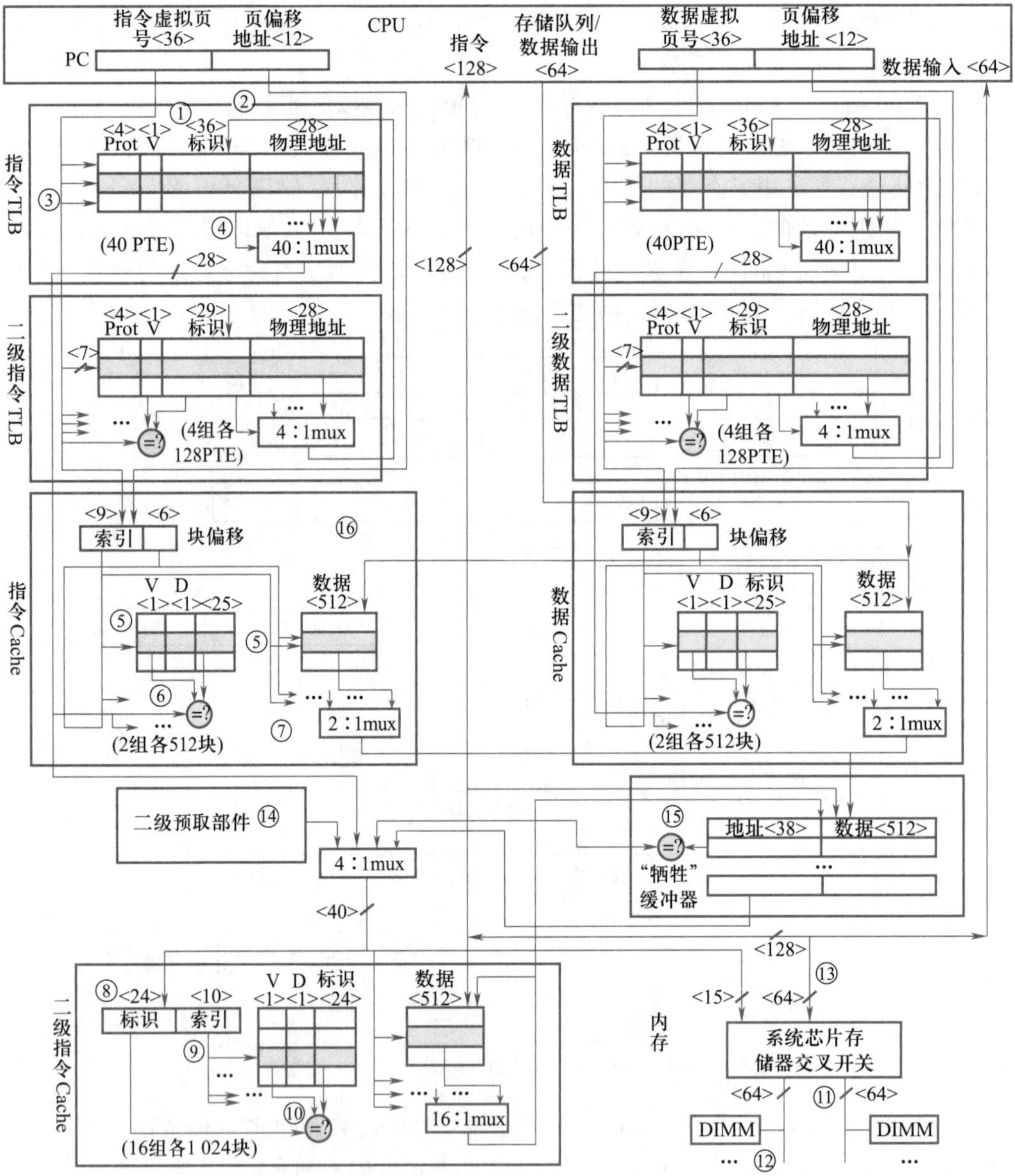

图 5.39　AMD Opteron 存储器层次结构示意图

在具体跟踪该过程之前，先来计算一下索引的位数。由于指令 Cache 的大小是 64 KB，块大小是 64 B，采用 2 路组相联，所以有

$$2^{\text{Index}}=\frac{\text{Cache 大小}}{\text{块大小}\times\text{组相联度}}=\frac{64\ \text{KB}}{64\ \text{B}\times 2}=512=2^{9}$$

即索引 index 为 9 位。

指令 Cache 采用虚拟索引、物理标识。所以,访问 Cache 和虚→实地址变换可以同时进行。把指令地址的虚拟页号部分送给指令 TLB,这是第 1 步(即图中的①)。与此同时,将 9 位索引加上额外的 2 位(以便从块中选取所要的 16 B)送给指令 Cache,这是第 2 步(即图中的②,依此类推)。全相联的 TLB 同时对全部的 40 个条目进行查询,看是否有匹配的 PTE 项(第③步、第④步)。如果有,则除了进行地址转换外,TLB 还会根据该 PTE 中的信息检查所要进行的访问是否会超越权限而导致异常。

如果指令 TLB 不命中,该访问就被交给第二级指令 TLB,该 TLB 共有 512 个 PTE。把一个 PTE 项从第二级 TLB 加载到第一级 TLB 需要 2 个时钟周期。

最坏的情况是页面不在存储器中,这时,操作系统需要从硬盘中将其调入。由于处理页故障时 CPU 的等待时间较长,足以执行上百万条指令。所以,如果有其他进程在等待,操作系统会将其换入并执行。

如果没有发生 TLB 异常,本次对指令 Cache 的访问将继续进行。虚拟地址的页内位移中的索引同时被送到 2 路组相联 Cache 中的两个组(第⑤步)。指令 Cache 的标识是 40-9(索引)-6(块内位移)= 25 位。2 个标识与由指令 TLB 产生的物理页号进行比较(第⑥步)。因为 Opteron 每次取指令是取 16 B,所以还要从 6 位的块内偏移中取出 2 位去选择所要的 16 B。也就是说,是用了 11 位地址。如果指令 Cache 不命中,就要去访问第二级 Cache,同时也去访问主存。访问主存是为了在第二级 Cache 不命中时,能减少不命中开销。

如前所述,指令 Cache 采用虚拟地址寻址+物理地址标识。发生不命中时,Cache 控制器必须进行同名(即两个不同的虚拟地址引用同一物理地址)检查。所以,在访问第二级 Cache 进行标识比较的同时,可在指令 Cache 中对其标识进行同名检查。因为页面最小为 4 KB,需要 12 位地址,而 Cache 索引和块内位移加起来共 15 位,所以为了检查同名,指令 Cache 必须为每路进行 8(即 2^3)个块的检查。Opteron 是利用为实现监听协议而专门设置的一套标识来进行同名检查,在一个时钟周期内就能完成所有的同名检查工作。如果找到了同名,就将导致同名的块设置为无效,让它存放其他的块。这样就可以保证在任何时候,一个 Cache 块只会出现在它可以去的 16 个 Cache 块位置中的某个位置上。

在指令 Cache 不命中时,就访问第二级 Cache 以获得要访问的块。第二级 Cache 的大小是 1 MB,采用 16 路组相联,块大小为 64 B。它采用伪 LRU 替换算法,这是通过管理 8 对 LRU 块来实现的。进行替换时,从这 8 对 LRU 块中随机选取一对来决定替换哪个块。对于第二级 Cache,有

$$2^{\text{Index}} = \frac{\text{Cache 大小}}{\text{块大小×组相联度}} = \frac{1\ 024\ \text{KB}}{64\ \text{B}\times 16} = 1\ 024 = 2^{10}$$

所以 34 位块地址(40 位(物理地址)-6 位(块内地址)= 34 位)被切分为 24 位标识

和10位索引(第⑧步)。这个索引和标识被送到第二级16路组相联Cache中的每一个组(共16个组)(第⑨步),进行并行比较。如果有一个匹配且有效(第⑩步),第二级Cache将把相应的块返回给指令Cache,传送速度是每个时钟周期8 B。同时,第二级Cache还要取消前面第一级Cache发送给存储控制器的访存请求。对于在第一级指令Cache不命中,但在第二级Cache命中的访问,它得到第一个字所要等待的时间是7个时钟周期。

与多级存储器通常采用的包容性质不同,Opteron对于其第一级Cache和第二级Cache采用互斥的策略。就是说,一个块要么在第一级Cache中,要么在第二级Cache中,不会同时出现在这两者中。这是为了更好地利用资源。当一个块从主存调入时,不是简单地将其放入第二级Cache中,而是将其放入第一级Cache中,并把从第一级Cache中替换出来的块送到第二级Cache。这又会从第二级Cache中替换出来一个块。如果这个块是修改过的,它就会被送到写缓冲器。Opteron把该写缓冲器称为"牺牲"缓冲器。

在第10章"多核系统结构与编程"中,将说明包容性是如何允许所有的多Cache一致性操作仅影响第二级Cache而不影响第一级Cache。而互斥策略意味着一致性操作必须对这两者都进行检查。为了减少一致性操作对CPU访问第一级Cache的干扰,Opteron为实现一致性监听协议专门设置了一套标识副本。

如果所要取的指令在第二级Cache中也没有找到,则片上的存储器控制器必须从主存调入一个块。Opteron有两个各是64位的存储器通道。由于只有一个存储器控制器,而且送给这两条通道的地址也相同,故可以作为一个128位的通道使用(第⑪步)。当两条通道使用同样的双列直插式内存组件(dual in-line memory module,DIMM)时,就能够实现宽通道传输。每条通道最多支持4个DDR DIMM(第⑫步)。

因为Opteron对第一级数据Cache、第二级Cache、总线和存储器提供纠一检二(即纠正单个错误,检查两个错误)的功能,所以实际上数据总线对每个64位都附加了8位ECC纠错码。为减少第二次出错的概率,Opteron是利用空闲周期来纠正单个错误。这是通过对数据Cache、二级Cache和存储器上损坏的块进行读出和重写来实现的。由于指令Cache和TLB是只读的,故它们采用奇偶校验码。如果发生了奇偶错误,则从下一级存储器重读。

当指令在Cache中不命中而从主存取来时,总的时间延迟大概是20个CPU时钟周期再加上从DRAM取出关键指令字所需要的时延(第⑬步)。

Opteron有一个和第二级Cache相关联的预取引擎(第⑭步)。它观察第二级Cache发生不命中时调块的走向(向前或向后),并沿着该方向把下一行预取到第二级Cache中。

由于第二级Cache采用写回法,所以任何一次不命中都有可能会导致一个块被替换且需要写回主存(因为被修改过)。这时,如果不采用特别的措施,就要等被替换的块写回主存，腾出一个块的位置后，才能调入新访问的块。Opteron 把这样的块称为“牺牲”块，并将之放入“牺牲”缓冲器中(第⑮步)，这样很快就腾出了块位置，从而使得不命中的读指令操作可以立即继续进行，而不用等到“牺牲”块写回主存之后才来处理。这与数据 Cache 对“牺牲”块的处理方式相同。

“牺牲”缓冲器的大小为 8 项，所以可以有许多“牺牲”块在这里排队，等待写入第二级 Cache 或存储器。存储控制器最多可以同时处理 10 个 Cache 块不命中，包括 8 个数据 Cache 不命中和 2 个指令 Cache 不命中，从而使得它能够实现 10 次不命中下的命中。对于 Cache 不命中，数据 Cache 和第二级 Cache 都会去检查“牺牲”缓冲器，看是否有匹配的块。如果有，就等到相关的块写入存储器后才重新去取。新的数据一旦到达，就立即被加载到指令 Cache(第⑯步)。此外，由于采用的是互斥特性，该块不会被加载到第二级 Cache 中。

如果初始指令是一条 load 指令，数据地址就会同时被送给数据 Cache 和数据 TLB，这和上述对指令 Cache 的访问很相似。这是因为在 Opteron 的存储层次中，指令 Cache 和 TLB 与数据 Cache 和 TLB 都是对称的。不同的是，数据 Cache 有两个存储体。对于两条访存指令(load 和 store 的各种组合都可以)来说，只要它们访问的是不同的存储体，那么就可以同时执行这两条指令。另外，数据 Cache 的不命中可能会导致产生需要写回主存的“牺牲”块。这时，可同时进行以下两种操作：

- 把“牺牲”块从数据 Cache 中取出并送入“牺牲”缓冲器。
- 从第二级 Cache 取数据块，送入数据 Cache。

store 指令流出时，会像 load 指令一样检查数据 Cache。写不命中会导致一个块被调入数据 Cache 中，这和 load 不命中非常相似。这是因为该 Cache 是采用按写分配的写策略。

store 指令要等到知道它不是前瞻执行时才会去更新 Cache。在此等待期间，它被放入一个 load-store 队列中。这个队列是处理器乱序控制机制的组成部分。它最多能存放 44 个项，并且支持把结果前瞻性地定向到执行部件。

数据 Cache 采用 ECC 纠错码，所以在执行 store 指令而需要修改数据 Cache 时，需要采用“读-修改-写”操作来更新数据 Cache。这是通过在 load-store 队列中装配完整的块并且总是把整块写回来实现的。

习题 5

5.1　解释下列名词

多级存储层次	命中时间	不命中率	不命中开销
全相联映像	直接映像	组相联映像	替换算法

LRU	写直达法	写回法	按写分配法
不按写分配法	强制性不命中	容量不命中	冲突不命中
2∶1Cache 经验规则	相联度	牺牲 Cache	故障性预取
非故障性预取	非阻塞 Cache	尽早重启动	请求字优先
多级包容性	虚拟 Cache	并行主存系统	多体交叉存储器
存储体冲突	TLB		

5.2　简述"Cache-主存"层次与"主存-辅存"层次的区别。

5.3　替换算法有哪几种？它们各有什么优缺点？

5.4　设有一个"Cache-主存"层次,Cache 为 4 块,主存为 8 块。试分别对于以下 3 种情况,画出其映像关系示意图,并计算访存块地址为 5 时的索引。

（1）全相联。

（2）组相联,每组两块。

（3）直接映像。

5.5　通过编译器对程序优化来改进 Cache 性能的方法有哪几种？简述其基本思想。

5.6　组相联 Cache 的不命中率比相同容量直接映像 Cache 的不命中率低。由此能否得出结论：采用组相联一定能带来性能上的提高？为什么？

5.7　简述"虚拟索引+物理标识"Cache 的基本思想。它有什么优缺点？

5.8　假设对指令 Cache 的访问占全部访问的 75%,而对数据 Cache 的访问占全部访问的 25%。Cache 的命中时间为 1 个时钟周期。不命中开销为 50 个时钟周期。在混合 Cache 中一次 load 或 store 操作访问 Cache 的命中时间都要增加一个时钟周期。32 KB 的指令 Cache 的不命中率为0.39%,32 KB 的数据 Cache 的不命中率为 4.82%,64 KB 的混合 Cache 的不命中率为 1.35%。又假设采用写直达策略,且有一个写缓冲器,并且忽略写缓冲器引起的等待。试问指令 Cache 和数据 Cache 容量均为 32 KB 的分离 Cache 和容量为 64 KB 的混合 Cache 相比,哪种 Cache 的不命中率更低？两种情况下平均访存时间各是多少？

5.9　假设在 3 000 次访存中,第一级 Cache 不命中 110 次,第二级 Cache 不命中 55 次。试问:在这种情况下,该 Cache 系统的局部不命中率和全局不命中率各是多少？

5.10　给定以下的假设,试计算直接映像 Cache 和 2 路组相联 Cache 的平均访问时间以及 CPU 的性能。由计算结果能得出什么结论？

（1）理想 Cache 情况下的 CPI 为 2.0,时钟周期为 2 ns,平均每条指令访存 1.2 次。

（2）两种 Cache 容量均为 64 KB,块大小都是 32 B。

（3）组相联 Cache 中的多路选择器使 CPU 的时钟周期增加了 10%。

（4）这两种 Cache 的不命中开销都是 80 ns。

（5）命中时间为 1 个时钟周期。

（6）64 KB 直接映像 Cache 的不命中率为 1.4%,64 KB 2 路组相联 Cache 的不命中率为 1.0%。

5.11　在伪相联中,假设在直接映像位置没有发现匹配,而在另一个位置才找到数据（伪命中）时,不对这两个位置的数据进行交换。这时只需要 1 个额外的周期。假设不命中开销为 50 个时钟周期,2 KB 直接映像 Cache 的不命中率为 9.8%,2 路组相联的不命中率为 7.6%;128 KB 直接映像 Cache 的不命中率为 1.0%,2 路组相联的不命中率为 0.7%。

（1）推导出平均访存时间的公式。

（2）利用（1）中得到的公式，对于 2 KB Cache 和 128 KB Cache，计算伪相联的平均访存时间。

5.12　假设采用理想存储器系统时的基本 CPI 是 1.5，主存延迟是 40 个时钟周期；传输速率为 4 B/时钟周期，且 Cache 中 50%的块是修改过的。每个块中有 32 B，20%的指令是数据传送指令。并假设没有写缓存，在 TLB 不命中的情况下需要 20 个时钟周期，TLB 不会降低 Cache 命中率。CPU 产生指令地址或 Cache 不命中时产生的地址有 0.2%没有在 TLB 中找到。

（1）在理想 TLB 情况下，计算均采用写回法 16 KB 直接映像混合 Cache、16 KB 2 路组相联混合 Cache 和 32 KB 直接映像混合 Cache 计算机的实际 CPI。

（2）在实际 TLB 情况下，用（1）的结果计算均采用写回法 16 KB 直接映像混合 Cache、16 KB 2 路组相联混合 Cache 和 32 KB 直接映像混合 Cache 计算机的实际 CPI。

其中假设 16 KB 直接映像混合 Cache、16 KB 2 路组相联混合 Cache 和 32 KB 直接映像混合 Cache 的不命中率分别为 2.9%、2.2%和 2.0%；25%的访存为写访问。

5.13　某个程序共访问存储器 1 000 000 次，该程序在某个系统中运行，系统中 Cache 的不命中率为 7%，其中强制性不命中和容量不命中各占 25%，冲突不命中占 50%。问：

（1）当允许对该 Cache 所作的唯一改变是提高相联度时，此时期望能够消除的最大不命中次数是多少？

（2）当允许能够同时提高 Cache 的容量大小和相联度时，此时期望能够消除的最大不命中次数是多少？

5.14　假设一台计算机具有以下特性：

（1）95%的访存在 Cache 中命中。

（2）块大小为两个字，且不命中时整个块被调入。

（3）CPU 发出访存请求的速率为 10^9 字每秒。

（4）25%的访存为写访问。

（5）存储器的最大流量为 10^9 字每秒（包括读和写）。

（6）主存每次只能读或写一个字。

（7）在任何时候，Cache 中有 30%的块被修改过。

（8）写不命中时，Cache 采用按写分配法。

现欲给该计算机增添一台外设，为此首先想知道主存的带宽已用了多少。试对于以下两种情况计算主存带宽的平均使用比例。

（1）写直达 Cache。

（2）写回法 Cache。

5.15　设主存每个分体的存储周期为 2 μs，存储字长为 4 B，采用 m 个分体低位交叉编址。由于各种原因，主存实际带宽只能达到最大带宽的 0.6 倍，现要求主存实际带宽为 4 MBps，问主存分体数应取多少？

5.16　设主存由 8 个存储体按低位交叉编址方式组成，主存容量 1 MB，Cache 容量为 4 KB，要求一个主存周期从主存取得一个块。采用全相联地址映像，用相联目录表实现地址变换。求出相联目录表的行数、比较位数、宽度和总位数。

5.17　程序存放在模 32 单字交叉存储器中，设访存申请队列的转移概率 λ 为 25%，求每个存储周期能访问到的平均字数。当模数为16呢？由此可得出什么结论？

5.18　在某个Cache存储器中,用比较对法实现LRU替换算法。当Cache的块数为8时,需要多少个触发器？

第 6 章　输入/输出系统

主要内容

—输入/输出系统的性能
—输入/输出系统的可靠性、可用性和可信性
—独立磁盘冗余阵列 RAID
—总线
—通道处理机
—I/O 与操作系统

输入/输出系统简称 I/O 系统，它包括输入/输出设备及其与处理机的连接。输入/输出系统是计算机系统中的一个重要组成部分，它完成计算机与外界的信息交换，或者给计算机提供大容量的外部存储器。本章中将更多地讨论后者。

6.1　输入/输出系统的性能

输入/输出系统的性能对 CPU 的性能有很大的影响，若两者的性能不匹配，输入/输出系统就有可能成为整个系统的瓶颈。虽然 CPU 时间是衡量计算机系统的一个重要指标，但系统的响应时间是一个更好的衡量指标。系统响应时间是指从用户键入命令开始到得到结果所花的时间，它由两部分构成：输入/输出系统的响应时间以及 CPU 的处理时间。如果输入/输出系统的响应时间很长，CPU 再快也没用。

分时操作系统可以提高资源利用率，它使计算机内部可以同时存在多个进程。当某个进程在等待输入/输出处理时，其他进程可以使用 CPU，这样就不会造成资源的浪费。但是多进程技术只能提高系统的吞吐量，并不能减少系统的响应时间。毫无疑问，如果用户不关心响应时间，就不会出现交互式软件，也就不会有现在广泛应用的工作站和微机了。另外，有些实时的事务处理对系统响应时间还提出了更高的要求。

Amdahl 定律表明，计算机系统的性能受限于系统中最慢的部分。在 2002 年以前

的十多年中，CPU 的性能每年增长约 55%，而输入/输出性能的提高却小得多。如果输入/输出处理没有明显改进，那么计算机系统的总体性能将越来越受限于输入/输出系统。

评价输入/输出系统性能的参数主要有连接特性、输入/输出系统的容量、响应时间和吞吐量等。其中，连接特性是指哪些输入/输出设备可以和计算机系统相连接，输入/输出系统的容量是指其可以容纳的输入/输出设备数。另一种衡量输入/输出系统性能的方法是考虑输入/输出操作对 CPU 的打扰情况，即考查某个进程在执行时，由于其他进程的输入/输出操作而使该进程的执行时间增加了多少。

6.2 输入/输出系统的可靠性、可用性和可信性

微视频 6-1：I/O 系统的可靠性、可用性和可信性

除了容量、速度和价格外，人们有时更关心存储外设的可靠性。因为软件系统的崩溃可以通过重新安装操作系统和应用程序来解决，但是用户的数据如果丢失就可能找不回来了。所以存储设备应该无条件地保护好用户的数据。与计算机系统中其他组成部分相比，人们往往对输入/输出系统的可靠性有更高的要求。

反映输入/输出系统可靠性的参数有可靠性（reliability）、可用性（availability）和可信性（dependability）。

系统的可靠性是指系统从某个初始参考点开始连续提供服务的能力，通常用平均无故障时间（mean time to failure，MTTF，又称平均失效前时间）来衡量。MTTF 的倒数就是系统的失效率。如果系统中每个模块的生存期服从指数分布，则系统整体的失效率是各部件的失效率之和。系统中断服务的时间用平均修复时间（mean time to repair，MTTR）来衡量。

系统的可用性是指系统正常工作的时间与连续两次正常服务间隔时间的比值。

$$可用性=\frac{\text{MTTF}}{\text{MTTF}+\text{MTTR}} \tag{6.1}$$

式(6.1)中的 MTTF+MTTR 通常可以用平均故障间隔时间（mean time between failures，MTBF，又称平均失效间隔时间）来代替。

系统的可信性是指服务的质量，即在多大程度上可以合理地认为服务是可靠的。可信性与可靠性和可用性不同，它是不可以度量的。

例 6.1 假设磁盘子系统的组成部件及其 MTTF 如下：

(1) 磁盘子系统由 10 个磁盘构成，每个磁盘的 MTTF 为 1 000 000 小时。

(2) 1 个 SCSI 控制器，其 MTTF 为 500 000 小时。

(3) 1 个不间断电源，其 MTTF 为 200 000 小时。

(4) 1 个风扇,其 MTTF 为 200 000 小时。

(5) 1 根 SCSI 连线,其 MTTF 为 1 000 000 小时。

假定每个部件的生存期服从指数分布,同时假定各部件的故障是相互独立的,求整个系统的 MTTF。

解 整个系统的失效率为

$$\text{系统失效率}=10\times\frac{1}{1\ 000\ 000}+\frac{1}{500\ 000}+\frac{1}{200\ 000}+\frac{1}{200\ 000}+\frac{1}{1\ 000\ 000}=\frac{23}{1\ 000\ 000}$$

系统的 MTTF 为系统失效率的倒数,即

$$\text{MTTF}=\frac{1\ 000\ 000}{23}\approx 43\ 478\ \text{小时}$$

即将近 5 年。

提高系统组成部件的可靠性的方法包括有效构建(valid construction)方法和差错纠正(error correction)方法。有效构建是指在构建系统的过程中消除故障隐患,这样建立起来的系统就不会出现故障。差错纠正方法是指在系统构建中采用容错的方法,这样即使出现故障,也可以通过容错信息保证系统正常工作。

为保证冗余信息在出现错误时不失效,通常要将其存放在与出错部件不同的部件中。这种方法的典型应用就是磁盘冗余阵列。

6.3 独立磁盘冗余阵列 RAID

磁盘阵列(disk array,DA)是使用多个磁盘(包括驱动器)的组合来代替一个大容量的磁盘。这不仅能比较容易地构建大容量的磁盘存储器系统,而且可以提高系统的性能,因为磁盘阵列中的多个磁盘可以并行地工作。磁盘阵列一般是以条带为单位把数据均匀地分布到多个磁盘上(交叉存放)。条带存放使得磁盘存储器系统可以并行地处理多个数据读/写请求,从而提高总的 I/O 性能。这个并行性有两方面的含义:

① 多个独立的请求可以由多个磁盘来并行地处理,从而减少了 I/O 请求的排队等待时间。

② 一个请求如果是访问多个块,就可以由多个磁盘合作来并行处理,从而提高了单个请求的数据传输率。

阵列中磁盘的个数越多,性能的提高就越多。但是,磁盘数量的增加会导致磁盘阵列可靠性的下降。如果使用了 N 个磁盘构成磁盘阵列,那么整个阵列的可靠性会降低为单个磁盘的 $1/N$。

可以通过在磁盘阵列中设置冗余信息盘来解决这个问题。当单个磁盘失效时,丢失的信息可以利用冗余盘中的信息重新构建。只有在这个失效磁盘被恢复(修复或更

微视频 6-2：廉价磁盘冗余阵列 RAID（第 1 部分）

换）之前，又发生了第二个磁盘的失效时，磁盘阵列才不能正常工作。由于磁盘的平均无故障时间（MTTF）为几十年，而平均修复时间（MTTR）只有几个小时，所以容错技术使得磁盘阵列的可靠性比单个磁盘高很多。这种磁盘阵列被称为独立磁盘冗余阵列（redundant arrays of independent disks），有些资料里将其称为廉价磁盘冗余阵列（redundant arrays of inexpensive disks，RAID）。

大多数磁盘阵列的组成可以用以下两个特征来区分：

① 数据交叉存放的粒度。

② 冗余数据的计算方法以及在磁盘阵列中的存放方式。

数据交叉存放的粒度有细粒度和粗粒度之分。细粒度磁盘阵列是在概念上把数据分割成相对较小的单位交叉存放，这样几乎所有的 I/O 请求，不管大小，都会访问磁盘阵列中的所有磁盘。其结果是所有 I/O 请求都能够获得很高的数据传输率。其缺点是在任何时间都只有一个逻辑上的 I/O 在处理当中，而且所有磁盘都会因为为每个请求进行定位而浪费时间。

粗粒度磁盘阵列是把数据以相对较大的单位交叉存放，这样规模较小的 I/O 请求只需要访问数量较少的几个磁盘，只有较大规模的请求才会访问到所有的磁盘。多个较小规模的请求可以同时得到处理，而对于较大规模的请求来说又能获得较高的传输率。

在磁盘阵列中设置冗余需要解决以下两个问题：

① 如何计算冗余信息。当今的磁盘阵列大多都是采用奇偶校验码，但也有采用汉明码或 Reed-Solomon 码的。

② 如何把冗余信息分布到磁盘阵列中的各个盘。有两种方法：一是把冗余信息集中存放在少数的几个盘中；二是把冗余信息均匀地存放到所有的盘中。

一般都会采用后一种方法，因为它能避免出现热点问题。

在 RAID 中增加冗余信息盘有几种不同的方法，它们构成了不同的 RAID 级别，如表 6.1 所示。各级 RAID 的代价和性能各不相同。

表 6.1　RAID 的分级及其特性

RAID 级别	可以容忍的故障个数以及当数据盘为 8 个时，所需要的检测盘的个数	优点	缺点	公司产品
0 非冗余，条带存放	0 个故障； 0 个检测盘	没有空间开销	没有纠错能力	广泛应用

续表

RAID 级别	可以容忍的故障个数以及当数据盘为 8 个时,所需要的检测盘的个数	优点	缺点	公司产品
1 镜像	1 个故障; 8 个检测盘	不需要计算奇偶校验,数据恢复快,读数据快;而且其小规模写操作比更高级别的 RAID 快	检测空间开销最大(即需要的检测盘最多)	EMC,HP(Tandem),IBM
2 存储器式纠错码(ECC)	1 个故障; 4 个检测盘	不依靠故障盘进行自诊断	检测空间开销的级别是 $\log_2 m$ 级(m 为数据盘的个数	没有
3 位交叉奇偶校验	1 个故障; 1 个检测盘	检测空间开销小(即需要的检测盘少),大规模读写操作的带宽高	对小规模、随机的读写操作没有提供专门的支持	外存概念
4 块交叉奇偶校验	1 个故障; 1 个检测盘	检测空间开销小,小规模的读操作带宽更高	校验盘是小规模写的瓶颈	网络设备
5 块交叉分布奇偶校验	1 个故障; 1 个检测盘	检测空间开销小,小规模的读写操作带宽更高	小规模写操作需要访问磁盘 4 次	广泛应用
6 $P+Q$ 双奇偶校验	2 个故障; 2 个检测盘	具有容忍 2 个故障的能力	小规模写操作需要访问磁盘 6 次,检测空间开销加倍(与 RAID 3、RAID4、RAID5 比较)	网络设备

RAID 的一个关键问题是如何发现磁盘的故障。这个问题很好解决,因为在磁盘扇区中除了保存数据信息外,还保存有用于发现该扇区错误的检测信息。在对扇区中的数据信息进行读取的同时,可以检测到是否有错误。

设计 RAID 的另一个问题是如何减少平均修复时间(MTTR)。典型的做法是在系统中增加热备份(hot spare)盘。热备份盘在 RAID 正常工作时不起作用,但是,一旦 RAID 中的某个磁盘失效,热备份盘将代替该失效盘进行工作。失效磁盘中丢失的数据将根据冗余磁盘以及其他盘上的信息进行重新构建,并放到热备份盘中。如果这个过程是自动的,就能有效地减少 MTTR,此时失效盘的修复已不再是决定 MTTR 的主要因素。

与热备份盘相关的一种技术是热交换(hot swapping)技术。具有热交换功能的系统允许在不关机的情况下更换设备。这样,具有热备份盘和热交换技术的系统将会一直在线提供服务。丢失的数据将立即在热备份盘上重新构建,并使该备份盘变成工作盘。而失效盘将被换下,新换上去的磁盘变成备份盘。

6.3.1　RAID 0

RAID 0是非冗余磁盘阵列,虽然严格来说它并不属于RAID,但习惯上都把它列为RAID的第0级。RAID 0是RAID中最简单的一种,实现成本也最低。它是把若干个磁盘连接在一起形成一个容量更大、能并行工作的磁盘。它把数据切分成条带(strip),以条带为单位交叉地分布存放到多个磁盘中,如图6.1所示。图中A、B、C、D、…是按顺序排列的条带,其大小称为条带宽度。不同的RAID实现中所采用的条带宽度可能不同,当从磁盘阵列中按顺序读取这些数据时,所有的磁盘都可以并行工作,各自读出相应的部分,因此其性能很高。

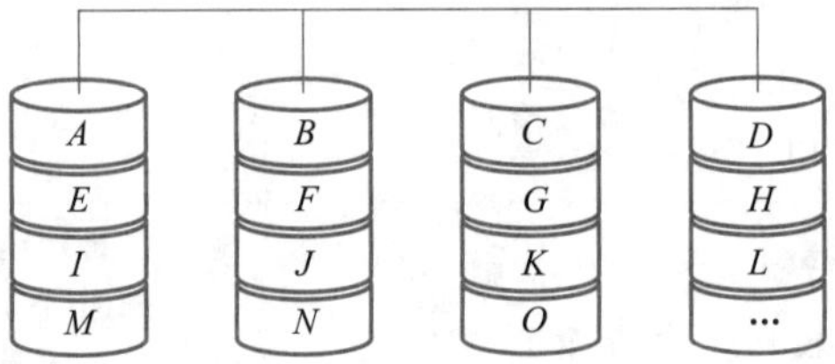

图6.1　RAID 0示意图

由于RAID 0不提供数据冗余,因此一旦数据被损坏将无法得到恢复。只要其中的任何一块磁盘出现故障,整个系统将无法正常工作。采用多个磁盘的系统的可靠性比采用单个大容量磁盘的可靠性要低很多。

RAID 0适用于需要高带宽磁盘访问的场合,如视频处理和剪辑、超级计算等。因为在这种应用中,性能和容量可能比可靠性更重要。

6.3.2　RAID 1

RAID 1是最基本的一种冗余磁盘阵列,称为镜像(mirroring)磁盘。其核心思想是对所有的磁盘数据提供一份冗余的备份,如图6.2所示。这种磁盘阵列所需要的磁盘的总数是采用镜像前磁盘个数的两倍。每当把数据写入磁盘时,都要将该数据也写入其镜像盘,因而在系统中所有的数据都有两份。

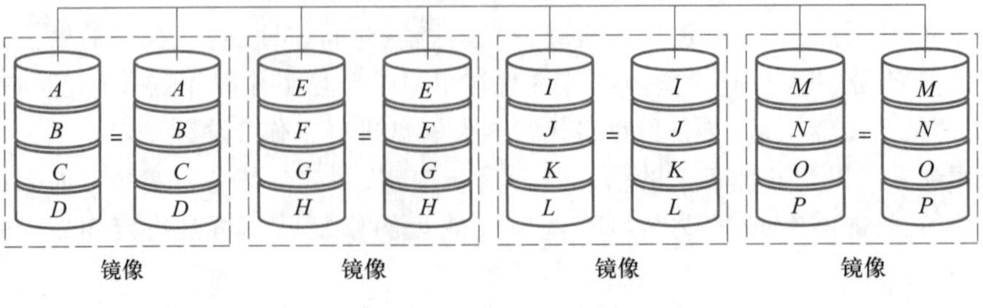

图6.2　RAID 1示意图

当从该磁盘阵列读取数据时，磁盘及其镜像盘可独立同时工作，由最先读出数据的磁盘提供数据。这个盘对于该访问请求的排队时间、寻道时间和旋转延迟时间的总和最小，所以 RAID 1 能实现快速的读取操作。对于写入操作，虽然镜像的两个磁盘都要写入，但因为可并行进行，而且不需要计算校验信息，所以其速度比级别更高的 RAID 都快。

如果某个磁盘出现了故障，就由其镜像盘提供数据，系统仍能继续工作，只是降低了规格而已。数据的恢复也很简单，只要从正常工作的磁盘复制相应的数据即可，不需要进行数据重建计算。当然，出故障后管理员应尽快用好盘把故障盘换下来，否则在系统降低了规格的情况下，若再发生故障，系统就崩溃了。

因为需要两套磁盘，所以 RAID 1 的实现成本最高。但其原理和设计简单，是所有冗余磁盘阵列中最简单的。

6.3.3　RAID 2

RAID 2 是存储器式的纠错码（ECC）磁盘阵列。之所以有这样的名称，是因为它是按汉明码的思路来构建的。图 6.3 是含 4 个数据盘的 RAID 2 示意图，每个数据盘存放所有数据字的一位，按位交叉存放，即 Disk 0 存放所有数据字的第 0 位，Disk 1 存放第 1 位……依此类推。它需要 3 个磁盘来存放纠错码（汉明码）。图中数据盘的每一行构成一个字，而纠错码盘中的相应行则是该字的纠错码。例如，$B0 \sim B3$ 构成字 B，其纠错码是 $B\text{x} \sim B\text{z}$。每当往数据盘写入数据时，就为之形成纠错码；而每当从数据盘读出数据时，把其纠错码也读出来，用于判断数据是否有错。由于汉明码具有纠正 1 位错误和检测两位错误的能力，如果出现了 1 位错误，则可以立即加以纠正。

微视频 6-3：廉价磁盘冗余阵列 RAID（第 2 部分）

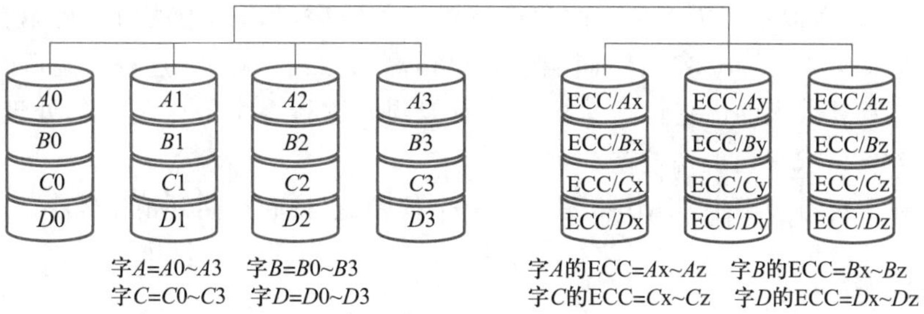

图 6.3　RAID 2 示意图

RAID 2 所需的冗余盘是用来存放纠错码的，其个数为 $\log_2 m$ 级，m 是数据盘的个数，也就是数据字的位数。对于 32 位的情况来说，冗余盘的个数是 7。可以看出，在数据盘的个数较少时，冗余盘占磁盘总数的比例是比较高的，效率低下。而当数据盘较多时，系统的规模会变得很庞大。另外，现在的磁盘大多都在自己内部已有纠错码。

虽然在RAID的分级上有这一级，但实际上并没有商业化的产品。

6.3.4　RAID 3

RAID 3即位交叉奇偶校验(bit interleaved parity)磁盘阵列。

由于当某个磁盘出故障时，磁盘控制器本身能够很容易地发现是哪个磁盘出错，所以不用像RAID 2那样采用复杂的汉明码，而采用奇偶校验就够了。图6.4是RAID 3的示意图。图中的校验盘专门用于存放数据盘中相应数据的奇偶校验。例如A_{Parity}是数据$A0\sim A3$的奇偶校验，B_{Parity}是数据$B0\sim B3$的校验……在数据写入磁盘时，为每行数据形成奇偶校验位并写入校验盘。在读出数据时，如果控制器发现某个磁盘出故障，就可以根据故障盘以外的所有其他盘中的正确信息恢复故障盘中的数据，这是通过异或运算来实现的。即使故障盘为校验盘，也可以照此处理。

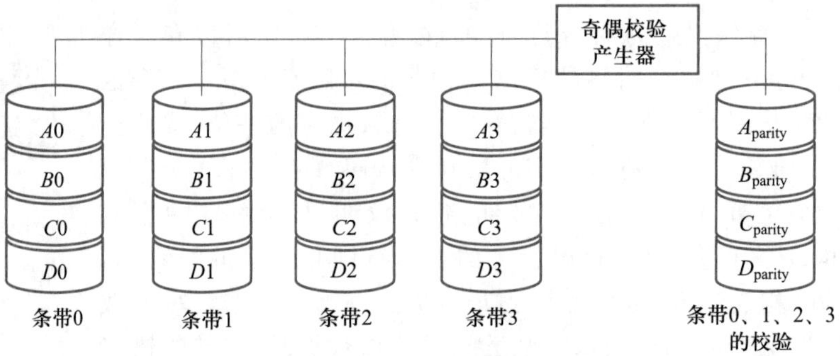

图6.4　RAID 3示意图

这是一种细粒度的磁盘阵列，即采用的条带宽度较小，甚至可以是1 B或1位。由于是细粒度的，所以对于绝大多数的I/O请求都需要磁盘阵列中的所有磁盘为之服务(例如，读取图6.4的$A0\sim A3$)，因而能够获得很高的数据传输率，这种磁盘阵列对大数据量的读写具有很大的优越性。其缺点是不能同时进行多个I/O请求的处理，对多个小规模的I/O请求来说表现较差。

不管数据盘有多少个，RAID 3只需要一个校验盘，校验空间开销比较小。

6.3.5　RAID 4

RAID 4是块交叉奇偶校验(block interleaved parity)磁盘阵列。

许多应用程序中磁盘读写都是小规模的访问，对于这些应用来说，磁盘阵列最好能同时处理多个小规模访问请求。采用粗粒度的磁盘阵列就能实现这一目标，即采用比较大的条带，以块为单位进行交叉存放和计算奇偶校验，这就是RAID 4，其示意图如图

6.5 所示。图中 $A0\sim A3$ 是数据块,A_{Parity}是数据块 $A0\sim A3$ 的奇偶校验码,其余依此类推。注意:这里的 $A0\sim A3$ 与图 6.4 中的 $A0\sim A3$ 不同,图 6.4 中的 $A0\sim A3$ 是位或字节,而这里的是数据块。

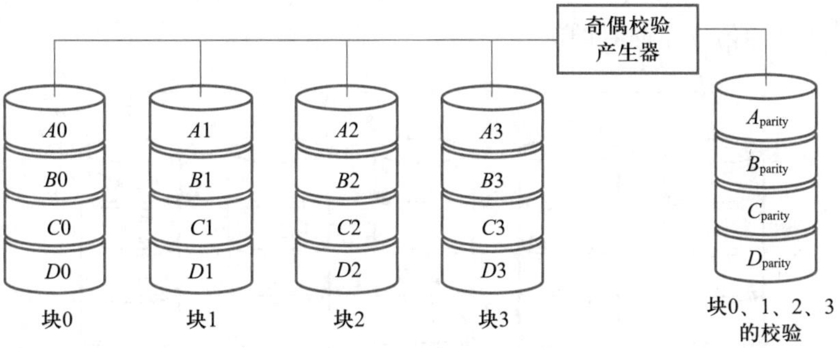

图 6.5 RAID 4 示意图

由于磁盘中各扇区都有自己的检错码,所以完全可以让每个磁盘独立地进行读操作,从而提高单位时间完成的读操作的数量。对于读取操作,每次只需访问数据所在的磁盘,仅在磁盘出现故障时才会去读校验盘,并进行数据的重建。

对于写入操作,由于要重新计算校验码,所以几乎需要访问所有的磁盘,以读出旧值,这对磁盘访问的速度有很大的影响。幸运的是可以采用如图 6.6 所示的捷径来提高速度,即要写入新数据 $A0'$时,先读出旧值 $A0$ 和旧的奇偶校验 A_{parity},然后对它们进行异或运算,计算出新的奇偶校验 A'_{parity},最后把 $A0'$和 A'_{parity}写入磁盘。虽然这要进行两次读和两次写,但这比读出全部旧值还是节省了不少时间,特别是当数据盘个数较多的时候更是如此。

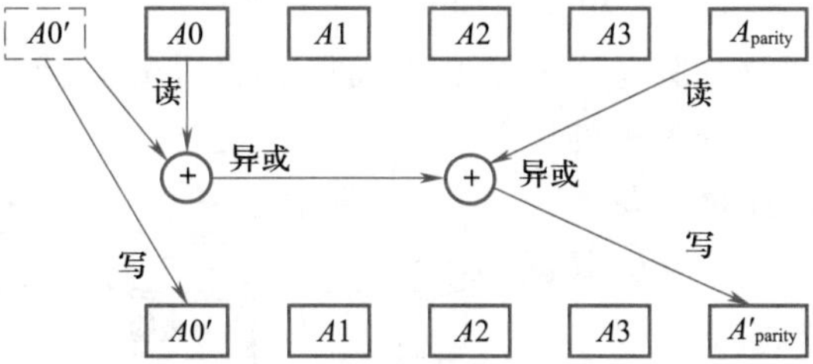

图 6.6 RAID 4 的写操作过程

除了能有效地处理小规模访问,RAID 4 能和 RAID 3 一样快速处理大规模访问,但其控制比较复杂。与 RAID 3 一样,RAID 4 的校验空间开销也比较小。

6.3.6 RAID 5

RAID 5 是块交叉分布奇偶校验(block interleaved distributed parity)磁盘阵列。

在 RAID 4 中,所有的写入操作都必须读和写校验盘,当同时处理多个小规模写访问时,它们都必须访问校验盘,而系统中校验盘只有一个,很容易成为瓶颈。RAID 5 通过把校验信息分布到磁盘阵列中的各个磁盘来解决这个问题,如图 6.7 所示,图中符号与图 6.5 中的符号含义相同。这里每一行数据块的校验块被依次错开,循环存放到不同的盘中,以达到均匀分布的目的。

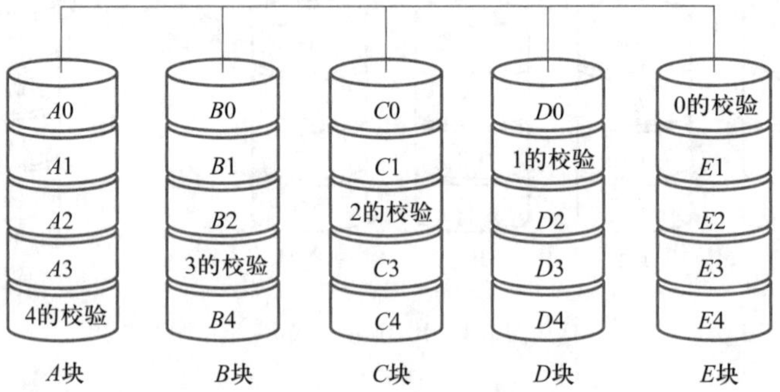

图 6.7　RAID 5 示意图

与 RAID 3 和 RAID 4 一样,RAID 5 的校验空间开销也比较小。RAID 5 除了能和 RAID 3 一样快地处理大规模访问,能和 RAID 4 一样快地处理小规模读操作以外,还能比它们都更快地处理小规模写操作。但其控制器在经典 RAID(RAID 1~RAID 5)中是最复杂的。

6.3.7　RAID 6

RAID 6 是 $P+Q$ 双奇偶校验磁盘阵列。

上述奇偶校验磁盘阵列只是在一个盘出现故障的情况下,仍能继续正常工作和恢复数据。随着冗余磁盘阵列规模的增加和应用领域的扩展,有时需要系统能够容忍两个磁盘出错。$P+Q$ 双奇偶校验磁盘阵列可以做到这一点。它在 RAID 5 的基础上增加了一个独立的校验信息,放在另一个校验盘中,如图 6.8 所示,所以它的校验空间开销是 RAID 5 的两倍。图 6.6 中的计算捷径在 RAID 6 中也是可以使用的,只是现在要计算两个校验:P 和 Q,访问磁盘的次数也从 4 次增加到了 6 次。

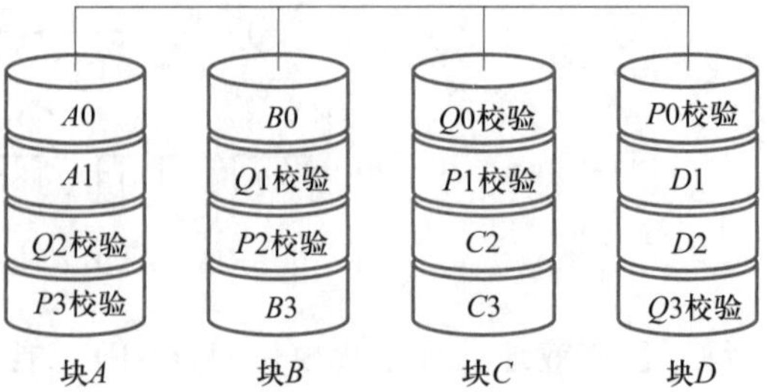

图 6.8　RAID 6 示意图

RAID 6 适用于重要数据的保存。

6.3.8 RAID 10 与 RAID 01

RAID 10 又称为 RAID 1+0,RAID 01 又称为 RAID 0+1,它们都是 RAID 0 与RAID 1相结合的结果。两者之间的区别在于先做什么,即先镜像后条带存放,还是先条带存放后镜像。假设共有 8 个磁盘,那么由于需要镜像,就相当于只有 4 个盘可用来存放数据,另 4 个盘是作为镜像盘。RAID 1+0 是先进行镜像(RAID 1),然后再进行条带存放(RAID 0)。如图 6.9 所示,即把盘分为 4 组,组内做镜像,组之间按条带存放。RAID 0+1 是先进行条带存放(RAID 0),然后再进行镜像(RAID 1)。如图 6.10 所示,即组内按条带存放,组之间做镜像。

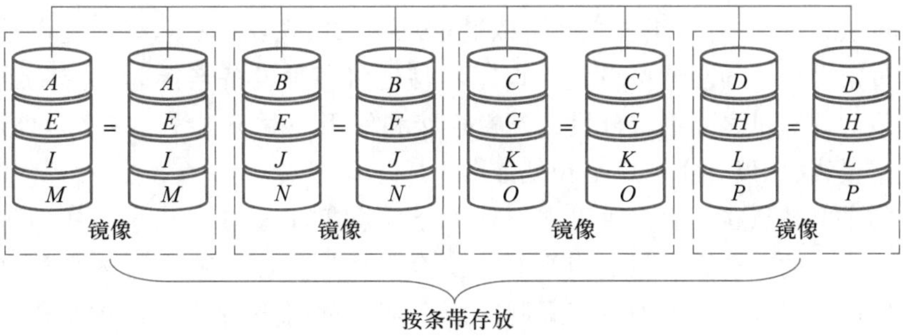

图 6.9 RAID 1+0,先镜像后条带存放

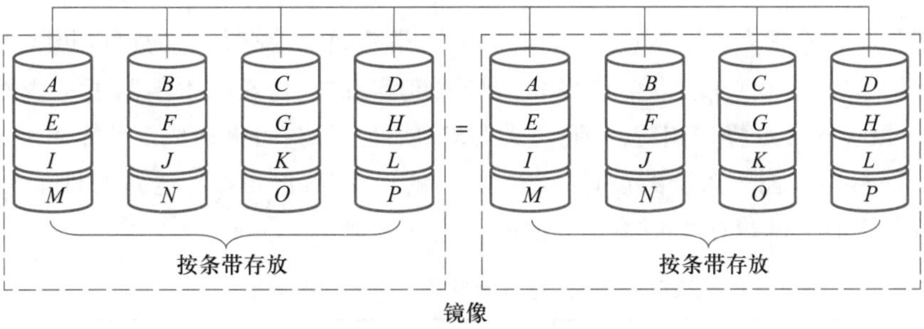

图 6.10 RAID 0+1,先条带存放后镜像

6.3.9 RAID 的实现与发展

RAID 可以达到很高的吞吐量,同时又能从故障中恢复数据,所以具有很高的可用性。RAID 在外存储系统中所起的作用越来越大,并得到广泛应用。目前世界上已有几十家主要的磁盘阵列厂商在生产和销售各种级别的 RAID 产品。其中,处于领导地位的主要有 HP、DEC 和 DG 等。

实现盘阵列的方式主要有 3 种:

① 软件方式,即阵列管理软件由主机来实现。其优点是成本低,缺点是要过多地占用主机时间,并且带宽指标上不去。

② 阵列卡方式,即把 RAID 管理软件固化在 I/O 控制卡上,从而可不占用主机时间,一般用于工作站和 PC 机。

③ 子系统方式,这是一种基于通用接口总线的开放式平台,可用于各种主机平台和网络系统。

6.4 总线

在计算机系统中,各子系统之间可以通过总线来实现连接。总线的优点是成本低、简单。通过定义统一的互连接口就可以很容易地将各种设备连接起来,甚至可以在采用相同总线的计算机之间进行外设的互换连接和使用。由于总线是在多台外设之间共享同一组连接线,所以其实现成本较低。

总线的主要缺点在于它是由不同的外设分时共享的,形成了信息交换的瓶颈,从而限制了系统中总的 I/O 吞吐量。当系统中所有 I/O 操作都必须通过总线时,总线的带宽限制问题就变得和存储器的带宽限制问题一样严重了,有时还可能更严重。

6.4.1 总线的设计

总线设计存在很多技术难点,一个重要原因是总线上信息传送的速度极大地受限于各种物理因素,如总线长度、设备数目和信号强度等,这些物理因素限制了总线性能的提高。另外,既要求 I/O 操作响应快,同时又要求高吞吐量,这可能造成设计需求上的冲突。

与计算机中其他子系统的设计一样,总线的设计取决于需要达到的性能和实现成本。表 6.2 给出了设计总线时需要考虑的一些问题。

表 6.2 设计总线时需要考虑的一些问题

特性	高性能	低价格
总线独立性	独立的地址和数据总线	数据和地址分时共用同一套总线
数据总线宽度	越宽越快(如 64 位)	越窄越便宜(如 8 位)
传输块大小	块越大总线开销越小	单字传送更简单
总线主设备数量	多个(需要仲裁)	单个(无须仲裁)
分离事务	采用,因为分离的请求包和回答包能提高总线带宽	不采用,因为持续连接成本更低,而且延迟更小
定时方式	同步	异步

显然，表中的前3个观点是非常明确的，即采用独立的地址和数据线、更宽的数据总线以及成块的数据传输都将提高总线的性能。当然，这同时也带来了成本的提高。

总线主设备的数量是要仔细考虑的问题之一。总线主设备是指能够启动总线活动的设备，例如CPU就是一种总线主设备。当总线上连接有多个总线主设备时，就需要由总线仲裁机制来确定由哪个主设备来控制和使用总线。仲裁机制通常采用固定优先权（例如菊花链仲裁）或者相对公平的随机选取机制来分配总线的控制权。

在有多个主设备的情况下，如果不采用传统的持续占用总线的方法，而改用包交换，就能提高总线带宽。其基本思想是将总线事务分成请求和应答两部分，在请求和应答之间的空闲时间内，总线可以供给其他的I/O使用。采用这种技术的总线称为分拆事务总线（split transaction bus），也称为流水总线、悬挂总线或者包交换总线等。

图6.11是分拆事务总线工作过程的时序图。以读操作为例，读操作被分为两部分：包含地址的读请求和包含数据的存储器应答。每个操作的这两部分用标识来区分，以便CPU和存储器能够知道哪个应答与哪个请求相对应。当发出读请求、存储器根据地址去读数据字时，分离事务总线被释放，允许其他主设备使用。分离事务总线有较高的带宽，但是它的数据传送延迟通常比独占总线方式的数据传递延迟大。

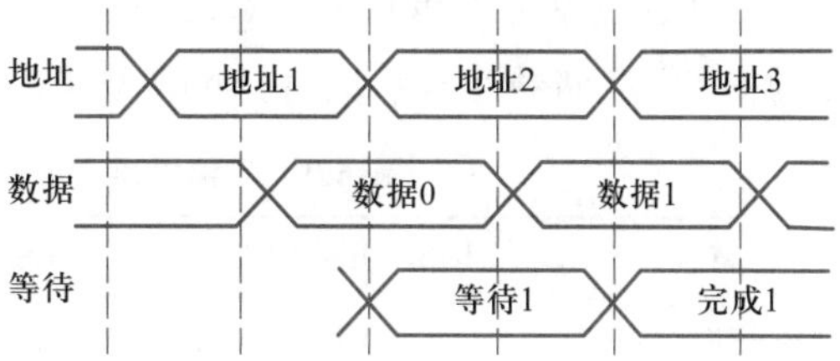

图6.11 分拆事务总线工作过程时序图

定时方式有同步和异步两种，它们各有特色。

同步总线的控制线中包含一个时钟，总线上所有设备的所有通信操作都以该时钟为基准。这种总线不仅速度快，而且成本低。但同步总线有两个缺点：

① 由于时钟通过长距离传输后会扭曲，因而同步总线不能用于长距离的连接，特别是对于高速同步总线来说更是如此。

② 总线上的所有设备都必须以同样的时钟频率工作，虽然有的同步总线上可以连接不同速度的设备，但其工作频率必须以最慢的设备为基准。CPU-存储器总线通常是采用同步总线。

异步总线上没有统一的参考时钟，每个设备都有各自的定时方法。总线上的发送设备和接收设备采用握手协议。异步总线能够比较容易地连接各种不同的设备，而且由于不是用统一的时钟来定时，因而也就不存在时钟扭曲和同步的问题，所以其传输距离可以比较长。很多I/O总线都采用异步总线。

同步总线通常比异步总线快，因为它避免了传输时握手协议的额外开销。选择同步总线还是异步总线，不仅要考虑数据带宽，而且要考虑传输距离以及可以连接的设备数量。一般来说，如果设备的类型较少且距离较近，则宜采用同步总线，否则应采用异步总线。

6.4.2 总线标准和实例

I/O 总线是计算机系统中连接设备的接口，制定总线标准是非常重要的，因为只要计算机和 I/O 设备的设计都满足相同的标准，那么任意一台 I/O 设备就可以与任意一台计算机相连接。I/O 总线标准就是定义如何将设备与计算机进行连接的文档。

当某些计算机成为主流机型并被广泛应用时，其 I/O 总线可能会成为事实上的标准，如 PDP-11 的 UniBus 和 IBM PC-AT 的 ISA 总线就是如此。有时标准也来自某些 I/O 设备的制造商，如 Ethernet 就是由制造商合作形成的标准。如果标准被市场接受，它们将被 ANSI、ISO 或 IEEE 等标准化组织所采纳，并最终成为推荐标准。另外，行业协会也可能制定标准，如 PCI 就是一种行业协会标准。

表 6.3 列出了 4 种常用的并行 I/O 总线的一些典型特征。表 6.4 列出了在嵌入式系统中使用较多的 4 种串行 I/O 总线的一些典型特征。表 6.5 列出了在服务器系统中使用的 CPU-存储器互连系统的一些典型特征。

表 6.3 几种常用的并行 I/O 总线的特性

特性	IDE/Ultra ATA	SCSI	PCI	PCI-X
数据宽度/b	16	8 或 16	32 或 64	32 或 64
时钟频率/MHz	最高 100	10(Fast) 20(Ultra) 40(Ultra2) 80(Ultra3) 160(Ultra4)	33 或 66	66、100 或 133
总线主设备数量	1 个	多个	多个	多个
峰值带宽/Mbps	200	320	533	1 066
同步方式	异步	异步	同步	同步
标准	无	ANSI X3.131	无	无

表 6.4 几种嵌入式系统中常用的串行 I/O 总线的特性

特性	I^2C	1-wire	RS-232	SPI
数据宽度/b	1	1	2	1
信号线数量	2	1	9 或 25	3
时钟频率/MHz	0.4~10	异步	0.04 或异步	异步
总线主设备数量	多个	多个	多个	多个

续表

特性	I^2C	1-wire	RS-232	SPI
峰值带宽/Mbps	0.4~3.4	0.014	0.192	1
同步方式	异步	异步	异步	异步
标准	无	无	EIA,ITU-T V.21	无

表 6.5 几种服务器系统中使用的 CPU-存储器互连系统的特性

特性	HP HyperPlane Crossbar	IBM SP	SUN Gigaplane-XB
数据宽度/b	64	128	128
时钟频率/MHz	120	111	83.3
总线的主设备数	多个	多个	多个
每端口峰值带宽/Mbps	960	1 700	1 300
总峰值带宽/Mbps	7 680	14 200	10 667
同步方式	同步	同步	同步
标准	无	无	无

对比表 6.3 和表 6.4 可以发现串行总线和并行总线的结构特点与性能上的差距。由于并行总线上可以并行传输的数据传输线较多,所以可以获得较大的峰值带宽,而串行总线主要使用在嵌入式系统中,峰值带宽则小很多。表 6.5 中所列的服务器采用了交叉开关,其中的每条总线可以连接最多 4 个处理器或存储控制器,而这些总线则是通过交叉开关互连起来。

6.4.3 与 CPU 的连接

下面来看一看 I/O 总线与 CPU 的连接。I/O 总线的物理连接方式有两种选择,一种是连接到存储器上,另一种是连接到 Cache 上。一般来说,前者更常见一些,本小节讨论这种方式。图 6.12 是一种典型的总线连接结构。在一些低成本的系统中,I/O 总线往往就是 CPU-主存总线,此时总线上的 I/O 命令将影响 CPU 的访存,如取指令。

CPU 对 I/O 设备的编址有两种方式,一种方式是存储器映射 I/O,这种方式是最常用的方式,也称为 I/O 设备统一编址方式。在这种方式中,将一部分存储器地址空间分配给 I/O 设备,用 load 指令和 store 指令对这些地址进行读写将引起 I/O 设备的输入/输出操作。另外,还可以将一部分存储空间留出用于设备控制,对这一部分地址空间进行写操作就是向设备发出控制命令。进行读操作则是读取设备状态信息等。

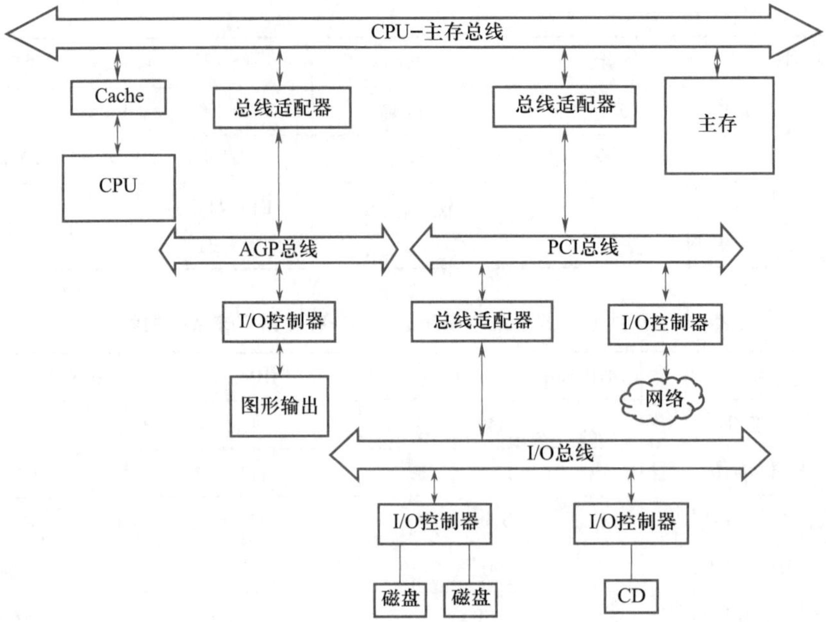

图6.12 典型的总线连接结构

另一种方式是I/O设备独立编址，并在CPU中设置专用的I/O指令来访问它们。例如，在Intel 80X86和IBM 370等计算机中都设置有I/O指令。采用这种方式时，CPU需要发出一个标识信号来指出所访问的是I/O设备还是主存。

CPU与外部设备进行输入/输出的方式可分为4种：程序控制、中断、DMA、通道等。这些在计算机组成原理课程中已经学过，这里不再详细介绍。

DMA控制器是在存储器和I/O设备之间直接传输数据的硬件，其操作可以与CPU执行其他任务并行进行。它是总线上的一种主设备，在获得总线使用权后，能控制总线进行数据传输，这样就减轻了CPU的负担。但是在DMA方式中，每次DMA传输完成后还是要中断CPU当前的工作，让CPU转去执行相应的处理程序。为了进一步减少CPU处理I/O的负担，可以设置专门的处理机，把所有对I/O操作的管理全部接管过去，这种处理机就是通道处理机。

6.5 通道

6.5.1 通道的作用和功能

在大型计算机系统中，如果仅采用程序控制、中断和DMA这3种基本的输入/输出方式来管理设备,就会带来以下两个问题。

① 所有外设的输入/输出工作均由 CPU 承担,CPU 的计算工作经常被打断而去处理输入/输出事务,不能充分发挥 CPU 的计算能力。对于高性能 CPU 来说尤其是如此。虽然采用 DMA 方式能减少对 CPU 的打扰,但每次传输的初始化等工作仍然需要由 CPU 来完成。

微视频 6-4:
通道处理机
(第 1 部分)

② 大型计算机系统的外设虽然很多,但同时工作的机会不是很多。如果为每一台设备都配置一个接口,不仅接口的数量很多,而且利用率低下。特别是 DMA 接口,其硬件成本很高,而连接 DMA 接口的磁盘或磁带机等一般并不同时工作。

在大型计算机系统中外设的数量一般比较多,其种类、工作方式和速度等也都有比较大的差别。为了把对外设的管理工作从 CPU 中分离出来,使 CPU 摆脱繁重的输入/输出负担,也为了使设备能共享输入/输出接口,从 IBM 360 系列机开始普遍采用了通道技术,即由通道处理机来专门负责整个计算机系统的输入/输出工作。通道处理机只能执行有限的一组输入/输出指令。

大型计算机系统可以有多个通道,每个通道可以连接多个设备控制器,而每个控制器又可以管理一台或多台外设,这样就形成了一个典型的由 CPU、通道、设备控制器、外设构成的 4 级层次结构的输入/输出系统。

一般来说,通道的功能包括以下几个方面。

① 接收 CPU 发来的 I/O 指令,并根据指令要求选择指定的外设与通道相连接。

② 执行通道程序。即从主存中逐条取出通道指令,对通道指令进行译码,并根据需要向被选中的设备控制器发出各种操作命令。

③ 给出外设中要进行读/写操作的数据所在的地址。例如,磁盘存储器的柱面号、磁头号、扇区号等。

④ 给出主存缓冲区的首地址。这个缓冲区用来暂时存放从外设输入的数据或者将要输出到外设的数据。

⑤ 控制外设与主存缓冲区之间的数据传送的长度。即对传送的数据个数进行计数,并判断数据传送是否结束。

⑥ 指定传送工作结束时要进行的操作。例如,将外设的中断请求及通道的中断请求送往 CPU 等。

⑦ 检查外设的工作状态是否正常,并将该状态信息送往主存指定单元保存。

⑧ 在数据传输过程中完成必要的格式变换,例如,把字拆分为字节,或者把字节装配成字等。

通道的主要硬件包括以下两大类。

① 寄存器:包括数据缓冲寄存器、主存地址计数器、传输字节数计数器、通道命令字寄存器、状态/控制寄存器等。

② 控制逻辑:包括分时控制、地址分配、数据传送、数据装配和拆分等。

通道对外设的控制通过输入/输出接口和设备控制器进行。通道与设备控制器之间一般采用标准的输入/输出接口来连接。通道通过标准接口把操作命令送到设备控制器,设备控制器解释并执行这些通道命令,完成命令指定的操作。设备控制器能够记录外设的状态,并把状态信息送往通道和 CPU。

6.5.2 通道的工作过程

用户通过调用通道来完成一次数据传输的过程如图 6.13 所示。CPU 执行程序和通道执行通道程序的时间关系如图 6.14 所示。

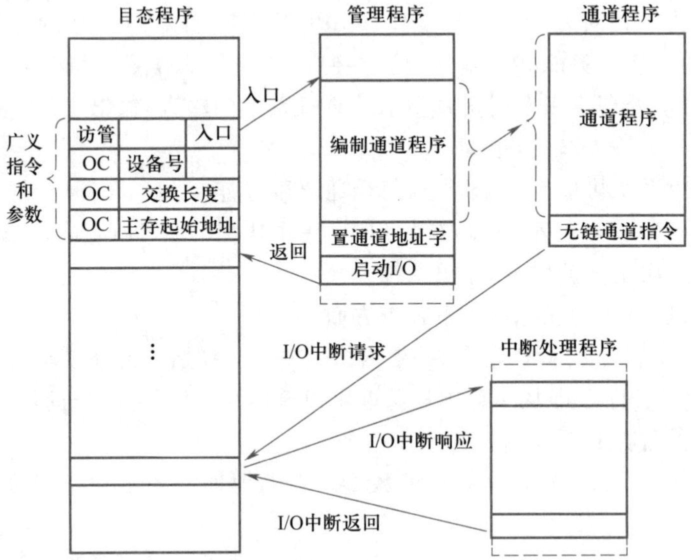

图 6.13 通道完成一次数据传输的主要过程

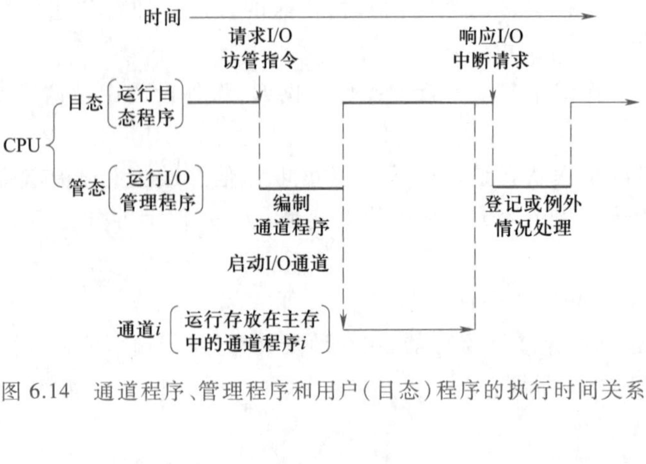

图 6.14 通道程序、管理程序和用户(目态)程序的执行时间关系

利用通道完成一次数据传输的主要过程分为以下 3 步。

① 在用户(目态)程序中使用访管指令进入管理程序,由管理程序来编制一个通道程序,并启动通道。

输入/输出指令是管态指令,用户在目态程序中不能直接使用这些指令,只能在目态程序中安排要求输入/输出的广义指令,调用操作系统的管理程序来实现。广义指令由访管指令和若干个参数组成,如图 6.13 所示。它的“入口”参数给出了对应于此广义指令的管理程序的入口。当目态程序执行到该访管指令时,会产生自愿访管中断,CPU 响应此中断后,转向该管理程序入口,进入管态。

管理程序根据广义指令所提供的参数来编制通道程序,这些参数包括设备号、交换数据在主存中的起始地址、交换数据的个数等。通道程序编制好后,放到主存中与这个通道相对应的通道程序缓冲区中,通道程序的入口地址被放到主存中的通道地址单元。之后,管理程序执行一条“启动 I/O”指令来启动通道开始工作,通道开始进入选择设备期。

启动 I/O 指令是一条主要的输入/输出指令,属于特权指令。它首先判断所要使用的通道和子通道是否在线且空闲。如果是,就从主存中与该通道对应的通道地址单元中取出通道程序地址,并按这个地址去取第一条通道指令。如果取出的通道指令没有错误,再选择指定的控制器和设备。如果被选择的设备是在线的,就向它发启动命令。设备被启动后,将向通道发回回答信息,如果设备的回答是一个全“0”字节,表示这台设备已经接受并执行了启动命令,设备的启动过程也就全部完成了。通道选择设备期结束。在上述过程中,如果任何一个地方不正确,就表示该指令没有执行成功,形成相应的条件码并结束启动过程。通道通过检测这些条件码,就能够知道设备为什么没有启动成功。

② 通道处理机执行通道程序,完成指定的数据输入/输出工作。

从图 6.14 可以看出,通道处理机执行通道程序与 CPU 执行用户程序是并行的。通道被启动后,CPU 就可以退出管理程序,返回到用户程序中继续执行原来的程序,而通道则进入通道数据传送期,开始进行与设备的数据传送。当通道处理机执行完通道程序的最后一条通道指令——“无链通道指令”时,通道的数据传输工作就全部结束了。通道进入数据传送结束期。

③ 通道程序结束后向 CPU 发中断请求。

数据传送完成后,通道向 CPU 发 I/O 中断请求。CPU 响应该中断请求,再次进入管态,调用相应的管理程序对该中断请求进行处理。如果是正常结束,管理程序进行必要的登记等工作;如果是故障、错误等异常情况,则进行异常处理。然后,CPU 返回到目态,继续进行目态程序的执行。

这样,在每一次输入/输出中,CPU 只需要两次调用管理程序,大大减少了对用户程序的打扰。当系统中有多个通道同时工作时,CPU 与多种不同类型、不同速度的外设可以充分并行地工作。

6.5.3　通道的种类

通道有 3 种类型：字节多路转换通道、选择通道和字组多路转换通道。它们分别采用不同的信息传送方式，各有特色，适用于不同的设备。它们与 CPU、设备控制器和外设的连接关系如图 6.15 所示。

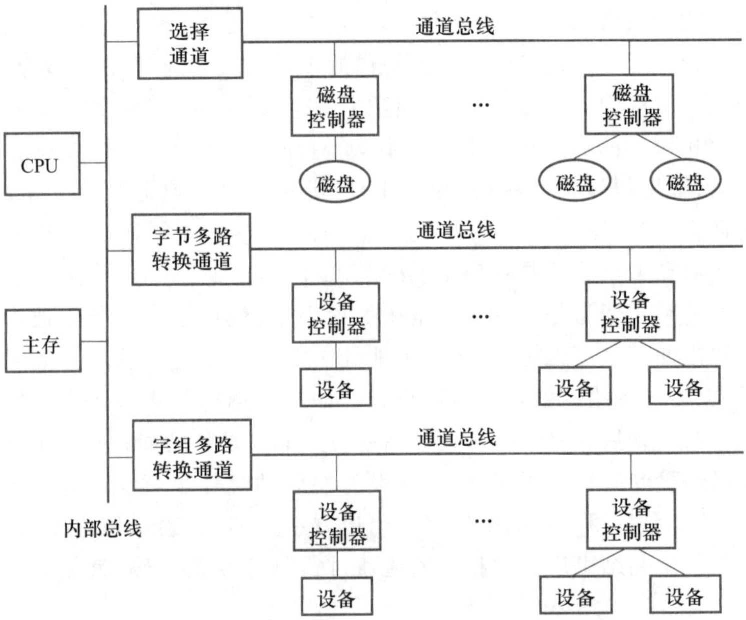

微视频 6-5：
通道处理机
（第 2 部分）

图 6.15　3 种类型的通道与 CPU、设备控制器和外设的连接关系

1. 字节多路转换通道（byte multiplexor channel）

字节多路转换通道是一种简单的共享通道，用于连接多台低速或中速的设备。这些设备一般是以字节为宽度进行输入/输出，而且相邻的两次传送之间有较长时间的等待。字节多路转换通道以字节交叉的方式分时轮流地为它们服务。

字节多路转换通道可以包含有多个子通道，每个子通道连接一台设备控制器。由于子通道的数量可以很多，如果每个通道都有自己的一套硬件，那么所需的硬件就会很多。因此，目前一般是让硬件的控制部分由所有子通道共享，而寄存器部分则是每个子通道有自己独立的一套。为了节省硬件，这些寄存器可以由主存单元来代替。

每个子通道最少需要有一个字节的数据缓冲寄存器、一个状态/控制寄存器以及指明地址的少量硬件。与各个子通道有关的参数，如主存数据缓冲区地址、交换的字节个数等都存放在主存固定单元中。当通道在逻辑上与某台设备连接时，就从主存相应的单元中把有关参数取出来,根据主存数据缓冲区地址访问主存,读出或写入一个字节,并将剩余交换字节数减 1,将主存数据缓冲区地址加 1,指向下一个数据的地址。在这些工作都完成之后,就将通道与该设备在逻辑上断开。

2. 选择通道(selector channel)

磁盘存储器等高速外设需要很高的数据传输率,因此应设置专门的通道,在一段时间内只被一台高速外设独占使用,这就是选择通道。当有多台高速设备请求传送数据时,选择通道按照一定的规则(如速度高的具有优先权)对要服务的设备进行选择。一旦选中某一设备,通道就进入"忙"状态,直到该设备的数据传输工作全部完成为止。处理完后,再重新选择。

选择通道的硬件包括 6.5.1 小节提到的 5 个寄存器、格式变换部件以及通道控制部件。格式变换部件用于在主存和设备之间进行字与字节的拆分和装配。

3. 字组多路转换通道(block multiplexor channel)

字组多路转换通道可以看成是字节多路转换通道与选择通道相结合的产物。与选择通道一样,它也适用于高速设备,但它不像选择通道那样一次就把所选设备的数据全部传送完,而是在传送完固定长度的一个数据块(如 512 B)之后重新选择别的设备。因此它是以数据块为单位,分时轮流地为多台高速设备提供服务。

字组多路转换通道能够并行地为多台高速设备服务,因为虽然其所连设备的传输速率很高,但寻址等辅助操作时间很长。以从磁盘存储器读出一个文件的过程为例,数据读出过程可以分为 3 个步骤:磁头定位,找扇区,读出数据。磁头定位是指把磁头移动到磁盘上记录该文件的磁道上,所花费的时间称为定位时间或寻道时间,一般不超过 10 ms。找扇区是指在磁头定位后等待磁头转动到记录该文件的起始扇区的位置,所花费的时间称为等待时间。目前磁盘存储器的平均等待时间一般小于 6 ms。由于高速磁盘存储器的数据传输率已经达到 100 MBps 以上,因此读出一个扇区(512 B)只需要几微秒的时间。通常把磁头定位和找扇区的时间之和称为磁盘的寻址时间。从上面的分析可以看出,磁盘存储器的寻址时间要比数据传输时间长两个数量级以上。

如果对这些外设采用选择通道,通道在选择设备后始终只为该设备服务,那么在其寻址过程中就一直处于等待状态,将会造成很大的浪费。字组多路转换通道正是为了解决这一问题而提出来的。

字组多路转换通道在向一台高速设备发出定位命令后就立即从逻辑上与该设备断开,直到定位完成时再进行连接,发出找扇区命令后再一次断开,直到开始数据传送。因此,字组多路转换通道的实际工作方式是:通道在为一台高速设备传送数据时,有多台高速设备可以在定位或者在找扇区。

6.5.4 通道流量分析

通道流量是指一个通道在数据传送期间单位时间内能够传送的数据量,所用单位一般为 Bps(字节每秒)。通道流量也称为通道吞吐量、通道数据传输率等。一个通道在满负荷工作状态下的流量称为通道最大流量。通道最大流量主要与通道的种类、通道选择设备一次所用的时间以及传送一个字节所用的时间等因素有关。

为便于讨论,下面给出一些后面要用到的参数的定义。

- T_S:设备选择时间。从通道响应设备发出的数据传送请求开始,到通道实际为这台设备传送数据所需要的时间。
- T_D:传送一个字节所用的时间。
- p:在一个通道上连接的设备台数,且这些设备同时都在工作。
- n:每台设备传送的字节数,这里假设每台设备传送的字节数都相同。
- k:字组多路转换通道传输的一个数据块中包含的字节数。在一般情况下,$k<n$。对于磁盘、磁带等磁表面存储器,通常 $k=512$。
- T:通道完成全部数据传送工作所需要的时间。

1. 字节多路转换通道

字节多路转换通道是分时为多台低速和中速外设服务的,其数据传送过程如图 6.16 所示。其中 D_{ij}表示第 i 台设备的第 j 个数据,$1\leq i\leq p$,$1\leq j\leq n$。

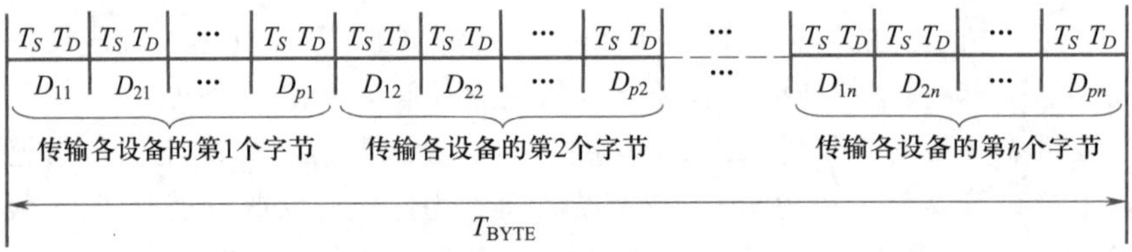

图 6.16　字节多路转换通道的数据传送过程

通道每连接一台外设,只传送一个字节,然后又选择与另一台设备连接,并传送一个字节,如此反复。p 台设备每台传送 n 个数据总共所需的时间为

$$T_{\text{BYTE}}=(T_S+T_D)\times p\times n \tag{6.2}$$

其最大流量为

$$f_{\text{MAX-BYTE}}=\frac{pn}{(T_S+T_D)pn}=\frac{1}{T_S+T_D} \tag{6.3}$$

根据字节多路转换通道的工作原理可知,它的实际流量是连接在这个通道上的所有设备的数据传输率之和,即

$$f_{\text{BYTE}}=\sum_{i=1}^{p}f_i \tag{6.4}$$

其中,f_i为第 i 台设备的实际数据传输率。下同。

2. 选择通道

选择通道在一段时间内只能单独为一台高速外设服务,当这台设备的数据传送工作全部完成后,通道才能为另一台设备服务。选择通道实际上是逐个为物理上连接的几台高速外设服务的。

选择通道的工作过程如图 6.17 所示。

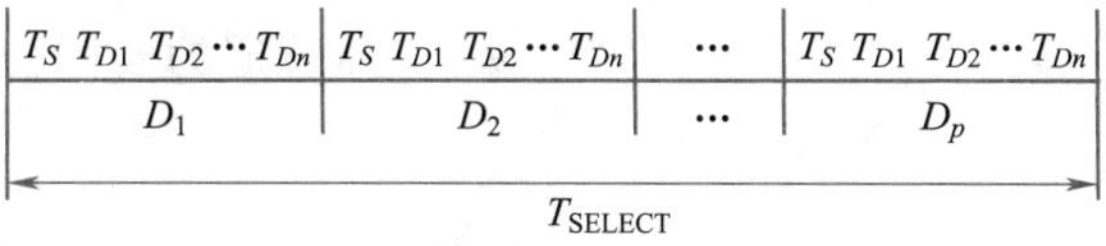

图 6.17 选择通道的数据传送过程

选择通道的工作过程如图 6.17 所示。其中 D_i 表示通道正在为第 i 台设备服务,$T_{D1}=T_{D2}=\cdots=T_{Dn}=T_D$。$p$ 台设备每台传送 n 个数据总共所需的时间为

$$T_{\text{SELECT}}=pT_S+pnT_D \tag{6.5}$$

其最大流量为

$$T_{\text{MAX-SELECT}}=\frac{pn}{pT_S+pnT_D}=\frac{1}{\dfrac{T_S}{n}+T_D} \tag{6.6}$$

3. 字组多路转换通道

字组多路转换通道的工作过程如图 6.18 所示。

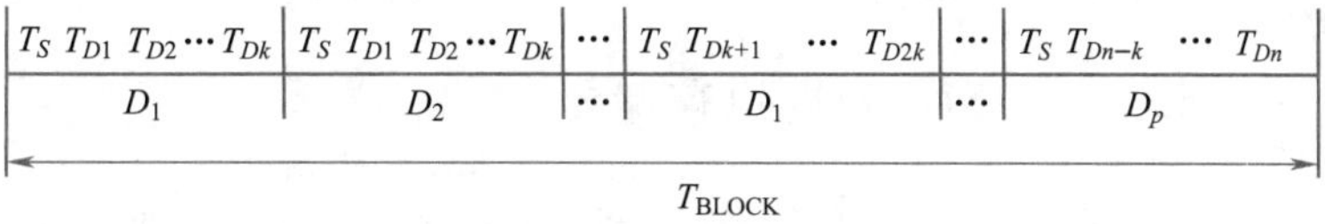

图 6.18 字组多路转换通道的数据传送过程

通道每连接一台高速设备,传送一个数据块(设为 k 个字节),传送完成后,又与另一台高速设备连接,再传送一个数据块……因此在图 6.18 中,在每一个 T_S之后,都有 k 个 $T_D(T_{D1}=T_{D2}=\cdots=T_{Dk}=T_D)$。$p$ 台设备每台传送 n 个数据总共所需的时间为

$$T_{\text{BLOCK}}=\frac{pnT_S}{k}+pnT_D \tag{6.7}$$

其最大流量为

$$T_{\text{MAX-BLOCK}}=\frac{pn}{\dfrac{pnT_S}{k}+pnT_D}=\frac{1}{\dfrac{T_S}{k}+T_D} \tag{6.8}$$

对于选择通道和字组多路转换通道,在一段时间内,一个通道只能为一台设备传送数据。此时通道的实际流量就等于该设备的数据传输率。因此,这两种通道的实际流量就是连接在这个通道上的所有设备中数据流量最大的那一个:

$$f_{\text{SELECT}} \leqslant \max_{i=1}^{p} f_i$$
$$f_{\text{BLOCK}} \leqslant \max_{i=1}^{p} f_i \tag{6.9}$$

为了保证通道能够正常工作而不丢失数据,各种通道的实际流量应该不大于通道的最大流量,即应满足下列不等式:

$$f_{\text{BYTE}} \leqslant f_{\text{MAX-BYTE}}$$
$$f_{\text{SELECT}} \leqslant f_{\text{MAX-SELECT}} \tag{6.10}$$
$$f_{\text{BLOCK}} \leqslant f_{\text{MAX-BLOCK}}$$

不等式两边的差值越小,通道的利用率就越高。当两边相等时,通道处于满负荷工作状态。为防止数据丢失,在实际设计通道的最大流量时,还应留有一定的余量。

6.6 I/O 与操作系统

微视频 6-6:I/O 与操作系统

操作系统的作用之一是在多进程之间进行进程保护,这种保护包括存储器访问和 I/O 操作两个方面。由于 I/O 操作主要是在外设和存储器之间进行,所以操作系统必须保证这些 I/O 操作的安全性。

6.6.1 DMA 和虚拟存储器

在具有虚拟存储器的计算机中,存在 DMA 是使用虚拟地址还是物理地址来传输数据的问题。如果使用物理地址进行 DMA 传输,主要有以下两个问题。

① 当数据缓冲区大小超过一页时,由于缓冲区所使用的多个页面在物理存储器中不一定是连续的,所以传输可能会出现问题。

② 当 DMA 正在存储器和缓冲区之间传输数据时,操作系统从存储器中移出(或重定位)一些页面,那么 DMA 将会在存储器中错误的物理页面上进行数据传输。

通常采用以下两种方法解决这些问题。

① 使操作系统在 I/O 传输过程中确保 DMA 设备所访问的页面都位于物理存储器中,这些页面被称为是钉(pinned)在了主存中。

为了确保数据传输安全,操作系统通常是把用户数据复制至内核地址空间,然后在内核地址空间与 I/O 设备之间传送数据。不过,这种方法的开销很大。

② 采用虚拟 DMA 技术,它允许 DMA 设备直接使用虚拟地址,并在 DMA 传送过程中由硬件将虚拟地址转换为物理地址。这样,I/O 使用的缓冲区在虚拟地址空间中是连

续的,但在物理存储器中是可以分散存放的。

在采用虚拟 DMA 的情况下,如果进程在内存中被移动,操作系统应该能够及时修改相应的 DMA 地址表。图 6.19 为采用虚拟 DMA 的 I/O 连接示意图,其中的地址转换寄存器组用于获得 DMA 页面的物理地址。对于将由 DMA 进行传送的每一个虚页,需要用一个地址转换寄存器来存放其相应的物理地址以及保护位。

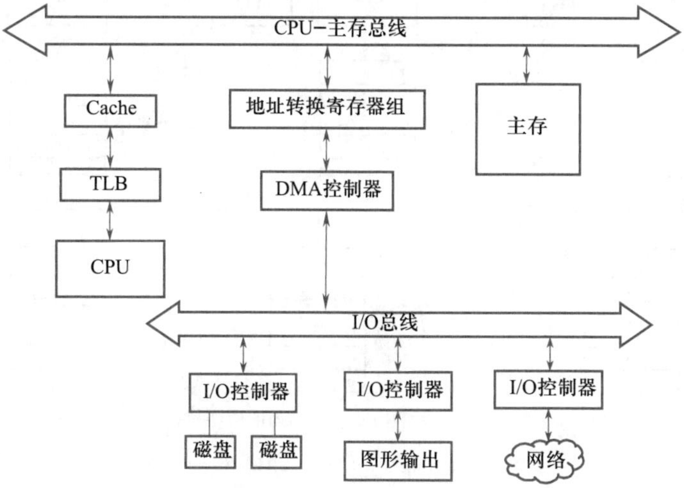

图 6.19 采用虚拟 DMA 的 I/O 连接示意图

6.6.2 I/O 和 Cache 数据一致性

由于 Cache 会使一个数据出现两个副本:一个在 Cache 中,另一个在主存中。如果这两个副本的值不相同,就出现了 Cache 数据不一致的问题。写直达法由于是同时更新 Cache 和存储器中的值,所以能够使这两个副本保持一致。虽然写回法只把新数据写入 Cache,不更新存储器,但该新数据迟早会被写回存储器(当它所在的块被替换时),最终达到一致。

以上这些是指 Cache 本身的一致性问题。如果把 I/O 设备对存储器的读写操作也考虑进来,情况就更复杂了。可能出现以下两种情况。

① 对于写回法来说,CPU 修改了 Cache 的内容后,由于存储器的内容跟不上 Cache 内容的变化,I/O 系统进行输出操作时所看到的数据是旧值。

② I/O 系统进行输入操作后,存储器的内容发生了变化,但 CPU 在 Cache 中所看到的内容依然是旧值。

图 6.20 对此进行了说明。其中假设 Cache 采用写回法,并且 A'是 A 的副本,B'是 B 的副本。在图 6.20(a)中,Cache 中的内容与存储器中的内容是一致的,即 $A'=A$,$B'=B$。

在图 6.20(b)中,CPU 对 A 进行了写入(写入值为 500),这时 Cache 中的副本 A'被改为了 500,但因是采用写回法,存储器中的 A 还是旧值。如果这时进行 I/O 输出操作,读取存储器中的值,那么就是错误的。在图 6.20(c)中,I/O 输入操作把存储器中 B 的值改为 400,这时 Cache 中的 B'是旧值。CPU 若使用该旧值,就会出现错误。

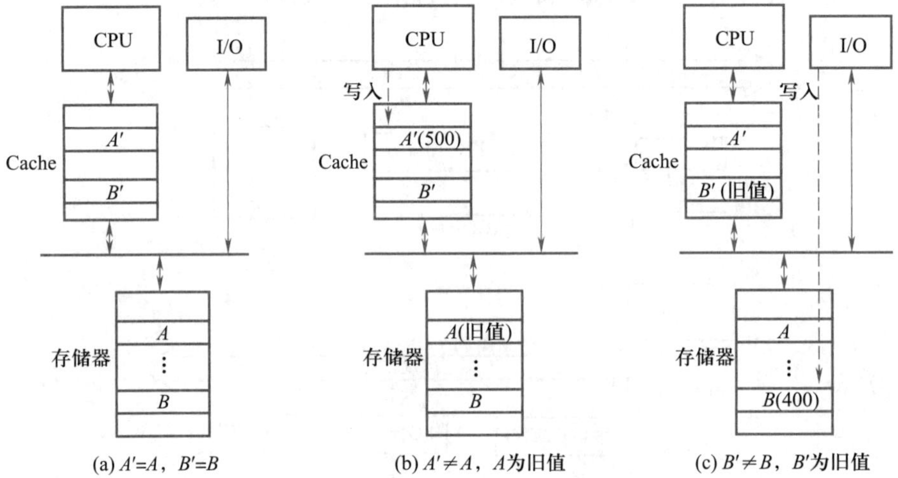

图 6.20　Cache 与主存内容不一致的情况

图 6.20 是假设把 I/O 连接到存储器上的情况。如果把 I/O 直接连接到 Cache 上则不会产生由 I/O 导致的数据不一致的问题。在这种情况下,所有 I/O 设备和 CPU 都能在 Cache 中看到最新的数据。这种连接的问题在于 I/O 会和 CPU 竞争访问 Cache,在进行 I/O 时,会造成 CPU 的停顿;而且 I/O 还可能会破坏 Cache 中 CPU 访问的内容,因为 I/O 操作可能导致一些新数据被加入 Cache,而这些新数据可能在近期内并不会被 CPU 访问。因此,许多计算机还是选择把 I/O 直接连接到存储器上,把存储器的一片区域作为 I/O 缓冲器,从而减少对 CPU 的打扰,并设法解决数据不一致的问题。

如前所述,如果 Cache 采用写直达法,存储器中的内容总是最新的,进行 I/O 输出操作不会有内容不一致的问题。但输入操作就麻烦一些,需要处理好内容的一致性问题。不管 Cache 是采用写直达法还是写回法,都可以通过以下方法来解决内容的一致性问题。

① 软件的方法。设法保证 I/O 缓冲器中的所有各块都不在 Cache 中。具体做法有两种,一种是把 I/O 缓冲器的页面设置为不可进入 Cache 的,在进行输入操作时,操作系统总是把输入的数据放到该页面;另一种方法是在进行输入操作之前,操作系统先把 Cache 中与 I/O 缓冲器相关的数据“赶出”Cache,即把相应的数据块设置为“无效”状态。当然,如果是采用写回法的 Cache,而且该数据块被修改过,就还需要把整块的内容写回存储器。

② 硬件的方法。在进行输入操作时,检查相应的 I/O 地址(I/O 缓冲器中的单元)

是否在 Cache 中(即是否有数据副本)。这是通过把这些 I/O 地址与 Cache 中的标识进行比较来判断的。为了使这些比较能与 CPU 对 Cache 的访问并行进行,可以多设置一套完全相同的标识存储器。如果发现 I/O 地址在 Cache 中有匹配的,就把相应的 Cache 块设置为“无效”。

习题 6

6.1　解释以下名词

响应时间　可靠性　可用性　可信性　RAID

分拆事务总线　通道　通道流量　虚拟 DMA

6.2　RAID 有哪些分级？各有何特点？

6.3　同步总线和异步总线各有什么优缺点？

6.4　通道分为哪 3 种类型？它们分别为哪种外围设备服务？

6.5　在有 Cache 的计算机系统中进行 I/O 操作时,会产生哪些数据不一致问题？如何克服？

6.6　一个字节多路转换通道连接有 6 台设备,它们的数据传输速率如表 6.6 所示。

表 6.6　6 台设备的数据传输速率

设备名称	D_1	D_2	D_3	D_4	D_5	D_6
数据传输速率/B/ms	50	50	40	25	25	10

(1) 计算该通道的实际工作流量。

(2) 若通道的最大流量等于实际工作流量,求通道的工作周期 T_S+T_D。

6.7　设某个字组多路转换通道设备选择时间 T_S 为 1 μs,传送一个字节数据所需的时间 T_D 为 1 μs,一次传送定长数据块的大小为 512 B。现有 8 台外设的数据传输速率分别如表 6.7 所示,问哪些外设可连接到该通道上正常工作？

表 6.7　8 台外设的数据传输速率

设备名称	D_1	D_2	D_3	D_4	D_5	D_6	D_7	D_8
数据传输速率/B/ms	1 000	480	480	800	512	512	1 024	1 024

6.8　有 8 台外设的数据传输速率分别如表 6.8 所示,现设计一种通道,通道可实现设备选择时间 $T_S=2$ μs,数据传送时间 $T_D=2$ μs。

表 6.8　8 台外设的数据传输速率

设备号	D_1	D_2	D_3	D_4	D_5	D_6	D_7	D_8
数据传输速率/B/ms	500	240	100	75	50	40	14	10

(1) 如果按字节多路转换通道设计,该通道的最大流量是多少? 若希望从 8 台外设中至少选择 4 台外设同时连接到该通道上,而且尽量多连接传输速率高的设备,那么应选择哪些外设连接到该通道上?

(2) 如果按字组多路转换通道设计,且一次传送定长数据块的大小为 512 B,该通道的最大流量是多少? 从 8 台外设中可选择哪些外设连接到该通道上?

6.9 设某个字节多路转换通道的设备选择时间 T_S 为 9.8 μs,传送一个字节的数据所需的时间 T_D 为 0.2 μs。若某种低速外设每隔 500 μs 发出一次传送请求,那么该通道最多可连接多少台这种外设?

6.10 通道型 I/O 系统由一个字节多路转换通道 A、两个字组多路转换通道 B1 和 B2 以及一个选择通道 C 组成。其中,通道 A 连接两个子通道 A1 和 A2,A1 和 A2 分别连接 8 台低速外设,B1、B2 和 C 分别连接 5 台高速外设。各外设的数据传输速率如表 6.9 所示。

表 6.9 多台外设的数据传输速率

通道		通道连接的各外设的数据传输速率/B/ms							
A	A1	64	56	56	20	20	20	10	10
	A2	56	30	30	30	30	30	30	20
B1		512	512	512	256	256			
B2		256	256	512	256	512			
C		1 024	512	512	512	512			

(1) 分别计算通道 A、B1、B2 和 C 的最大流量至少为多大才不会丢失传送的数据?

(2) 若 I/O 系统的流量为主存带宽的 1/2,则主存带宽应达到多大?

6.11 假设在一个计算机系统中:

(1) 每页为 32 KB,Cache 块大小为 128 B。

(2) 对应新页的地址不在 Cache 中,CPU 不访问新页中的任何数据。

(3) Cache 中 95%的被替换块将再次被读取,并引起一次不命中。

(4) Cache 使用写回法,平均 60%的块被修改过。

(5) I/O 系统缓冲能够存储一个完整的 Cache 块。

(6) 访问或不命中在所有 Cache 块中均匀分布。

(7) 在 CPU 和 I/O 之间,没有其他访问 Cache 的干扰。

(8) 无 I/O 时,每 100 万个时钟周期内有 18 000 次不命中。

(9) 不命中开销是 40 个时钟周期。如果被替换的块被修改过,则再加上 30 个周期用于写回主存。

(10) 假设计算机平均每 200 万个周期处理一页。

试分析 I/O 对于性能的影响有多大?

第 7 章　互连网络

主要内容

—互连函数

—互连网络的结构参数与性能指标

—静态互连网络

—动态互连网络

—消息传递机制

互连网络(interconnecting network)是一种由开关元件按照一定的拓扑结构和控制方式构成的网络,用来实现计算机系统中节点之间的相互连接。这些节点可以是处理器、存储模块或其他设备。在拓扑上,互连网络是输入节点到输出节点之间的一组互连或映像。

互连网络已成为单指令流多数据流(SIMD)计算机和多指令流多数据流(MIMD)计算机的关键组成部分之一。随着各个领域对高性能计算的要求越来越高,多处理机和多计算机系统的规模越来越大,对处理器之间或处理器与存储模块之间通信的速度和灵活性的要求也越来越高。因此,它对计算机系统的性能价格比有着决定性的影响。

互连网络有 3 大要素:互连结构、开关元件和控制方式。各种互连网络主要是在这些要素方面各不相同。

7.1　互连函数

互连网络是输入节点到输出节点之间的一组互连,这种互连可以用互连函数来表示。假设互连网络有 N 个输入端和 N 个输出端,分别用 $0,1,\cdots,N-1$ 来表示,则互连函数表示了输入端号和输出端号的连接关系。

7.1.1　互连函数的表示方法

用变量 x 表示输入(设 $x=0,1,\cdots,N-1$),用函数 $f(x)$ 表示输出。则 $f(x)$ 表示在互连函数 f 的作用下,输入端 x 连接到输出端 $f(x)$。x 和 $f(x)$ 可以用二进制表示,也可以用十进制表示。

微视频 7-1：
互连函数

互连函数反映了网络输入端数组和输出端数组之间对应的置换关系或排列关系，所以互连函数有时也称为置换(permutation)函数或排列函数。

可以用更直观的方法来表示互连网络的连接，例如，用连线图来表示互连网络所实现的连接。图 7.1 就是一个例子，它使得连接情况一目了然。

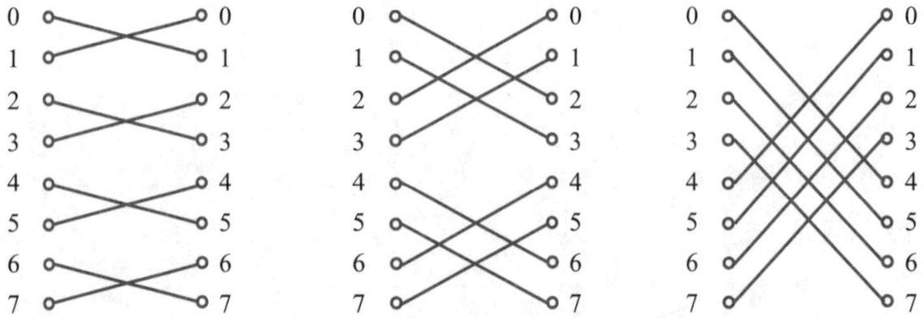

(a) $Cube_0$交换函数　(b) $Cube_1$交换函数　(c) $Cube_2$交换函数

图 7.1　用连线图表示互连网络示例：$N=8$ 的立方体交换函数

有的互连函数 $f(x)$ 可以采用循环表示法，即对于 $(x_0\ x_1\ x_2 \cdots\ x_{j-1})$，有

$$f(x_0)=x_1, f(x_1)=x_2, \cdots, f(x_{j-1})=x_0$$

其中，j 称为该循环的长度。

设 $n=\log_2 N$，则可以用 n 位二进制来表示 N 个输入端和输出端的二进制地址，互连函数表示为 $f(x_{n-1}x_{n-2}\cdots x_1x_0)$。

7.1.2　几种基本的互连函数

下面介绍几种常用的基本互连函数及其主要特征。

1. 恒等函数

恒等函数实现同号输入端和输出端之间的连接。其函数表达式为

$$I(x_{n-1}x_{n-2}\cdots x_1x_0)=x_{n-1}x_{n-2}\cdots x_1x_0$$

2. 交换函数

交换函数实现二进制地址编码中第 k 位互反的输入端与输出端之间的连接。其表达式为

$$E(x_{n-1}x_{n-2}\cdots x_{k+1}x_kx_{k-1}\cdots x_1x_0)=x_{n-1}x_{n-2}\cdots x_{k+1}\bar{x}_kx_{k-1}\cdots x_1x_0$$

交换函数主要用于构造立方体互连网络和各种超立方体互连网络。共有 $n=\log_2 N$ 种互连函数，其中 N 为节点个数。

当 $N=8$ 时，$n=3$，可得到常用的立方体互连函数：

$$\mathrm{Cube}_0(x_2x_1x_0) = x_2x_1\bar{x}_0$$
$$\mathrm{Cube}_1(x_2x_1x_0) = x_2\bar{x}_1x_0$$
$$\mathrm{Cube}_2(x_2x_1x_0) = \bar{x}_2x_1x_0$$

其变换图形如图 7.1 所示，结构如图 7.2 所示。

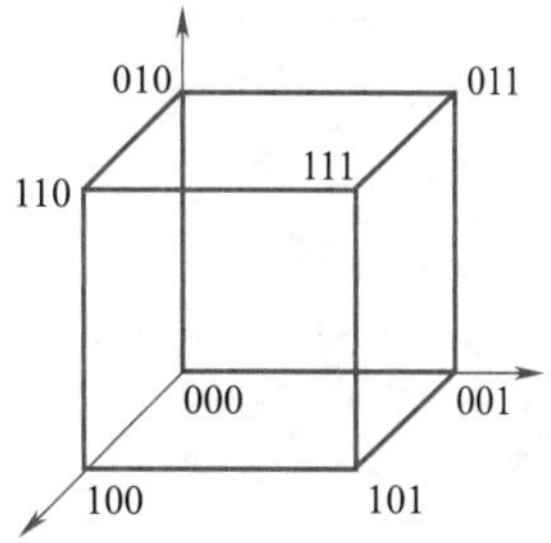

图 7.2　立方体互连网络

3. 均匀洗牌函数

均匀洗牌(shuffle)函数又称为均匀混洗函数，它将输入端分成数目相等的两半，前一半和后一半按类似均匀混洗扑克牌的方式交叉地连接到输出端(输出端相当于混洗的结果)。其函数关系可表示为

$$\sigma(x_{n-1}x_{n-2}\cdots x_1x_0) = x_{n-2}x_{n-3}\cdots x_1x_0x_{n-1}$$

即把输入端的二进制编号循环左移一位，就变成了其所要连接的输出端的编号。

对于有些互连函数(设为 s)，还可以定义其第 k 个子函数和第 k 个超函数。它们分别是把 s 作用于输入端的二进制编号的低 k 位和高 k 位。

例如，对于均匀洗牌函数，其第 k 个子函数是

$$\sigma_{(k)}(x_{n-1}\cdots x_k \mid x_{k-1}x_{k-2}\cdots x_0) = x_{n-1}\cdots x_k \mid x_{k-2}\cdots x_0x_{k-1}$$

即把输入端的二进制编号中的低 k 位循环左移一位。

均匀洗牌函数的第 k 个超函数是

$$\sigma^{(k)}(x_{n-1}x_{n-2}\cdots x_{n-k} \mid x_{n-k-1}\cdots x_1x_0) = x_{n-2}\cdots x_{n-k}x_{n-1} \mid x_{n-k-1}\cdots x_1x_0$$

即把输入端的二进制编号中的高 k 位循环左移一位。

显然，下列等式成立：

$$\sigma^{(n)}(X) = \sigma_{(n)}(X) = \sigma(X)$$
$$\sigma^{(1)}(X) = \sigma_{(1)}(X) = X$$

对于任意一种函数 $f(x)$，如果存在 $g(x)$，使得

$$f(x)\times g(x) = I(x)$$

则称 $g(x)$ 是 $f(x)$ 的逆函数，记为 $f^{-1}(x)$，即 $f^{-1}(x) = g(x)$。

逆均匀洗牌函数是均匀洗牌的逆函数，记为 σ^{-1}。它所实现的函数是

$$\sigma^{-1}(x_{n-1}x_{n-2}\cdots x_1x_0) = x_0x_{n-1}x_{n-2}\cdots x_1$$

即把输入端的二进制编号循环右移一位。

当 $N=8$ 时，有

$$\sigma(x_2x_1x_0) = x_1x_0x_2$$
$$\sigma_{(2)}(x_2x_1x_0) = x_2x_0x_1$$
$$\sigma^{(2)}(x_2x_1x_0) = x_1x_2x_0$$
$$\sigma^{-1}(x_2x_1x_0) = x_0x_2x_1$$

其连接图分别如图 7.3 所示。

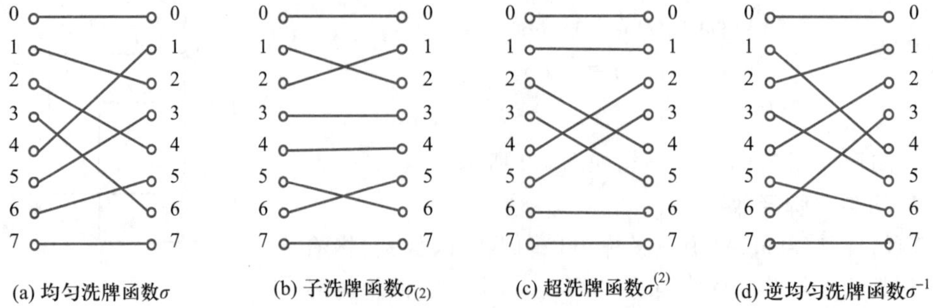

图 7.3 $N=8$ 的均匀洗牌函数及其子函数、超函数和逆函数

从图 7.3 可以看出,逆均匀洗牌函数和均匀洗牌函数的连接图互为镜像。

均匀洗牌函数和逆均匀洗牌函数是两种十分有用的互连函数,用它们和交换开关多级组合起来,可构成 Omega 网络和逆 Omega 网络。

4. 蝶式函数

蝶式(butterfly)函数定义为

$$\beta(x_{n-1}x_{n-2}\cdots x_1x_0)=x_0x_{n-2}\cdots x_1x_{n-1}$$

即把输入端的二进制编号的最高位与最低位互换,就得到了其所要连接的输出端的编号。

蝶式函数的第 k 个子函数是

$$\beta_{(k)}(x_{n-1}\cdots x_kx_{k-1}x_{k-2}\cdots x_1x_0)=x_{n-1}\cdots x_kx_0x_{k-2}\cdots x_1x_{k-1}$$

即把输入端的二进制编号的低 k 位中的最高位与最低位互换。

蝶式函数的第 k 个超函数是

$$\beta^{(k)}(x_{n-1}x_{n-2}\cdots x_{n-k+1}x_{n-k}x_{n-k-1}\cdots x_1x_0)=x_{n-k}x_{n-2}\cdots x_{n-k+1}x_{n-1}x_{n-k-1}\cdots x_1x_0$$

即把输入端的二进制编号的高 k 位中的最高位与最低位互换。

显然,下列等式成立:

$$\beta^{(n)}(X)=\beta_{(n)}(X)=\beta(X)$$
$$\beta^{(1)}(X)=\beta_{(1)}(X)=X$$

当 $N=8$ 时,有

$$\beta(x_2x_1x_0)=x_0x_1x_2$$
$$\beta_{(2)}(x_2x_1x_0)=x_2x_0x_1$$
$$\beta^{(2)}(x_2x_1x_0)=x_1x_2x_0$$

图 7.4 给出了 $N=8$ 的蝶式函数的变换图形。与均匀混洗函数类似,只用蝶式函数不能实现任意节点之间的连接,但是蝶式变换与交换变换的多级组合可作为构成方体多级网络的基础。

5. 反位序函数

反位序函数的定义为

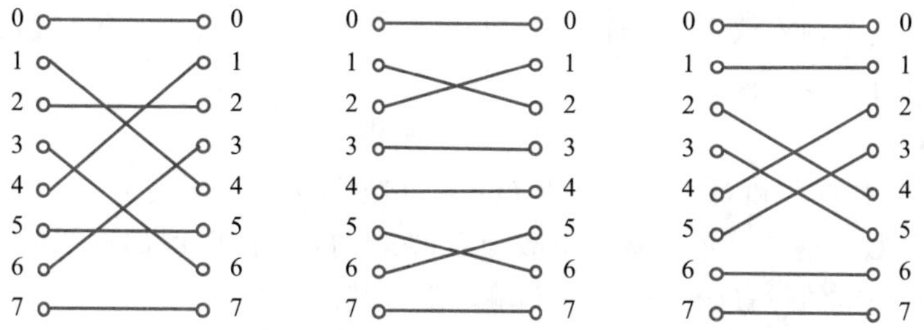

(a) $\beta=\rho$　(b) $\beta_{(2)}=\rho_{(2)}$　(c) $\beta^{(2)}=\rho^{(2)}$

图 7.4 $N=8$ 的蝶式函数和反位序函数

$$\rho(x_{n-1}x_{n-2}\cdots x_1x_0)=x_0x_1\cdots x_{n-2}x_{n-1}$$

即把输入端二进制编号的各位次序颠倒过来，便得到了其所连输出端的编号。

反位序函数的第 k 个子函数是

$$\rho_{(k)}(x_{n-1}\cdots x_kx_{k-1}x_{k-2}\cdots x_1x_0)=x_{n-1}\cdots x_kx_0x_1\cdots x_{k-2}x_{k-1}$$

即把输入端的二进制编号的低 k 位中各位的次序颠倒过来。

反位序函数的第 k 个超函数是

$$\rho^{(k)}(x_{n-1}x_{n-2}\cdots x_{n-k+1}x_{n-k}x_{n-k-1}\cdots x_1x_0)=x_{n-k}x_{n-k+1}\cdots x_{n-2}x_{n-1}x_{n-k-1}\cdots x_1x_0$$

即把输入端的二进制编号的高 k 位中各位的次序颠倒过来。

显然，下列等式成立：

$$\rho^{(n)}(X)=\rho_{(n)}(X)=\rho(X)$$

$$\rho^{(1)}(X)=\rho_{(1)}(X)=X$$

当 $N=8$ 时，有

$$\rho(x_2x_1x_0)=x_0x_1x_2$$

$$\rho_{(2)}(x_2x_1x_0)=x_2x_0x_1$$

$$\rho^{(2)}(x_2x_1x_0)=x_1x_2x_0$$

其连接图与蝶式函数一致，如图 7.4 所示。

6. 移数函数

移数函数是将各输入端都错开一定的位置（模 N）后连到输出端。其函数式为

$$\alpha(x)=(x\pm k)\bmod N$$

$$0\leqslant x\leqslant N-1,\quad 0\leqslant k\leqslant N-1$$

式中的 $x+k$ 表示把 x 往下错开 k 个位置后送输出端，$x-k$ 表示把 x 往上错开 k 个位置后送输出端。图 7.5 为 $N=8$ 的移数函数变换图形。

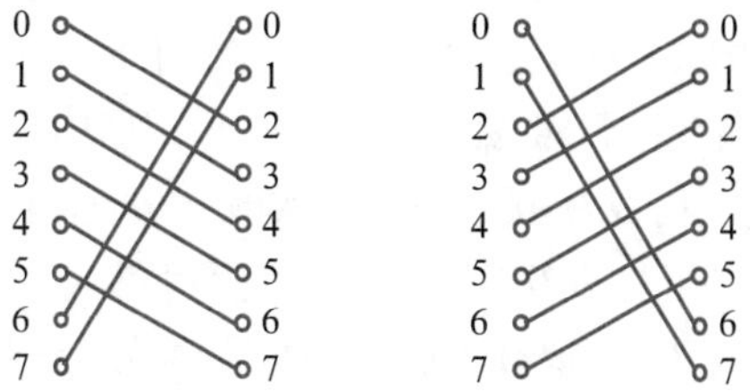

(a) 左移移数函数$k=2$　(b) 右移移数函数$k=2$

图 7.5 $N=8$ 的移数函数

还可以将整个输入数组（把输入端号按顺序排列）分成若干个子数组，然后在子数组的范围内进行移数置换。

7. PM2I 函数

PM2I 函数中的 P 和 M 分别表示加（plus）和减（minus），2I 表示 2^i，所以该函数又称为“加减 2^i”函数。这是一种特殊的移数函数，在其连接图中（例如图 7.6），它也是将各输入端都错开一定的位置（模 N）后连到输出端。其函数为

$$PM2_{+i}(x)=(x+2^i)\bmod N$$

$$PM2_{-i}(x)=(x-2^i)\bmod N$$

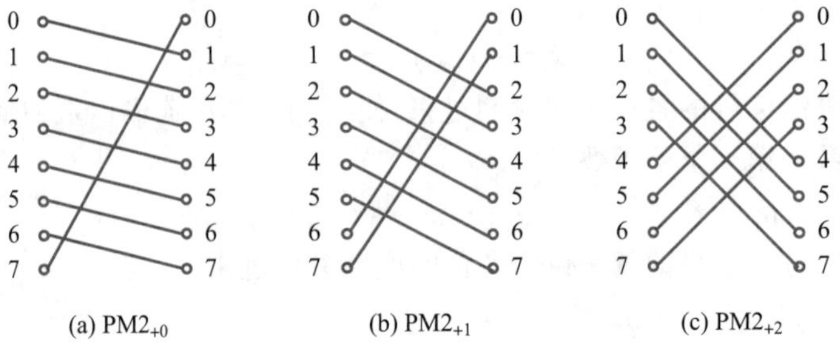

图 7.6　$N=8$ 的 PM2I 函数

其中，$0\leqslant x\leqslant N-1$，$0\leqslant i\leqslant n-1$，$n=\log_2 N$，$N$ 为节点数。显然，PM2I 互连网络共有 $2n$ 个互连函数。

当 $N=8$ 时，有如下 6 个 PM2I 函数。

$PM2_{+0}$：(0 1 2 3 4 5 6 7)

$PM2_{-0}$：(7 6 5 4 3 2 1 0)

$PM2_{+1}$：(0 2 4 6)(1 3 5 7)

$PM2_{-1}$：(6 4 2 0)(7 5 3 1)

$PM2_{+2}$：(0 4)(1 5)(2 6)(3 7)

$PM2_{-2}$：(4 0)(5 1)(6 2)(7 3)

图 7.6 画出了其中 3 个函数的连接图。

PM2I 函数是构成数据变换网络的基础。

阵列计算机 Illiac Ⅳ 采用 $PM2_{\pm 0}$ 和 $PM2_{\pm n/2}$ 构成其互连网络，实现各处理单元之间的上下左右互连，如图 7.7 所示。

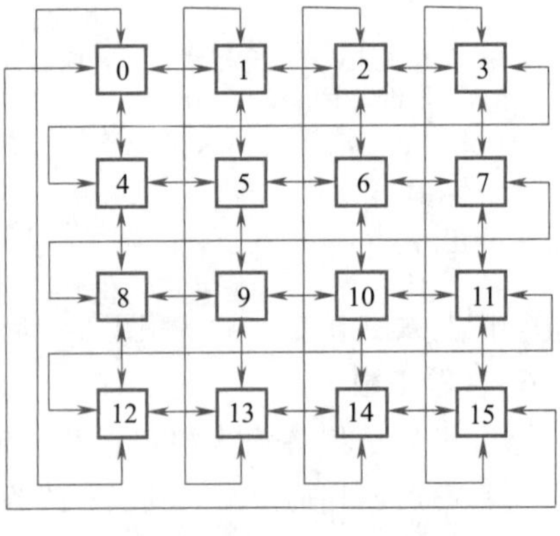

图 7.7　用移数函数构成 Illiac Ⅳ 阵列机的互连网络

例 7.1　现有 16 个处理器，编号分别为 0，1，…，15，用一个 $N=16$ 的互连网络互连。处理器 i 的输出通道连接互连网络的输入端 i，处理器 i 的输入通道连接互连网络的输出端 i。当该互连网络实现的互连函数分别为以下几种情况时，分别给出与第 13 号处理器所连接的处理器号。

① Cube_3;

② PM2_{+3};

③ PM2_{-0};

④ σ;

⑤ $\sigma(\sigma)$。

解

① 由 $\text{Cube}_3(x_3x_2x_1x_0)=\bar{x}_3x_2x_1x_0$,得 $\text{Cube}_3(1101)=0101$,即处理器 13 连接到处理器 5。

令 $\text{Cube}_3(x_3x_2x_1x_0)=1101$,得 $x_3x_2x_1x_0=0101$,故与处理器 13 相连的是处理器 5。所以处理器 13 与处理器 5 双向互连。

② 由 $\text{PM2}_{+3}=(j+2^3)\bmod 16$,得 $\text{PM2}_{+3}(13)=(13+2^3)\bmod 16=5$,即处理器 13 连接到处理器 5。

令 $\text{PM2}_{+3}(j)=(j+2^3)\bmod 16=13$,得 $j=5$,故与处理器 13 相连的是处理器 5。所以处理器 13 与处理器 5 双向互连。

③ 由 $\text{PM2}_{-0}(j)=(j-2^0)\bmod 16$,得 $\text{PM2}_{-0}(13)=(13-2^0)\bmod 16=12$,即处理器 13 连接到处理器 12。

令 $\text{PM2}_{-0}(j)=(j-2^0)\bmod 16=13$,得 $j=14$,故与处理器 13 相连的是处理器 14。所以处理器 13 连至处理器 12,而处理器 14 连至处理器 13。

④ 由 $\sigma(x_3x_2x_1x_0)=x_2x_1x_0x_3$,得 $\sigma(1101)=1011$,即处理器 13 连接到处理器 11。令 $\sigma(x_3x_2x_1x_0)=1101$,得 $x_3x_2x_1x_0=1110$,故与处理器 13 相连的是处理器 14。所以处理器 13 连至处理器 11,而处理器 14 连至处理器 13。

⑤ 由 $\sigma(\sigma(x_3x_2x_1x_0))=x_1x_0x_3x_2$,得 $\sigma(\sigma(1101))=0111$,即处理器 13 连接到处理器 7。

令 $\sigma(\sigma(x_3x_2x_1x_0))=1101$,得 $x_3x_2x_1x_0=0111$,故与处理器 13 相连的是处理器 7。所以处理器 13 与处理器 7 双向互连。

7.2 互连网络的结构参数与性能指标

7.2.1 互连网络的结构参数

微视频 7-2:互连网络的结构参数与性能指标

互连网络通常是用有向边或无向边连接有限个节点的图来表示。其主要结构参数包含以下 6 个。

① 网络规模(network scale)N:指互连网络中节点的个数。它表

示该网络所能连接的部件的数量。网络规模越大，则这个互连网络的连接能力越强，能连接更多的部件。

② 节点度（degree of node）d：指互连网络中节点所连接的边数（通道数），包括入度（in-degree）和出度（out-degree）。进入节点的边数叫入度，从节点出来的边数叫出度。

③ 节点距离：对于互连网络中的任意两个节点，其距离是指从一个节点出发到另一个节点终止所需要跨越的边数的最小值。

④ 网络直径（network diameter）D：指互连网络中任意两个节点之间距离的最大值。网络中任意两个节点之间传送的信息通过的边数都不会大于网络直径。显然，网络直径应当尽可能地小。

⑤ 对分宽度 b：把由 N 个节点构成的网络切成节点数相同（$N/2$）的两半，在各种切法中，沿切口边数的最小值称为该网络的对分宽度，用 b 表示。线对分带宽为 $B=b\times w$，其中 w 为通道宽度（用位数表示）。该参数主要反映了网络的最大流量。

⑥ 对称性：如果从任意节点来看，网络的结构都是相同的，则称该网络为对称网络（symmetrical network）。对称网络实现比较容易，编程也比较容易。

7.2.2　互连网络的性能指标

时延（latency，又称等待时间）和带宽（bandwidth）是用来评估互连网络性能的两个基本指标。与之相关的性能指标如下。

① 通信时延：从源节点到目的节点传送一条消息所需的总时间，它由以下 4 部分构成。

- 软件开销：在源节点和目的节点用于收发消息的软件所需的执行时间。
- 通道时延：通过通道传送消息所花的时间。通路时延＝消息长度/通道带宽。
- 选路时延：消息在传送路径上的一系列选路决策所需的时间开销。
- 竞争时延：多个消息同时在网络中传送时，会发生争用网络资源的冲突。为避免或解决争用冲突所需的时间就是竞争时延。

软件开销主要取决于两端端节点处理消息的软件内核。通道时延通常由瓶颈链路的通道带宽决定。选路时延与传送路径上的节点数成正比。竞争时延很难预测，它取决于网络的传输状态。

② 网络时延：通道时延与选路时延的和。它是由网络硬件特征决定的，与程序行为和网络传输状态无关。而软件开销和竞争时延则与程序的行为有关。

③ 端口带宽：对于互连网络中任意一个端口来说，其端口带宽是指单位时间内从该端口传送到其他端口的最大信息量。

在对称网络中，端口带宽与端口位置无关。网络的端口带宽与各端口的端口带宽相同。而非对称网络的端口带宽则是指所有端口带宽的最小值。

④ 聚集带宽：网络从一半节点到另一半节点，单位时间内能够传送的最大信息量。

例如,HPS 是一种对称网络,网络规模 N 的上限是 512,端口带宽是 40 MBps,因此 HPS 的聚集带宽是(40 MBps×512)/2=10.24 GBps。

⑤ 对分带宽:与对分宽度对应的切平面中,所有边合起来单位时间所能传送的最大信息量称为该网络的对分带宽。

7.3 静态互连网络

互连网络通常可以分为两大类:静态互连网络(static interconnection network)和动态互连网络(dynamic interconnection network)。静态互连网络是指各节点之间有固定的连接通路,且在运行中不能改变的网络。动态互连网络则是指由交换开关构成,可按运行程序要求动态改变连接状态的网络。

微视频 7-3:
静态互连网络

静态互连网络比较适用于构造通信模式可预测或可用静态连接实现的计算机。线性阵列结构是一维的静态互连网络,二维的有环形、星形、树形、网格形等,三维的有立方体等,三维以上的有超立方体等。下面介绍几种静态互连网络,其中的 N 表示网络的规模,即节点的个数。

1. 线性阵列(linear array)

线性阵列是一种一维网络,其中 N 个节点用 $N-1$ 条链路连成一行,如图 7.8(a)所示。其内部节点度 $d=2$,端节点度 $d=1$,网络直径 $D=N-1$,对分宽度 $b=1$。线性阵列是最简单的拓扑结构,其优点是实现成本低,但这种结构不对称,而且当 N 较大时,直径也比较大,通信效率低。当 N 较小时,如 $N=2$ 或 3,实现线性阵列是相当经济的。当 N 比较大时,就不应采用这种方案了。

线性阵列与总线的区别是很大的,总线是通过切换来由其所连接的节点分时共享使用,每次只有一对节点可以使用总线。而线性阵列则允许多个"源节点-目的节点"对并行地使用其不同的部分(通道)。

2. 环和带弦环(chordal ring)

用一条链路将线性阵列的两个端节点连接起来即可得到环,如图 7.8(b)所示。环可以单向工作,也可以双向工作,它是对称的,节点度 $d=2$。双向环的网络直径 $D=N/2$,单向环的网络直径 $D=N-1$。环的对分宽度 $b=2$。

在环的基础上,给每个节点增加一条或两条链路,即可得到如图 7.8(c)和图 7.8(d)所示的两种带弦环,其节点度 d 分别是 3 和 4。增加的链路愈多,节点度愈高,网络直径就愈小。与图 7.8(b)相比,图 7.8(c)和图 7.8(d)的网络直径分别由 8 减至 5 和 3。在极端情况下,图 7.8(f)所示的全连接网络(fullg connected network)的节点度为 15,直径为 1。

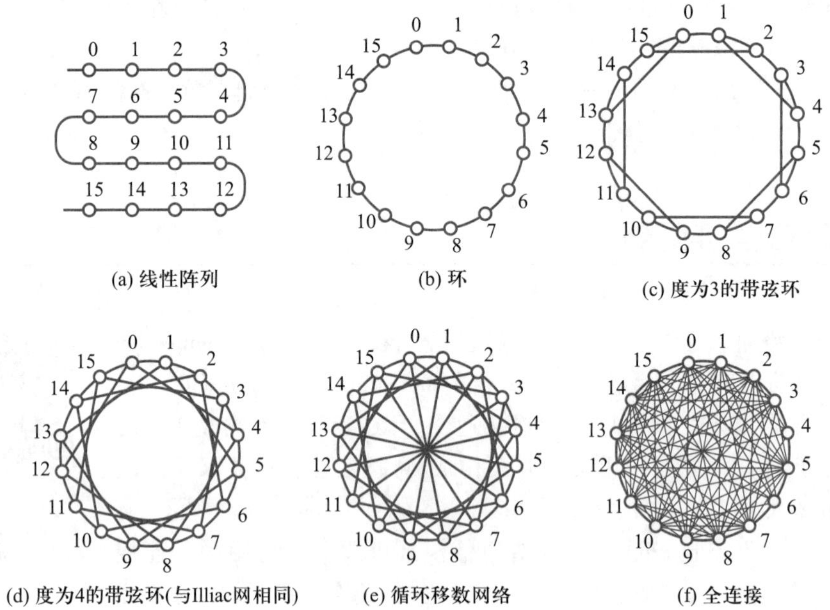

图 7.8　几种静态互连网络

3. 循环移数网络,又称桶形移位器(barrel shifter)

图 7.8(e)是节点数为 16 的循环移数网络,它是通过在环上增加以下链路而构成的,即在每个节点到所有与其距离为 2 的整数幂的节点之间都增加一条链路。也就是说,如果 $|j-i|=2^r, r=0,1,2,\cdots,n-1(n=\log_2 N)$,则节点 i 与节点 j 连接。这种循环移数网络的节点度为 $d=2n-1$,直径 $D=n/2$,网络规模 $N=2^n$。

显然,与节点度较低的任何带弦环相比,循环移数网络都具有更好的连接特性。对 $N=16$ 的情况,循环移数网络的节点度 $d=7$,直径 $D=2$,其复杂性比全连接网络(图 7.8(f))低得多。

4. 树形和星形(tree and star)

图 7.9(a)是一棵 5 层 31 个节点的二叉树。一般来说,一棵 k 层完全平衡的二叉树有 $N=2^k-1$ 个节点。其最大的节点度 $d=3$,直径 $D=2(k-1)$,对分宽度 $b=1$。由于节点度是常数,因此二叉树是一种可扩展的结构。其缺点是直径比较长。美国哥伦比亚大学于 1987 年研制的 DADO 多处理机采用的互连网络是 10 层二叉树形式,有 1 023 个节点。

星形网络是一种两层的树如图 7.9(b)所示。其节点度较高,为 $d=N-1$;直径较小,为 $D=2$,对分宽度 $b=\lfloor N/2 \rfloor$。但星形结构的可靠性比较差,只要中心节点出故障,整个系统就会瘫痪。星形结构一般用于有集中监督节点的系统中。

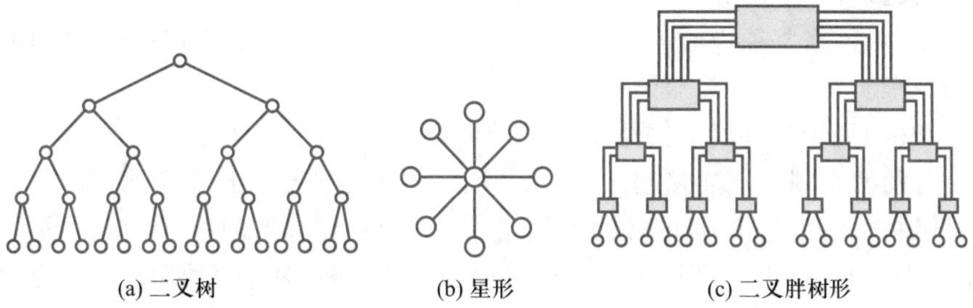

图 7.9 树形、星形、胖树形网络

5. 胖树形(fat tree)

1985 年 Leiserson 提出将计算机科学中所用的一般树结构修改为胖树形。树形网络的一个主要缺点是其根节点以及连到根部的链路上的负载比较重,有可能会成为整个系统的瓶颈。胖树形的提出使该问题得到了缓解。二叉胖树形结构如图 7.9(c)所示,胖树形的通道宽度从叶节点往根节点方向逐渐增宽,它更像真实的树,愈靠近树根,树干就愈粗。这种结构已经在 CM-5 计算机上得到了应用。

6. 网格形和环网形

网格形是一种比较流行的结构,它已经以各种变体形式在 Illiac Ⅳ、CM-2 和 Intel Paragon 等机器中得到了实现。作为例子,图 7.10(a)中画出了一个 3×3 的二维网格形网络。对于一个规模为 $N=n\times n$ 的二维网格形网络来说,其内部节点的度 $d=4$,边节点的度 $d=3$,角节点的度 $d=2$,网络直径 $D=2(n-1)$,对分宽度 $b=n$。这个网络是不对称的。

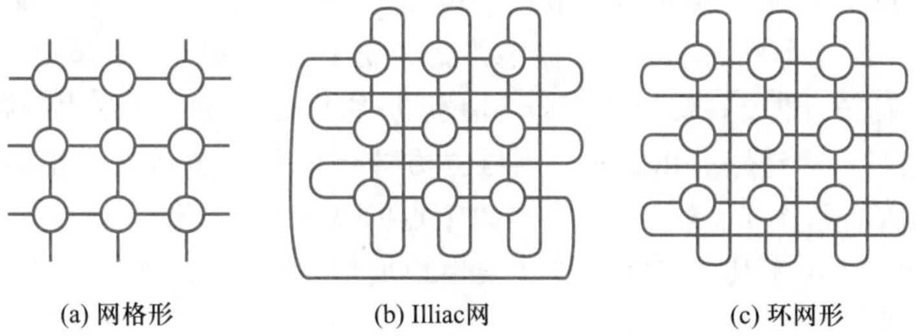

图 7.10 二维网格形和环形网络

一般来说,一个由 $N=n^k$ 个节点构成的 k 维网格形网络(每维 n 个节点),其内部节点度 $d=2k$,网络直径 $D=k(n-1)$。

图 7.10(b)是一个 Illiac 网络,其名称来源于采用了这种网络的 Illiac Ⅳ计算机。它是二维网格形网络的一种变形,即把二维网格形网络的每一列的两个端节点连接起来,再把每一行的尾节点与下一行的头节点连接起来,并把最后一行的尾节点与第一行的

头节点连接起来，就形成了 Illiac 网络。对于一个规模为 $n \times n$ 的 Illiac 网络来说，其所有节点的度 $d=4$，网络直径 $D=n-1$，对分宽度 b 为 $2n$。Illiac 网络的直径只有纯网格形网络直径的一半。

图 7.10(c)所示的环网形网络也是二维网格形网络的一种变形。把二维网格形网络的每一行的两个端节点连接起来，把每一列的两个端节点也连接起来，就成了环网形网络。对于一个规模为 $n \times n$ 的环网形网络来说，其所有节点的度 $d=4$，网络直径 $D=2\lfloor n/2 \rfloor$，对分宽度 $b=2n$。环网形是一种对称的拓扑结构，所有附加的回绕连接使得原来网格结构的直径减少了一半，这种拓扑结构将环形和网格形组合在一起，并能向高维扩展。

7. 超立方体(supercube)

超立方体是一种二元 n 维立方体结构，它已在 iPSC、nCUBE 和 CM-2 等计算机系统中得到了实现。一般来说，一个二元 n 维立方体由 $N=2^n$ 个节点组成，它们分布在 n 维上，每维有两个节点。8 个节点的 3 维立方体如图 7.11(a)所示。

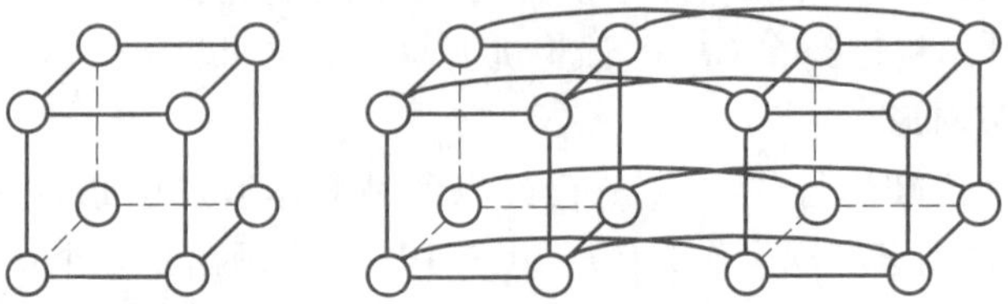

(a) 3维立方体　　(b) 由2个3维立方体组成的4维立方体

图 7.11　超立方体网络

将两个 3 维立方体中相对应的节点用链路连接起来，便可形成 4 维立方体，如图 7.11(b)所示。依此类推，便可形成更多维的立方体。一般地，如果要形成一个规模为 $N=2^n$ 的 n 维立方体，只要把两个 $(n-1)$ 立方体中相对应的节点用链路连接起来即可，共需要连接 2^{n-1} 条链路。由于对于 n 维立方体中的每一个节点来说，在其每一维的方向上都有且仅有一个节点与其相连，所以节点的度 $d=n$。n 维立方体的直径 $D=n$，对分宽度为 $b=N/2$。由于其节点度随维数线性地增加，所以超立方体结构的扩展十分困难。超立方体的网络结构是对称的。

在 20 世纪 80 年代的研究和开发中，二元超立方体网络是一种非常流行的结构。Intel 的 iPSC/1、iPSC/2 和 nCUBE 机都采用了这种结构。这种结构的连接比较密集，其他如二叉树和网格形等结构都可以嵌入超立方体。

由于可扩展性差，而且高维超立方体难以打包成模块化，超立方体结构已逐渐被其他结构所取代。例如，CM-5 机摈弃了 CM-2 采用的超立方体结构，改用更好的胖树形结构；Intel 的 Paragon 机也是摈弃以前采用的超立方体结构，而改用更好的二维网格形结构。

8. 带环立方体

图 7.12(a)是一个带环 3 维立方体(简称 3-CCC)网络,它是把 3 维立方体的每个节点换成一个由 3 个节点构成的环而形成的。

一般来说,带环 k 维立方体(简称 k-CCC)是 k 维立方体的变形,它是通过用 k 个节点构成的环取代 k 维立方体中的每个节点而形成的。其网络规模为 $N=k\times 2^k$,网络直径为 $D=2k-1+\lfloor k/2 \rfloor$,比 k 维立方体的直径大一倍,对分宽度为 $b=N/(2k)$。

前面讲过,k 维立方体中每个节点的度都是 k,即有 k 条边与之相连。当用由 k 个节点构成的环取代这个节点(设为 a)时,让该环中的各节点分别与 a 所连接的 k 条边连接,如图 7.12(b)所示。这样一来,不管带环 k 维立方体的 k 有多大,所有节点的度都是常数 3,与超立方体的维数无关,因而具有很好的扩展性。

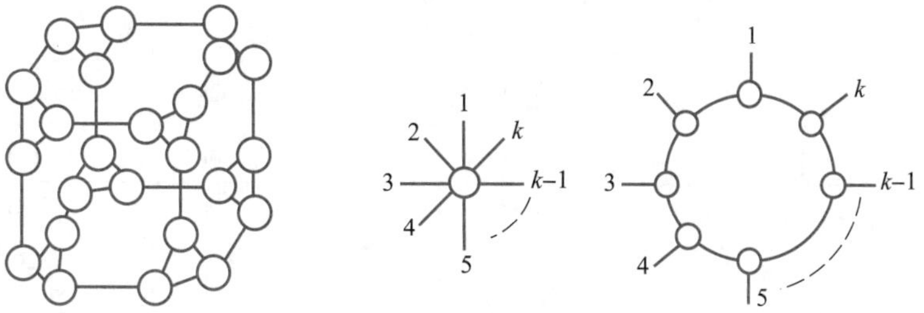

(a) 带环3维立方体　　(b) 将k维立方体的每个节点用由k个节点的环来代替，组成带环k维立方体

图 7.12　带环立方体网络

9. k 元 n 维立方体网络

环形、网格形、环网形、二元 n 维立方体(超立方体)和 Omega 网络都是 k 元 n 维立方体网络系列的拓扑同构体。图 7.13 是一个 4 元 3 维立方体网络的示意图。注意,图中被遮挡的节点和连线没有画出。

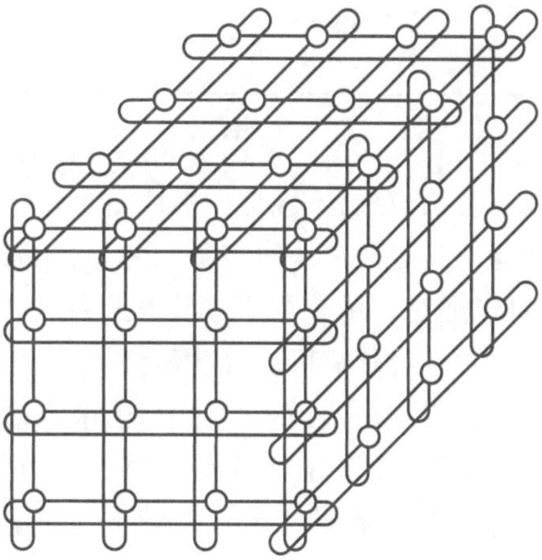

图 7.13　4 元 3 维立方体网络

在 k 元 n 维立方体网络中,参数 n 是立方体的维数,k 是基数,即每一维上的节点个数。这两者的关系是

$$N=k^n\,(k=\sqrt[n]{N},\ n=\log_k N)$$

k 元 n 维立方体的节点可以用基数为 k 的 n 位地址 $A=a_1a_2\cdots a_n$ 来表示,其中 a_i 表示该节点在第 i 维上的位置。为简单起见,假设所有的链路都是双向的。网络中的每条线代表两个通信通道,每个方向一个。图 7.13 中各节点之间的连线都是双向的。

按照惯例，通常把低维 k 元 n 维立方体称为环网，而把高维 k 元 n 维立方体称为超立方体。

表7.1汇总了几种静态互连网络的重要特性。可以看到，大多数网络的节点度都不超过4，这是比较理想的；全连接网络和星形网络的节点度太高；超立方体的节点度随 $\log_2 N$ 值的增大而增大，当 N 值很大时其节点度也太高。

表7.1　几种静态互连网络的重要特性

网络类型	节点度 d	网络直径 D	链路数 l	对分宽度 b	对称性	网络规格说明
线性阵列	2	$N-1$	$N-1$	1	非	N 个节点
环形	2	$N/2$	N	2	是	N 个节点
全连接	$N-1$	1	$N(N-1)/2$	$(N/2)^2$	是	N 个节点
二叉树	3	$2(h-1)$	$N-1$	1	非	树高 $h=\lfloor \log_2 N \rfloor$
星形	$N-1$	2	$N-1$	$\lfloor N/2 \rfloor$	非	N 个节点
二维网格	4	$2(r-1)$	$2N-2r$	r	非	$r\times r$ 网格，$r=\sqrt{N}$
Illiac 网	4	$r-1$	$2N$	$2r$	非	与 $r=\sqrt{N}$ 的带弦环等效
二维环网	4	$2\lfloor r/2 \rfloor$	$2N$	$2r$	是	$r\times r$ 环网，$r=\sqrt{N}$
超立方体	n	n	$nN/2$	$N/2$	是	N 个节点， $n=\lfloor \log_2 N \rfloor$（维数）
带环立方体	3	$2k-1+\lfloor k/2 \rfloor$	$3N/2$	$N/(2k)$	是	$N=k\times 2^k$ 节点 环长 $k\geqslant 3$
k 元 n 维立方体	$2n$	$n\lfloor k/2 \rfloor$	nN	$2k^{n-1}$	是	$N=k^n$ 个节点

网络直径的变化范围很大。虽然直径小仍然是一种优点，但随着硬件路由技术的不断革新，直径已不再是一个严重的问题，因为在采用高度流水线技术后，任意两节点间的通信延迟几乎是固定不变的。链路数会影响网络价格，对分宽度将影响网络的带宽，可以通过采用较宽的通道来扩大对分宽度。

对称性会影响可扩放性和路由效率。网络的总价格随网络直径和链路数的增大而上升。直径小仍然是一个优点，但节点之间的平均距离可能是一种更好的度量指标。

例7.2　已知有16个处理器用Illiac网络互连，写出Illiac网络的互连函数，给出表示任何一个处理器 $PU_i(0\leqslant i\leqslant 15)$ 与其他处理器直接互连的一般表达式。

解　Illiac网络连接的节点数 $N=16$，组成 4×4 的阵列。每一列的4个处理器互连为一个双向环，第1列~第4列的双向环可分别用循环互连函数表示为

(0 4 8 12)　　(12 8 4 0)

(1 5 9 13)　　(13 9 5 1)

(2 6 10 14)　　(14 10 6 2)

(3 7 11 15)　　(15 11 7 3)

其中，传送方向为顺时针的 4 个单向环的循环互连函数可表示为

$$\mathrm{PM2}_{+2}(X)=(X+2^2)\ \mathrm{mod}\ N=(X+4)\ \mathrm{mod}\ 16$$

传送方向为逆时针的 4 个单向环的循环互连函数可表示为

$$\mathrm{PM2}_{-2}(X)=(X-2^2)\ \mathrm{mod}\ N=(X-4)\ \mathrm{mod}\ 16$$

16 个处理器由 Illiac 网络的水平螺线互连为一个双向环，用循环互连函数表示为

(0 1 2 3 4 5 6 7 8 9 10 11 12 13 14 15)

(15 14 13 12 11 10 9 8 7 6 5 4 3 2 1 0)

其中，传送方向为顺时针的单向环的循环互连函数可表示为

$$\mathrm{PM2}_{+0}(X)=(X+2^0)\ \mathrm{mod}\ N=(X+1)\ \mathrm{mod}\ 16$$

传送方向为逆时针的单向环的循环互连函数可表示为

$$\mathrm{PM2}_{-0}(X)=(X-2^0)\ \mathrm{mod}\ N=(X-1)\ \mathrm{mod}\ 16$$

所以，$N=16$ 的 Illiac 网络的互连函数有 4 个：$\mathrm{PM2}_{\pm 0}(X)$ 和 $\mathrm{PM2}_{\pm 2}(X)$。

由互连函数可得任何一个处理器 i 直接与下述 4 个处理器双向互连：

$$i\pm 1\ \mathrm{mod}\ 16$$

$$i\pm 4\ \mathrm{mod}\ 16$$

7.4 动态互连网络

动态互连网络设置有源开关，因而能够根据需要借助控制信号对连接通路加以重新组合，实现所要求的通信模式。下面介绍总线网络、交叉开关网络和多级互连网络 3 种动态互连网络。

微视频 7-4：
动态互连网络

7.4.1 总线网络

总线由一组导线和插座构成，经常被用来实现计算机系统中处理机模块、存储模块和外围设备等之间的互连。每一次总线只能用于一个源（主部件）到一个或多个目的（从部件）之间的数据传送。在有多个请求的情况下，总线仲裁逻辑只能按一定的规则将总线分配给其中一个请求，并且按分时原则轮流为多个请求服务。所以，总线经常被称为多个功能模块之间的争用总线（contention bus）或分时总线（time-sharing bus）。与多级互连网络和交叉开关网络相比，总线网络具有结构简单、实现成本低等优点。但由于是由许多模块分时共享，每次只能处理一个请求，所以它很容易就会成为系统

的瓶颈。

采用总线网络时,有很多工业总线标准和 IEEE 总线标准可供选择。

图 7.14 是一种由总线连接的多处理机系统示意图。系统总线在处理机、I/O 子系统、主存以及辅存(磁盘、磁带机等)之间提供了一条公用通路。系统总线通常设置在印刷电路板底板上。处理器板、存储器板和设备接口板都通过插座或电缆插入底板。

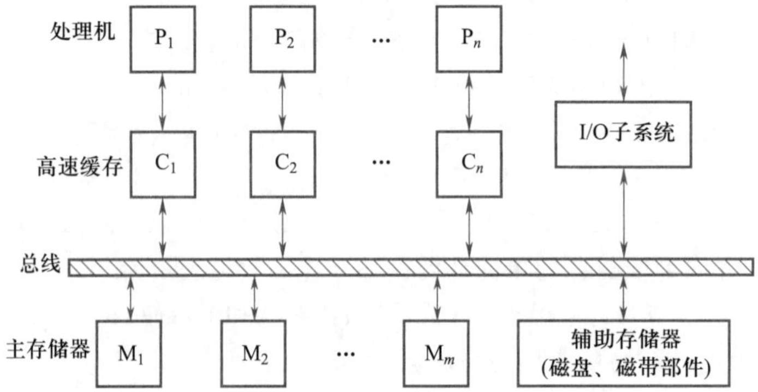

图 7.14　一种由总线连接的多处理机系统

为了解决总线带宽较窄的问题,可以采用多总线或多层次总线。多总线是设置多条总线,可以有两种做法,一种是为不同的功能设置专门的总线,另一种则是重复设置相同功能的总线。多层次总线是按层次的架构设置速度不同的总线,使得不同速度的模块有比较适合的总线连接。

7.4.2　交叉开关网络

可以把交叉开关网络(crossbar network)看作是一个单级开关网络。像电话交换机一样,交叉点开关能在对偶(源、目的)之间形成动态连接,同时实现多个对偶之间的无阻塞连接。开关可根据程序要求动态地设置为“开”或“关”。与其他动态互连网络相比,交叉开关网络的带宽和互连特性是最好的。对于一个 $n\times n$ 的交叉开关网络,可以无阻塞地实现 $n!$ 种置换。不过,对一个 $n\times n$ 的交叉开关网络来说,需要 n^2 套交叉点开关以及大量的连线。当 n 很大时,交叉开关网络所需要的硬件数量非常大。因此,一般只有 $n\leqslant 16$ 的小型交叉开关网络用在商品化的计算机中。

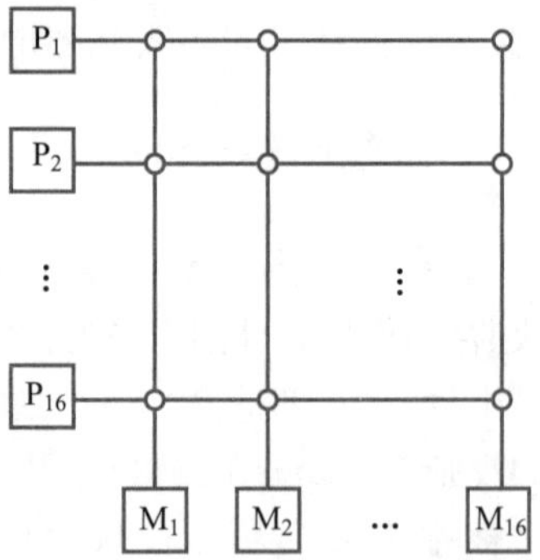

图 7.15　C.MMP 多处理机中的交叉开关网络

可以在处理机和存储器模块之间用交叉开关网络互连,构成一个共享存储器的多处理机。图 7.15 是 C.MMP 多处理机中的交叉开关网络示意图。它用

16×16 的交叉开关网络把 16 台 PDP-11 处理机($P_1, P_2, \cdots, P_{16}$)与 16 个存储模块($M_1, M_2, \cdots, M_{16}$)连在一起,最多可同时实现 16 台处理机对 16 个不同存储模块的并行访问。

在图 7.15 所示的多处理机互连结构中,每个存储模块一次只能满足一台处理机的请求。当多个请求要同时访问同一存储模块时,交叉开关就必须分解所发生的冲突,每一列只能接通一个交叉点开关。但是,每一台处理机可能会产生一系列地址要同时访问多个存储模块,为了支持并行(或交叉)存储器访问,可以在同一行中接通几个交叉点开关。

图 7.16 是 Fujitsu 公司的向量并行处理机 VPP500 所采用的大型交叉开关网络(224×224)结构示意图,其中 PE 表示带存储器的处理机,CP 代表控制处理机。这是一个用于实现处理机之间通信的互连网络。在这个网络中,每一行和每一列只能接通一个交叉点开关。

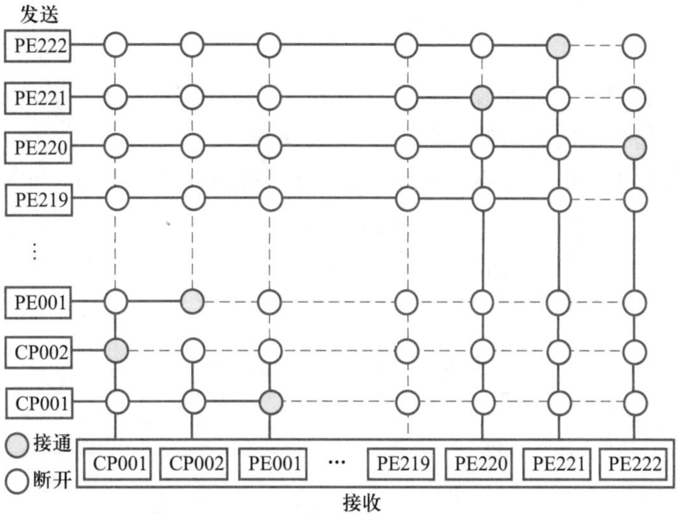

图 7.16 VPP500 向量并行处理机中处理机间的交叉开关网络

处理机之间的交叉开关可以实现处理机之间的置换连接,但这只是一对一的连接,所以 $n \times n$ 交叉开关网络一次最多可实现 n 个"源-目的"对的连接。

7.4.3 多级互连网络

1. 多级互连网络的构成

MIMD 和 SIMD 计算机一般都采用多级互连网络(multistage interconnection network, MIN)。一种通用的多级互连网络如图 7.17 所示,其中每一级都用了多个 $a \times b$ 开关,相邻各级开关之间都有固定的级间连接($ISC_1, ISC_2, \cdots, ISC_n$)。为了在输入和输出之间建立所需的连接,可以通过动态设置开关的状态来实现。

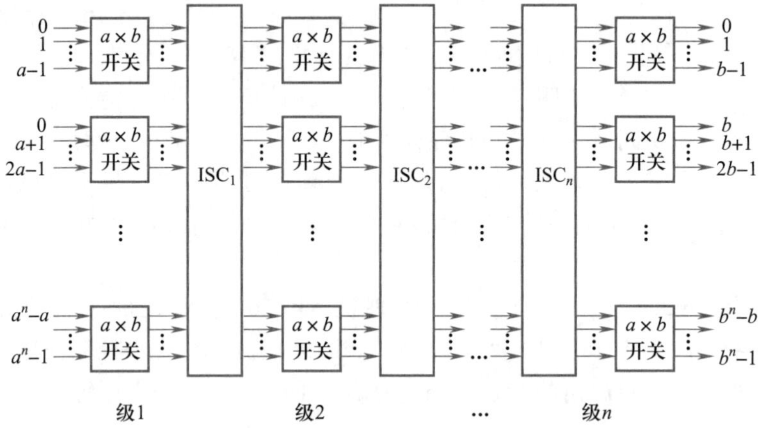

图 7.17　一种由 $a\times b$ 开关模块和级间连接 $ISC_1, ISC_2, \cdots, ISC_n$ 构成的通用多级互连网络结构

一个 $a\times b$ 开关模块有 a 个输入和 b 个输出。在理论上，a 和 b 不一定相等，然而实际上 a 和 b 经常选为 2 的整数幂，即 $a=b=2^k, k\geqslant 1$。

各种多级互连网络的区别在于所用开关模块、控制方式和级间互连模式的不同。

表 7.2 列出了几种常用的开关模块：2×2、4×4、8×8。这些模块中，每个输入可与一个或多个输出相连，但是在输出端不许发生冲突。换句话说，一对一和一对多的映射是允许的，但不允许有多对一映射，否则输出端将发生冲突。

表 7.2　几种常用的开关模块

模块大小	合法状态	置换连接
2×2	4	2
4×4	256	24
8×8	16 777 216	40 320
$n\times n$	n^n	$n!$

最简单的开关模块是 2×2 开关，可用作各种多级互连网络的基本构件。2×2 开关有 4 种连接方式，如图 7.18 所示。

控制方式是指对各个开关模块进行控制的方式。一般有以下 3 种控制方式。

① 级控制：每一级的所有开关只用一个控制信号进行控制，这些开关只能同时处于同一种状态。

② 单元控制：每一个开关都有一个独立的控制信号，可各自处于不同的状态。

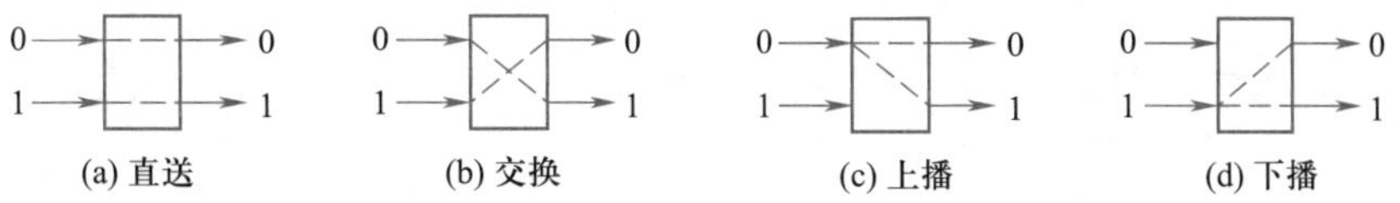

图 7.18 2×2 开关的 4 种连接方式

③ 部分级控制：第 i 级的所有开关分别用 $i+1$ 个信号控制，其中 $0 \leqslant i \leqslant n-1$，$n$ 为级数。

常用的级间互连模式包括均匀洗牌、蝶式、多路洗牌、纵横交叉和立方体连接等。

2. 多级立方体网络

多级立方体网络包括 STARAN 网络和间接二进制 n 方体网络等。这两者仅在控制方式上不同，在其他方面都是一样的。它们都是采用二功能（直送和交换）的 2×2 开关。当第 i 级（$0 \leqslant i \leqslant n-1$）交换开关处于交换状态时，实现的是 Cube_i 互连函数。

图 7.19 是一个 8 个入端的多级立方体网络示意图。一般来说，一个 N 输入的多级立方体网络有 $\log_2 N$ 级，每级用 $N/2$ 个 2×2 开关模块，共需要 $\log_2 N \times N/2$ 个开关。

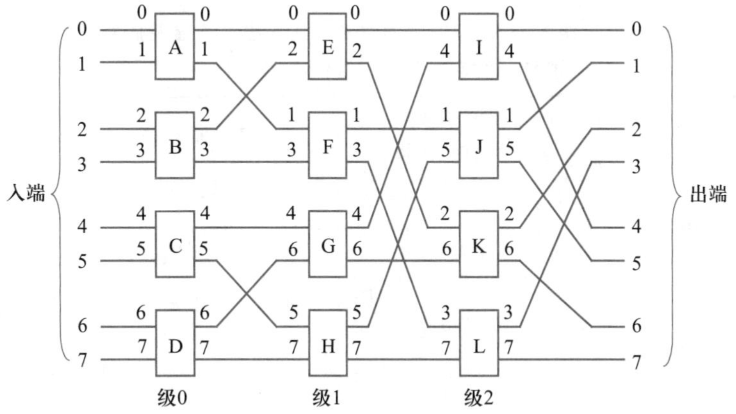

图 7.19 多级立方体网络

STARAN 网络采用级控制和部分级控制，而间接二进制 n 方体网络则采用单元控制，因而后者具有更大的灵活性。当 STARAN 网络采用级控制时，所实现的是交换功能；而采用部分级控制时，则能实现移数功能。

所谓交换，是指将有序的一组元素头尾对称地进行交换。例如，对于由 8 个元素构成的组，其各种基本交换的图形如图 7.20 所示。其中，4 组 2 元交换是把 8 个元素分成 4 组，每组两个元素，各组内都进行 2 元交换；2 组 4 元交换是把 8 个元素分成 2 组，每组 4 个元素，各组内都进行 4 元交换。1 组 8 元交换是全交换，也称为镜像交换。

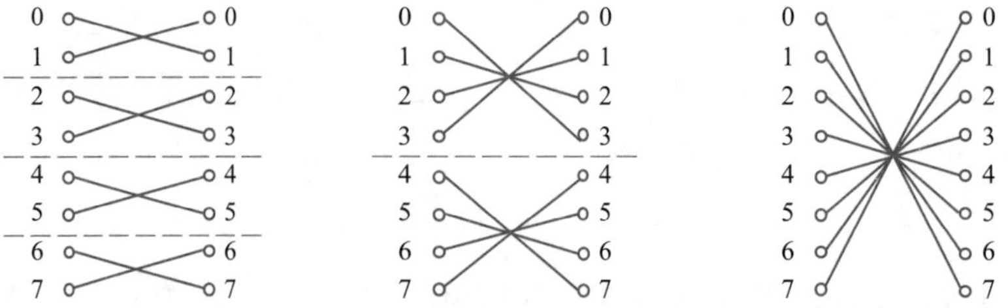

图 7.20　8 个元素的基本交换图形

表 7.3 给出了 3 级 STARAN 网络在各种级控制信号的情况下所实现的入出端连接以及所实现的交换函数和功能。其中 $k_2k_1k_0$ 为控制信号，k_i（$i=0,1,2$）为第 i 级的级控制信号。从表 7.3 可以看出，表中后 4 行中每一行所实现的功能可以从级控制信号为其反码的一行中所实现的功能加上 1 组 8 元变换来获得。例如，级控制信号为 110 所实现的功能是其反码 001 所实现的 4 组 2 元交换再加上 1 组 8 元交换来获得。这是因为 $110=001\oplus111$，而且两个控制信号的异或运算就是其所实现的相应功能的叠加（由于 Cube 函数的逆函数就是它自己，所以偶数次作用相互抵消）。

表 7.3　三级 STARAN 交换网络实现的入出端连接及所实现的交换函数和功能（k_i 为第 i 级控制信号）

级控制信号 $k_2k_1k_0$	连接的输出端号序列（入端号序列为 01234567）	实现的分组交换	实现的互连函数
000	0 1 2 3 4 5 6 7	恒等	I
001	1 0 3 2 5 4 7 6	4 组 2 元交换	$Cube_0$
010	2 3 0 1 6 7 4 5	4 组 2 元交换+ 2 组 4 元交换	$Cube_1$
011	3 2 1 0 7 6 5 4	2 组 4 元交换	$Cube_0+Cube_1$
100	4 5 6 7 0 1 2 3	2 组 4 元交换+ 1 组 8 元交换	$Cube_2$
101	5 4 7 6 1 0 3 2	4 组 2 元交换+ 2 组 4 元交换+ 1 组 8 元交换	$Cube_0+Cube_2$
110	6 7 4 5 2 3 0 1	4 组 2 元交换+ 1 组 8 元交换	$Cube_1+Cube_2$
111	7 6 5 4 3 2 1 0	1 组 8 元交换	$Cube_0+Cube_1+Cube_2$

当控制信号 $k_2k_1k_0$ 为 001、011 和 111 时，所实现的交换分别如图 7.20 中的(a)、(b)、(c)所示。

当 STARAN 网络用作移数网络时，采用部分级控制，控制信号的分组和控制结果如表 7.4 所示。

表 7.4 STARAN 网络在部分级控制方式下所实现的移数置换

部分级控制信号						连接的输出端号序列（入端号序列为 01234567）	所实现的移数功能
第 0 级	第 1 级		第 2 级				
A B C D	E G	F H	I	J	K L		
1	1	0	1	0	0	1 2 3 4 5 6 7 0	移 1 mod 8
0	1	1	1	1	0	2 3 4 5 6 7 0 1	移 2 mod 8
0	0	0	1	1	1	4 5 6 7 0 1 2 3	移 4 mod 8
1	1	0	0	0	0	1 2 3 0 5 6 7 4	移 1 mod 4
0	1	1	0	0	0	2 3 0 1 6 7 4 5	移 2 mod 4
1	0	0	0	0	0	1 0 3 2 5 4 7 6	移 1 mod 2
0	0	0	0	0	0	0 1 2 3 4 5 6 7	不移 全等

STARAN 网络因巨型相联处理机 STARAN 而得名。它被成功地用在 STARAN 计算机中的多维相联存储器与处理部件之间，对存储器中错位存放的数据在读出后和写入前进行重新对准和排列，以适应处理部件对数据正常位序的需要。利用交换和移数这两种基本功能，加上对数据位进行屏蔽，还可以实现全混、展开、压缩等多种数据变换。

3. Omega 网络

图 7.21 是一个 8×8 的 Omega 网络，共有 3 级，每级由 4 个 4 功能的 2×2 开关构成。级间互连采用均匀洗牌连接方式。网络的左侧是 8 个输入，右侧是 8 个输出。

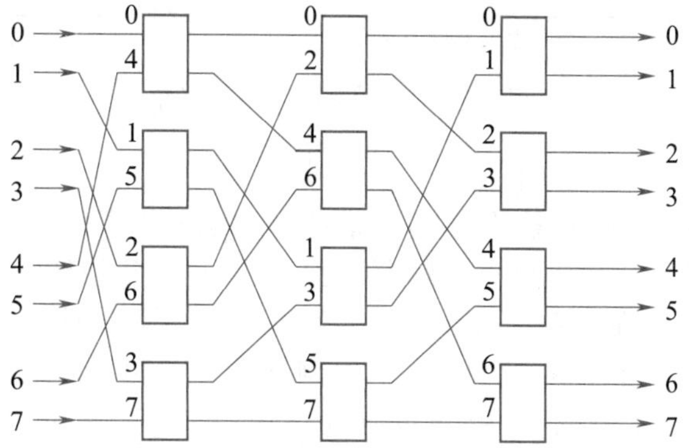

图 7.21 8×8 的 Omega 网络

把图7.19中的开关F和G对调(保持原来的连接),就可以得到如图7.22所示的互连网络。对比图7.21与图7.22可以发现,这两个互连网络在拓扑结构上正好是互逆的。假设图7.21是画在玻璃上的,那么从正面看,是Omega网络;如果到玻璃的背后看过来,就是如图7.22所示的3级立方体网络。所以,如果Omega网络也采用2功能交换开关,那么Omega网络和间接二进制 n 方体网络就互为逆网络。

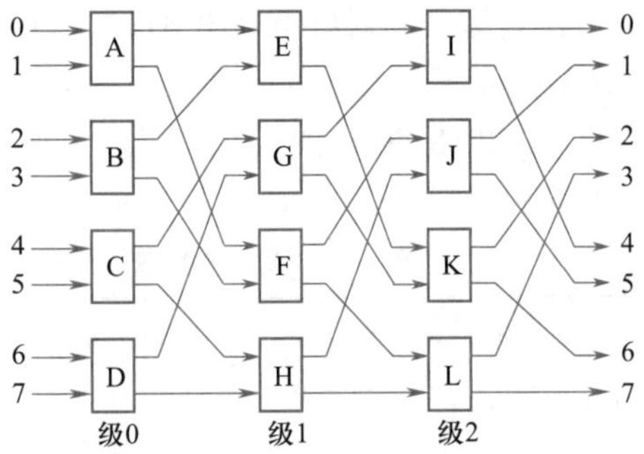

图7.22 $N=8$ 的多级立方体互连网络的另一种画法

7.4.4 动态互连网络的比较

表7.5中列出了总线网络、多级互连网络以及交叉开关网络的主要特性。

表7.5 动态互连网络的主要特性

网络特性	总线网络	多级互连网络	交叉开关网络
单位数据传送的最小时延	恒定	$O(\log_k n)$	恒定
每台处理机的带宽	$O(w/n)\sim O(w)$	$O(w)\sim O(nw)$	$O(w)\sim O(nw)$
连线复杂性	$O(w)$	$O(nw\log_k n)$	$O(n^2w)$
开关复杂性	$O(n)$	$O(n\log_k n)$	$O(n^2)$
连接特性和路由性能	一次只能一对一	只要网络不阻塞,可实现某些置换和广播	全置换,一次一个
典型计算机	Symmetry S1,Encore Multimax	BBNTC-2000 IBM RP3	Cray Y-MP/816 Fujitsu VPP500

说明:① 总线上假定有 n 台处理机,总线宽度为 w 位。

② $n\times n$ 多级互连网络采用 $k\times k$ 开关,其线宽为 w 位。

③ 假定 $n\times n$ 交叉开关的线宽为 w 位。

显然,总线网络的复杂性最低,成本也最低;其缺点是每台处理机可用的带宽较窄。

交叉开关网络是最昂贵的,因为其硬件复杂性以 n^2 上升,所以其成本最高。但是交叉开关的带宽和路由性能最好。如果网络的规模较小,它是一种理想的选择。

多级互连网络的复杂度和带宽介于总线网络和交叉开关网络之间,是一种折中方案。其主要优点是采用模块化结构,可扩展性较好。不过,其时延随网络级数的增加而上升。另外,由于其硬件复杂度比总线高很多,其成本也不低。

7.5 消息传递机制

消息传递机制在实现多处理机或多计算机中各节点之间的互连通信中有重要的作用。在这样的系统中,处理机之间是通过发送消息来进行通信的。当某个处理机(设为A)要对远程存储器上的数据进行访问(或操作)时,它就通过给相应的远程处理机(设为B)发送一个消息来请求数据(或对该数据进行操作)。在这种情况下,可以把该消息看成是一个远程过程调用(remote procedure call,RPC)。当目的处理机B接收到消息以后,就代替A对相应的数据进行访问(或执行相应的操作),然后发送一个应答消息给处理机A,将结果返回。

当源节点和目的节点之间没有直接连接时,消息需要经过中间节点进行传递。路由(routing,或称为寻径)就是用来实现这种传递的通信方法和算法。

7.5.1 消息路由方案

1. 消息的格式

消息是节点之间进行通信的逻辑单位,其格式如图7.23所示。消息一般是由若干个"包"组成。尽管包的长度是固定的,但因一条消息中所包含的包的个数是可变的,所以消息的长度是不定长的。

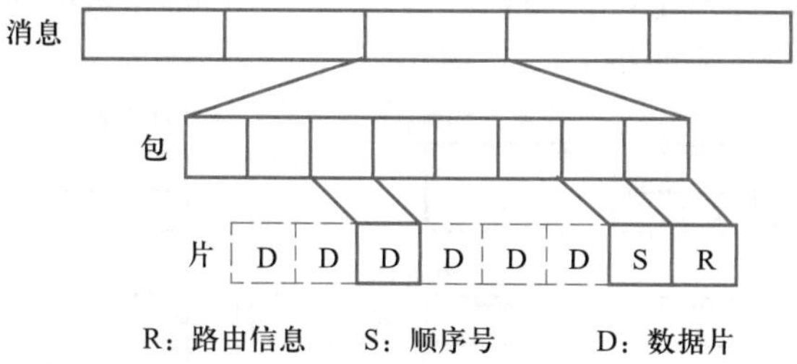

图7.23 消息、包和片的格式

包是包含路由所需目的地址的基本单位。由于不同的包可能是异步到达目的节点,因此一条消息中的各个包都依次被分配一个序号,以便这些包到达目的节点后能重新组装出消息。

包可以进一步分成一些更小的固定长度的单位,称为"片"。路由信息和包序列号形成头片,其余的是数据片。

包的长度主要是由路由方案和网络的具体实现所决定的,典型的长度是64~512 b不等。片的长度经常受网络大小的影响,例如一个由256个节点构成的网络要求片的长度为 8 b。其他影响包长度和片长度的因素还有通道带宽、路由设计、网络的流量密度等。

2. 4 种路由方式

消息路由方式可以分为两大类:线路交换和包交换。包交换又分为存储转发、虚拟直通和虫孔 3 种方式。

(1) 线路交换(circuit switching)

采用线路交换方式时,在传递一个信息之前,需要先建立一条从源节点到目的节点的物理通路,然后再传递信息。其传输时延 T 为

$$T=\frac{L+L_t\times(D+1)}{B} \tag{7.1}$$

其中 L 为信息包的长度(位数),L_t 为建立路径所需的小信息包的长度,D 为经过的中间节点个数,B 为带宽。

线路交换的优点是传输带宽较大,平均传输时延较小,而且使用的缓冲区小,因而适合于动态、突发性大规模并行处理数据的传送。其缺点是需要频繁地建立源节点到目的节点的物理通路,时间开销会很大。

(2) 存储转发(store and forward)

存储转发是最简单的包交换方式。在这种方式中,包是信息传递的基本单位,如图 7.24(a)所示,包从源节点经过一系列中间节点到达目的节点。存储转发要求所经过的每个中间节点都要设置一个包缓冲器,用于保存所传递的包。当一个包到达某个中间节点时,该节点先把这个包全部存储起来,然后在出口链路可用,而且下一个节点的包缓冲器也可用的情况下,传递给下一个节点。

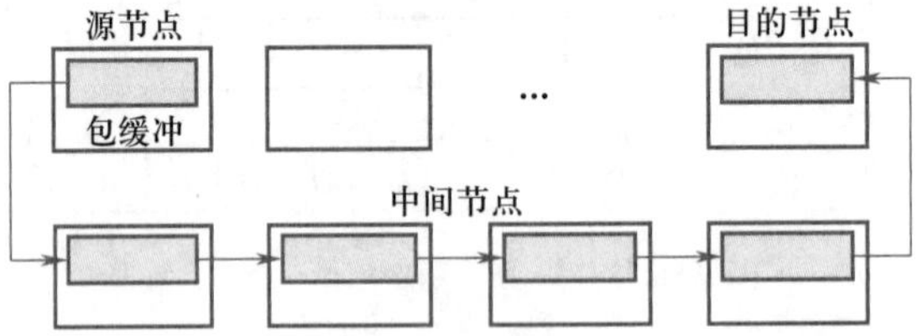

(a) 存储转发

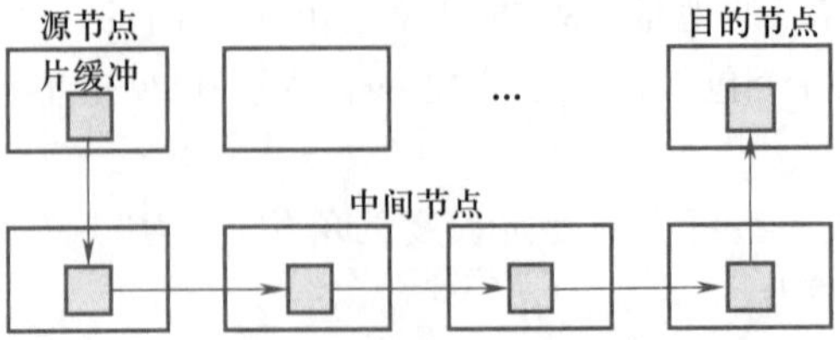

(b) 虫孔方式

图 7.24 消息路由方式:包交换

存储转发方式中,网络的时延与源和目的地之间的距离(跳数)成正比,时延 T_{SF} 为

$$T_{SF}=\frac{L}{B}(D+1) \tag{7.2}$$

式中 D、L、B 参数的含义同式(7.1)。

可以看出,存储转发方式的缺点是包缓冲区大,不利于超大规模集成电路(VLSI)实现;网络时延大,与节点距离成正比。

(3) 虚拟直通

虚拟直通是对存储转发方式的一种改进,减少了网络时延。其基本思想是:无须等到信息包全部放入缓冲器后再作路由选择,只要接收到用作路由的包头就可作出判断。如果节点的输出链路空闲,信息包可以不必存储在该节点的缓冲器中,而是立即传送到下一个节点。如果整条链路都空闲,包就可以立即直达目的节点。这时它就同使用线路交换一样。但是,这种方式还是要求每个节点中有缓冲器。这是因为在输出链路不空闲时,还是要用缓冲器进行存储。所以无论用存储转发还是用虚拟直通,在各中间节点都需要设置缓冲器。

虚拟直通的通信时延为

$$T=\frac{L+L_h\times(D+1)}{B}\approx\frac{L}{B} \tag{7.3}$$

式中 L_h 是信息包路由头部的长度。

一般来说,$L>>L_h\times(D+1)$,所以 $T\approx L/B$。可以看出,此时通信时延与节点数目无关,这是一个非常大的改进。

当出现路由阻塞时,虚拟直通方式也只好将整个信息包全部存储在路由节点中,直到通道不阻塞时才能将信息包发出。这就要求每个节点都有足够大的缓冲区来存储可能出现的最大的信息包。在这一点上,虚拟直通方式与存储转发方式是一样的,同样不利于 VLSI 的实现。

(4) 虫孔(wormhole)

虫孔方式比虚拟直通方式又有了改进。它把信息包“切割”成更小的单位“片”,而且使信息包中各片的传送按流水线方式进行,所以不仅可以减少节点中缓冲器的容量,而且还能缩短传送延迟时间(如图 7.24(b)所示)。虫孔方式在新型的多计算机系统中得到了广泛应用。

虫孔方式所能处理的最小信息单位是片。当一个节点把头片送到下一个节点后,那么接下来就可以把后面的各个片也依次送出。一个节点一旦开始传送一个包中的头片后,这个节点就必须等待这个包的所有片都送出去后,才能传送其他包。不同包的片不能混合在一起传送。

虫孔方式有点像虚拟直通方式,但不同之处在于:当输出通路忙时,节点是把一个

片存储到缓冲器中。由于片的大小比包小很多，所以能有效地减少缓冲器的容量，使得它易于用 VLSI 实现。

对于一个受到阻塞的包来说，其前后连续的各个片可以散布在若干个中间节点中。换句话说，整个包停留在已建立的通路中的某一路径段中。当可以继续向前传送时，头片每向前传送一个节点，其他数据片就跟着相应地向前"蠕动"一步，就好像一条虫那样蠕动前进。

虫孔方式的通信时延为

$$T_{WH}=T_f\times D+\frac{L}{B}=\frac{L+L_f\times D}{B}\approx\frac{L}{B} \tag{7.4}$$

式中 L_f 是片的长度，T_f 是片经过一个节点所需时间，$L>>L_f\times D$。
从该式看出，通信时延与节点数无关。图 7.25 是虫孔方式的时间关系图及其与存储转发方式的比较。

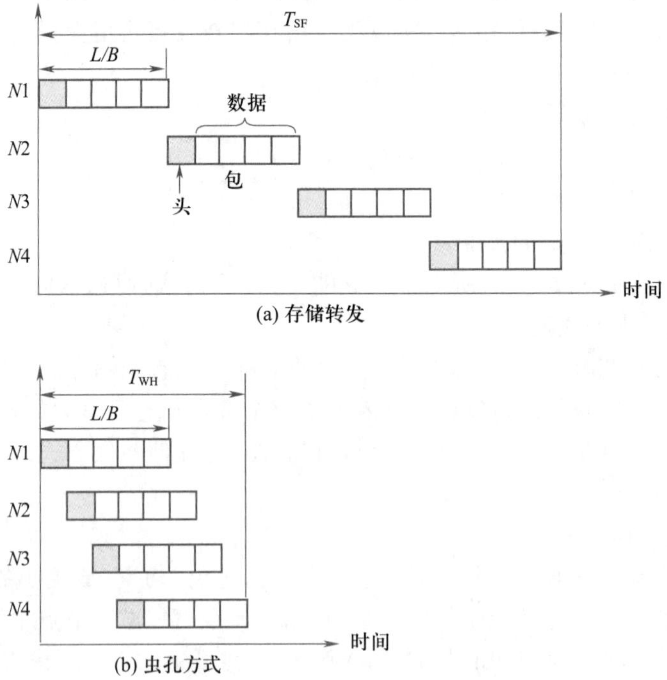

图 7.25 存储转发与虫孔方式的时间比较

虫孔方式的优点是每个节点的缓冲器较小，易于 VLSI 实现；有较小的网络传输延迟；通道共享性好，利用率高；易于实现选播和广播通信模式。其缺点是当消息的一片被阻塞时，整个消息的所有片都将被阻塞在所在节点，占用了节点资源。

7.5.2 死锁与虚拟通道

1. 虚拟通道

虚拟通道是两个节点间的逻辑链接,它由源节点的片缓冲区、节点间的物理通道以及接收节点的片缓冲区组成。图 7.26 说明了 4 条虚拟通道共享一条物理通道的概念。这里,源节点和接收节点各有 4 个片缓冲区,当物理通道分配给某对缓冲区时,这一对的源缓冲区和接收缓冲区就形成了一条虚拟通道,物理通道是由所有的虚拟通道分时地共享。除了有关的缓冲区和通道以外,还必须用某些通道状态来区分不同的虚拟通道。源缓冲区存放等待使用通道的片,接收缓冲区存放由通道刚刚传送过来的片。通道(电缆或光纤)是它们之间的通信媒介。

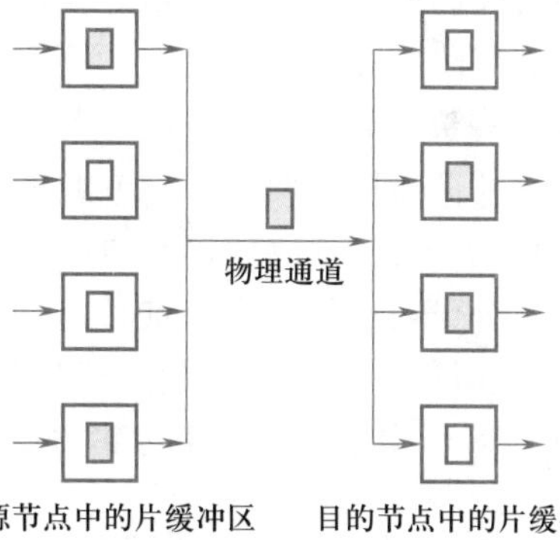

图 7.26 4 条虚拟通道以片传递为基础分时地共享一条物理通道

虚拟通道也可以用双向通道实现:把两条单向通道组合在一起可以构成一条双向通道。这不仅增加了利用率,还可使通道的带宽加倍。

2. 避免死锁

缓冲区或通道上的循环等待会引起死锁。例如,图 7.27(a)中出现循环的通道相关而产生死锁。利用虚拟通道方法可以避免这个死锁,可以增加两条虚拟通道 V_3 和 V_4,如图 7.27(b)所示。此时的通道相关循环变成了如图 7.27(c)所示的螺旋线,从而避免了死锁。但是增加虚拟通道可能会使每个请求可用的有效通道带宽降低。为此,当实现数目很大的虚拟通道时需要用高速的多路选择开关。

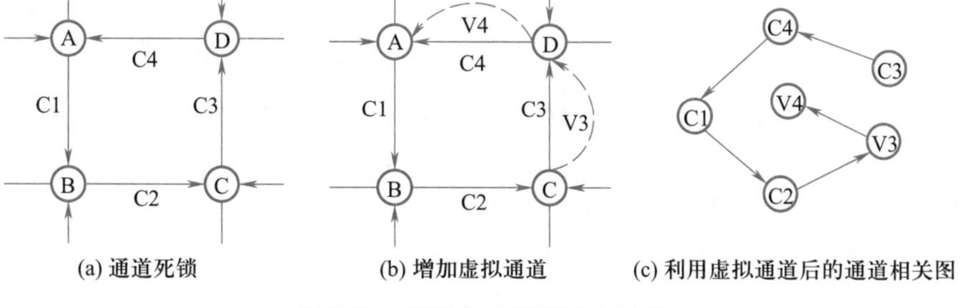

图 7.27 利用虚拟通道减少死锁

7.5.3 流控制策略

当两个或更多的包在某个节点为竞争缓冲区或通道资源发生冲突时,必须使用预先确定好的策略来解决冲突。下面就来讨论这个问题。我们要寻找的是不会引起拥挤或死锁的控制网络流量的策略。在此基础上,论述为一对一通信所设计的确定路由算法和自适应路由算法。

1. 包冲突的解决

为了利用通道在两个相邻节点之间传送一个片,要同时具备 3 个条件:源缓冲区已存有该片,通道已分配好,接收缓冲区准备接收该片。

当两个包到达同一个节点时,它们可能都在请求同一个接收缓冲器或者同一个输出通道,这时必须对两个问题进行仲裁:把通道分配给哪个包及如何处理被通道拒绝的包。图 7.28 给出了 4 种解决方案,这里假设是把通道分配给包 1,包 2 被拒绝。

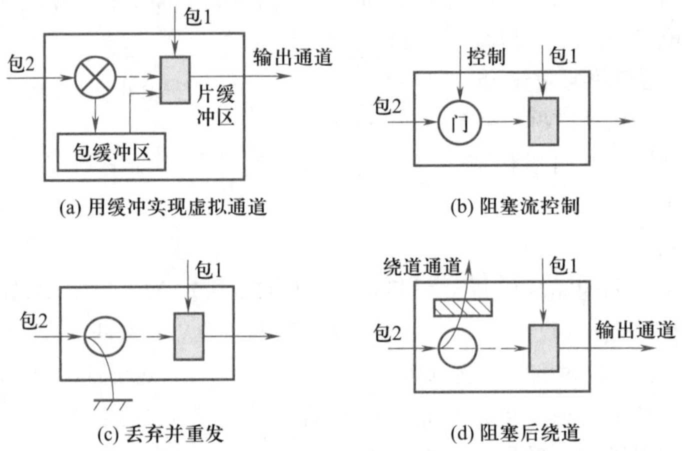

图 7.28 解决两个包请求同一条输出通道发生冲突时的流控制方法

4 个方案具体如下。

① 把包 2 暂存在缓冲区,如图 7.28(a)所示。设置两个缓冲区,一个是包缓冲区,另一个是片缓冲区。将包 1 分配给片缓冲区直接送往输出通道,而包 2 则被放入包缓冲区。当以后通道变为可用时,再来传输包 2。这种方案的优点是不会浪费已分配的资源,但它要求节点中有一个足够大的缓冲器来存放整个信息包。

这种方法实际上是存储转发和虫孔两种路由方式的折中。当不发生冲突时,就如同虫孔方式一样工作。在最坏情况下,它就像存储转发方式一样工作。

② 阻塞包 2,如图 7.28(b)所示。纯粹的虫孔方式在发生包冲突时是采用阻塞方法,即把包 1 送入片缓冲区,同时用门控将包 2 阻塞,不过并没有把包 2 丢弃。

③ 丢弃包 2,如图 7.28(c)所示。把包 1 送入片缓冲区,并把包 2 丢弃。

④ 绕道,如图 7.28(d)所示。把包 1 送入片缓冲区,而把包 2 导向其他通道传输。

在上述方法中,丢弃法有可能会造成严重的资源浪费,而且要求重新进行被丢弃包的传输与确认。这种策略现在已很少采用,因为它的包传输率不稳定。绕道法在包路由方面提供了更多的灵活性,但为了到达目的节点,可能要花费超过实际需要的通道资源,造成浪费。

Connection Machine 和 Denelcor HEP 采用了绕道法,而有许多计算机则是把上述方法中的一些方法结合起来使用,以便获得它们的优点。

2. 确定性路由和自适应路由

常用的路由方法有两种:确定性路由和自适应路由。在确定性路由中,通信路径完全由源节点地址和目的地址来决定,也就是说,路由路径是预先唯一确定好了的,而与网络的状况无关。在自适应路由方法中,通信的通路每一次都要根据资源或者网络的情况来选择,这样就可以避开拥挤或故障节点,从而使网络的利用率可以得到改进。

不管采用哪一种路由,都希望不会产生死锁。

下面介绍两种确定性路由算法,这两种算法都是建立在维序概念之上的。对于一个多维网来说,维序路由要求对后继通道的选择是按照各维的顺序来进行的。对于二维的网格来说,这种路由方法被称为 X-Y 路由,因为它首先是沿 X 维方向进行路由,然后再沿 Y 维方向路由。对于超立方体来说,这种路由方法被称为 E-Cube 路由。

对于给定的任意一个源节点 $s=(x_1,y_1)$ 和任意一个目的节点 $d=(x_2,y_2)$,从 s 出发,先沿 X 轴方向前进,直到找到 d 所在的列 x_2,然后再沿 Y 轴方向前进,直到找到目标节点 (x_2,y_2)。

例 7.3 对于图 7.29 所示的二维网格,确定以下 4 组源节点-目的节点所需要的路径。

(2,1)到(7,6);(0,7)到(4,5);

(6,4)到(2,0);(5,3)到(1,5)。

解

① 所需要的路径如图 7.29 所示。其中:

(2,1)到(7,6)需要用到的是一条东-北(E-N)路径。

(0,7)到(4,5)需要用到的是一条东-南(E-S)路径。

(6,4)到(2,0)需要用到的是一条西-南(W-S)路径。

(5,3)到(1,5)需要用到的是一条西-北(W-N)路径。

② 超立方体的 E-Cube 路由。考虑一个由 $N=2^n$ 个节点构成的 n 方体,每个节点的编号是形为 $b=b_{n-1}b_{n-2}\cdots b_1b_0$ 的二进制编码。设源节点 $s=s_{n-1}s_{n-2}\cdots s_1s_0$,目的节点 $d=d_{n-1}d_{n-2}\cdots d_1d_0$。现在要确定一条从 s 到 d 的步数最少的路径。

将这个 n 方体的各维表示成 $i=1,2,\cdots,n$,其中第 i 维对应于节点地址中的第 $i-1$

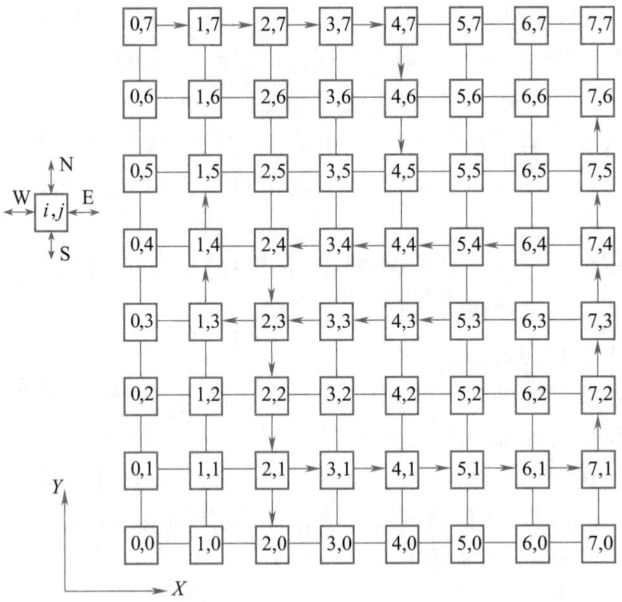

图 7.29　64(8×8)个节点二维网格计算机的 X-Y 路由算法示例

位。设 $v=v_{n-1}v_{n-2}\cdots v_1v_0$是路径中的任一节点，路径可以根据以下算法唯一地确定。

a. 计算方向位 $r_i=s_{i-1}\oplus d_{i-1}$，其中 $i=1,2,\cdots,n$。

令 $v=s,i=1$，反复执行以下步骤：

b. 如果 $r_i=1$，则从当前节点 v 路由到下一节点 $v\oplus 2^{i-1}$，否则跳过这一步。

c. $i\leftarrow i+1$。如果 $i\leqslant n$，则转第②步，否则退出。

例 7.4　假设有一个 $N=16$ 个节点的 4 方体，每个节点的二进制编码如图 7.30 所示。请寻找一条从节点 0110 到 1101 的距离最短的路径。

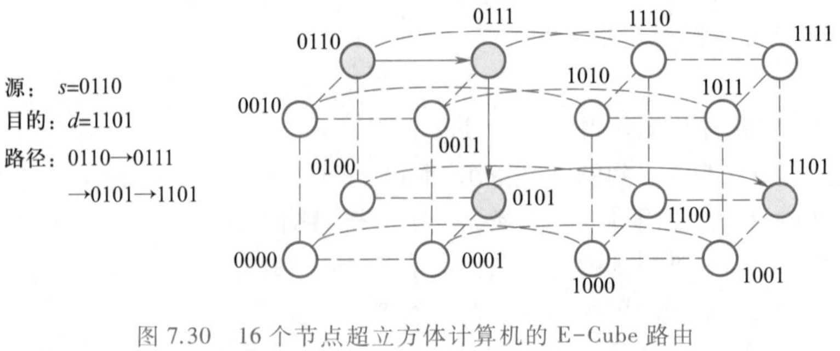

图 7.30　16 个节点超立方体计算机的 E-Cube 路由

解　$s=0110,d=1101$。

① 计算方向位$(r_4r_3r_2r_1)=0110\oplus1101=1011$。

令 $v=s=0110,i=1$。

② $r_1=1$。

所以从 $v=0110$ 路由到 $v\oplus 2^0=0110\oplus 0001=0111$。

$i=i+1=2$。

③ $r_2=1$。

所以从 $v=0111$ 路由到 $v\oplus 2^{2-1}=0111\oplus 0010=0101$。

$i=i+1=3$。

④ $r_3=0$,所以跳过一步。

$i=i+1=4$。

⑤ $r_4=1$。

所以从 $v=0101$ 路由到 $v\oplus 2^{4-1}=0101\oplus 1000=1101$,结束。

因此路径为 0110→0111→0101→1101,如图 7.30 中浅色底纹的节点及实线、箭头所示。

7.5.4 选播和广播路由算法

多计算机网络中会出现以下 4 种通信模式。

① 单播(unicast):对应于一对一的通信情况,即一个源节点发送消息到一个目的节点。

② 选播(multicast):对应于一到多的通信情况,即一个源节点发送同一消息到多个目的节点。

③ 广播(broadcast):对应于一到全体的通信情况,即一个源节点发送同一消息到全部节点。

④ 会议(conference):对应于多到多的通信情况。

通道流量和通信时延是常用的两个参数。其中,通道流量可用传输有关消息所使用的通道数来表示,通信时延则用包的最大传输时间来表示。

优化的路由网络应能以最小流量和最小时延实现相关的通信模式。然而,这两个参数并不是毫不相关的。达到最小流量的同时,并不一定能达到最小时延。相反的情况也是如此。

这与所使用的交换技术有关,在存储转发网络中时延是最重要的问题,而在虫孔网络中流量对效率的影响则更大。

下面以网格为例,讨论选播和广播。

图 7.31 是在 3×4 网格上实现的选播路由。源节点用 S 表示,传送一个包到标号为 $D_i(i=1,2,\cdots,5)$ 的 5 个目的节点。目的节点为 5 个的选播可以用 5 次单播来实现,如图 7.31(a)所示。$X-Y$ 路由的流量需要用 1+3+4+3+2=13 条通道。到 D3 的路径最长,所以时延是 4。

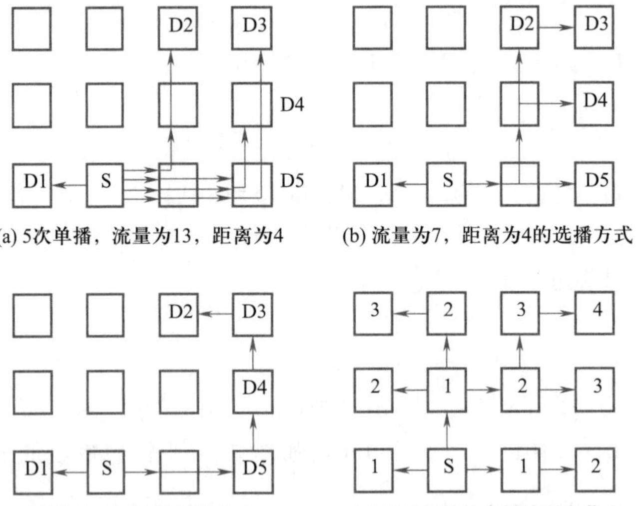

(a) 5次单播，流量为13，距离为4　(b) 流量为7，距离为4的选播方式

(c) 流量为6，距离5的选播方式　(d) 通过树结构广播给所有节点

图 7.31　3×4 网格上的多次单播、选播模式和广播树

选播可以用下述方法实现，即在一个中间节点上复制所传送的包，然后把该包的多个副本送到目的节点，这样可以大大减少通道流量。

图 7.31(b)和 7.31(c)给出了两种选播路由模式，流量分别为 7 和 6。在虫孔网络中，用图 7.31(c)的选播路由模式比较好。在存储转发网络中，则用图 7.31(b)的路由模式比较好，时延较短。

使用一棵 4 层的生成树可以把一个包从节点 S 广播到所有的网络节点，如图 7.31(d)所示，其中节点中的数字表示树的层次号。到达树的第 i 层上节点的时延为 i。这种广播树产生的时延和流量最小。

习题 7

7.1　解释以下名词

互连网络　互连函数　网络规模　节点度　节点距离　网络直径　对分宽度　对称网络　静态互连网络　动态互连网络　虚拟通道　自适应路由　确定路由方法　线路交换　存储转发　虫孔方式

7.2　设 Cube 为立方体互连函数，σ 为均匀洗牌函数，β 为蝶式函数，ρ 为反位序函数，分别求 $\text{Cube}_3(0110)$、$\sigma_{(3)}(0110)$、$\beta(0110)$、$\rho^{(2)}(0110)$。

7.3　当两个包在传输过程中争用某个中间节点的同一条输出通道时，有哪 4 种解决包冲突问题的方法？

7.4　评价互连网络性能的主要参数有哪些？

7.5 多级互连网络的控制方式指什么？通常有哪几种？

7.6 $N=16$ 的 4 级立方体互连网络，级号从输入到输出为 0~3，采用级控制，如将其中的第 1 级开关处于“直连”，不能实现哪些节点之间的配对通信？为什么？

7.7 试比较可用于动态互连的总线网络、交叉开关网络和多级互连网络的硬件复杂度和带宽。

7.8 在有 16 个处理器的混洗交换网络中，若要使第 0 号处理器与第 15 号处理器相连，需要经过多少次混洗和交换？

7.9 设函数的自变量是十进制数表示的处理机编号。现有 32 台处理机，其编号为 0,1,2,…,31。

(1) 分别计算下列互连函数

$\mathrm{Cube}_2(12)$，$\sigma(8)$，$\beta(9)$，$\mathrm{PM2I}_{+3}(28)$，$\mathrm{Cube}_0(\sigma(4))$，$\sigma(\mathrm{Cube}_0(18))$

(2) 用 Cube_0 和 σ 构成混洗交换网（每步只能使用 Cube_0 和 σ 一次），网络直径是多少？从 5 号处理机发送数据到 7 号处理机，最短路径要经过几步？请列出经过的处理机编号。

(3) 采用移数网络构成互连网，网络直径是多少？节点度是多少？与 2 号处理机距离最远的是几号处理机？

7.10 $N=16$ 的互连网络的输入端号和输出端号分别为 0~15。若互连网络实现的互连可以用互连函数表示为 $f(x_3x_2x_1x_0)=x_0x_1x_2x_3$，那么，是否可以用循环表示法表示该互连网络实现的互连？如果可以，请写出其循环表示。

7.11 $N=16$ 的 STARAN 网络在级控制方式下实现分组交换置换，如果实现的分组交换置换为：首先是 4 组 4 元交换，然后是 2 组 8 元交换，最后是 1 组 16 元交换，写出网络实现的互连函数。

7.12 具有 $N=2^n$ 个输入端的 Omega 网络，采用单元控制。

(1) N 个输入总共应有多少种不同的排列？

(2) 该 Omega 网络通过一次可以实现的置换总共可有多少种是不同的？

(3) 若 $N=8$，计算一次通过能实现的置换数占全部排列的百分比。

7.13 用一个 $N=8$ 的 3 级 Omega 网络连接 8 台处理机（P_0~P_7），8 台处理机的输出端分别依序连接 Omega 网络的 8 个输入端 0~7，8 个处理机的输入端分别依序连接 Omega 网络的 8 个输出端0~7。如果处理机 P_6 要把数据播送给处理机 P_0~P_4，处理机 P_3 要把数据播送给处理机 P_5~P_7，那么，Omega 网络能否同时为它们的播送要求实现连接？画出实现播送的 Omega 网络的开关状态图。

第8章　多处理机

主要内容

—对称式多处理机结构
—分布式存储多处理机结构
—同步
—同时多线程
—大规模并行处理机
—多核处理器及性能对比
—多处理机实例：Origin 2000

自20世纪80年代中期以来，随着微处理器的发展，单处理机的性能达到了前所未有的高速增长。在1986—2002年之间，计算机性能的增长率达到了每年50%以上，然而，从2002年开始，单处理机性能的年增长率下降到了约20%。这是因为进一步大幅度地提高单处理器性能的努力受到了一些难题的严重挑战。这些难题包括功耗问题以及开发指令级并行(ILP)的空间正在缩小等。

虽然认为单处理机系统结构的发展正在走向尽头的观点有些偏激，但近几年人们确实将目标转向了多处理机。Intel公司于2004年宣布放弃了其高性能单处理器项目，转向多核的研究和开发，即通过在单个芯片上实现多个处理器来提高性能。IBM、AMD等公司也纷纷采用了这一途径。

在过去的十多年中，多处理机正起着越来越重要的作用，并行计算机软件也有了较大的发展。设计者们在不断地研制用多个微处理器构建性能更高的服务器和超级计算机，这些计算机能够充分利用商品化微处理器所具有的高性价比的优势。可以说，当前已经开始进入多处理机唱主角的新时期。

8.1　引言

由于篇幅的限制，本章将重点放在多处理机设计的主流——中小规模计算机上(处理器的个数不超过 32)。无论在现存数量还是在价值总值上,中小规模计算机目前都占主导地位。对于大规模处理机只做简要介绍。

8.1.1 并行计算机系统结构的分类

微视频 8-1：引言

前已提及按照 Flynn 分类法,可把计算机分成 SISD、SIMD、MISD 和 MIMD 4 类。许多早期的并行处理机是 SIMD 计算机,但近年来 MIMD 计算机已成为通用多处理机系统结构的选择。这是因为 MIMD 有很强的灵活性,并且能充分利用现有微处理器的性价比优势。

集群计算机(cluster computer)是一类被广泛采用的 MIMD 计算机。它通常采用标准组件和标准网络技术,这样就可以尽可能采用已经商业化的技术(而不是专门技术)。

在 20 世纪 90 年代,芯片容量(即晶体管数量)的增加使得人们能够在一块芯片上实现多个处理器。这种方法最初叫片内多处理器或单片多处理器,而现在则叫多核,因为它是在一块芯片上实现多个处理器核。在这种处理器中,多个核一般会共享一些资源,如第二/第三级 Cache、存储器或 I/O 总线。2005 年前后推出的一些微处理器,如 IBM 的 Power5、Sun 的 T1、Intel 的 Pentium D 和 Xeon-MP 等,就已经是多核和多线程的,后来推出的 Intel Core i7 和 ARM11 MPCore 是 4 核的。

现有的 MIMD 计算机的体系结构分为两类:集中式共享存储型体系结构和分布式存储多处理机结构。每一类代表一种存储器的结构和互连策略。由于多处理机的规模这个概念的含义是随时间而变化的,所以用存储器的组织结构来区分这些计算机。

1. 集中式共享存储型体系结构多处理机

集中式共享存储型体系结构(centralized shared-memory architecture)多处理机目前最多由几十个处理器构成。由于处理器个数较少,各处理器可共享一个集中式物理存储器。因为只有单一的主存,而且这个主存相对于各处理器的关系是对称的,所以这类计算机常称为对称式多处理机(symmetric multiprocessor,SMP)。这种结构也称为均匀存储器访问(uniform memory access,UMA)结构,这是因为从各处理器访问存储器所花的时间相同。SMP 结构是目前最流行的结构。8.2 节将详细讨论这种系统结构。

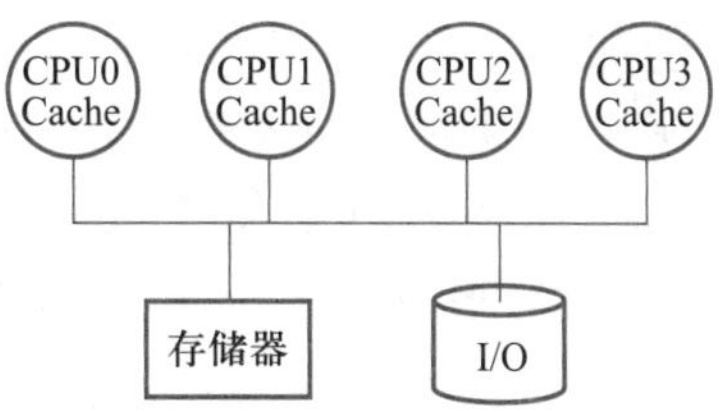

图 8.1 对称式多处理机结构示意图

图 8.1 是对称式多处理机结构的示意图。图中多个 CPU-Cache 模块共享同一个物理存储器,其连接一般是采用一条或多条总线,或者是采用交叉开关。

2. 分布式存储多处理机

在分布式存储多处理机(distributed storage multiprocessor)中,存储器在物理上是分布的,它支持构建规模较大的多处理机系统。为了支持较多的处理器,存储器必须分布到各个处理器上,不能采用集中式存储器,否则存储器将不能满足因处理器个数较多而带来的带宽要求。此外,处理器个数较多还要求有高带宽的互连网络。图 8.2 给出了这类多处理机的结构示意图。系统中的每个节点由 CPU 及其 Cache、存储器、I/O以及互连网络接口组成。近几年,随着处理器性能的迅速提高和处理器对存储器带宽要求的不断增加,越来越多的中小规模多处理机系统也逐渐开始采用分布式存储结构。

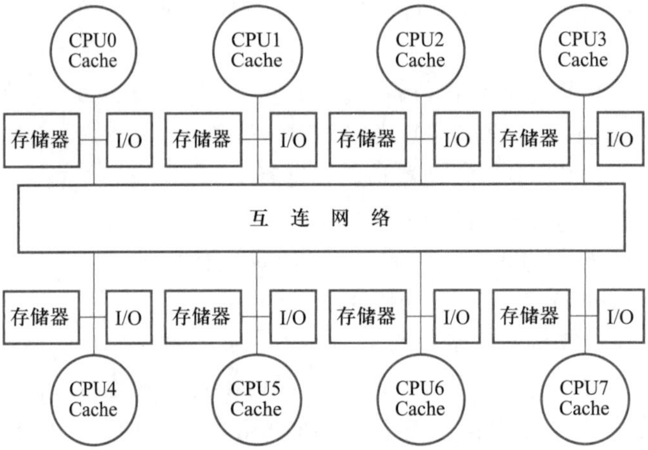

图 8.2　分布式存储多处理机结构示意图

将存储器分布到各节点有两个优点:

① 如果大多数访存都是针对本地节点的存储器进行,则可以降低对存储器和互连网络的带宽要求。

② 对本地存储器的访问延迟时间小。

分布式存储多处理机结构最主要的缺点是处理器之间的通信较为复杂(因为有了多个分布的存储器),且各处理器之间的访问延迟较大。

通常情况下,I/O 和存储器一样也分布于多处理机的各节点当中,每个节点内还可能包含个数较少(如 2~8 个)的处理器。这些处理器之间可采用另一种互连技术(如总线)相互连接形成簇,这样形成的节点称为超级节点。由于节点是否为超级节点对计算机的基本运行原理没有影响,采用分布式存储多处理机结构的计算机之间的主要差别在于通信方法和分布式存储器的逻辑结构方面,所以这里只讨论每个节点只有一个处理器的情况。8.3 节将对分布式存储多处理机结构展开详细讨论。

8.1.2 存储器系统结构和通信机制

1. 两种存储器系统结构及相应的通信机制

如上所述，在大规模多处理机中，存储器在物理上是分布于各个处理节点中的。但在逻辑地址空间的组织以及处理器之间通信的实现上，有以下两种方案。

① 把物理上分离的所有存储器作为一个统一的共享逻辑空间进行编址，这样任何一个处理器都可以访问该共享空间中的任何一个单元（如果它具有访问权），不同处理器上的同一个物理地址指向的是同一个存储单元。这类计算机系统即分布式共享存储器（distributed shared memory，DSM）系统。注意，这里的“共享”指的是地址空间共享，并不意味着具有一个集中的存储器。与 UMA 相反，DSM 计算机被称为非均匀存储器访问（non-uniform memory access，NUMA）计算机，这是因为其访存时间取决于数据在存储器中的存放位置。

② 把每个节点中的存储器编址为一个独立的地址空间，不同节点中的地址空间之间是相互独立的。也就是说，整个系统的地址空间是由多个独立的地址空间构成的。每个节点中的存储器只能由本地处理器访问，远程处理器不能直接对其进行访问。显然，与 DSM 不同，不同处理器上的同一个物理地址指向的是不同的存储单元，因为它们指向的是不同的存储器。在这里，每一个“处理器-存储器”模块实际上是一台单独的计算机。以前，这种计算机系统是由不同的处理节点经专门的互连网络形成的，而现在的这种计算机系统多以机群的形式存在。

上述两种地址空间组织方案分别有相应的通信机制。对于共享地址空间的计算机系统来说是采用共享存储器通信机制，处理器之间用 load 和 store 指令实现对相同存储器地址的读/写操作。而对于采用多个独立地址空间的计算机系统来说，数据通信要通过在处理器之间显式地传递消息来完成，称为消息传递通信机制。

在消息传递多处理机中，处理器之间是通过发送消息来进行通信的，这些消息请求进行某些操作或者传送数据。当某个处理器（设为 A）要对远程存储器上的数据进行访问（或操作）时，它通过给相应的远程处理器（设为 B）发送一个消息来请求数据（或对该数据进行操作）。在这种情况下，可以把该消息看成是一个远程过程调用（remote procedure call，RPC）。当目的处理器 B 接收到消息以后，就代替远程处理器 A 对相应的数据进行访问（或执行相应的操作），然后发送一个应答消息给处理器 A，将结果返回。

如果请求方处理器在发送一个请求消息后，要一直等到收到应答后才能继续运行，则这种消息传递称为是同步的。现有许多计算机的软件系统已对发送和接收消息的具体细节进行了封装，为编程人员提供了有力的支持，使他们能很容易地进行消息通信，包括传送复杂的参数和结果。

如果数据发送方知道别的处理器需要数据，通信也可以从数据发送方而不是数据接受方来开始，数据可以不经请求就直接送往数据接受方。这种消息传递往往是可以异步地进行的，发送方在发出消息后，可立即继续执行原来的程序。通常，接收方所需的消息如果还未到达，则需要等待。此外，如果接收方还未处理完前一个消息而且缓冲器空间已用完，发送方也会因要发送消息而进行等待。

不同多处理机所提供的消息传递机制可能差别很大，为了便于程序移植，人们提出了标准的消息传递库（如 MPI），这为编程人员实现消息传递提供了有力的支持。

2. 不同通信机制的优点

每种通信机制各有自己的优点，共享存储器通信机制的主要优点是：

① 与常用的对称式多处理机使用的通信机制兼容。

② 当处理器之间通信方式复杂或在执行过程中动态变化时，采用共享存储器通信机制编程容易，同时在简化编译器设计方面也占有优势。

③ 采用共享存储器模型开发应用程序，可把重点放到解决对性能影响较大的数据访问上。

④ 当通信数据量较小时通信开销较小，带宽利用较好。

⑤ 可以通过采用 Cache 技术来减少远程通信的频度。这是通过对所有数据（包括共享的和私有的）进行 Cache 缓冲来实现的。在后面将看到，Cache 不仅能减少访问共享数据的延迟，而且能减少对共享数据的访问冲突。

消息传递通信机制的主要优点是：

① 硬件更简单，特别是在与可扩放共享存储器实现方案相比时更是如此。

② 通信是显式的，因此更容易搞清楚何时发生通信以及通信开销是多少。

③ 显式通信可以让编程者重点注意并行计算的主要通信开销，使之有可能开发出结构更好、性能更高的并行程序。

④ 同步很自然地与发送消息相关联，能减少不当的同步带来错误的可能性。

在上述两种通信机制中，可以在任何一种通信机制的硬件基础上建立另外一种通信模式。在共享存储器上实现消息传递非常简单，因为发送一条消息可通过将一部分地址空间的内容复制到另一部分地址空间来实现。而在实现消息传递的硬件上支持共享存储器则困难得多，所有对共享存储器的访问都要依靠操作系统来进行地址转换和存储保护，并将存储器访问转换为消息的发送和接收。此外，load 和 store 指令一般只访问少量的数据，这种用软件方法实现的共享存储器开销很大，以至于到无法接受的程度。所以其应用范围非常有限。

最初的分布式存储多处理机均采用消息传递机制，因为它比较简单。但近些年来，特别是 20 世纪 90 年代后半期以来所设计的计算机几乎都采用支持共享存储器通信机制。

尽管现在通过总线连接的对称式多处理机在市场上仍占主导地位，但从长远来看，在技术上的趋势是朝着中等规模的分布式存储多处理机方向发展。

8.1.3 并行处理面临的挑战

并行处理面临着两个重要的挑战：程序中有限的并行性和相对较大的通信开销。

1. 有限的并行性

有限的并行性使计算机要达到很高的加速比十分困难。这可以用 Amdahl 定律进行解释。

例 8.1 假设想用 100 个处理器达到 80 的加速比，求原计算程序中串行部分最多可占多大的比例？

解 Amdahl 定律为

$$\text{加速比}=\frac{1}{\dfrac{\text{可加速部分比例}}{\text{理论加速比}}+(1-\text{可加速部分比例})}$$

为简单起见，假设程序只在两种模式下运行：使用了所有处理器的并行模式和只用一个处理器的串行模式。则在并行模式下的理论加速比即为处理器的个数，可加速部分的比例即为并行部分所占的比例。代入上式：

$$80=\frac{1}{\dfrac{\text{并行比例}}{100}+(1-\text{并行比例})}$$

求解该式，可得

$$\text{并行比例}=0.997\ 5$$

可以看出，要用 100 个处理器达到 80 的加速比，串行计算的部分只能占很小的比例：0.25%。更进一步，如果要使加速比与处理器个数的增长成线性关系，则整个程序必须全部并行，没有串行的部分。不过，实际上程序并非在完全并行或串行模式下运行，而是常常介于两者之间，即仅仅使用了一部分处理器。

2. 较大的通信开销

较大的通信开销主要是指多处理机中远程访问的较大延迟。在现有的计算机中，处理器之间的数据通信需要 50~1 000 个时钟周期，这主要取决于通信机制、互连网络的种类和机器的规模。表 8.1 列出了在几种不同的共享存储器并行计算机中远程访问一个字的典型延迟。

下面再来看一个简单的例子，以进一步说明通信延迟的重要影响。

例 8.2 假设有一台 32 个处理器的多处理机，对远程存储器的访问时间为 200 ns。假设除了通信以外，所有其他访问均命中局部存储器。当发出一个远程请求时，本处理器挂起。处理器的时钟频率为 2 GHz，如果指令基本的 CPI 为 0.5（设所有访存均命中 Cache），求在没有远程访问和有 0.2% 的指令需要远程访问的情况下，前者比后者快多少？

表 8.1　远程访问一个字的延迟时间

机器	通信机制	互连网络	处理机最大数量	典型远程存储器访问时间/ns
Sun Starfire Servers	SMP	多总线	64	500
SGI Origin 3000	NUMA	胖超立方体	512	500
Cray T3E	NUMA	3 维环网	2 048	300
HP V Series	SMP	8×8 交叉开关	32	1 000
HP AlphaServer GS	SMP	开关总线	32	400

解　有 0.2%远程访问的计算机的实际 CPI 为

CPI = 基本 CPI+远程访问率×远程访问开销 = 0.5+0.2%×远程访问开销

远程访问开销 = 远程访问时间/时钟周期时间
= 200 ns/0.5 ns
= 400 个时钟周期

故

$$\mathrm{CPI}=0.5+0.2\%\times 400=1.3$$

因此,在没有远程访问情况下的计算机速度是有 0.2%远程访问的计算机速度的 1.3/0.5 = 2.6 倍。

实际中的性能分析会复杂得多,因为一些非通信的访存操作可能不命中局部存储器,而且远程访问开销也并非是一个常量。例如,因为多个远程访问引起的全局互连网络冲突会使远程访问的延迟加大。

应用程序中并行性不足的问题主要是通过采用并行性更好的算法来解决。而减少远程访问延迟则既可以依靠系统结构来实现,也可以通过编程技术来实现;既可以采用硬件的方法,例如用 Cache 来缓冲共享数据,也可以采用软件的方法对数据重新进行组织,使得更多的访问变成局部访问;还可以采用预取或多线程技术来减少延迟的影响。

在并行处理中,负载平衡、同步和存储器访问延迟等影响性能的关键因素常依赖于应用程序的高层特性,如数据的分配,并行算法的结构以及在空间和时间上对数据的访问模式等。依据应用特点,可把多机工作负载大致分成两类:单个程序在多处理机上的并行工作负载和多个程序在多处理机上的并行工作负载。

反映并行程序性能的一个重要的度量是计算通信比值。如果比值较高,就意味着应用程序中相对于每次数据通信要进行较多的计算。如前所述,通信在并行计算中的开销是很大的,因而较高的计算通信比值十分有益。在一个并行处理环境下,当要增加处理器的数目,或增大所求解问题的规模,或两者同时都增大时,都要对计算通信比值的变化加以分析。例如,在增加处理器数目的同时对这个比值的变化会使应用程序能获得多大的加速比有清楚的了解。同样,了解程序处理的数据集大小的变化对这个比值的影响也是至关重要的。当处理器增多时,每个处理器计算量减小而通信量增大。当问题规模增大时,通信量的变化会更加复杂,这与算法的细节有关。

通常状况下,计算通信比值随着处理的数据规模的增大而增加,随着处理器数目的增加而减少。这表明用更多的处理器来求解一个固定大小的问题会导致不利因素的增加,因为处理器之间的通信量加大了。这同时也说明增加处理器时应调整数据的规模,从而使通信的时间尽量保持不变。

8.2 对称式多处理机结构

在第 7 章已经讨论过,多级 Cache 可以降低处理器对存储器带宽的要求。如果每个处理器对存储器带宽的要求都降低了,那么多个处理器就可以共享一个存储器。自 20 世纪 80 年代以来,随着微处理器逐渐成为主流,人们设计出了许多通过总线共享一个单独物理存储器的小规模多处理机。由于大容量 Cache 很大程度地降低了对总线带宽的要求,当处理机规模较小时,这种计算机十分经济。以往的这种计算机一般是将 CPU 和 Cache 做在一块板上,然后插入底板总线。后来,每块板上的处理器数目达到了 4 个。而近些年,则能在一个单独的芯片上实现 2~8 个处理器核。例如,2006 年发布的 T1 就是一个 8 核多处理器。

对称式多处理机结构一般都支持对共享数据和私有数据的 Cache 缓存。私有数据是指只供一个处理器使用的数据,而共享数据则是指供多个处理器共同使用的数据。处理器之间可以通过读/写共享数据来实现通信。

微视频 8-2:对称式共享存储器的系统结构

私有数据进入 Cache,使得处理器对它们的访问可以在 Cache 中完成,从而减少平均访存时间和对存储器带宽的要求。当允许共享数据进入 Cache 时,共享数据可能会在多个 Cache 中存在副本,这样相应的处理器就可以在自己的 Cache 中找到这些数据。这样做不仅可以减少访存时间和对存储器带宽的要求,而且还可以减少多个处理器同时读取共享数据所产生的冲突。不过,共享数据进入 Cache 也带来了一个新的问题,即 Cache 的一致性问题。

8.2.1 多处理机的高速缓存一致性问题

如果允许共享数据进入 Cache,那么就可能出现多个处理器的 Cache 中都有同一存储块的副本,当其中某个处理器对其 Cache 中的数据进行修改后,就会使得其 Cache 中的数据与其他 Cache 中的数据不一致。这就是多处理机的高速缓存一致性(cache coherence)问题。

图 8.3 通过一个例子来说明这个问题。假设初始状况是 CPU A 和 CPU B 各自的 Cache 中都有存储单元 X 的副本,其值都是 m,如图 8.3(a)所示。并假设这两个 Cache 都采用写直达法。当 CPU A 对 X 进行写入后,Cache A 和存储器中相应单元的值都变成了 p,但 Cache B 中的值仍为 m。如果 CPU B 读取 X,则它得到的仍是旧值 m。

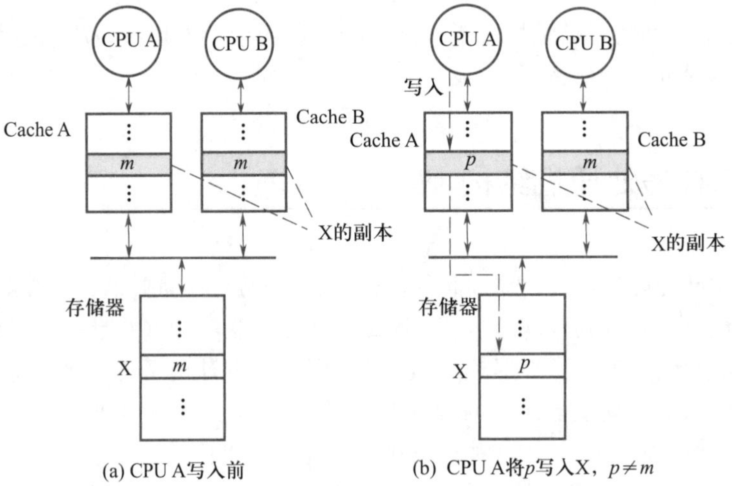

图 8.3　两个处理器读写所引起的 Cache 一致性问题

对于一致性,可以有这样的说法:如果对某个数据项的任何读操作均可得到其最新写入的值,则认为这个存储系统是一致的。这个定义尽管很直观,但却不够清楚和全面,现实中的情况要复杂得多。这个简单的定义包括了存储系统行为的两个不同方面:第一个方面是指读操作得到的是什么值(what),第二个方面是指什么时候读操作才能得到新写入的值(when)。

如果一个存储器满足以下 3 条属性,则称该存储器是一致的。

① 处理器 P 在对存储单元 X 进行一次写之后又对 X 进行读,在这个读和写过程中没有其他处理器对 X 进行写,则 P 读到的值总是刚写进去的值。

② 处理器 P 对存储单元 X 进行写之后,另一处理器 Q 对 X 进行读,在这个读和写过程中没有其他处理器对 X 的写,则 Q 读到的值应为 P 写进去的值。

③ 对同一存储单元的写是串行化的。即任意两个处理器对同一存储单元的两次写,从各个处理器的角度来看顺序都是相同的。例如,对同一地址先写 1,再写 2,则任何处理器都不会先读到 2,然后再读到 1。

第一条属性保证了程序顺序,即使在单处理机中也要求如此。第二条属性给出了存储器一致性的概念,如果一个处理器不断地读取到旧的数据,就可以肯定地说这个存储器是不一致的。

写操作的串行化难理解一些,但也同样重要。假设处理器 P1 对存储单元 X 进行一次写，接着处理器 P2 对 X 也进行一次写，如果不保证写操作串行化，就可能出现这样的情况：某个处理器先看到 P2 写的值而后看到 P1 写的值。解决这个问题最简单的方法是把写操作串行化，使得对同一存储器单元所进行的写操作顺序在所有处理器看来都是相同的。这种属性称为写串行化（write serialization）。

尽管上面 3 条属性已充分保证了一致性，但什么时候才能获得写进去的值仍是一个重要的问题。通常不可能要求在一个处理器对 X 写后马上就能在另外的处理器上读出这一值。因为此时写入的值有可能在这一时刻还没离开进行写处理器。所以总是要有些延迟。为了简化起见，在后面的讨论中作以下假设：

① 直到所有的处理器均看到了写的结果，这个写操作才算完成。

② 处理器的任何访存均不能改变写的顺序。就是说，允许处理器对读进行重排序，但必须以程序规定的顺序进行写。

8.2.2 实现 Cache 一致性的基本方案

在支持 Cache 一致性的多处理机中，Cache 实现了共享数据的迁移（migration）和复制（replication）功能。共享数据的迁移是把远程的共享数据复制一份，迁入本地 Cache 供本处理器使用，从而减少了对远程共享数据的访问延迟，也减少了对共享存储器带宽的要求。共享数据的复制则是把多个处理器需要同时读取的共享数据在这些处理器的本地 Cache 中各存放一个副本。复制不仅减少了访问共享数据的延迟，而且还减少了访问共享数据所产生的冲突。共享数据的迁移和复制对于提高访问共享数据的性能来说是非常重要的。一般情况下，小规模多处理机是采用硬件的方法来实现 Cache 的一致性。

1. Cache 一致性协议

在多个处理器中用来维护一致性的协议称为高速缓存一致性协议，其实现关键是跟踪共享数据块的状态。目前主要有两类高速缓存一致性协议，它们采用了不同技术来跟踪共享数据的状态。

① 目录（directory）协议：物理存储器中数据块的共享状态被保存在一个称为目录的地方。目录协议的实现开销比监听协议的稍微大一些，但可用于实现更大规模的多处理机。

② 监听（snooping）协议：当物理存储器中的数据块被调入 Cache 时，其共享状态信息与该数据块一起放在该 Cache 中，系统中没有集中的状态表。这些 Cache 通常连在共享存储器的总线上。当某个 Cache 需要访问存储器时，它会把请求放到总线上广播出去，其他各个 Cache 控制器通过监听总线（它们一直在监听）来判断它们是否有总线上请求的数据块。如果有，就进行相应的操作。

本节后面着重讨论监听协议。目录协议将在 8.3 节中详细论述。

在使用多个微处理器，且每个 Cache 都与单一共享存储器相连组成的多处理机中，一般都采用监听协议，因为这种协议可直接利用已有的物理连接（连接到存储器的总线）。

2. 实现 Cache 一致性的方法

可以采用两种方法来实现 Cache 一致性：采用写作废协议和写更新协议。

一种方法是保证在处理器对某个数据项进行写入之前，它拥有对该数据项的唯一访问权。具体做法是在处理器（设为 P）进行写入操作之前，把所有其他 Cache 中的副本全部作废，称为写作废（write invalidate，或称写使无效）协议。它是目前最常用的协议，无论是采用监听协议还是采用目录协议都是如此。唯一访问权保证了在进行写入操作时其他处理器上不存在任何副本。如果其他处理器接着要访问该数据，就会产生不命中，从而从存储器取出新的数据副本（写直达法 Cache），或者从 P 的 Cache 中获得新的数据（写回法）。

要保证进行写的处理器具有唯一访问权，就必须禁止其他处理器和它同时进行写操作。但如果两个处理器要同时进行写操作，该如何处理？这可以通过竞争来解决，它们中只有一个会在竞争中获胜——获得访问权，而另一个处理器中的副本以及其他处理器中的副本（如果有）就会被作废。竞争失败的处理器要完成写操作，就必须先获得一份新的数据副本，该副本已经包含了更新后的数据。显然，这种协议保证了写操作的串行化。

下面通过一个例子来看看写作废协议如何保持数据一致性，如图 8.4 所示。初始状态是 CPU A、CPU B、CPU C 都有 X 的副本。在 CPU A 要对 X 进行写入时，需先作废 CPU B 和 CPU C 中的副本，然后再将 p 写入 Cache A 中的副本，同时用该数据更新主存单元 X。

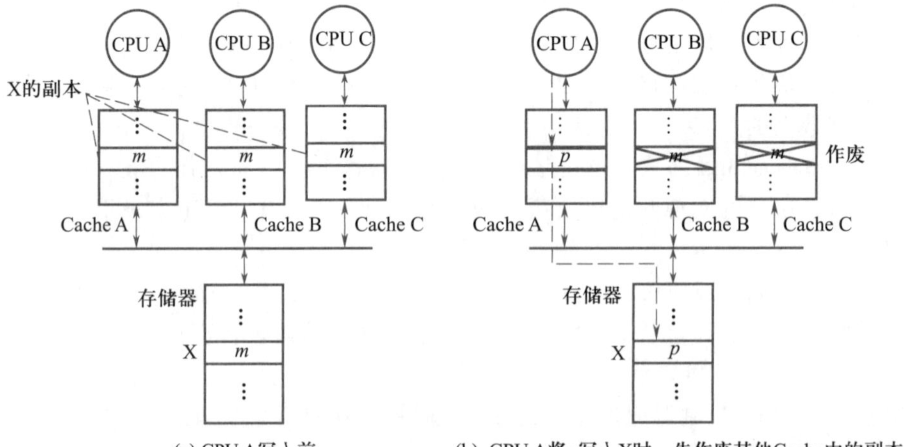

(a) CPU A写入前　　(b) CPU A将p写入X时，先作废其他Cache中的副本

图 8.4　监听总线、写作废协议示例（采用写直达法）

另外一种方法是采用写更新(write update)协议。在这种协议中,当一个处理器对某数据项进行写入时,它把该新数据广播给所有其他 Cache。这些 Cache 用该新数据对其中的副本(如果有)进行更新。当然,如果知道其他 Cache 中都没有相应的副本,就不必进行广播和更新。这样处理能够减少实现该协议所需的带宽。

图 8.5 给出了写更新协议操作过程的一个例子。这里假设 3 个 Cache 都有 X 的副本。当 CPU A 将数据 p 写入 Cache A 中的副本时,将 p 广播(在这个例子中是通过总线)给所有的 Cache,这些 Cache 用 p 更新其中的副本。显然,此后 CPU A 和 CPU B 读取 X 时,都将在其 Cache 中命中,得到最新的值。由于这里是采用写直达法,所以 CPU A 还要将 p 写入存储器中的 X。如果采用写回法,则不需要写入存储器。

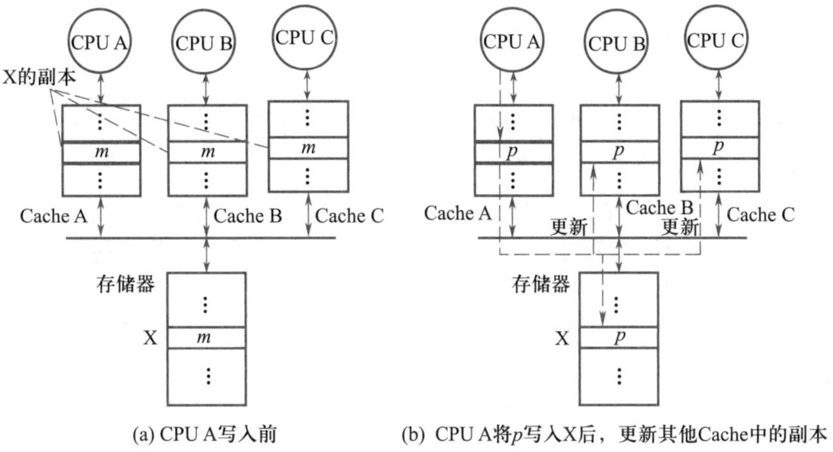

图 8.5 监听总线、写更新协议举例(采用写直达法)

在这两种协议中,写作废协议的应用比较广泛。大多数计算机都是采用写作废协议。写更新和写作废协议在性能上主要有以下 3 方面差别。

① 在对同一个数据进行多次写操作而中间无读操作的情况下,写更新协议需进行多次写广播操作,而写作废协议只需进行一次作废操作。

② 在对同一 Cache 块的多个字进行写操作的情况下,写更新协议对于每一个写操作都要进行一次广播,而写作废协议仅在对该块的第一次写时进行作废操作即可。写作废是针对 Cache 块进行操作,而写更新则是针对字(或字节)进行。

③ 考虑从一个处理器 A 进行写操作后到另一个处理器 B 能读到该写入数据之间的延迟时间。在写更新协议中这个延迟时间比较小,因为它在进行写操作时立即更新了所有其他 Cache 中的副本,包括 Cache B 中的副本(假设有此副本)。而在写作废协议中,由于在处理器 A 进行写操作时已作废了 Cache B 中的副本,所以当处理器 B 进行读操作时需要等待,直到新的副本被调入 Cache。

在基于总线的多处理机中,总线和存储器带宽是最紧缺的资源,而写作废协议所耗费的总线和存储器带宽比较少,因此写作废协议成为绝大多数多处理机系统的选择。当然,在设计处理器个数不多(2~4 个)的多处理机时,处理器之间紧密耦合,写更新法所要求的带宽还可以接受。尽管如此,考虑到处理器性能不断提高的趋势以及相关带宽需求的增长,更新模式很少被采用,因此本章的剩余部分只关注写作废协议。

8.2.3 监听协议的实现

1. 监听协议的基本实现技术

实现监听协议的关键有以下 3 个方面。

① 处理器之间通过一个可以实现广播的互连机制相连。通常采用的是总线。

② 当一个处理器的 Cache 响应本地 CPU 的访问时,如果它涉及全局操作,例如需要访问共享存储器或需要其他处理器中的 Cache 进行相应的操作(如作废等),其 Cache 控制器就要在获得总线的控制权后,在总线上发出相应的消息。

③ 所有处理器都一直在监听总线,它们检测总线上的地址在其 Cache 中是否有副本。若有则响应该消息,并进行相应的操作。

获取总线控制权的顺序性保证了写操作的串行化,因为当两个处理器要同时对同一数据块进行写操作时,必然是只有其中一个处理器先获得总线控制权,并作废所有其他处理器上的相关副本。另一处理器要等待前一个处理器的写操作完成后,再排队竞争总线控制权。这保证了写操作严格地按顺序进行。所有的一致性协议都要采用某种方法来保证对同一个 Cache 块的写访问串行化。

虽然不同的监听协议在具体实现上有些差别,但在许多方面是相同的。Cache 发送到总线上的消息主要有两种:读不命中 RdMiss 和写不命中 WtMiss。

RdMiss 和 WtMiss 分别表示本地 CPU 对 Cache 进行读访问和写访问时不命中,这时都需要通过总线找到相应数据块的最新副本,然后调入本地 Cache 中。尽管这个副本不一定在存储器中,但为了尽快获得这个副本,一般是马上启动对存储器相关块的访问。对于写直达 Cache 来说,由于所有写入的数据都同时被写回存储器,所以其最新值总可以从存储器中找到。而对于写回法 Cache 来说,难度就大一些了,因为这个最新副本有可能是在其他某个处理器的 Cache 中(尚未写回存储器)。在这种情况下,将由该 Cache 向请求方处理器提供该块,并终止由 RdMiss 或 WtMiss 所引发的对存储器的访问。当然,RdMiss 和 WtMiss 还将使得相关 Cache 块的状态发生改变。

有的监听协议还增设了一条 Invalidate 消息,用来通知其他各处理器作废其 Cache 中相应的副本。Invalidate 消息和 WtMiss 消息的区别在于 Invalidate 不引起调块。

第 7 章中介绍过,单 Cache 情况下写回法 Cache 对于每一个 Cache 块都设置了一个修改位,用于记录该块是否被修改过。在采用写回法的多 Cache 中,可以直接利用这个标识位来实现一致性。将一个数据进行写入时,只写入 Cache(如果不命中,就要先从存储器调块),而不直接写回存储器。这时这个块的修改位被置位,表示该块中保存的是整个系统中唯一的最新副本,存储器中的副本是过时的,而且所有其他 Cache 中也没有其副本。

每个处理器(实际上是 Cache 控制器)都监听其他处理器放到总线上的地址,如果某个处理器发现它拥有被请求数据块的一个最新副本,它就把这个数据块送给发出请求的处理器。与写直达法相比,尽管写回法在实现的复杂度上有所增加,但由于写回法 Cache 所需的存储器带宽较低,它在多处理机实现上仍很受欢迎。在后面的讨论中,只考虑写回法 Cache。

Cache 本来就有的标识(tag)可直接用来实现监听。通过把总线上的地址和 Cache 内的标识进行比较,就能找到相应的 Cache 块(如果有),然后对其进行相应的处理。每个块的有效位使得我们能很容易地实现作废机制。当要作废一个块时,只需将其有效位置为无效即可。对于 CPU 读不命中的情况处理比较简单,Cache 控制器向总线发 RdMiss 消息,并启动从主存的读块操作,准备调入 Cache。当然,如果存储器中的块不是最新的,最新的副本是在某个 Cache 中,就要由该 Cache 提供数据,并终止对存储器的访问。

对于写操作来说,希望能够知道其他处理器中是否有该写入数据的副本,如果没有,那么就不用把这个写操作放到总线上,从而减少所需要的带宽以及这个写操作所花的时间。这可以通过给每个 Cache 块增设一个共享位来实现。该共享位用来表示该块是被多个处理器所共享(共享位为"1"),还是仅被某个处理器所独占(共享位为"0")。拥有该数据块的唯一副本的处理器通常被称为该块的拥有者(owner)。

当一个块处于独占状态时,其他处理器中没有该块的副本,因此不必向总线发送 Invalidate 消息。否则就是处于共享状态,这时要向总线发送 Invalidate 消息,作废所有其他 Cache 中的副本,同时将本地 Cache 中该块的共享标识位置"0"。如果后面又有另一处理器再读这个块,则其状态将再次转化为共享。由于每个 Cache 都在监听总线上的消息,所以它们知道什么时候另一个处理器请求访问该块,从而把其状态改为共享。

每一次总线操作都要检查 Cache 中的地址标识,这会打扰处理器对 Cache 的访问。必须设法减少这种打扰。一种方法是设置两套标识,分别用于处理来自 CPU 的访问和来自总线的访问。当然,Cache 不命中时,处理器要对两套标识进行操作。类似地,如果监听到了一个相匹配的地址,也要对两套 Cache 的标识进行操作。

在多级 Cache 中,还可以采用另一种方法,即把监听的操作请求交给第二级 Cache 来处理。由于处理器只在第一级 Cache 不命中时才会访问第二级 Cache,而第一级 Cache 的命中率往往都很高,所以这种方法是可行的。不过,当监听机制在第二级 Cache 中发现相匹配的项目时,就会与处理器争用第一级 Cache。在监听机制获得使用权后,要修改状态并可能需要访问第一级 Cache 中的数据。此外,这两级 Cache 必须满足包容关系,即第一级 Cache 中的内容是第二级 Cache 中内容的一个子集。

2. 监听协议举例

微视频 8-3：
监听协议实例

实现监听协议通常是在每个节点内嵌入一个有限状态控制器。该控制器根据来自处理器或总线的请求以及 Cache 块的状态做出相应的响应，包括改变所选择的 Cache 块的状态，通过总线访问存储器，或者作废 Cache 块等。

由于在单 Cache 中，每次 CPU 进行读操作时，Cache 最后都要把所访问的数据送给 CPU，而在每次进行写操作时，最后 CPU 都要把数据写入 Cache。在多 Cache 中也是如此。在后面的讨论中，为简捷起见，我们省略这些操作，而把重点放在实现一致性的操作上。

下面要介绍的监听协议实例比较简单。每个数据块的状态只能取以下 3 种状态中的一种。

① 无效（invalid，简称 I）：表示 Cache 中该块的内容为无效。显然，所要访问的块尚未进入 Cache。

② 共享（shared，简称 S）：表示该块可能处于共享状态，即在多个（≥2）处理器中都有副本。这些副本都相同，且与存储器中相应的块相同。之所以说可能，是因为它包含了这种特殊情况：在整个系统中，该块只在一个 Cache 中有副本，而且该副本与存储器中相应的块相同。对处于共享状态的块只能进行读操作。如果要进行写操作，就要先把其状态改为“已修改”。

③ 已修改（modified，简称 M）：表示该块已经被修改过，并且还没写入存储器。这时该块中的内容是最新的，而且是整个系统中唯一的最新副本。处于已修改状态的块由本地处理器所独占。该处理器不仅可以对它进行读操作，而且可以对它进行写操作。

下面来讨论在各种情况下监听协议所进行的操作。

（1）响应来自处理器的请求

对不发生替换和发生替换的两种情况分别进行讨论。

① 不发生替换的情况，参见图 8.6（a）。图中用斜线“/”来分隔请求与响应操作。“/”前是请求部分，“/”后是相应的操作。

a. 状态为 I。在这种情况下的操作与单 Cache 中的情况类似。

当 CPU 要进行读访问时，由于所要访问的块尚未调入 Cache，所以发生读不命中，需要向总线发 RdMiss 消息。调入该块后，把其状态改为共享（S）。这时该数据块在 Cache 中有唯一的一个副本，且该副本与存储器中的相应内容相同。

当 CPU 要进行写访问时，由于所要访问的块尚未调入 Cache，所以发生写不命中，需要向总线发 WtMiss 消息。调入该块后，将其状态改为已修改（M）。这时该数据块在 Cache 中有唯一的一个副本（最新），且该副本与存储器中的相应内容不同。存储器中的内容已过时。

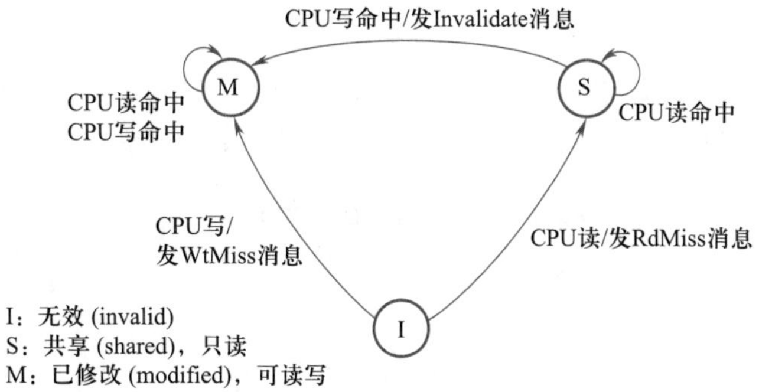

(a) 一般CPU访问的情况及操作

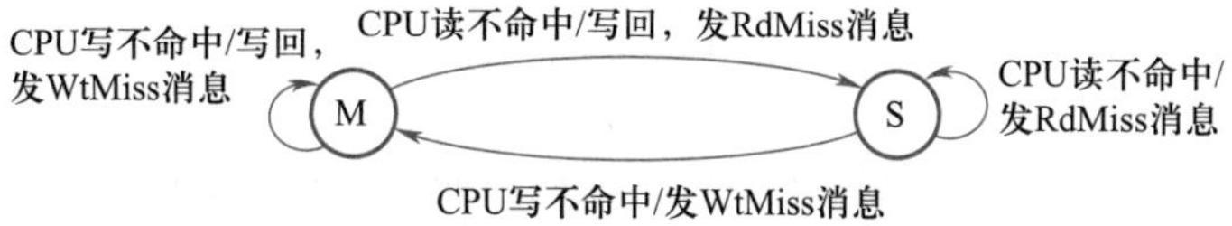

(b) 发生替换的情况及操作

图 8.6　写作废协议中(采用写回法)Cache 块的状态转换图 Ⅰ：响应来自 CPU 的请求

b. 状态为 S。当 CPU 要进行读访问时,如果命中,则状态不变。否则就需要进行替换,这种情况后面再讨论。

当 CPU 要进行写访问时,需先把 Cache 中相应块的状态改为已修改 M,然后再把数据写入,同时要作废所有其他 Cache 中的副本。在命中的情况下,无须调块,只要向总线发 Invalidate 消息即可。如果不命中,就需要进行替换。这种情况后面再讨论。

c. 状态为 M。在这种状态下,当 Cache 读命中或写命中时,状态不变。但当不命中时,就需要进行替换,这种情况后面再讨论。

② 发生替换的情况,参见图 8.6(b)。

当 CPU 访问 Cache 不命中、而按映像规则所映射到的块或组中已经没有空闲块(状态为 I)时,就要进行替换。这时就根据替换算法在 Cache 中选择一个块作为被替换的块,该块的内容将被新调入的块所替换。

a. 状态为 S。当发生读不命中时,就向总线发 RdMiss 消息,调入一个新块并替换原来的块,并且该 Cache 块的状态不用改变。这是因为处理器是进行读访问。

当发生写不命中时,就向总线发 WtMiss 消息,也是调入一个新块并替换原来的块,但要把该块的状态改为 M。这是因为处理器是进行写访问。

b. 状态为 M。这种情况与①类似,只是在写不命中时,Cache 块的状态不用改变;而在读不命中时,要把状态改为 S。此外,还有关键的一点,就是在该块被替换之前,需要将其中的内容先写回存储器。这是因为该块是整个系统中唯一的最新副本。

(2) 响应来自总线的请求

每个处理器都在监视总线上的消息和地址,当发现有与总线上的地址相匹配的 Cache 块时,就要根据该块的状态以及总线上的消息进行相应的处理(参见图 8.7)。

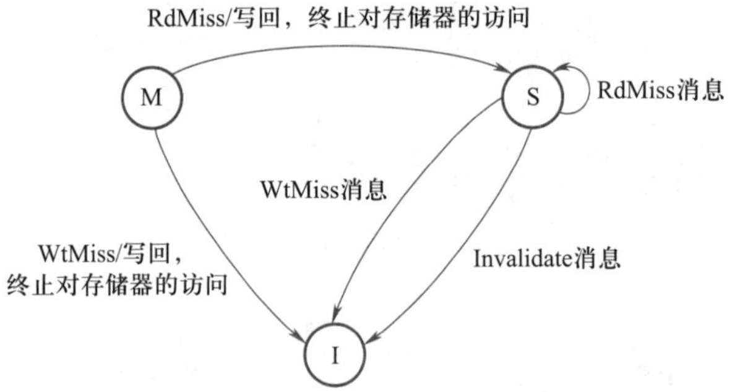

图 8.7　写作废协议中(采用写回法)Cache 块的状态转换图Ⅱ:
响应来自总线的请求

① 状态为 S。这种状态表示该块是一个只读副本。

当远程处理器(相对于本地处理器而言)因进行读访问不命中而在总线上发 RdMiss 消息时,由于调块后不对该块进行写操作,所以本地 Cache 中该块的状态不变。

如果远程节点是因为要进行写操作而往总线上发 WtMiss 消息或 Invalidate 消息,则需要作废本地 Cache 中的该块,将其状态改为 I。

② 状态为 M。这种状态表示该块是整个系统中唯一的最新副本。

不管远程处理器发的是 RdMiss 消息还是 WtMiss 消息,本地 Cache 都需要将这个唯一的副本写回存储器,并终止 RdMiss 消息或 WtMiss 消息引发的对存储器的访问,改由本地 Cache 提供该块。

在状态方面,RdMiss 消息将导致本地 Cache 中该块的状态变为 S,即该块也变成一个只读的共享块;而 WtMiss 消息则将其状态修改为 I,将之作废。这是因为远程处理器需要的是一个独占的块。

在上述协议中假设操作具有原子性(atomicity),即其操作进行过程中不能被打断,例如将写不命中的检测、申请总线和接收响应作为一个单独的原子操作。但在实现中的情况会比这复杂得多。

8.3 分布式存储多处理机结构

8.3.1 目录协议的基本思想

在前面介绍的监听协议中，每当 Cache 不命中时，就要与所有其他的 Cache 进行通信，这是通过总线的广播以及对其他 Cache 的监听来实现的。之所以要广播和监听，是因为系统中没有一个集中的数据结构来记录 Cache 的状态，数据块的状态是保存在各自的 Cache 中。所以当一个 Cache 发生不命中时，它不知道其他 Cache 中哪些拥有相应的副本，就只好在总线上广播相应的信息，让所有其他的 Cache 都来协助完成相关的操作。这种协议直接利用了系统中已经存在的总线和 Cache 中的状态位，因而它具有实现容易、成本较低的优点。然而，当系统的规模变大时，它又是个致命的弱点。大量的总线广播操作会使总线很快成为系统的瓶颈。广播和监听机制使监听协议的可扩放性很差。

微视频 8-4：目录协议的基本思想

为了实现较大规模的可扩放的分布式共享存储器多处理机系统，需要寻找新的一致性协议来代替监听协议，这就是前面提过的目录协议。另外，总线的可扩放性不好，可以改用可扩放性更好的互连网络，互连网络能高效地实现点到点的通信。目录协议采用了一个集中的数据结构——目录。对于存储器中每一个可以调入 Cache 的数据块，在目录中设置一条目录项，用于记录该块的状态以及哪些 Cache 中有副本等相关信息。这样，对于任何一个数据块，都可以快速地在唯一的一个位置（根据该存储块的地址来确定）中找到相关的信息。这使目录协议避免了广播操作。

目录协议常采用位向量的方法来记录哪些 Cache 中有副本，该位向量中的每一位对应于一个处理器。例如可以用“1”表示相应处理器的 Cache 有副本，用“0”表示没有副本。这个位向量的长度与处理器的个数成正比。为便于讨论，后面将把由位向量指定的处理机的集合称为共享集 S。

目录协议根据该项目中的信息以及当前要进行的访问操作，依次对相应的 Cache 发送控制消息，并完成对目录项信息的修改。此外，还要向请求处理器发送响应信息。

为了提高可扩放性，可以把存储器及相应的目录信息分布到各节点中，其结构示意图如图 8.8 所示。每个节点的目录中的信息对应于该节点存储器中的数据块，这使得对于不同目录项的访问可以在不同的节点中并行进行。当处理器进行访存操作时，如果该地址落在本地存储器的地址范围中，则是本地的，否则就是远程的。这是由节点内的控制器根据访问地址来判定的。

对于目录协议来说，最简单的实现方案是对存储器中的每一块都在目录中设置一

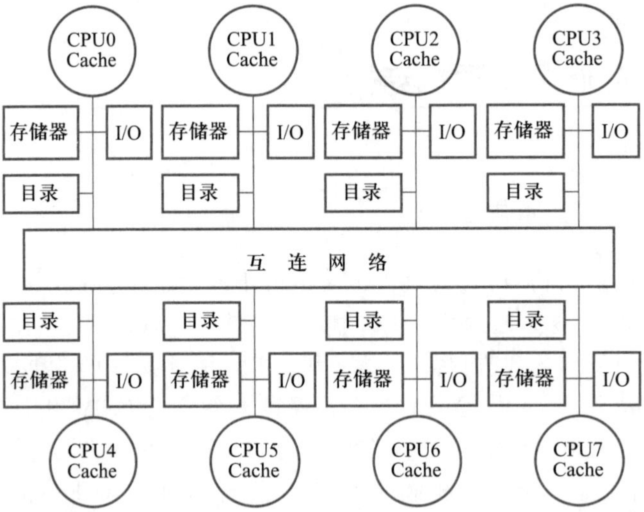

图 8.8　对每个节点增加目录后的分布式共享存储器多处理机系统结构示意图

项。在这种情况下，目录中的信息量与 $M \times N$ 成正比。其中 M 表示存储器中存储块的总数量，N 表示处理器的个数。由于 $M = K \times N$（K 是每个处理机中存储块的数量），所以如果 K 保持不变，则目录中的信息量就与 N^2 成正比。显然这种方法的可扩放性不好，只有在处理器个数比较少的情况下才是可行的。

当处理器数量较多时，需要采用扩放性更好的方法，例如只给那些已经进入 Cache 的块（而不是所有的块）设置目录项，或者让每个目录项的位数固定。后面将进一步介绍这些方法。

在目录协议中，存储块的状态有以下 3 种。

① 未缓存（uncached）：该块尚未被调入 Cache，所有处理器的 Cache 中都没有这个块的副本。

② 共享（shared）：该块在一个或多个处理机上有副本，且这些副本与存储器中的该块相同。

③ 独占（exclusive）：仅有一个处理机有这个块的副本，且该处理机已对其进行了写操作，所以其内容是最新的，而存储器中该块的数据已过时。这个处理机称为该块的拥有者（owner）。

为了提高实现效率，在每个 Cache 中还跟踪记录每个 Cache 块的状态。

在目录协议中，每个 Cache 中的 Cache 块状态及其转换与监听协议相同，只是在状态转换时所进行的操作有些不同。

图 8.9 是用来说明本地节点、宿主节点以及远程节点的概念及其相互关系的示意图。本地（local）节点是指发出访问请求的节点（图中的 A）。该节点中的处理机 P 发出了一个地址为 K 的访存请求。宿主（home）节点是指包含所访问的存储单元及其目录

项的节点（图中的 B），它包含有地址 K 的存储单元及相应的目录项。因为物理地址空间是静态分布的，所以对于某一给定的物理地址，包含有其存储单元及目录项的节点是确定且唯一的。该地址的高位指出节点号，而低位则表示在相应节点的存储器内的偏移量。图中的 C 是远程（remote）节点。它拥有相应存储块的副本。

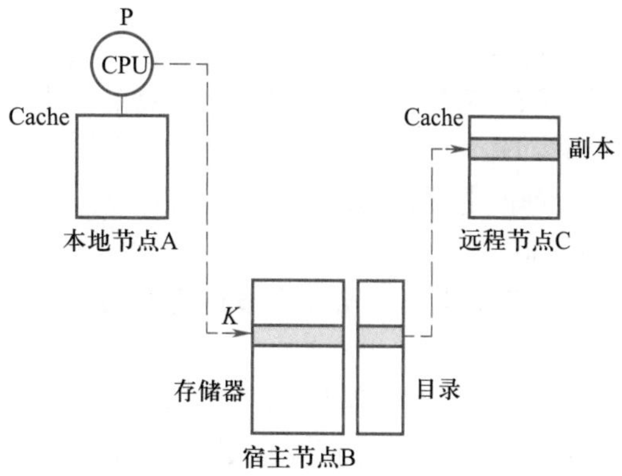

图 8.9 本地节点、宿主节点和远程节点的相互关系

本地节点和宿主节点可以是同一个节点，这时所访问的单元就在本地节点的存储器中。远程节点可以和宿主节点是同一个节点，也可以和本地节点是同一个节点。在这些情况下，基本协议不需要变动，只是节点之间的消息变成了节点内的消息。

为了实现一致性，需要在节点之间发送以下消息。

1. 本地节点发给宿主节点（目录）的消息

（1）RdMiss(P,K)

括号中的内容表示所带参数。其中 P 为发出请求的处理机编号，K 为所要访问的地址。下同。

功能说明：处理机 P 读取地址为 K 的数据时不命中，请求宿主节点提供数据（块），并要求把 P 加入共享集。

（2）WtMiss(P,K)

功能说明：处理机 P 对地址 K 进行写入时不命中，请求宿主节点提供数据，并使 P 成为所访问数据块的独占者（共享集合中只有 P）。

（3）Invalidate(K)

功能说明：请求向所有拥有相应数据块副本（包含地址 K）的远程 Cache 发 Invalidate 消息，作废这些副本。

2. 宿主节点（目录）发送给远程节点的消息

（1）Invalidate(K)

功能说明：作废远程 Cache 中包含地址 K 的数据块。

（2）Fetch(K)

功能说明：从远程 Cache 中取出包含地址 K 的数据块，并将之送到宿主节点。把远程 Cache 中那个块的状态改为“共享”。

（3）Fetch&Inv(K)

功能说明：从远程 Cache 中取出包含地址 K 的数据块，并将之送到宿主节点。然后作废远程 Cache 中的那个块。

3. 宿主节点目录发送给本地节点的消息

DReply(D)

功能说明：这里的 D 表示数据内容。该消息是把从宿主存储器获得的数据返回给本地 Cache。

4. 远程节点发送给宿主节点目录的消息

WtBack(K,D)

功能说明：把远程 Cache 中包含地址 K 的数据块写回到宿主节点中，该消息是远程节点对宿主节点发来的“取数据”或“取/作废”消息的响应。

实际上，只要数据块由独占状态变成共享状态，就必须进行写回，因为所有的独占块都是被修改过的，而且任何处于共享状态的块与宿主存储器中相应存储块的内容必定是相同的。

5. 本地节点发送给被替换块的宿主节点目录的消息

(1) MdSharer(P,K)

功能说明：该消息用于当本地 Cache 中需要替换一个包含地址 K 的块，且该块未被修改过的情况。这个消息发给该块的宿主节点，请求它将 P 从共享集中删除。如果删除后共享集变为空集，则宿主节点还要将该块的状态改变为“未缓存”。

(2) WtBack2(P,K,D)

功能说明：该消息用于当本地 Cache 中需要替换一个包含地址 K 的块，且该块已被修改过的情况。这个消息发给该块的宿主节点，完成两步操作：

① 把该块写回；

② 进行与 MdSharer 相同的操作。

需要说明的是，这里所说的宿主节点是指要被替换的块的宿主节点。它与当前本地节点正在访问的块的宿主节点是不同的。

为简单起见，本节假设消息被接收和处理的顺序与消息发送的顺序相同。但实际情况并不一定如此，从而会产生更多的复杂性。

8.3.2　目录协议实例

微视频 8-5：目录协议实例

目录协议中 Cache 的基本状态与监听协议中的相同，Cache 块状态转换的操作在实质上也与监听协议相同。只是在监听协议中相关的消息要放到总线上进行广播，现在则是由点到点的通信来完成。本地节点把请求发给宿主节点中的目录，再由目录控制器有选择地向远程节点发出相应的消息，使远程节点进行相应的操作，并进行目录中状态信息等的更新。与监听协议相同，当对 Cache 块进行写操作时，该 Cache

块必须是处于独占状态。另外,对于任何一个处于共享状态的块来说,其宿主存储器中的内容都是最新的。

图 8.10 是在基于目录协议的系统中,响应本地 Cache CPU 请求时 Cache 块的状态转换图。与图 8.6 一样,用斜线“/”来分隔请求和响应操作。在这些操作中,有的是向本次访问的宿主节点进一步发请求,如 RdMiss、WtMiss、Invalidate 消息;有的则是向被替换块的宿主节点发请求,如 MdSharer、WtBack2 消息。

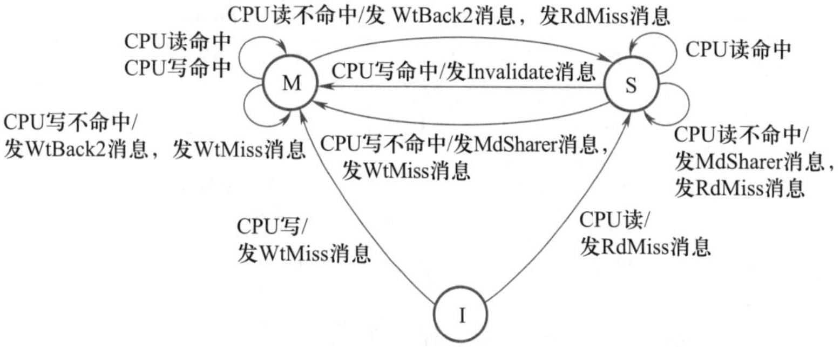

图 8.10 基于目录协议的系统中 Cache 块的状态转换图 Ⅰ:
响应本地 CPU 的请求

图 8.11 是远程节点中 Cache 块响应来自宿主节点的请求的状态转换图。这些请求包括 Invalidate(作废)、Fetch(取数据块)和 Fetch&Inv(取数据块并作废)。

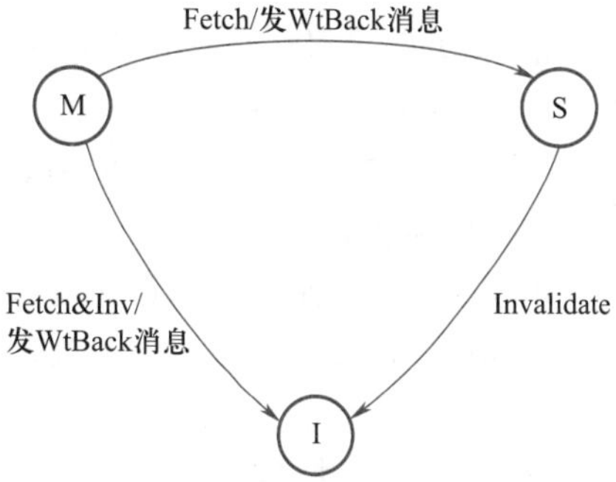

图 8.11 基于目录协议的系统中 Cache 块的状态转换图 Ⅱ:响应宿主目录的请求

如果把上述 Cache 块的状态转换及操作机制看成是完成目录协议的一半,则目录部分是实现该协议中的另一半。

如前所述,目录中存储器块的状态有未缓存、共享和独占 3 种。除了每个块的状态外,目录项还用位向量记录拥有其副本的处理器的集合,这个集合称为共享集合。对于从本地节点发来的请求,目录所进行的操作包括:

① 向远程节点发送消息以完成相应的操作,这些远程节点由共享集合指出。

② 修改目录中该块的状态。

③ 更新共享集合。

目录可能接收到 3 种不同的请求:读不命中、写不命中或数据写回。假设这些操作是原子的。

为了进一步理解目录所进行的操作，下面分析各个状态下所接收到的请求和所进行的相应操作(参见图 8.12)。

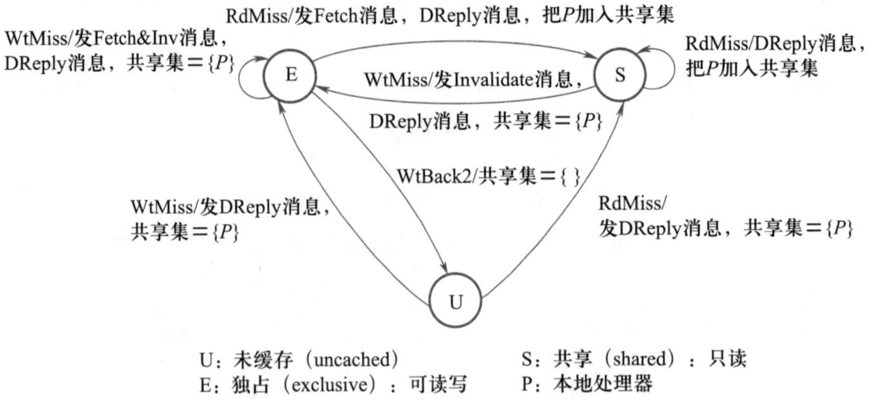

图 8.12　目录的状态转换及相应的操作

① 当一个块处于未缓存状态(U)时，对该块发出的请求及处理操作有如下几种。

a. RdMiss(读不命中)：将所要访问的存储器数据送往请求方处理机，且该处理机成为该块的唯一共享节点，本块的状态变成共享。

b. WtMiss(写不命中)：将所要访问的存储器数据送往请求方处理机，该块的状态变成独占，表示该块仅存在唯一的副本，其共享集合仅包含该处理机，指出该处理机是其拥有者。

② 当一个块处于共享状态(S)时，其在存储器中的数据是当前最新的，对该块发出的请求及处理操作有如下两种。

a. RdMiss：将存储器数据送往请求方处理机，并将其加入共享集合。

b. WtMiss：将数据送往请求方处理机，对共享集合中所有的处理机发送作废消息，且将共享集合改为仅含有该处理机，该块的状态变为独占。

③ 当某块处于独占状态(E)时，该块的最新值保存在共享集合所指出的唯一处理机(拥有者)中。有如下 3 种可能的请求。

a. RdMiss：将“取数据”的消息发往拥有者处理机，将它所返回给宿主节点的数据写入存储器，并进而把该数据送回请求方处理机，将请求方处理机加入共享集合。此时共享集合中仍保留原拥有者处理机(因为它仍有一个可读的副本)。将该块的状态变为共享。

b. WtMiss：该块将有一个新的拥有者。给旧的拥有者处理机发送消息，要求它将数据块送回宿主节点写入存储器，然后再从该节点送给请求方处理机。同时还要把旧拥有者处理机中的该块作废。把请求处理机加入共享者集合，使之成为新的拥有者。该块的状态仍旧是独占。

c. WtBack2(写回):当一个块的拥有者处理机要从其 Cache 中把该块替换出去时,必须将该块写回其宿主节点的存储器中,从而使存储器中相应的块中存放的数据是最新的(宿主节点实际上成为拥有者),该块的状态变成未缓冲,其共享集合为空。

实际计算机中采用的目录协议要做一些优化。比如对某个独占块发出读或写不命中时,该块将先被送往宿主节点存入存储器,然后再被送往请求节点,而实际中的计算机很多都是将数据从拥有者节点直接送给请求节点,同时写回宿主节点中的存储器。

目录协议是完全由硬件实现的。当然,也可以用软硬结合的办法实现,即将一个可编程协议处理机嵌入一致性控制器中,这样既减少了成本,又缩短了开发周期。这是因为可编程协议处理机可以根据实际应用需要很快开发出来,而一致性协议处理中的异常情况可完全交给软件执行。这种软硬结合实现 Cache 一致性的代价是损失了一部分效率。

到目前为止,所讨论的一致性协议都作了一些简化的假设,实际中的协议必须处理以下两个实际问题:操作的非原子性和有限的缓存。操作的非原子性产生实现的复杂性,有限的缓存可能导致死锁问题。

8.3.3 目录的 3 种结构

不同目录协议的主要区别主要有两个:一是所设置的存储器块的状态及其个数不同,二是目录的结构不同。目录主要有 3 种结构:全映像目录、有限映像目录和链式目录。

1. 全映像目录

8.3.1 小节和 8.3.2 小节中介绍的目录协议都是基于全映像目录的。在这种结构中,每一个目录项都包含一个 N 位(N 为处理机的个数)的位向量,其每一位对应于一个处理机。例如,在图 8.13 所示的例子中,按从左到右的次序给位向量中的位进行编号后,第 i 位就对应于第 i 个处理机,图中用虚线来表示这种关系。当位向量中的值为“1”时,就表示它所对应的处理机有该数据块的副本;否则就表示没有。在这种情况下,共享集合由位向量中值为“1”的位所对应的处理机构成。

微视频 8-6:目录的三种结构

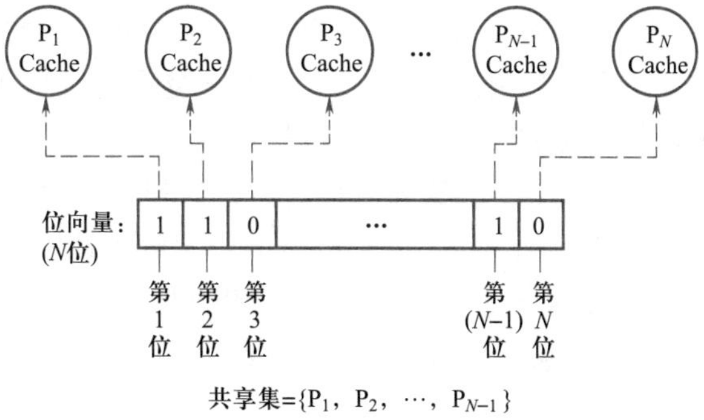

图 8.13 全映像目录示例

全映像目录的处理比较简单,速度也比较快,但它的存储空间的开销很大。目录项的数目与处理机的个数 N 成正比,而目录项的大小(位数)也与 N 成正比,因此目录所占用的空间与 N^2 成正比。这种目录结构的可扩放性很差。

2. 有限映像目录

有限映像目录是对全映像目录的改进,目的是提高其可扩放性和减少目录所占用的空间。其核心思想是采用位数固定的目录项目,这是通过对同一数据块在所有 Cache 中的副本总数进行限制来实现的。例如,限定为常数 m,则目录项中用于表示共享集合所需的二进制位数为 $m\times\lceil\log_2 N\rceil$。人们发现,根据局部性原理,一般来说 $m<<N$,这样就能极大地减小目录存储器的规模。这种目录所占用的空间与 $N\times\lceil\log_2 N\rceil$ 成正比。图 8.14 是采用有限映像目录的一个例子。

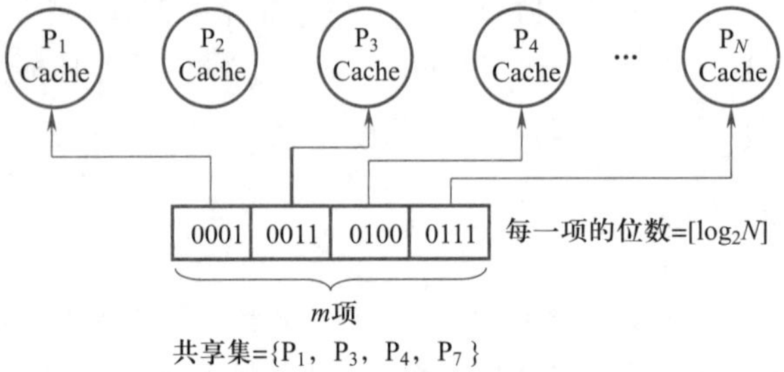

图 8.14　有限映像目录($m=4,N\geqslant 8$ 的情况)示例

有限映像目录的缺点是,当同一数据的副本个数大于 m 时必须做特殊处理。当目录项中的 m 个指针都已全被占满,而某处理机又需要新调入该块时,就需要在其 m 个指针中选择一个将之驱逐,以便腾出位置,存放指向新调入块的处理机的指针。

有限目录的驱逐需要根据某一种策略来从 m 个指针选出要驱逐的项,这个策略的好坏对系统的性能有很大的影响。驱逐策略与 Cache 的替换策略在很多方面是相同的,所以许多在 Cache 替换策略方面的研究成果可以直接用在驱逐策略设计中。

3. 链式目录

链式目录是用一个目录指针链表来表示共享集合。当一个数据块的副本数增加(或减少)时,其指针链表就跟着变长(或变短)。由于链表的长度不受限制,因而带来了以下优点:既不限制副本的个数,又保持了可扩展性。

链式目录有两种实现方法:单链法和双链法。图 8.15 是采用单链法的示意图。在图 8.15(a)中,这个链表只有一个元素,该元素的下一元素指针中存放的是链表结束标记"∧"。表头指针存放在存储器中,而链表的各元素则放在 Cache 中。图 8.15(b)是在图 8.15(a)的基础上把共享数据块依次调入 P_4 和 P_1 后,链表的变化情况。对该链表的操作是依次插入两个新元素。

当 Cache 中的块被替换出去时,需要对相应的链表进行操作——把相应的链表元

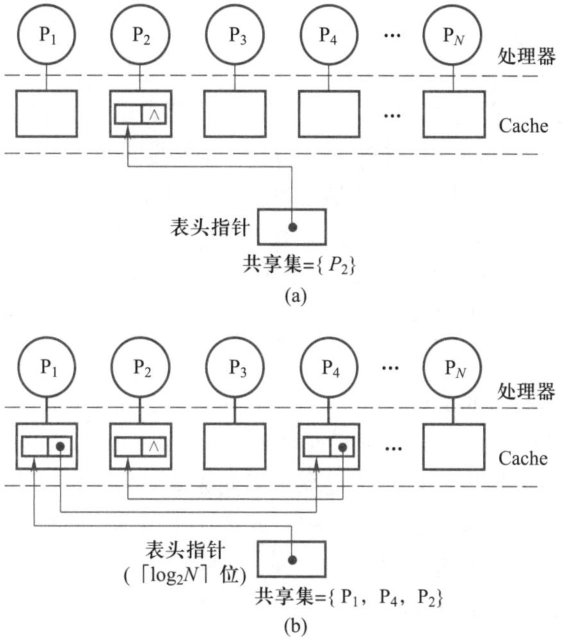

图 8.15 链式目录示例(采用单链法)

素(假设是链表中的第 i 个)删除。实现方法是沿着链表往下寻找第 i 个元素,找到后,修改其前后的链接指针,跳过该元素。

如果采用双向链表,在替换时就不再需要遍历整个链表。双链法虽然节省了处理时间,但其指针增加了一倍,而且一致性协议也更复杂了。

链式目录比前两种结构都复杂不少,但它具有可扩展性,这是前两种方法所无法实现的。链式目录的指针的位数与 $\log_2 N$ 成正比,但每个数据块的链表中的指针数目与处理机的个数无关。在目录所占用的空间方面,链式目录与有限映像目录类似,也是与$N\times\log_2 N$ 成正比。

8.4 同步

同步机制是多处理机系统中的一个重要组成部分,其实现方法除关系到系统的正确性之外,还关系到系统的效率。在大规模计算机或进程竞争激烈的情况下,同步可能会成为性能的瓶颈,导致较大的延迟开销。同步机制通常是在硬件提供的同步指令基础上,通过用户级软件例程来建立的。

微视频 8-7：同步

8.4.1 基本硬件原语

在多处理机中实现同步，所需的主要功能是一组能以原子操作的方式读出并修改存储单元的硬件原语。如果没有这种功能，建立基本的同步原语的代价将会非常大，并且这种代价随处理器个数的增加而增加。基本硬件原语有几种形式可供选择，它们都能以原子操作的方式读/修改存储单元，并指出所进行的操作是否以原子的方式进行。这些原语作为基本构件，被用来构造各种各样的用户级同步操作。通常情况下，系统结构设计者不希望用户直接使用硬件原语，这些原语主要是供系统程序员用来编制同步库函数。

1. 用于构造同步操作的原语

用于构造同步操作的一个典型原语是原子交换（atomic exchange），其功能是将一个存储单元的值和一个寄存器的值进行交换。下面来看一下如何用它来构造一个基本的同步操作。假设要构造这样一个简单的锁：其值为 0 表示锁是开的（可用），为 1 表示已上锁（不可用）。当处理器要给该锁上锁时，是将对应于该锁的存储单元的值与存放在某个寄存器中的 1 进行交换。如果别的处理器早已上了锁，则交换指令返回的值为 1，否则为 0。在后一种情况下，该锁的值会从 0 变成 1，即上了锁。这样，其他竞争的交换指令的返回值就不会是 0。

若两个处理器同时进行交换操作，竞争的结果是，只有一个处理器会先执行成功而得到返回值 0，而第二个处理器则是得到返回值 1。采用原子交换原语实现同步的关键是操作的原子性：交换操作是不可再细分的，两个同时进行的交换操作将由写顺序机制确定先后顺序。这保证了两个处理器不可能同时获得同步变量锁。

还有一些别的原语可用来实现同步，它们均具有这样的关键属性：能指出是否以原子的方式读出并更新存储单元值。测试并置定（test_and_set）原语是其中之一，在许多以往的多处理机中都有这样一个操作。其功能是先测试一个存储单元的值，如果符合条件则修改其值。例如可以定义一个操作来检测某个存储单元值是否为 0，是则置 1。其使用方法和前面介绍的原子交换类似。另一个同步原语是读取并加 1（fetch_and_increment），它返回存储单元的值并自动增加该值。

然而，要在一条指令中完成上述全部操作会有一些困难，因为它要在一条不可中断的指令中完成一次存储器读和一次存储器写，而且在这一过程中不允许进行其他访存操作，而且还要避免死锁。

2. LL/SC 指令对原语

现在一些计算机上用到的原子方式的读/修改方法略有不同，它们采用一对指令而不是一条指令来实现上述同步原语。这种方法是在第二条指令返回一个值，通过该值可以判断该指令对的执行结果是否相当于一个原子操作。所谓相当于原子操作是指所有其他处理器进行的操作或者是在该指令对之前，或者是在该指令对之后进行，不存在在这两条指令之间进行的操作。所以在这一对指令之间,任何其他处理器都不会改变相应存储单元的值。

该指令对由两条特殊的指令构成,一条是特殊的 load 指令,称为 LL(load linked 或 load locked);另一条是特殊的 store 指令,称为 SC(store conditional)。指令顺序执行:如果由 LL 指明的存储单元的内容在 SC 对其进行写之前已被其他指令改写过,则第二条指令 SC 执行失败;如果在两条指令间进行切换也会导致 SC 执行失败。SC 将返回一个值来指出该指令操作是否成功,如果执行成功返回 1,否则返回 0。LL 则返回该存储单元初始值。下面的程序段实现对由 R1 指出的存储单元进行原子交换操作。

```
try: OR R3, R4, R0      // R4 中为交换值。把该值送入 R3
     LL   R2, 0(R1)     // 把单元 0(R1)中的值取到 R2
     SC   R3, 0(R1)     // 若 0(R1)中的值与 R3 中的值相同,则置 R3 的值
                        // 为 1,否则置为 0
     BEQZ  R3, try      // 存失败(R3 的值为 0)则转移
     MOV  R4, R2        // 将取的值送往 R4
```

最终 R4 和由 R1 指向的单元值进行原子交换,在 LL 和 SC 之间如有别的处理器插入并修改了存储单元的值,SC 将返回 0 并存入 R3 中,从而使这段程序再次执行。

LL/SC 原语的一个优点是可用来构造别的同步原语。例如,构造原子操作 fetch_and_increment 的程序段如下。

```
try: LL   R2, 0(R1)          // 把单元 0(R1)中的值送入 R2
DADDIU   R2, R2, #1          // 加 1
SC   R2, 0(R1)               // 若 0(R1)中的值与 R2 中的值相同,则置 R2 的值
                             // 为 1,否则置为 0
BEQZ   R2, try               // 存失败(R2 的值为 0)则转移
```

这些指令的实现必须跟踪地址。通常由 LL 指令指定一个寄存器,该寄存器存放一个存储器单元的地址,这个寄存器常称为连接寄存器(link register),如果发生中断切换或与连接寄存器中的地址匹配的 Cache 块被作废(比如被别的 SC 指令访问),则把连接寄存器清 0,SC 指令检查它的存地址与连接寄存器内容是否匹配,如匹配则 SC 继续执行,否则执行失败。既然别的处理器对连接寄存器所指单元的写或任何异常指令都会导致 SC 失败,应该特别注意在两条指令间插入其他指令的选择。一般情况下,只有寄存器-寄存器指令才能安全地通过,否则极有可能产生死锁并使处理器永远不能完成 SC。此外,LL 和 SC 之间的指令数应尽量少,从而减少由无关事件或竞争的处理所导致的 SC 执行失败。

8.4.2 用一致性实现锁

有了原子操作,就可以采用多处理机的一致性机制来实现旋转锁(spin lock)。旋转锁是指处理器不停地请求获得使用权的锁。处理器围绕该锁反复执行循环程序,直到

获得该锁。旋转锁适合于这样的场合：锁被占用的时间很少，在获得锁后加锁过程延迟很小。因为旋转锁会把处理器绑定在循环等待获得锁的使用权中，所以在有些情况下不适合使用。

在无 Cache 一致性机制的条件下，最简单的实现方法是把锁变量保存在存储器中，处理器可以不断地通过一个原子操作来请求其使用权，比如利用原子交换操作，并测试返回值从而知道锁的使用情况。释放锁的时候，处理器只需简单地将锁置为0即可。下面这段程序用原子交换操作对旋转锁进行加锁，R1 中存放的是该旋转锁的地址。

```
        DADDIU  R2, R0, #1
lockit: EXCH    R2, 0(R1)        // 原子交换
        BNEZ    R2, lockit       // 若 R2 不为 0,则表示已被其他程序上锁。继续旋转等待
```

如果计算机支持 Cache 一致性，就可以将锁调入 Cache，并通过一致性机制使锁值保持一致。这样做有两个好处：

① 可使“环绕”的进程（对锁进行不停的测试和请求占用的小循环）只对本地 Cache 中的锁（副本）进行操作，而不用在每次请求占用锁时都进行一次全局的存储器访问。

② 可利用访问锁时所具有的局部性，即处理器最近使用过的锁不久又会使用。这种状况下锁可驻留在该处理器的 Cache 中，大大减少了获得锁所需要的时间。

要获得第一条好处，需对上面简单的旋转锁程序进行一些改动。该程序的循环中每次交换均需一次写操作，如果有多个处理器都同时请求加锁，则大多数写都会导致写不命中，因为每个处理器都想以独占的方式获得锁变量。因此应该对旋转锁程序进行改进，使得它只对本地 Cache 中锁的副本进行读取和检测，直到发现该锁已经被释放。然后，该程序立即进行交换操作，去和在其他处理器上的进程争用该锁变量。这些进程也在以同样的方式旋转等待该锁。所有这些进程都采用交换指令来从锁变量读出原来的值，并把1写入锁变量。只有一个进程获胜——获得锁的占有权，该进程看到锁变量原来的值是0。其余的进程都是失败者，虽然它们也把锁变量置1，但因它们所看到的锁变量本来就是1，所以等于没做什么。它们还要继续旋转等待。获得占有权的处理器在执行完其代码后，将锁变量置0以释放它，其他旋转等待该锁的进程又开始争用。下面是修改后的旋转锁程序。

```
lockit: LD      R2, 0(R1)        // 取锁值
        BNEZ    R2, lockit       // 如果锁没有被释放,继续旋转等待
        DADDIU  R2, R0, #1       // 置 R2 为 1
        EXCH    R2, 0(R1)        // 交换
        BNEZ    R2, lockit       // 如果锁没有被释放,继续旋转等待
```

下面分析这种旋转锁是怎样使用 Cache 一致性机制的。表8.2给出了3个处理器利用原子交换争用旋转锁所进行的操作。一旦一个拥有旋转锁的处理器使用完毕，并写入0来释放该锁，所有其他 Cache 中的对应块均被作废，必须取新的值来更新它们所

拥有的锁的副本。其中一个处理器的 Cache 会先获得被释放的锁的值(0),并进行交换操作。当别的 Cache 不命中处理完后,它们会发现该锁已经被加了锁,所以又必须不停地环绕测试。

表 8.2 3 个处理器争用旋转锁的操作

步骤	处理器 P0	处理器 P1	处理器 P2	锁的状态	总线/目录操作
1	占有锁	环绕测试是否 lock = 0	环绕测试是否 lock = 0	共享	无
2	将锁置为 0	(收到作废命令)	(收到作废命令)	专有(P0)	P0 发出对锁变量的作废消息
3		Cache 不命中	Cache 不命中	共享	总线/目录收到 P2 Cache 不命中;锁从 P0 写回
4		(因总线/目录忙而等待)	lock = 0	共享	P2 Cache 不命中被处理
5		lock = 0	执行交换,导致 Cache 不命中	共享	P1 Cache 不命中被处理
6		执行交换,导致 Cache 不命中	交换完毕:返回 0 并置 lock = 1	专有(P2)	总线/目录收到 P2 Cache 不命中;发作废消息
7		交换完毕:返回 1	进入关键程序段	专有(P1)	总线/目录处理 P1 Cache 不命中;写回
8		环绕测试是否 lock = 0			无

这里假设是采用写作废的一致性机制,开始时 P0 占有锁(第 1 步),然后 P0 将锁释放(第 2 步),P1 和 P2 争用锁(第 3 至 5 步);P2 胜出,进入关键处理段(第 6、7 步);P1 失败后继续环绕等待(第 7、8 步)。在实际系统中,这些事件耗费的时间远大于 8 个时钟周期,因为获得总线使用权及不命中处理的时间会长得多。

这个例子也说明了 LL/SC 原语的另一个优点:读写操作显式地分开。LL 不产生总线数据传送,这使得下面这段程序与前面采用交换操作并经过优化的代码具有相同的特点(R1 中保存锁的地址)。

```
lockit: LL     R2, 0(R1)          // load-linked
        BNEZ   R2, lockit         // 若锁未被释放,则旋转
        DADDIU R2, R0, #1         // 置锁值为 1
        SC     R2, 0(R1)          // 写入存储器
        BEQZ   R2, lockit         // 如果存失败则转移
```

第一个分支形成环绕的循环体,第二个分支解决了两个处理器同时看到锁可用的

情况下的争用问题。尽管旋转锁机制简单并且具有吸引力，但难以将它应用于处理器数量很多的情况，因为锁被释放时，处理器之间争用锁会产生大量的通信开销。

8.4.3　同步性能问题

8.4.2 小节介绍的简单旋转锁不能很好地适应可扩放性。设想一下，如果大规模多处理机中所有的处理器都同时争用同一个锁，那么目录或总线作为所有处理器实现串行化的中心点肯定是个瓶颈，会导致大量的争用和通信开销。从下面的例子就可以更加清楚地看到这一点。

例 8.3　假设某条总线上有 10 个处理器同时准备对同一变量加锁。如果每个总线事务处理（读不命中或写不命中）的时间是 100 个时钟周期，而且忽略对已调入 Cache 中的锁进行读/写的时间以及占用该锁的时间。

① 假设该锁在时间为 0 时被释放，并且所有处理器都在旋转等待该锁。问：所有 10 个处理器都获得该锁所需的总线事务数目是多少？

② 假设总线是非常公平的，在处理新请求之前，要先全部处理好已有的请求，并且各处理器的速度相同。问：处理 10 个请求大概需要多少时间？

解　当 i 个处理器争用锁的时候，它们都各自完成以下操作序列，每一个操作产生一个总线事务：

- 访问该锁的 i 个 LL 指令操作。
- 试图占用该锁（并上锁）的 i 个 SC 指令操作。
- 1 个释放锁的存操作指令。

因此对于 i 个处理器来说，一个处理器获得该锁所要进行的总线事务的个数为 $2i+1$。这里假设关键代码段的执行时间可以忽略不计。

假设一共有 n 个处理器。在最开始时，共有 n 个处理器在争用该锁，一个处理器胜出，完成执行后释放该锁，其总线事务的个数为 $2n+1$。接下来，剩下的 $n-1$ 个处理器继续争用该锁，其总线事务的个数为 $2(n-1)+1$；其余依此类推。由此可知，总的总线事务个数为

$$\sum_{i=1}^{n}(2i+1)=n(n+1)+n=n^2+2n$$

对于 10 个处理器来说，其总线事务数为 120 个，需要 12 000 个时钟周期。

本例中问题的根源是锁的争用、对锁进行访问的串行性以及总线访问的延迟。旋转锁的主要优点是总线开销或网络开销比较低，而且当一个锁被同一个处理器重用时具有很好的性能。但这两点在上述例子中均没有得到体现。

下面讨论如何用旋转锁来实现一个常用的高级同步原语——栅障同步（barrier synchronization）。栅障强制所有到达该栅障的进程等待，直到全部进程到达栅障，然后释放全部进程，从而形成同步。栅障的典型实现是用两个旋转锁：一个用来保护一个计数

器,它记录已到达该栅障的进程数;另一个用来封锁进程直至最后一个进程到达该栅障。为了实现栅障,一般要利用这样的功能:在一个变量上旋转等待直到它满足规定的条件。用 spin(condition)来表示这种情况。下面的程序是一种典型的实现,其中 lock 和 unlock 提供基本的旋转锁,变量 count 记录已到达栅障的进程数,total 规定了要到达栅障的进程总数,对 counterlock 加锁保证增量操作的原子性。release 用来封锁进程直到最后一个进程到达栅障。spin(release=1)使进程等待直到全部进程到达栅障。

```
lock(counterlock);                  // 确保更新的原子性
if(count==0)    release=0;          // 第一个进程则重置 release
count=count+1;                      // 到达进程数加 1
unlock(counterlock);                // 释放锁
if(count==total) {                  // 进程全部到达
    count=0;                        // 重置计数器
    release=1;                      // 释放进程
}
else {                              // 还有进程未到达
    spin(release=1);                // 等待别的进程到达
}
```

栅障通常是在循环中使用,因此从栅障释放出的进程在运行一段后又会再次到达该栅障。假设其中有一个进程还没有离开栅障,即停留在旋转等待操作上(例如操作系统重新调度进程后就可能发生这样的情况)。这时如果有个进程的执行比较快,又到达了栅障,而上一次循环的进程中最后那个还没来得及离开该栅障。那么这个"快"进程就会把 release 重新置为 0,从而把上次循环的"慢"进程"捆"在了这个栅障上。这样所有的进程在这个栅障的又一次使用中都会处于无限等待状态,因为已经到达该栅障的进程数目总是达不到 total(上一次循环欠了 1 个)。

解决这个问题的一种方法是当进程离开栅障时进行计数(和到达时一样),在上次栅障使用中的所有进程离开之前,不允许任何进程重用并初始化本栅障。但这会明显增加栅障的延迟和竞争。另一种方法是采用 sense_reversing 栅障,每个进程均使用一个私有变量 local_sense,该变量初始化为 1。

下面的程序给出了 sense_reversing 栅障的代码,这种方法使用安全,但其性能仍旧比较差。对于 10 个处理器来说,当同时进行栅障操作时,如果忽略对 Cache 的访问时间以及其他非同步操作所需的时间,则其总线事务数为 204 个,如果每个总线事务需要 100 个时钟周期,则总共需要 20 400 个时钟周期。

```
local_sense=!local_sense;           // local-sense 取反
lock(counterlock);                  // 确保更新的原子性
count++;                            // 到达进程数加 1
unlock(counterlock);                // 释放锁
```

```
    if(count==total){                // 进程全部到达
        count=0;                     // 重置计数器
        release=local_sense;         // 释放进程
    }
    else {                           // 还有进程未到达
        spin(release==local_sense);  // 等待信号
    }
```

由上面这些例子可以看出,当多进程之间竞争激烈时,同步会成为瓶颈。当竞争很少而且同步操作也较少时,主要关心的是同步原语操作的延迟,即单个进程要花多长时间才完成一个同步操作。基本的旋转锁操作可在两个总线周期内完成:一个读锁,一个写锁。可以采用多种方法进行改进,使它在单个周期内完成操作。例如,可简单地在交换操作上旋转。如果锁经常处于未占用状态,这种方法很好;但如果锁已被占用,将会导致大量的总线事务,因为每一个试图给锁变量加锁的操作均需要一个总线周期。不过,实际上旋转锁的延迟并不像上述例子中所示的那样糟糕,因为在实现中可以对 Cache 的写不命中加以优化。

上述例子中,更严重的问题在于进程进行同步操作的串行化。当有竞争时,串行化就会成为一个问题,因为它大幅度地增加了完成同步操作所需要的时间。栅障的情况也差不多,甚至更严重。

8.5 同时多线程

微视频 8-8:同时多线程

随着在微处理器中开发的指令级并行(ILP)的不断提高,开发出更多的 ILP 已经越来越难了,而且在有些程序中可能开发 ILP 本来就很困难。另一方面,程序中可能有许多很自然地存在的更高一级的并行性。例如,在线事务处理系统中多个查询和更新之间可以自然地并行处理,这是因为它们在很大程度上是相互独立的。另外,科学计算中也有许多这类并行性。这就是线程级并行(TLP)。

线程是进程内的一个相对独立且可独立调度和指派的执行单元,它比进程要“轻巧”得多。线程只拥有在运行过程中必不可少的一点资源,如程序计数器、一组寄存器和堆栈等。所以线程在切换时只需保存和设置少量寄存器的内容,开销很小,通常只需要几个时钟周期,最快可以每个时钟周期切换一次。而进程的切换一般需要成百上千个处理器时钟周期。

实现多线程的主要方法有两种。第一种方法是细粒度多线程(fine-grained multithreading),它在每条指令之间都能进行线程的切换,从而使得多个线程可以交替执行。通常以时间片轮转的方法实现这样的交替执行,在轮转的过程中跳过处于停顿的线程。

为了使细粒度多线程能达到实用的水平,CPU 必须在每个时钟周期都能进行线程的切换。由于当一个线程停顿时,CPU 可以立即执行其他线程的指令,所以细粒度多线程的主要优点是不仅能隐藏由长时间停顿引起的吞吐量损失,而且能隐藏由短时间停顿带来的吞吐量损失。其主要缺点是减慢了单个线程的执行,这是因为即使没有任何停顿的线程也不能连续执行,而是会因其他线程的指令插入执行而被延迟。

第二种方法是粗粒度多线程(coarse-grained multithreading),它是针对细粒度多线程的缺点而提出的。粗粒度多线程之间的切换只发生在时间较长的停顿(例如第二级 Cache 不命中)出现的时候。这一改变使得粗粒度多线程不需要像细粒度多线程那样自由地切换,减少了切换次数,并且也不太会降低单个线程的执行速度,这是因为只有当线程发生时间较长的停顿时才会执行其他线程的指令。当然,粗粒度多线程也有较大的缺点:它减少吞吐量损失的能力有限,特别是对于较短的停顿来说更是如此。这一缺点是由粗粒度多线程的流水线建立时间的开销造成的。由于实现粗粒度多线程的 CPU 只能执行单个线程的指令,不能交叉执行多个线程,因此当发生停顿时,流水线必须排空或暂停。停顿后切换的新线程也有个填满流水线的过程,填满后才能不断地流出指令执行结果。由于有启动开销,粗粒度多线程对于减少长时间停顿所带来的损失较为有效,此时流水线的建立时间相对于停顿时间来说可以忽略不计。

8.5.1 小节讨论一种能够在超标量处理器上同时开发指令级并行和线程级并行的细粒度多线程技术。

8.5.1　将线程级并行转换为指令级并行

同时多线程(simultaneous multithreading,SMT)技术是一种在多流出、动态调度的处理器上同时开发线程级并行和指令级并行的技术,它是多线程技术的一种改进。提出 SMT 的主要原因是现代多流出处理器通常含有多个并行的功能单元,而单个线程不能有效地利用这些功能单元。通过寄存器重命名和动态调度机制,来自各个独立线程的多条指令可以同时流出,而不用考虑它们之间的相互依赖关系,其相互依赖关系将通过动态调度机制得以解决。

图 8.16 概念性地描述了一个超标量处理器在 4 种情况下的资源使用情况:

- 不支持多线程技术的超标量处理器。
- 支持粗粒度多线程的超标量处理器。
- 支持细粒度多线程的超标量处理器。
- 支持同时多线程的超标量处理器。

图 8.16 中横向表示每个时钟周期的指令流出能力,纵向表示时钟周期序列,空白方格表示相应的流出槽在该时钟周期没有被使用,不同填充图案的方格分别对应于不同线程。

在不支持多线程的超标量处理器中,由于缺乏足够的指令级并行而限制了流出槽的利用率。而且严重的停顿,如指令 Cache 不命中,将导致整个处理器处于空闲状态。

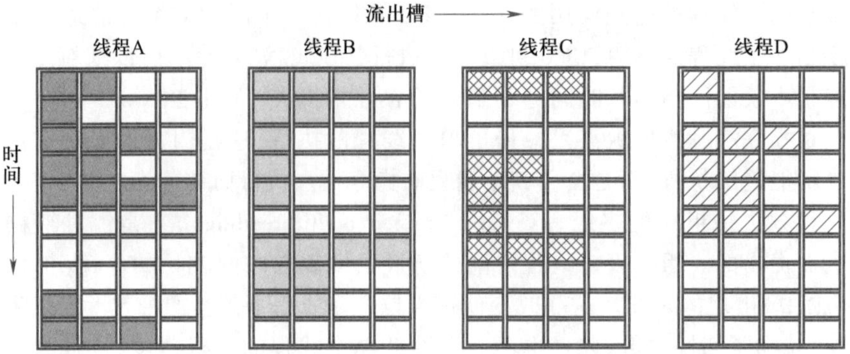

(a) 不支持多线程的情况

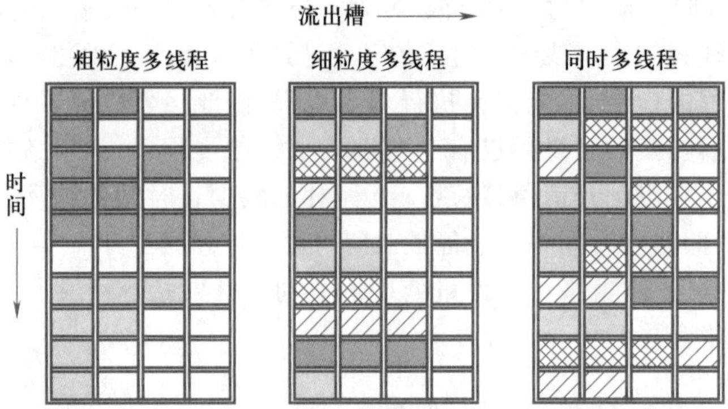

(b) 多线程的3种情况

图 8.16 超标量处理器中使用流出槽的 4 种方法

在粗粒度多线程超标量处理器中,通过线程的切换部分隐藏了长时间停顿带来的开销,提高了硬件资源的利用率。尽管这样减少了完全空闲的时钟周期,但由于指令级并行有限,而且在粗粒度多线程处理器中只有发生停顿时才进行线程切换,同时新线程还有个启动期,所以仍然可能会有一些完全空闲的时钟周期。

在细粒度多线程超标量处理器中,线程的交替执行消除了完全空闲的时钟周期。由于在每个时钟周期内只能流出一个线程的指令,指令级并行的限制导致了一些时钟周期中依然存在不少空闲流出槽。

在 SMT 超标量处理器中是同时开发实现线程级并行和指令级并行的,允许在同一个时钟周期中由多个线程共同使用流出槽。理想情况下,流出槽的利用率只受限于多个线程对资源的需求和可用资源间的不平衡,但实际中也受其他一些因素的限制,包括活跃线程的个数、缓冲大小的限制、从多个线程取出足够多条指令的能力、线程之间哪些指令组合可以同时流出等。图 8.16 较好地说明了多线程和同时多线程在提高性能方面的潜在优势(该图对处理器的实际操作情况进行了很大的简化)。

如上所述,动态调度处理器已经具备了开发线程级并行所需的许多硬件设置。具体来说,动态调度超标量处理器有一组数量较多的虚拟寄存器,可以用作各独立线程的寄存器组(假设每个线程都有一个独立的重命名表)。由于寄存器重命名机制给各寄存器提供了唯一的标识,多个线程的指令可以在数据路径上混合执行,而不会导致各线程之间源操作数和目的操作数的混乱。这表明,只要为每个线程设置重命名表及程序计数器,并为多个线程提供指令确认的能力,则多线程可以在一个乱序执行的处理器的基础上实现。

8.5.2 同时多线程处理器的设计

因为动态调度超标量处理器一般都进行深度流水,如果采用粗粒度方式实现同时多线程可能不会获得很多性能上的提高,所以只有在细粒度的实现方式下才有意义。但细粒度方式又可能会对单个线程的性能产生不利的影响。这种影响可以通过采用优先线程的方法来尽可能地减少,这种方法既保持了多线程在性能上的优势,又对单个线程的性能影响比较少。

不过,采用优先线程方法时,若优先线程被停顿,处理器将损失一些吞吐量。这是因为这时流水线中的指令可能不像原来那样来自多个线程。只有足够多数目的独立线程混合执行,才能隐藏各种情况下的停顿,从而使吞吐量达到最大化。

多个线程的混合执行不可避免地会影响单个线程的执行速度,类似的问题在取指阶段也存在。为提高单个线程的性能,应为指定的优先线程尽可能多地向前取指(可能在分支指令的两条路径上都要向前取指),并且在分支预测失败和预取缓冲器不命中的情况下清空取指单元。但是这样限制了其他线程可用来调度的指令条数,从而降低了吞吐量。所有多线程处理器都必须在这里寻求一种折中方案。

实际上,进行资源划分以及在单个线程和多个线程的性能之间进行平衡并不像我们想象的那么复杂,至少对于目前的超标量处理器来说是这样。例如,对于现在的每个时钟周期流出 4~8 条指令的计算机来说,有几个活跃线程就够了,优先线程就更少了。只要一有可能,处理器就运行指定的优先线程。从取指阶段开始就优先处理优先线程:只要优先线程的指令预取缓冲区未满,就为它们优先取指。只有当优先线程的缓冲区填满以后才为其他线程预取指令。需要注意的是,当有两个优先线程时,意味着需要并发预取两条指令流,这给取指部件和指令 Cache 都增加了复杂度。同样,指令流出单元也要优先考虑指定的优先线程,只有当优先线程停顿不能流出的时候才考虑其他线程。

下面是设计同时多线程处理器时面临的其他主要问题:

① 需要设置更大的寄存器组,用来保存多个线程的现场。

② 不能影响时钟周期,特别是在关键路径上,如指令流出和指令完成。指令流出时,有更多的候选指令需要考虑;在指令完成时,选择提交哪些指令可能会比较困难。

③ 需要保证由于并发执行多个线程带来的 Cache 冲突和 TLB 冲突不会导致明显的性能下降。

在考虑这些问题时,需要重视以下两个实际情况:

① 在许多情况下,多线程所导致的潜在额外性能开销是很小的,简单的线程切换选择算法就足够好了。

② 目前的超标量处理器的效率是比较低的,还有很大的改进余地,即使增加一些开销也是值得的。

由于同时多线程在多流出超标量处理器上开发线程级并行,所以最适合应用到面向服务器市场的高端处理器上。另外,还可以限定多线程的并发数量,这样就可以最大限度地提高单个线程的性能。

8.5.3　同时多线程的性能

采用同时多线程技术能够获得多大的性能提高?随着超标量处理器的广泛应用,这一关键问题受到了人们的关注。下面研究在超标量处理器基础上采用同时多线程技术时性能的提高情况。

图8.17给出了在超标量处理器上增加8个线程的同时多线程能力时所获得的性能提高,图中纵坐标的单位是每个时钟周期所执行的指令数。这里假设增加同时多线程不会导致时钟周期的开销恶化。测试程序包括多道程序执行的SPEC子集、Web服务程序Apache、数据库OLTP和决策支持DSS的测试程序。

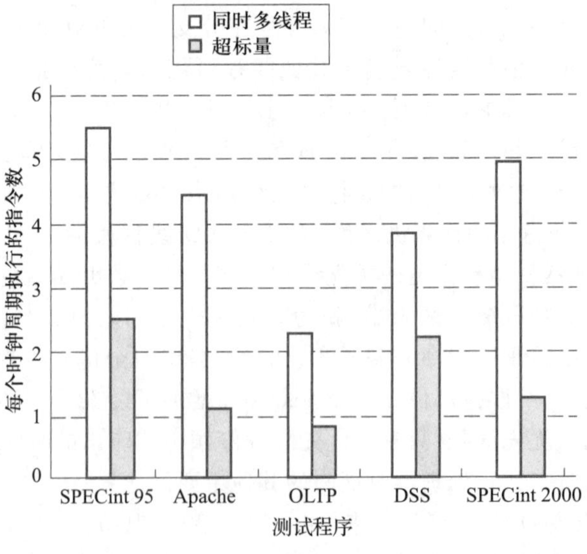

图8.17　在超标量处理器上增加8个线程的同时多线程能力时获得的性能提高

使用同时多线程所获得的吞吐量的提高显著,达到1.7~4.2倍,平均3倍。为更好地理解这些提高从何而来,图8.18给出了处理器内部部件的几个主要指标,即利用率、正确率和命中率。正如我们所预料的那样,同时多线程处理器的取指部件和功能部件的利用率大为提高。分支预测正确率和指令 Cache 命中率的比较同样令人惊讶:同时多线程处理器的性能更好。不过,数据 Cache 的性能稍差,而二级 Cache 的性能稍好。这可能是由于二级 Cache 足够大,可以容纳多个线程的工作集。

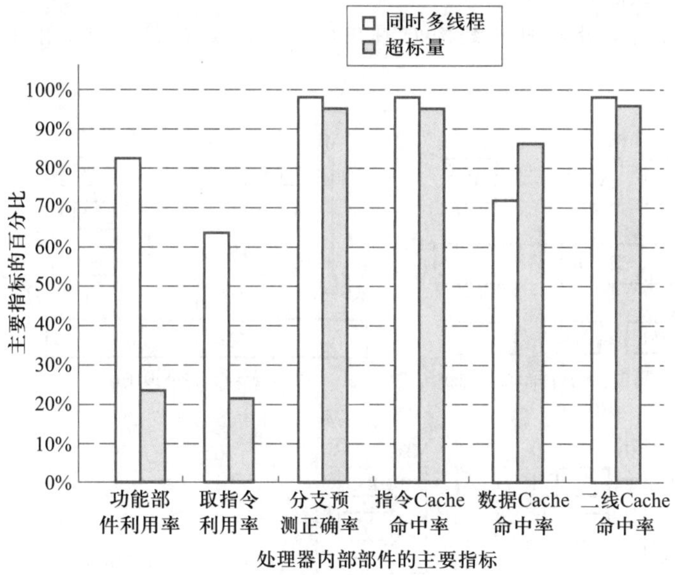

图 8.18 SMT 与基本的超标量处理器在几个主要指标上的对比

在解释这些性能的显著提高时,可以看出有两个特点。首先,超标量处理器本身功能十分强大,它具有很大的一级 Cache、二级 Cache 以及大量的功能部件。仅仅采用指令级并行不可能利用全部的硬件性能,因此超标量处理器的设计者不可能不考虑使用诸如同时多线程这样的技术来开发线程级并行。其次,同时多线程的能力也很强大,可以支持 8 个线程,并为两个线程同步取指。将超标量和同时多线程结合起来,在指令级并行基础上进一步开发线程级并行,可以获得显著的性能提高。

8.6 大规模并行处理机

8.6.1 并行计算机系统结构

目前流行的高性能并行计算机系统结构通常可以分成以下 5 类:

- 并行向量处理机(parallel vector processor,PVP)

- 对称式多处理机（SMP）
- 分布式共享存储器（DSM）多处理机
- 大规模并行处理（MPP）系统
- 机群系统

1. 并行向量处理机

典型的并行向量处理机的结构如图 8.19（a）所示，Cray C-90 和 Cray T-90 是其代表。

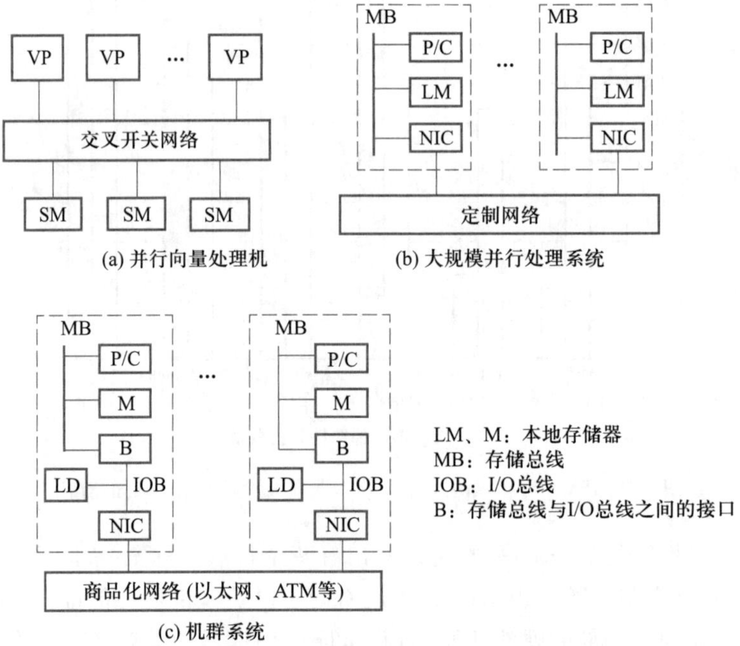

图 8.19　3 种 MIMD 计算机结构图

并行向量处理机系统一般由若干台高性能向量处理机（VP）构成。这些向量处理机是专门设计和定制的，拥有很高的向量处理性能，例如，每个向量处理机至少达到 1 GFLOPS的处理速度。并行向量处理机中经常采用专门设计的高带宽交叉开关网络，把各向量处理机与共享存储器（SM）模块连接起来。这样的机器通常不使用 Cache，而是使用大量向量寄存器和指令缓冲器。

2. 对称式多处理机和分布式共享存储器多处理机

这两种体系结构已在本章的前几节中进行了详细讨论。这里不再重复。

3. 大规模并行处理系统

大规模并行处理系统的结构如图 8.19（b）所示，Intel Paragon 和 IBM SP2 是其代表。

大规模并行处理系统往往是超大规模的计算机系统。它具有以下特点：

① 处理节点使用商用微处理器/Cache(P/C),而且每个节点可以有多个微处理器。

② 具有较好的可扩放性,能扩展成包含成百上千个处理器。

③ 系统中采用分布式非共享的存储器,各节点有自己的地址空间。

④ 采用专门设计和定制的高性能互连网络。

⑤ 采用消息传递通信机制。

4. 机群系统

机群是一种价格低廉、易于构建、可扩放性极强的并行计算机系统。它由多台同构或异构的独立计算机通过高性能网络或局域网互连在一起,协同完成特定的并行计算任务。

机群系统的结构如图 8.19(c)所示,Berkeley NOW 和 SP2 是其代表。

机群系统的主要特点有:

① 每个节点都是一台完整的计算机,拥有本地磁盘(LD)和操作系统,可以作为一个单独的计算资源供用户使用。机群系统的节点可以是 PC、工作站,甚至是对称式多处理机。

② 机群系统的各个节点一般通过商品化网络连接在一起,如以太网、FDDI、Myrinet 等。

③ 网络接口控制器(NIC)以松散耦合的方式连接到节点的 I/O 总线(与此不同,MPP 中节点的网络接口是以紧耦合的方式连接到节点的存储总线)。

第 9 章将专门讨论机群系统。

表 8.3 对这 5 类并行计算机系统结构的特征进行了简单的比较。表 8.3 中的 NORMA(no-remote memory access)是非远程存储器访问模型的简称。在一个分布存储的多处理机系统中,如果所有的存储器都是私有的,仅能由其自己的处理器所访问,就称为 NORMA。

表 8.3 5 类并行计算机系统结构特征比较

属性	并行向量处理机	对称式多处理机	大规模并行处理系统	分布式共享存储器多处理机	机群系统
结构类型	MIMD	MIMD	MIMD	MIMD	MIMD
处理器类型	专用定制	商用	商用	商用	商用
互连网络	定制交叉开关	总线、交叉开关	定制网络	定制网络	商用网络(以太网、ATM)
通信机制	共享变量	共享变量	消息传递	共享变量	消息传递
地址空间	单地址空间	单地址空间	多地址空间	单地址空间	多地址空间
系统存储器	集中共享	集中共享	分布非共享	分布共享	分布非共享
访存模型	UMA	UMA	NORMA	NUMA	NORMA

续表

属性	并行向量处理机	对称式多处理机	大规模并行处理系统	分布式共享存储器多处理机	机群系统
代表计算机	Cray C-90, Cray T-90, NEC SX4, 银河 1 号	IBM R50, SGI Power Challenge, DEC Alpha 服务器 8400, 曙光 1 号	Intel Paragon, IBM SP2, Intel TFLOPS, 曙光-1000/2000	Stanford DASH, Cray T 3D, SGI/Cray Origin 2000	Berkeley NOW, Alpha Farm, Digital Trucluster

8.6.2　大规模并行处理系统

在科学计算、工程模拟、信号处理和数据仓库等应用中，为了更好地利用并行性，分布式共享存储器系统的能力已经不能满足要求，需要使用可扩放性更好的计算机平台。大规模并行处理系统就是其中的一种。

1. 大规模并行处理系统的出现和发展

从 20 世纪 80 年代末开始，大规模并行处理系统逐渐显示出代替和超越并行向量处理机系统的趋势。早期的大规模并行处理系统有 Intel Paragon(1992 年)、KSR-1、Cray T3D(1993 年)、IBM SP2(1994 年)等，它们都是分布存储的 MIMD 计算机。大规模并行处理系统的高端机是 1996 年 Intel 公司的 ASCI Red 和 1997 年 SGI 公司的 Cray T3E900，它们都是万亿次浮点运算的高性能并行计算机。在这个时期，消息传递的大规模并行处理系统得到了迅速发展，不少公司推出了基于消息传递的大规模并行处理系统。不过，由于可编程差等原因，这些系统主要被用于科学计算，很少被用在事务处理等其他领域。

由于大规模并行处理系统研制费用高，故主要由大公司或研究机构研制生产，尤其是超大规模的大规模并行处理系统，通常体现为政府行为，如美国的加速战略计算创新(ASCI)计划中的高端并行机。ASCI 计划由美国能源部出资，由 IBM、Intel、SGI 三家公司研制超级计算机，由美国三大军用实验室用于进行核武器测试。

20 世纪 90 年代中期，在中低档市场上，分布式共享存储器以其更优的性价比代替了大规模并行处理系统，而且机群系统的出现更是使大规模并行处理系统受到了人们的冷落。从 20 世纪 90 年代后期开始，随着一些专门生产并行机的公司的倒闭或被兼并，基于消息传递的大规模并行处理系统慢慢地从主流的并行处理市场退出。

随着网络技术的发展，机群系统和大规模并行处理系统的界限越来越模糊。例如，IBM 公司的 SP2 系统既被看成是大规模并行处理系统，又被看成是机群系统。这反映了 20 世纪 90 年代后期以来高性能计算机系统结构发展的一个趋势，新涌现的高性能计算机系统大多数都是由可扩放的高速互连网络连接的基于 RISC 微处理器的对称多处理机机群。

在 2001 年 6 月的全球高性能计算机 500 强(Top 500)排名中,大规模并行处理系统有 314 台,机群系统只有 32 个,大规模并行处理系统仍占有绝对的优势。但到了 2008 年,在 Top500 中,大规模并行处理系统只有 98 台,而机群系统则达到了 400 个,占 80%。这说明机群系统已成为构建超大规模并行计算机系统的主要模式,大规模并行处理系统则是慢慢退居于二三线了。

2. 大规模并行处理系统的可扩放性

大规模并行处理系统结构的一个重要特性是可扩放性,不仅处理器的数量可扩放至数千个,而且主存、I/O 能力和带宽也随处理器数量的增长而成比例地增长。大规模并行处理系统主要采用以下技术来提高系统的可扩放性。

① 使用物理上分布的主存体系结构,使分布式主存的总容量和总带宽能随处理节点数量的增加而增加。这种分布式主存结构比集中式主存结构具有潜在的更高可扩放性。

② 处理能力、主存与 I/O 能力平衡发展。随着处理节点数量的增长,不仅大规模并行处理系统的处理能力随之增长,而且系统的主存与 I/O 能力也随之平衡增长。如果系统的主存与 I/O 能力不能随处理能力的提高而平衡发展,那么高速的处理能力就毫无价值。

③ 计算能力与并行性平衡发展。一个计算作业可被分解成多个任务分配到多个处理节点上并行执行。并行处理的性能在很大程度上依赖于计算通信比值,如果这个比值较小,就说明并行进程/线程管理及通信同步的时间开销将占有作业执行时间的较大部分。因此,大规模并行处理系统的计算能力随处理节点数量的增长而增长时,也要使处理节点的并行能力平衡发展。

3. 典型大规模并行处理系统的特点

表 8.4 列出了 3 种典型大规模并行处理系统的特点,它们分别代表构造大型系统的不同方法。

表 8.4 3 种典型大规模并行处理系统的比较

结构特性	Intel/Sandia ASCI Option Red	IBM SP2	SGI/Cray Origin 2000
典型配置	9 072 个处理器 1.8 TFLOPS(NSL)	400 个处理器 100 GFLOPS(MHPCC)	128 个处理器 51 GFLOPS(NCSA)
推出日期	1996 年 12 月	1994 年 9 月	1996 年 10 月
CPU 类型	200 MHz,200 MFLOPS Pentium Pro	67 MHz,267 MFLOPS POWER2	200 MHz,400 MFLOPS MIPS R10000

续表

结构特性	Intel/Sandia ASCI Option Red	IBM SP2	SGI/Cray Origin 2000
节点结构 数据存储	2 个处理器， 32～256 MB 主存， 共享磁盘	1 个处理器， 64 MB～2 GB 主存， 1～14.5 GB 本地磁盘	2 个处理器， 64～256 MB 分布式共享主存和共享磁盘
互连网络	分离二维网孔	多级网络	胖超立方体网格
访存模型	NORMA	NORMA	CC-NUMA
节点 OS	轻量级内核(LWK)	完全 AIX(IBM UNIX)	微内核 Cellular IRIX
编程语言	基于 PUMA Portals 的 MPI	MPI 和 PVM	Power C,Power FORTRAN
其他编程模型	NX，PVM，HPF	HPF，Linda	MPI，PVM

Intel ASCI 系统遵循了小节点、紧耦合网络互连和计算节点的微内核操作系统，是一种更传统的大规模并行处理系统。它是 Intel Paragon 大规模并行处理系统的后代。SP2 和 Intel ASCI 都是使用 NORMA 访存模型的消息传递多计算机，节点间通信依靠计算机中的显式消息传递。

SGI/Cray Origin 2000 代表一种构造大规模并行处理系统的不同方法，其特征为一个可全局存取的物理上分布的主存系统，使用硬件支持 Cache 的一致性。另一个采用类似于高速缓存一致性非均匀存储访问(CC-NUMA)体系结构的大规模并行处理系统是 HP/Convex Exemplax X-Class。Cray 的 T3E 系统也是分布式共享存储计算机，但没有硬件支持的 Cache 一致性，因此是一个 NCC-NUMA 系统。这种分布式共享存储计算机的本地编程环境提供了共享变量模型。在应用编程的层次上，所有大规模并行处理系统现在都支持如 C、FORTRAN、HPF、PVM 和 MPI 等标准语言和库。

表 8.5 列出了一些典型的大规模并行处理系统的特性。

表 8.5　典型大规模并行处理系统特性比较

结构特性	IBM SP2	Cray T3D	Cray T3E	Intel Paragon	Intel/Sandia Option Red
典型配置	400 个处理器 100 GFLOPS	512 个处理器 153 GFLOPS	512 个处理器 1.2 TFLOPS	400 个处理器 40 GFLOPS	4 536 个处理器 1.8 TFLOPS
推出日期	1994 年	1993 年	1996 年	1992 年	1996 年
CPU 类型	67 MHz 267 MFLOPS POWER2	150 MHz 150 MFLOPS Alpha 21064	300 MHz 600 MFLOPS Alpha 21164	50 MHz 100 MFLOPS Intel i860	200 MHz 200 MFLOPS Pentium Pro

续表

结构特性	IBM SP2	Cray T3D	Cray T3E	Intel Paragon	Intel/Sandia Option Red
节点结构数据存储	1CPU 64 MB~2 GB 主存， 1~4.5 GB 本地磁盘	2CPU 64 MB 主存， 50 GB 共享磁盘	4~8CPU 256 MB~16 GB DSM 主存， 共享磁盘	1~2CPU 16~128 MB 主存， 40 GB 共享磁盘	2CPU 32~256 MB 主存， 共享磁盘
互连网络	多级网络	三维环绕	三维环绕	二维网孔	分离二维网孔
访存模型	NORMA	NUMA	NCC-NUMA	NORMA	NORMA
结构特性	IBM SP2	Cray T3D	Cray T3E	Intel Paragon	Intel/Sandia Option Red
节点 OS	完全 AIX (IBM UNIX)	微内核	基于 Chorus 的微内核	微内核	轻量级内核 (LWK)
编程模型	消息传递	共享变量、消息传递、PVM	共享变量、消息传递、PVM	消息传递	基于 PUMA Portals 消息传递
编程语言	MPI、PVM、HPF、Linda	MPI、HPF	MPI、HPF	NX、MPI、PVM	NX、PVM、HPF
点到点通信延迟	40 μs	2 μs	N/A	30 μs	10 μs
点到点带宽	35 MBps	150 MBps	480 MBps	175 MBps	380 MBps

8.7 多核处理器及性能对比

在过去的十多年里，多核一直是计算机处理器芯片和计算机系统性能扩展的主要途径。本节将列举三种不同多核芯片设计的体系结构，并给出采用它们来构造多处理机系统的途径以及部分性能对比情况。

1. 3 个典型的多核处理器

2015~2017 年间，为服务器应用设计的 3 个典型多核处理器是 IBM 的 Power8、Intel 的 Xeon E7 和 Fujitsu 的 SPARC64 X+。表 8.6 给出了它们各自的特性参数。Power8 是 IBM Power 系列中的最新产品，具有更多的核和更大的缓存。Intel Xeon E7 与 i7 有大致相同的基本设计，它具有更多数量的核以及更大的 L3 Cache 缓存，但在时钟频率上稍慢（功率受限）。SPARC64 X+是最新的 SPARC 服务器芯片，它使用了 SMT 技术。因为这些处理器是为多核和多处理机服务器配置的，所以它们可以根据处理器核数、缓存大小等要求形成系列化产品。

表 8.6 3个典型高端多核处理器(2015~2017版本)的主要参数

特征	IBM Power8	Intel Xeon E7	Fujitsu SPARC64 X+
核数/片	4,6,8,10,12	4,8,10,12,22,24	16
多线程	SMT	SMT	SMT
线程数/核	8	2	2
时钟频率	3.1~3.8 GHz	2.1~3.2 GHz	3.5 GHz
L1 I Cache	32 KB/核	32 KB/核	64 KB/核
L1 D Cache	64 KB/核	32 KB/核	64 KB/核
L2 Cache	512 KB/核	256 KB/核	24 MB 共享
L3 Cache	32~96 MB：8 MB/核	10~60 MB：2.5 MB/核	无
片间一致性协议	监听和目录的混合策略	监听和目录的混合策略	监听和目录的混合策略
多处理器互连支持	可连接多达16个处理器芯片	直连多达8个处理器芯片；可以形成更大系统	交叉开关连接支持多达64个处理器芯片
处理器芯片数量范围	1~16	2~32	1~64
核数量范围	4~192	12~576	8~1 024

Power8的L3是一种非一致Cache体系结构(non-uniform cache architecture，NUCA)设计，支持使用EDRAM高达128 MB的片外L4。Xeon系统可以使用标准Quickpath将8个处理器芯片形成8×24=192核的基本互连。SPARC64也有8核设计，通常配置为单处理器系统，可以配置的处理器总内核数最大为1 024个。这3个处理器的最新版本都继续增加了时钟频率和核数量。

这3个系统都具有片上核间互连和多个处理器芯片连接形成系统的一系列技术。我们首先来看它们片上的核间互连。

SPARC64 X+片上核间互连是最简单的：16个核共享一个单独的24路组相联L2 Cache。片上设有4个独立的DIMM通道连接内存，核和通道之间通过16×4交叉开关连接。

图8.20显示了Power8和Xeon E7芯片的片上系统结构。其中图8.20(a)显示出Power8中的每个核都有一个8 MB的L3直接连接进行访问，同时可以通过8条独立总线构成的互连网络访问其他的L3。因此，Power8是一个真正的NUCA结构，因为对直接连接的本地L3的访问时间比访问其他L3要快得多。每个Power8芯片都有一组链接，可以用来构建形成大型多处理机系统。内存连接到一个专门的存储控制器，该控制器包括一个L4和与双列直插式内存组件(DIMM)的直连接口。

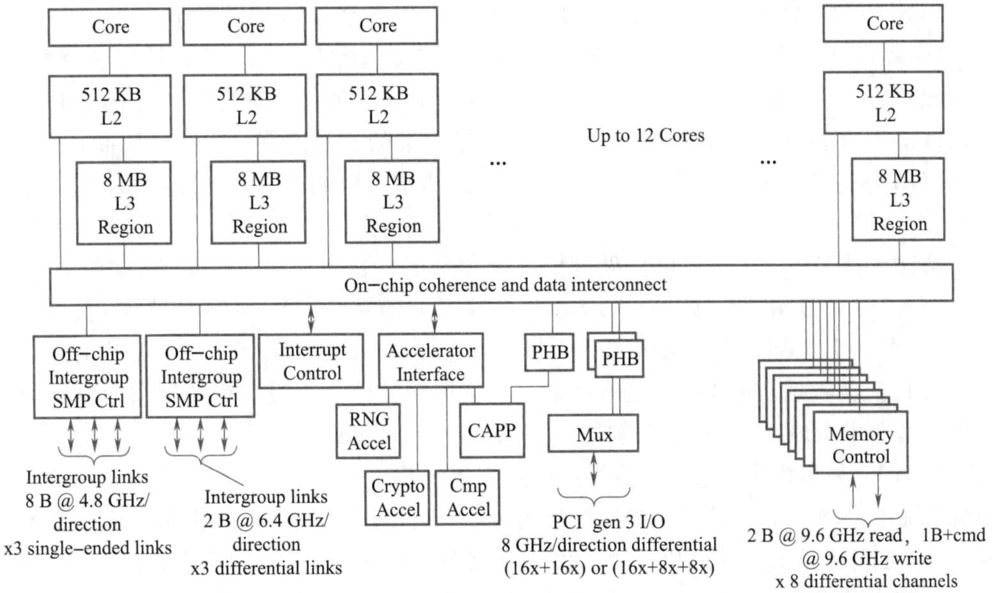

(a) Power8

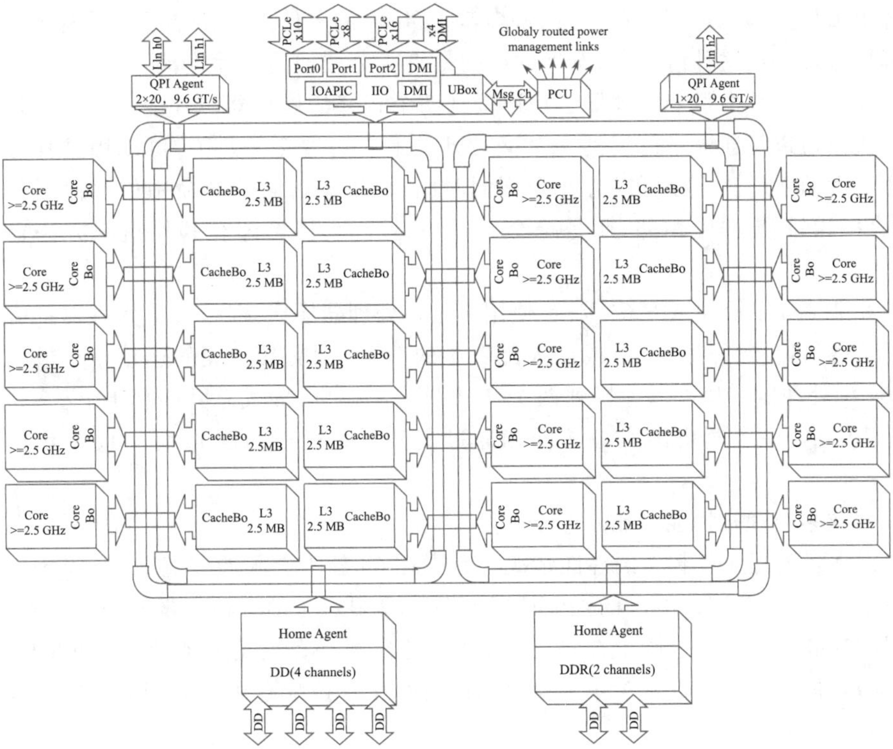

(b) Xeon E7

图 8.20　多核芯片 Power8 和 Xeon E7 的片上系统结构

图 8.20(b)显示了 Xeon E7 处理器芯片的片上系统结构。3 个环连接了核和 L3 Cache,其中的每个核和每个 L3 Cache 都同时连接到两个环上。通过选择正确的环,一个核可以访问到其他任何一个 L3 Cache 或其他核。因此,E7 具有同样的芯片内访问时间。但在实际实现中,每个内存通道只与一半的核进行逻辑连接,从而使 E7 作为 NUMA 体系结构运行。E7 提供了 3 个快速通道互连链路,用于连接多个其他 E7 芯片。

由这 3 种多核芯片组成的多处理机系统使用了各自不同的互连策略,如图 8.21 所示。图 8.21(a)显示了连接 16 个 Power8 芯片形成的系统。16 个芯片分成 4 组,总共 192 核。每个芯片都有 3 个组内和 3 个组间的连接链路,组内 4 个处理器芯片的连接具有更高的互连带宽。通过组间链路将本芯片连接到其他 3 个组。存储器访问时间取决于地址是命中本地存储器、本组存储器,还是其他组间存储器。

Xeon E7 使用快速通道互连链路互连多个多核芯片形成系统。在一个 4 芯片的多处理机系统中,每个处理器芯片上的 3 个快速通道互连链路连接到 3 个相邻的芯片,从而形成一个 4 芯片连接的多处理机系统。由于存储器直接连接到每个 E7 多核芯片,即使是这种 4 芯片配置也具有不均匀的存储器访问时间(本地与远程,NUMA)。图 8.21(b)显示了 8 个 E7 芯片形成的系统。目前许多基于 Xeon 的多处理服务器已经具有 8 个以上的处理器芯片。在这种情况下,典型的结构是将 4 个处理器芯片连接,形成一个正方形的基本模块。模块内每个处理器芯片连接到两个相邻的处理器芯片上。每个芯片中的第三个快速通道互连链路连接到一个交叉开关上。通过交叉开关,可以用这种方式构建出非常大的系统。访存可以有 4 个不同时间,取决于访问地址命中的存储器是位于本地、直接相邻、集群中相邻,还是跨交叉开关集群间,当然还有其他组织方法也是可能的。

图 8.21(c)显示 SPARC64 X+也使用一个 4 处理器模块,但是每个处理器都有 3 个到它的近邻的连接,外加两个(或最大配置中的三个)到交叉开关的连接。在最大的配置中,64 个处理器芯片可以连接到两个交叉开关交换机,形成总共 1 024 个核;其内存访问是 NUMA(一个模块内本地访问和通过交叉开关远程访问),而一致性是基于目录的。

2. 多核多处理机性能对比

考虑在多道程序负载下的性能情况。首先在 64 核为上限的配置下,比较 3 个多核处理机系统运行 SPECintRate 的性能情况。图 8.22 显示了随着核数量的增加,每个处理器系列的性能变化。图中假设在最小配置时,各自都具有完美的加速比(即 8 核 8,12 核 12 等)。但在实际中性能会有很大差别,例如在 4 核配置中,IBM Power8 的速度是 SPARC64 X+的 1.5 倍。

从图 8.22 中可看出,3 个处理机系统中的两个在扩展到 64 核时表现出性能相对衰减。Xeon 系统在 56 核和 64 核的性能相对衰减最严重,这可能主要是因为有更多的核

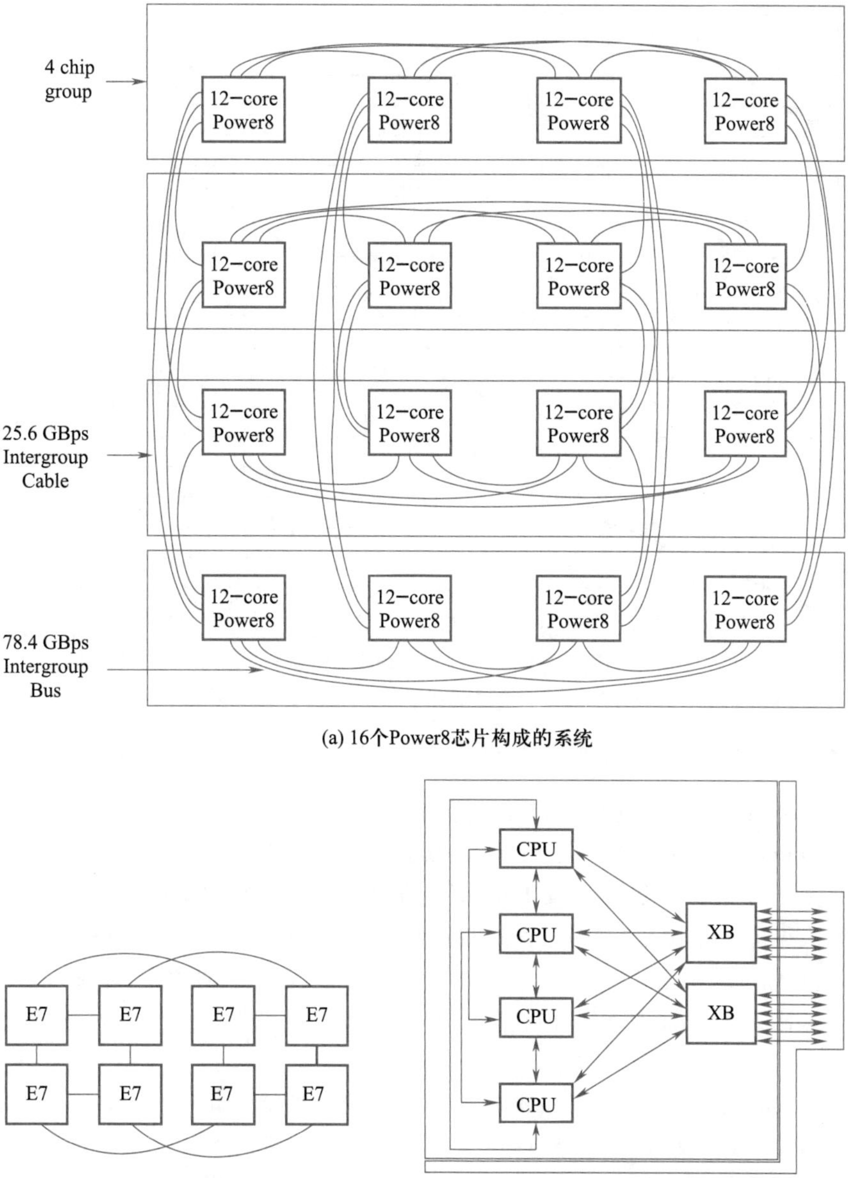

(a) 16个Power8芯片构成的系统

(b) 8个XeonE7芯片构成的系统

(c) SPARC64 X+使用的4处理器模块

图 8.21 使用三种多核芯片构造多处理机的体系结构

共享了较小的 L3。例如 40 核系统使用 4 个芯片,每个芯片有 60 MB 的 L3,则每个核平均有 6 MB 的 L3。56 核和 64 核系统也使用 4 个芯片,但每个芯片有 35 MB 或 45 MB 的 L3,或者每个核平均有 2.5~2.8 MB 的 L3。由此产生的较大的 L3 未命中率很可能导致

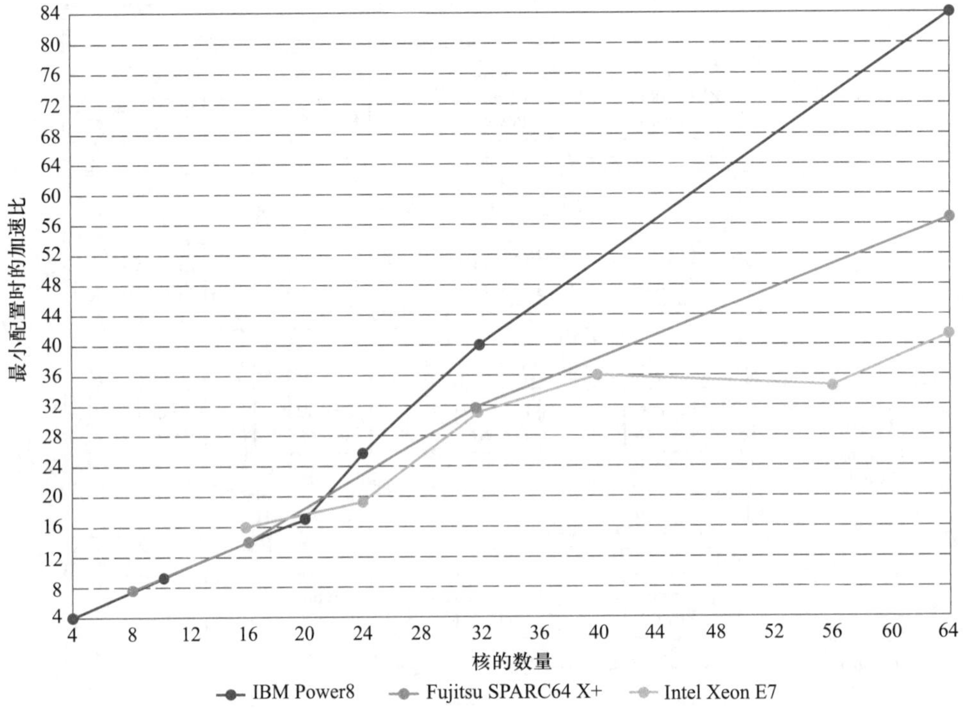

图 8.22　多核处理机在核数量增加时 SPECintRate 基准性能变化

了 56 核和 64 核系统的加速比性能相对降低。

IBM Power8 的结果看起来也不寻常，似乎显示出显著的超线性加速比。但这种影响主要是由于时钟频率的差异，在 Power8 处理器上的时钟频率比图中其他处理器的时钟频率要大得多。尤其是 64 核配置的时钟频率最高（4.4 GHz），而 4 核配置的时钟频率为 3.0 GHz。如果根据与 4 核系统的时钟频率差来规范化 64 核系统的相对加速比，则有效加速比为 57 而不是 84。但在整体上 Power8 系统性能还是 3 个处理器系统中最好的。

图 8.23 给出了在超过 64 核的配置下，3 个系统的性能变化情况。Power8 的结果可以再次通过时钟频率差别来解释，即在考虑时钟频率差别时 192 核的等效加速比应该是 167，而图中未考虑时钟频率差别时显示出加速比为 223。即使加速比是 167，Power8 的可扩展性也比 SPARC64 X+或 Xeon 系统要好一些。令人惊讶的是，虽然从最小的系统变化到 64 核的情况下会对加速比变化有一些影响，但在继续增加核数量的情况下，结果和趋势并没有显著变坏。

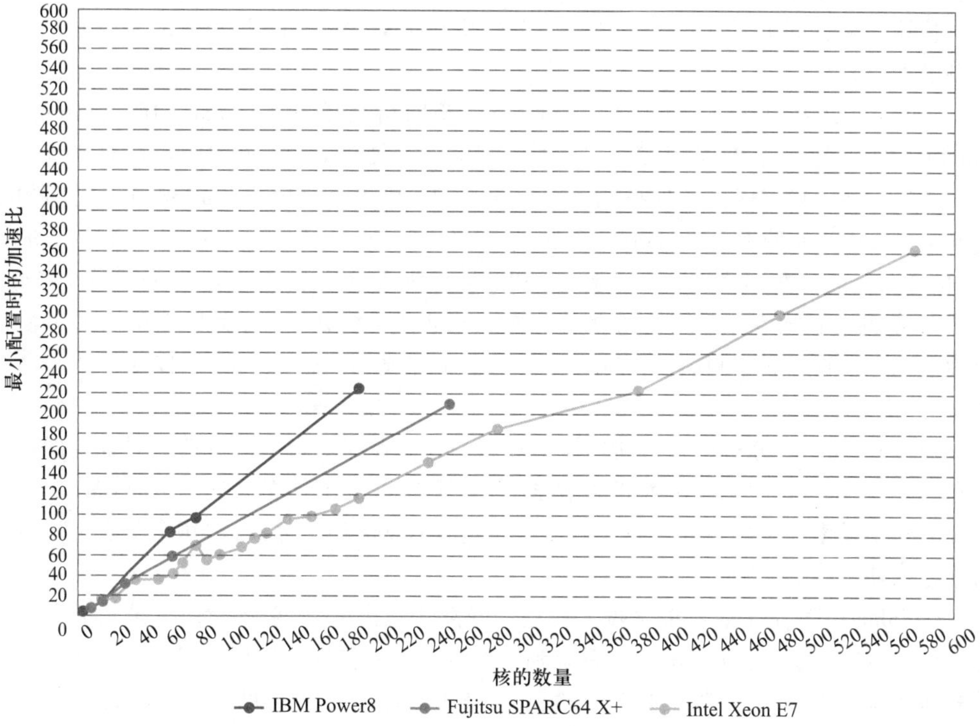

图 8.23　多处理机系统多核的相对性能变化

8.8　多处理机实例：Origin 2000

SGI 公司将 Cray Research 子公司的开关网络技术与 SMP 系统的优点结合起来，推出了 Origin 2000 系列可扩展服务器。该系列包括 4 种产品：Origin 2000、Origin 2000 Deskside、Origin 2000 Rack 和 Cray Origin 2000。Origin 2000 服务器是入门级的系统，具有中等扩充能力，最多可以达到 4 个处理器。Origin 2000 Deskside 桌面服务器系统支持的处理器数目最多为 8 个，Origin 2000 Rack 机柜服务器系统支持的处理器数目最多为 16 个，Cray Origin 2000 服务器系统具有大规模扩充能力，支持的处理器数目最多可达到 128 个。

Origin 2000 系列服务器产品不仅具有对称式多处理机的易编程和平稳扩充特性，而且还具有大规模并行处理系统的高可扩放性，应用非常广泛。该系列服务器综合平衡了高性能、可扩放性、可用性和兼容性，能满足许多应用的需求。例如，可作为企业、商业金融机构以及政府机构的信息管理服务器，可用于 Web 服务、数据仓库、可视化服务、科学计算、图像处理和仿真等。Origin 2000 服务器系列的 I/O 带宽可达 102 GBps，系统传输速率比同类对称式多处理机服务器快几十倍，是处理、存储和传输各种多媒体信息的理想系统。

Origin 2000 的关键技术包括 CrayLink 开关网络技术和 Cellular IRIX 操作系统。CrayLink 是一种多重交叉开关互连技术，用于连接处理器、存储器、I/O 设备等。CrayLink 消除了对称式多处理机技术的主要瓶颈，替代总线成为处理器节点之间的互连网络。CrayLink 使 Origin 2000 系统成为模块化系统，系统规模可以是一个基本的模块，也可以是若干模块的互连，而且还可以方便地通过增加模块数量来扩充。Origin 2000 系统的可扩放性体系结构最多可以扩展至 1 024 个处理器，而且规模增加可使系统性能也呈线性增长，包括计算能力、主存容量和带宽、系统互连带宽、I/O 带宽和网络连接能力。

通过 CrayLink，分布在所有处理器节点上的存储器在逻辑上形成单一寻址空间的共享存储器系统，但对本地和远程存储器访问的时间是不同的，是一个 NUMA 结构。Origin 2000 采用基于目录的一致性协议来实现多 Cache 的一致性，在每个节点上设置了目录存储器。

Cellular IRIX 是工业界最早投入使用的蜂窝式操作系统，它将操作系统功能分布到各个处理器节点上，可以实现从小系统到大系统的无缝扩展。Cellular IRIX 把多个相同的操作系统核心功能分别放到多个“蜂窝”（操作系统单元）中，每个操作单元分别管理服务器中所有处理器的一个子集。每个操作系统单元都可以非常有效地扩展，单元之间互相通信，为用户提供一种单一的操作系统接口。操作系统的这种蜂窝结构与积木式的硬件结构相结合，能够把故障隔离起来，可使故障局限于个别操作系统单元中，提高了服务器的可用性和可靠性。

Cellular IRIX 是从 SGI 的 IRIX 演变而来的，是以 UNIX 为基础的 64 位蜂窝式操作系统。Cellular IRIX 操作系统的第一版 IRIX 6.4 用于 Origin 2000 服务器，最低支持 32 个处理器，可以扩充到 128 个处理器。IRIX 6.4 采用新的算法进行数据管理、调度和输入输出。

下面详细介绍 Origin 2000 系列服务器的硬件结构。

1. 节点板

节点板（即 Origin 2000 的主板）是 Origin 2000 系统的基本构成模块，一个节点板就是 Origin 2000 的一个处理机节点，其结构如图 8.24 所示。

节点板由以下几个部分组成。

① 一个或两个 MIPS R10000 微处理器（内含第一级 Cache），其主频是 180 MHz 或 195 MHz。

② 与处理器相配的第二级 Cache，其容量为 1 MB 或 4 MB。

③ 主存（本地）以及用于实现 Cache 一致性的目录存储器。

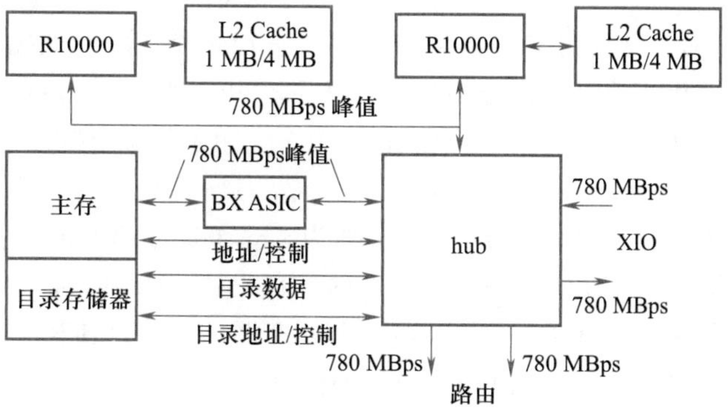

图 8.24　Origin 2000 节点板结构

④ 用于实现互连的专用集成电路(application specific integrated circuit,ASIC)芯片,称为 hub。它提供了 4 个接口：与处理器的接口、与存储器的接口、I/O 接口和路由接口(接 CrayLink 互连网络)。

hub 的结构如图 8.25 所示。它的 4 个端口在内部以交叉开关互连,通过发送消息进行通信。存储器接口能双向传送数据,最大传输率为 780 MBps,I/O 和路由器接口各有两个半双工传送端口,最大传输率为 2×780 MBps,即 1.56 GBps。每个 HUB 接口连接两个先进先出(FIFO)缓冲器,分别用于输入和输出的缓冲。

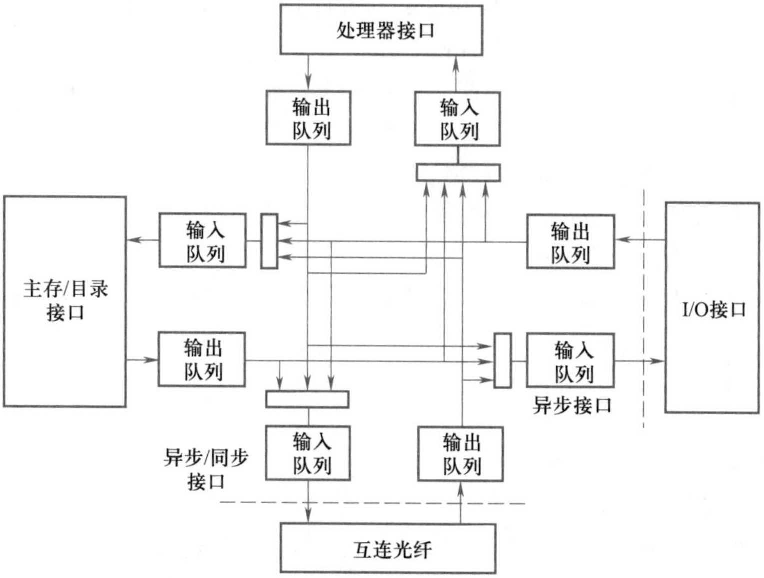

图 8.25　hub 结构

hub以消息传递方式控制节点板子系统内部的通信，也控制和其他节点板上的hub之间的通信。hub对内部消息和外部消息的格式进行转换。所有的内部消息都由处理器和I/O设备初始化。消息可以分为请求（request）和应答（reply）两种，每个端口在逻辑上形成两个FIFO队列，一个用于处理请求，另一个用于处理应答。

2. I/O子系统

Origin 2000系统的I/O子系统由一组称为Crosstalk（XTALK）的高速链路构成。Crosstalk支持很多SGI的I/O设备和第三方的I/O设备。Crosstalk I/O系统是分布的，在每个节点板上有一个I/O端口，可以被每个处理器访问。I/O操作通过节点板上的单端口Crosstalk协议的链路进行控制，或者通过在Crossbow（XBOW）ASIC芯片上的智能交叉开关进行互连。XBOW ASIC芯片将Crosstalk I/O端口扩充到8个端口，6个端口用于I/O，两个端口用于连接到节点板。

3. 互连网络子系统

Origin 2000的互连网络子系统是由路由器和链路构成的。每个路由器由一组交叉开关组成，能实现多路无阻塞连接，所以不存在竞争链路，也不需要仲裁。链路开关的速度极高，每条双向链路带宽峰值达到1.6 GBps。若增加节点板的数量，则相应地要接入更多的路由器和链路，从而提高了互连网络的总带宽。

Origin 2000的互连网络CrayLink Interconnect为每对节点提供至少两条独立链路进行通信，这种结构使节点之间的通信可以绕过不能运行的路由器和断开的链路。每条链路按照链路层协议（LLP）运行，对传送数据进行CRC校验，并可以重试任何失败的传输。这使系统节点之间的通信具有容错能力。

路由器将节点板上的hub物理连接到CrayLink Interconnect上。路由器的核心是实现6路无阻塞交叉开关的路由ASIC芯片，路由器的交叉开关允许6个路由端口全双工同时操作，每个端口有两条单向的数据通路。

图8.26是路由ASIC芯片的结构图，该芯片的主要功能有：

① 选择发送端口和接收端口的最高效连接，动态切换6个端口的连接。

② 在CrayLink Interconnect的链路层协议控制下与其他路由器和hub进行可靠通信。

③ 消息的包以虫孔路由方式通过路由器以减少通信时延。

④ 对CrayLink信息提供缓存。

路由器提供的峰值通信带宽达到9.36 GBps。

4. 不同的配置和互连

Origin 2000系列可扩展服务器最多可支持的处理器数目分别为4、16、32、64和128。由于Origin 2000是模块化的系统，节点板通过路由器连接可以构成多种不同规模的系统，因此可以根据不同应用要求配置不同数目的处理器。图8.27给出了处理器数目为4、16、32、64和128个时，系统的互连拓扑结构。

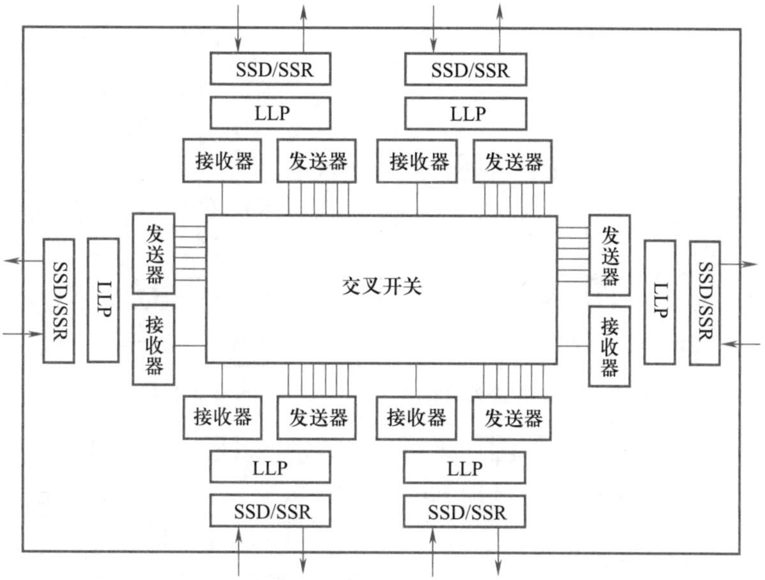

图 8.26 路由 ASIC 芯片的结构图

128 个处理器构成的 Origin 2000 系统由 4 个立方体组成,在立方体之间传送数据多经过了一级路由器。

可以看出,系统的扩展相当容易,这主要受益于 CrayLink 互连网络机制。两个节点板通过 hub 直接连接成 4 个处理器的系统,这相当于将两台 Origin 2000 服务器直接使用。由于路由器提供了两条连接节点板的链路,因此可由一个路由器和两个节点板构成一个模块,然后在模块的基础上,可充分利用路由器的其他 4 个接口把系统扩展到更大的规模。使用其中的两条链路,可以得到最多 16 个处理器的配置;使用其中的 3 条链路,可以得到一个 Cube,实现最多 32 个处理器的配置;若把路由器的所有 4 条链路都用上,则得到由两个 Cube 连接的超立方体拓扑结构,达到最多 64 个处理器的配置。若要实现 128 个处理器的最大配置,则需要使用专门的 Cray Router 路由器,将 4 个由 32 个处理器构成的 Cube 连接成 hypercube 的拓扑结构,每个 Cube 顶点上的路由器有一条链路连接到 Cray Router 上。

在 Origin 中,节点内部实现的是 SMP 结构,由于只有两个处理器,所以不存在对称式处理机结构的总线瓶颈问题。在节点之间实现的是大规模并行处理结构,但又解决了共享存储器问题。因此在 Origin 系统中,无论是访问存储器的时间还是节点间传送数据的带宽都很理想。

表 8.7 列出了 Origin 系统中 CPU 访问存储器的延迟时间,假设 CPU 的主频为 195 MHz,Cache 不命中。其中最小延迟时间即 CPU 访问本节点存储器的时间,最大延迟时间即 CPU 访问距离最远的存储器的时间。

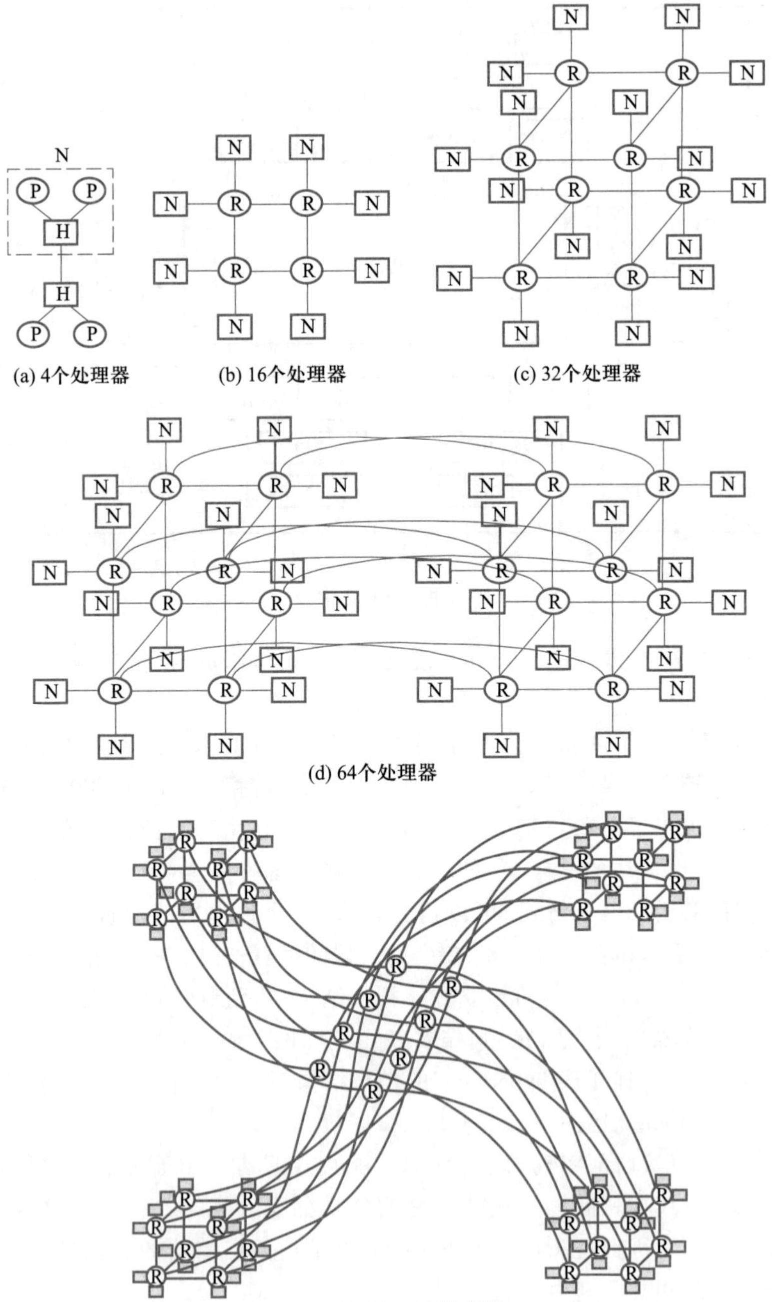

(a) 4个处理器　(b) 16个处理器　(c) 32个处理器

(d) 64个处理器

(e) 128个处理器

图 8.27　Origin 2000 系列可扩展服务器在不同处理器个数配置情况下的互连拓扑结构

注:P 表示处理器,N 表示节点板,H 表示 Hub,R 表示路由器。

表 8.7 Origin 系统中 CPU 访问存储器的延迟时间

系统 CPU 数	最小延迟时间/ns	最大延迟时间/ns	平均延迟时间/ns
2	318	343	343
4	318	554	441
8	318	759	623
16	318	759	691
32	318	836	764
64	318	1 067	851
128	318	1 169	959

表 8.8 列出的是 Origin 系统的带宽，其中每个 hub 连到路由器和互连网络的最大带宽为 1.56 GBps（全双工，2×780 MBps）。

表 8.8 Origin 系统的带宽

系统 CPU 数	带宽（无快速传送连线）	带宽（有快速传送连线）
8	1.56 GBps	3.12 GBps
16	3.12 GBps	6.24 GBps
32	6.24 GBps	12.5 GBps
64	12.5 GBps	—
128	25 GBps	—

5. 存储层次及 Cache 一致性

Origin 系统的存储器层次结构可分为寄存器、L1 Cache、L2 Cache 和主存，其中寄存器和 L1 Cache 在 R10000 微处理器中。寄存器的存取时间最短，L1 Cache 又分成指令 Cache 和数据 Cache 两部分，这是为了避免取指令和存/取数据发生冲突。L2 Cache 安装在节点卡中，统一存放指令和数据，由静态随机存取存储器（SRAM）组成。Origin 的主存地址是统一编址的，每个处理器通过互连网络可以访问系统中的任一存储单元。

当处理器第一次读取某一存储单元数据时，该数据在提供给 CPU 的同时也复制到本节点的 Cache 中。其他处理器也可能读取该数据，因此同一数据可能存放在几个节点的 Cache 中，同一数据在各个 Cache 中的副本将保持一致。这是通过基于目录的一致性协议来实现的。Origin 系统的 Cache 采用写作废协议。

在 Origin 的每个节点中都有一个存储器和一个目录表。存储器被划分为存储块，其大小与 Cache 块的大小相同。每个存储块在目录表中有对应的一项，该目录项包含的主要信息有两个：该存储块的状态信息以及系统中各 Cache 共享该存储块情况的位向量，根据位向量可以知道哪些 Cache 中有其副本。当执行写存储器操作时，根据目录项的位向量可将有关节点中的 Cache 数据作废，从而实现 Cache 的一致性。

习题 8

8.1 解释以下名词

集中式共享多处理机	分布式共享多处理机	SMP
多 Cache 一致性	写作废协议	写更新协议
栅障同步	旋转锁	同时多线程
细粒度多线程技术	粗粒度多线程技术	MPP
DSM		

8.2 共享存储器通信与消息传递通信各有哪些主要的优点？

8.3 什么是多处理机的一致性？简述解决一致性的监听协议和目录协议的工作原理。

8.4 简述写更新协议和写作废协议在性能上的差别。

8.5 目前流行的高性能并行计算机系统结构通常可以分成哪 5 类？

8.6 一个具有 32 台处理机的系统，对远程存储器访问时间是 2 000 ns。除了通信以外，假设计算中的访问均命中局部存储器。当发出一个远程请求时，本地处理机挂起。处理机的时钟周期时间是 10 ns，假设指令基本的 CPI 为 1.0（设所有访存均命中 Cache）。对于下述两种情况：

（1）没有远程访问；

（2）0.5%的指令需要远程访问。

试问前者比后者快多少？

8.7 在基于总线的小型多处理器系统上，采用写直达 Cache。将图 8.6 与图 8.7 中的基于监听的 Cache 一致性协议改为写直达 Cache，且采用不按写分配。画出状态转换图。

8.8 在标准的栅障同步中，设单个处理器的通过时间（包括更新计数和释放锁）为 C，求 N 个处理器一起进行一次同步所需要的时间。

8.9 采用排队锁和 fetch-and-increment 重新实现栅障同步，并将它们分别与采用旋转锁实现的栅障同步进行性能比较。

8.10 有些计算机实现了专门的锁广播一致性协议，实现时可能使用不同的总线。假设使用写广播协议，重新给出例 8.3 旋转锁的时间计算。

第 9 章　机群系统

主要内容

—机群系统的基本结构
—机群系统的特点
—机群系统的分类
—典型机群系统简介

机群系统起源于 20 世纪 90 年代中期，它是由多台同构或异构的独立计算机通过高性能网络连接在一起而构成的高性能并行计算机系统。构成机群的计算机都拥有自己的存储器、I/O 设备和操作系统，它们在机群操作系统的控制下协同完成特定的并行计算任务。对用户和应用来说，机群就是一个单一的系统，可以提供低价高效的高性能环境和快速可靠的服务。

第 8 章已介绍过，机群系统是目前流行的 5 类高性能并行计算机系统结构之一。它凭借低廉的价格、极强的灵活性和可扩放性，成为近年来发展势头最为强劲的一种结构。表 9.1 列出了 1997 年 6 月~2013 年 6 月共 24 期 Top 500 排名中机群系统的数量，从中可以清楚地看出其迅猛的发展趋势。Top 500 排行榜起源于 1993 年，尽管直到 1997 年 6 月才首次有机群结构的计算机进入该排名，但此后入选的机群系统的数量逐年稳步增加，到 2003 年 11 月，这一数字已达到 211 台，机群首次成为 Top 500 排名中比例最高的结构。截至 2020 年 11 月，机群系统始终位居榜首。机群已成为当今构建高性能计算机系统时最常用的结构。

表 9.1　Top 500 排名中机群计算机的数量和比例（1997 年 6 月~2013 年 6 月）

时间	数量	比例	时间	数量	比例
1997.06	1	0.2%	1999.06	6	1.2%
1997.11	1	0.2%	1999.11	7	1.4%
1998.06	1	0.2%	2000.06	11	2.2%
1998.11	2	0.4%	2000.11	28	5.6%

续表

时间	数量	比例	时间	数量	比例
2001.06	32	6.4%	2005.06	304	60.8%
2001.11	43	8.6%	2006.06	364	72.8%
2002.06	81	16.2%	2007.06	374	74.8%
2002.11	92	18.4%	2008.06	399	79.8%
2003.06	151	30.2%	2009.06	410	82%
2003.11	221	44.2%	2010.06	424	84.8%
2004.06	298	59.6%	2011.06	411	82.2%
2004.11	298	59.6%	2013.06	417	83.4%

9.1　机群系统的基本结构

微视频 9-1：机群系统的基本结构

本节从硬件和软件两个方面讨论机群系统的基本结构。机群系统由独立的计算机搭建而成，因此设计者在进行硬件设计时所面临的主要问题往往不是如何设计这些计算机，而是如何合理地选择现有商用计算机产品，从而减少系统的开发与维护费用。相对于硬件而言，设计机群系统的软件时则有很大的灵活性，除了操作系统和并行程序设计环境外，其他管理软件（如监控模块等）有时会由机群系统的设计人员自行开发，以便实现特殊的功能。

9.1.1　机群系统的硬件

机群系统价格低廉、易于构建且可扩放性极强，它由多台同构或异构的独立计算机通过高性能网络或局域网互连在一起，协同完成特定的并行计算任务。从用户的角度来看，机群就是一个单一、集中的计算资源。

图 9.1 给出了一个含有 4 台 PC 的简单机群的逻辑结构图。图中 NIC 连接网络，PCI 连接 I/O 设备。这是一种无共享的结构，4 台 PC 通过交换机（switch）连接在一起。目前大多数机群系统都采用这种结构。如果将图中的交换机换为共享磁盘，就可以得到共享磁盘结构的机群系统。

构成机群的每台独立计算机都是机群的一个节点。每个节点都是一个完整的计算机系统，拥有本地磁盘和操作系统，可以作为一个单独的计算资源供用户使用。除了 PC 外，机群的节点还可以是工作站，甚至是规模较大的对称式多处理机。

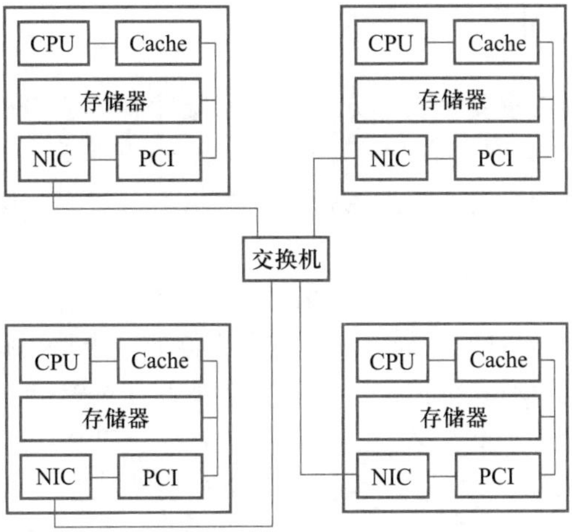

图 9.1 一个包含 4 个节点的简单 PC 机群逻辑结构图

按照机群系统中各节点的功能不同,可以将它们分为 3 类。

① 计算节点:用于完成计算任务。

② 管理/登录节点:外部设备和机群系统之间连接的桥梁,任何用户和系统的管理员都只能通过此类节点才能登录到系统中。此外,管理/登录节点还应具有管理和作业提交等功能。

③ I/O 节点:一般由存储设备、网络文件系统(NFS)等组成,外挂磁盘阵列或连接其他存储设备,负责文件的 I/O 操作。其他节点访问存储设备的请求都要通过 I/O 节点完成。

这 3 类节点所需的具体硬件配置也不相同。计算节点需要提供很强的计算能力,对于某些应用而言特别需要强大的浮点计算能力。此外,计算节点还应提供适量的内存,使运算时的数据能完全驻留在物理内存中,并能够支持高速、低延迟的通信网络。而系统对管理/登录节点要求不高,只要采用相对经济的配置就可以了。

机群系统的各个节点一般通过商品化网络连接在一起,如以太网、Myrinet、Infiniband、Quadrics 等,部分商用机群系统也采用专用网络连接,如 SP Switch、NUMAAlink、Crossbar、Cray Interconnect 等。网络接口与节点的 I/O 总线以松耦合的方式相连,如图 9.1 中的 NIC 与 PCI。

无论是计算机还是互连网络,可供设计者选择的产品都非常多,而且不同厂家的产品在功能、性能以及价格上也都有所差别,如何选择合适的产品,主要取决于具体的用户对机群的具体要求。

9.1.2　机群系统的软件

软件也是机群系统的重要组成部分。机群系统特有的结构松散、节点独立性强、网络连接复杂等特征,也使其同时有管理不便、难以使用等问题。为了解决这些问题,国际上流行的作法是在机群系统各节点的操作系统之上再建立一层操作系统来管理整个机群,这就是机群操作系统。

除了提供硬件管理、资源共享以及网络通信等功能之外,机群操作系统还必须能够实现单系统映像(single system image,SSI),这是机群的一个重要特征。正是通过SSI,才使得机群在使用、控制、管理和维护上更像一个单独的计算资源。

单系统映像共有以下4重含义。

① 单一系统。尽管系统中有多个处理器,用户仍然把整个机群视为一个单一的计算系统来使用。

② 单一控制。在逻辑上,最终用户或系统用户使用的服务都来自机群中唯一的一个位置。例如用户将批处理作业提交到一个唯一的作业集中,而系统管理员则通过一个唯一的控制点对整个机群的所有软硬件进行管理和配置。

③ 对称性。用户可以从机群的任何一个节点上获得服务,也就是说,对于所有节点和所有用户,除了那些具有特定访问权限的服务与功能外,所有其他服务与功能都是对称的,可以通过任何一个节点提供给用户。

④ 位置透明。用户不必了解真正执行服务的物理设备的具体位置。

一般来说,机群系统中的单系统映像至少应该提供以下3种服务。

① 单一登录(single sign on)。用户可以通过机群中的任何一个节点登录,而且在整个作业执行过程中只需登录一次,不必因作业被分派到其他节点上执行而重新登录。

② 单一文件系统(single file system)。这有两方面含义:一是在机群系统中有一些对整个机群所有节点都相同的软件,没有必要在每一个节点上重复安装;二是尽管执行并行作业时要求每个节点都可以访问到这些软件,但它们在整个机群系统中应该只有一个备份。

③ 单一作业管理系统(single job management system)。用户可以透明地从任一节点提交作业,作业可以以批处理、交互或并行的方式被调度执行。PBS、LSF、Condor和JOSS都是目前比较具有代表性的作业管理系统。

此外,并行编程模型以及相关的并行编程环境也是机群系统中不可缺少的软件。目前比较流行的并行编程工具包括MPI、PVM、OpenMP、HPF等。MPI(message passing interface,消息传递接口)是目前最重要的一个基于消息传递的并行编程工具,它具有可移植性好、功能强大、效率高等许多优点,而且有多种不同的免费、高效、实用的实现版本,几乎所有的并行计算机厂商都提供对它的支持,使它成为并行编程的事实标准。

PVM(parallel virtual machine,并行虚拟机)也是一种常用的基于消息传递的并行编程环境,它把工作站网络构建成一个虚拟的并行机系统,为并行应用程序提供了运行平台。HPF(high performance FORTRAN)是一个支持数据并行的并行语言标准。OpenMP (open multi-processing)是一个共享存储并行系统上的应用编程接口,它规范了一系列编译制导、运行库例程和环境变量,并为 C/C++和 FORTRAN 等高级语言提供了应用编程接口,已应用于 UNIX 和 Windows 等多种平台。

图 9.2 列出了机群系统的软件框架。机群操作系统、单系统映像以及其他一些机群正常工作所必需的软件一同构成了机群中间件。在它之上是并行编程环境,用户可以通过并行编程环境完成并行应用程序的开发。当然,串行应用也可以通过机群中间件被调度到某个节点上执行。

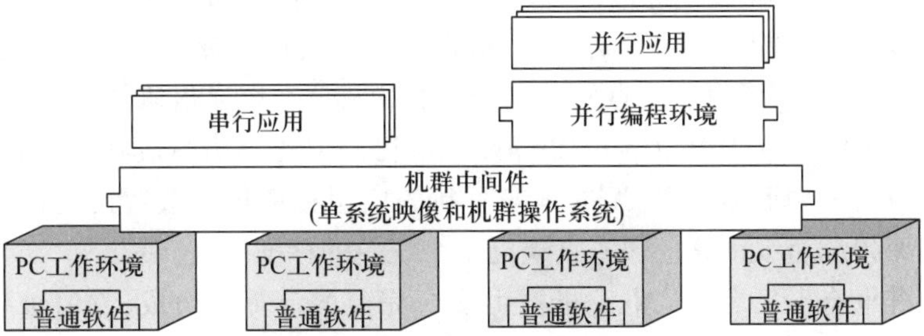

图 9.2　机群系统的软件框架

9.2　机群系统的特点

与传统并行计算机系统相比,机群系统具有如下一些优点。

微视频 9-2:
机群系统的
特点和分类

① 系统开发周期短。由于机群系统大多采用商品化的 PC、工作站作为节点,并通过商用网络连接在一起,系统开发的重点在于通信子系统和并行编程环境,这大大节省了研制时间。

② 可靠性高。机群中的每个节点都是独立的 PC 或工作站,某个节点的失效并不会影响其他节点的正常工作;而且它的任务还可以迁移到其他节点上继续完成,从而可以有效地避免因单节点失效引起的系统可靠性问题。

③ 可扩放性强。机群的计算能力随节点数量的增加而增大,这一方面得益于机群结构的灵活性,由于节点间以松耦合方式连接,机群的节点数量可以增加到成百上千;另一方面则是由于机群系统的硬件容易扩充和替换,可以灵活配置。

④ 性价比高。由于生产批量小,传统并行计算机系统的价格均比较昂贵,往往要几

百万到上千万美元。而机群的节点和网络都是商品化的计算机产品,能够大批量生产,成本相对较低,因而机群系统的性价比更好。与相同性能的传统并行计算机系统相比,机群的价格要低 1~2 个数量级。

⑤ 用户编程方便。机群系统中,程序的并行化只是在原有的 C、C++或 FORTRAN 串行程序中插入相应的通信原语,对原有串行程序的改动有限。用户仍然使用熟悉的编程环境,无须适用新的环境。

当然,机群的迅猛发展还得益于微处理器技术、网络技术和并行程序设计技术的进步。

① 微处理器技术的进步使得微处理器的性能不断提高,而价格却在不断下降,这使机群节点的处理性能进一步提高。

② 与传统超级计算机相比,机群系统更容易融合到已有的网络系统中,而且随着网络技术的进步和高性能通信协议的引入,机群节点间的通信带宽进一步提高,通信延迟进一步缩短,逐步缓解了由于节点松散耦合引起的机群系统通信瓶颈问题。

③ 随着 PVM、MPI、HPF、OpenMP 等并行编程模型的应用与成熟,使得在机群系统上开发并行应用程序更加方便,无论是编写新的应用程序还是改写已有的串行程序都更加容易。而传统超级计算机却一直缺乏一个统一的标准。

但是机群也有不足之处。由于机群由多台完整的计算机组成,它的维护相当于要同时去管理多个计算机系统,因此维护工作量较大,维护费用也较高。对称式多处理机则相对较好,因为管理员只要维护一个计算机系统即可。正因为如此,现在很多机群采用对称式多处理机作为节点,这样可以减少节点数量,达到减少维护工作量和开支的目的。

9.3　机群系统的分类

按照不同的标准,机群系统的分类方法有很多。例如,根据组成机群的各个节点和网络是否相同,可以将机群系统分为同构与异构两类;根据节点是 PC 还是工作站,可以将机群系统进一步分为 PC 机群与工作站机群。不过最常用的分类方法还是以机群系统的使用目的为依据,将其分为高可用性机群、负载均衡机群以及高性能机群 3 类。

1. 高可用性机群

高可用性机群的主要目的是在系统中某些节点出现故障的情况下,仍能继续对外提供服务。它采用冗余机制,当系统中某个节点由于软硬件故障而失效时,该节点上的任务将在最短的时间内被迁移到机群内另一个具有相同功能与结构的节点上继续执行。这样,对于用户而言,系统可以一直为其提供服务。这类机群适用于 Web 服务器、医学监测仪、银行 POS 系统等要求持续提供服务的应用。

2. 负载均衡机群

负载均衡机群的主要目的是提供与节点个数成正比的负载能力，这就要求机群能够根据系统中各个节点的负载情况实时地进行任务分配。为此，它专门设置了一个重要的监控节点，负责监控其余每个工作节点的负载和状态，并根据监控结果将任务分派到不同的节点上。这种机群很适合大规模网络应用(如 Web 服务器或 FTP 服务器)、大工作量的串行或批处理作业(如数据分析)。

负载均衡机群往往也具有一定的高可用性特点，但二者的工作原理不同，因而适用于不同类型的服务。通常，负载均衡机群适用于提供静态数据的服务，如 HTTP 服务；而高可用性机群既适用于提供静态数据的服务，又适用于提供动态数据的服务，如数据库等。之所以高可用性机群能适用于提供动态数据的服务，是由于它的节点共享同一存储介质。也就是说，在高可用性机群内，每种服务的用户数据只有一份，存放在专门的存储节点上，在任一时刻只有一个节点能读写这份数据。

3. 高性能机群

高性能机群的主要目的是降低高性能计算的成本。它通过高速的商用互连网络，将数十个乃至上千台 PC 或工作站连接在一起，可以提供接近甚至超过传统并行计算机系统的计算能力，但其价格却仅是具有相同计算能力的传统并行计算机系统的几十分之一。这样，通过利用若干台 PC 就可以完成通常只有超级计算机才能完成的计算任务。这类机群适用于计算量巨大的并行应用，如石油矿藏定位、气象变化模拟、基因序列分析等。当然，为了稳定地提供高性能计算服务，它也必须满足一定的可用性要求。

还有一种比较常用的分类方法是，按照构建方式将机群分为专用机群和企业机群两类。专用机群是为代替传统的大中型机或巨型机而设计的，其装置比较紧凑，一般都装在比较小的机架内放在机房中使用，因此它的吞吐量较高，响应时间也较短。专用机群的节点往往是同构的，一般采用集中控制，由一个(或一组)管理员统一管理，而且用户一般需要通过一台终端机来访问它，这样做的好处是其内部对外界完全屏蔽。而企业机群则正好相反，它是为了充分利用各个节点的空闲资源而设计的，因此其各个节点分散安放，并不需要安装在同一个房间，甚至不需要安装在同一幢楼中。各节点一般通过标准的 LAN 或 WAN 互连，通信开销较大、延迟较长。企业机群的各个节点一般是异构的，并由不同的个人拥有，这样机群管理者只能对各个节点进行有限的管理，节点拥有者可以随意地进行关机、重新配置或者升级；而且对一个节点而言，其拥有者的任务应该具有最高优先级，高于企业的其他用户。显然，企业机群的内部通信是对外暴露的，存在一定的安全隐患，需要在通信子系统中采用专门措施来避免。

9.4 典型机群系统简介

本节对国内外典型的机群系统做简要介绍。

9.4.1 Berkeley NOW

NOW 由美国加州大学伯克利分校开发，是一个颇具影响的计划，它采用了很多先进的技术，涉及许多机群系统的共同问题。它具有很多优点，如采用商用千兆以太网和主动消息通信协议支持有效的通信，通过用户级整合机群软件 GLUNIX（global layer UNIX）提供单系统映像、资源管理和可用性，开发了一种新的无服务器网络文件系统 xFS，以支持可扩放性和单一文件层次的高可用性。

1. 主动消息

主动消息是实现低开销通信的一种异步通信机制，其基本思想是在消息头部控制信息中携带一个用户级子例程（称为消息处理程序）的地址。当消息头到达目的结点时，调用消息处理程序通过网络获取剩下的数据，并把它们集成到正在进行的计算中。主动消息相当高效和灵活，以至于各种系统都逐渐将它作为基本的通信机制。

2. GLUNIX

GLUNIX 是运行在工作站标准 UNIX 上的一个软件层，属于自包含软件。GLUNIX 的主要设计思路是机群操作系统由底层和高层组成，其中底层是执行在核模式下的节点商用操作系统，高层是能提供机群所需的一些功能的用户级操作系统。特别地，这一软件层能够提供机群内节点的单系统映像，使得所有的处理器、存储器、网络容量和磁盘带宽均可以被分配给串行和并行应用程序，并且它能够以被保护的用户级操作系统库的形式实现。

3. 无服务器文件系统 xFS

xFS 是一个无服务器的分布式文件系统，它将文件服务的功能分布到机群的所有节点上，以提供低延迟高带宽的文件系统服务功能。它主要采用独立冗余磁盘阵列、协同文件缓存和分布式管理等技术。

9.4.2 Beowulf

1994 年，NASA 的一个科研项目迫切需要一种工作站，要求它既具有 1 GFLOPS 的计算处理能力和 10 GB 的存储容量，价格又不能过高。为了达到这一目标，在 CESDIS 工作的 Thomas Sterling 与 Don Becker 二人构建了一个具有 16 个节点的机群，其硬件使用了 Intel 的 DX4 处理器以及 10 Mbps 的以太网，软件则主要基于当时刚刚诞生的 Linux

系统以及其他一些 GNU 软件。这样既满足了计算能力和存储容量的要求,又降低了成本,他们将这个系统命名为 Beowulf。这种基于商用部件法(commodity-off-the-shelf,COTS)思想的技术也迅速由 NASA 传播到其他科研机构,因此这类机群被称为 Beowulf 类机群。

Beowulf 类机群定义了这样一种系统:使用普通的硬件加上 Linux 操作系统,再加上 GNU 开发环境以及 PVM/MPI 共享库所构建的机群。它一方面集中了那些相对较小的计算机的计算能力,能够以很高的性价比提供与大型机相当的性能;另一方面也保证了软件环境的稳定性。

Beowulf 并不是一套具体的软件包或是一种新的网络拓扑结构,它只是一种思想,即在达到既定目标的前提下,把注意力集中在获取更高的性价比上。虽然目前为了获取更高的性能,有些 Beowulf 机群系统也使用了一些专用或商用的软件以及特殊的网络互连系统,但其基本宗旨还是不变的。

9.4.3 LAMP

随着硬件技术的不断进步,对称式处理机系统的成本不断下降。由于对称式处理机系统提供了良好的节点内部通信能力,所以使用低成本、小配置(2~8 个处理器)的对称式处理机系统构建机群系统逐渐成为主流,这种结构的系统被统称为 CLUMP(cluster of multiprocessor)。由于对称式多处理机系统节点内部与其节点间通信能力往往不一致,CLUMP 一般使用专门的通信协议和通信算法。

LAMP(local area multiprocessor)是由 NEC 实验室构建的基于 Pentium Pro PC 的对称式多处理机系统机群。LAMP 共有 16 个节点,每个节点包含两个 Pentium Pro 200 MHz 的 CPU 以及 256 MB 内存,操作系统使用支持对称式多处理机系统的 Linux 2.0.34 内核版本,提供 MPICH 1.1.0 并行程序开发环境。同一个对称式多处理机系统节点内的两个 CPU 之间采用基于共享存储器的消息传递机制进行通信,而节点间通信则通过 Myrinet 完成。

从某种角度看,LAMP 同样采用了 Beowulf 的思想,但它是基于对称式多处理机系统来构建的,这反映了当前机群系统发展的一个重要趋势。

9.4.4 IBM SP2

IBM SP2 是机群系统中的代表性产品,它既可用于科学计算,也可用于商业应用。1997 年人机大战中战胜世界国际象棋冠军卡斯帕罗夫的“深蓝”,就是一台采用 30 个 RS/6000 工作站(带有专门设计的 480 片国际象棋芯片)的 IBM SP2 机群。

SP2 机群是异步的 MIMD 系统,具有分布式存储器系统结构,如图 9.3 所示。它的每个节点都是一台 RS/6000 工作站,带有自己的存储器(M)和本地磁盘(D)。节点中采用的处理器(P)是一种6流出的超标量处理机,每个时钟周期可以执行6条指令,包括两条读/写数指令,两条浮点乘或加指令,一条变址增量指令和一条条件转移指令。每个节点配有一套完整的AIX操作系统(IBM的UNIX),节点间的互连网络接口是松耦合的,通过节点本身的I/O微通道(MCC)接到网络上,而不是通过本身的存储器总线。微通道是IBM公司的标准I/O总线,用于把外部设备连接到RS/6000工作站和IBM PC上。这个系统采用标准的工作站部件,仅在标准技术不能满足性能要求时才使用专用软件和硬件。节点软硬件都能根据不同的用户应用和环境需要分别进行配置。由于SP2采用机群系统结构,因此它的开发周期比较短。

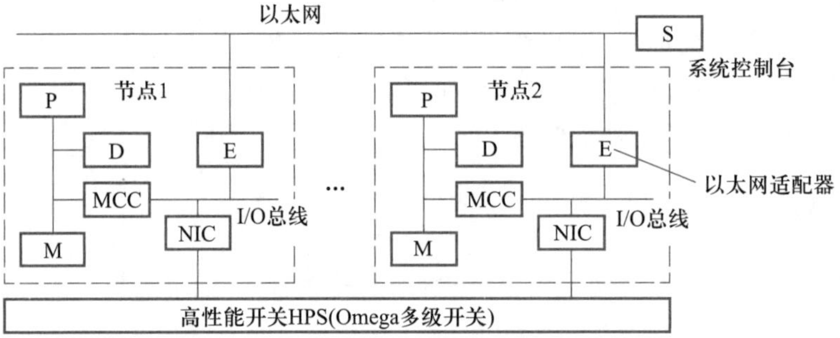

图9.3 SP2的系统结构

SP2的节点数为2~512个,除了每个节点采用RS/6000工作站外,整个SP2系统还需要配置另外一台RS/6000工作站作为系统控制台(图9.3中S)。节点间可以通过两个网络进行互连:一个是标准以太网;另一个是专门设计的高性能开关HPS,这是一个Omega多级开关网络。一般以太网用于对通信速度要求不高的程序开发工作,而开发好的程序在正式运行时使用HPS。以太网还起到备份的作用,当HPS出现故障时可以通过以太网使系统维持正常工作状态。此外,以太网还可以供系统的监视、引导、加载、测试和其他系统管理软件使用。

SP2的节点可分为3类:宽节点、细节点和细2节点。它们都有一个指令Cache,一个数据Cache,一个分支指令和转移控制部件,两个整数部件和两个浮点部件,但它们在存储器容量、数据宽度和I/O总线插槽数上有所不同。例如,在存储器容量方面,宽节点可达64~2 048 MB,其他两种是64~512 MB;细节点和细2节点可以有二级Cache,宽节点则没有;在存储器总线的宽度方面,宽节点是256位,细2节点是128位,细节点则是64位。这样做的目的是使系统的配置更灵活。在SP2的每个节点中,存储器和Cache的容量都比较大,处理器性能亦较高,这使得SP2的处理能力能够达到相当高的水平。

SP2的节点通过网络接口开关接到HPS,IBM将其称作开关适配器。开关适配器中有一个8 MB的动态随机存取存储器(DRAM)用来存放各种不同协议所需的大量报文,并用一台 i860 微处理器进行控制。节点通过以太网适配器(图 9.3 中 E)接到以太网上。在 SP2 系统中,除 HPS 外,有的还采用光纤分布式数据接口(FDDI)环连接各节点。

SP2 的 I/O 子系统的总体结构如图 9.4 所示。SP2 的 I/O 子系统基本上是围绕着 HPS 建立的,并用一个 LAN 网关与 SP2 系统外的其他计算机连接。SP2 的节点可以有 4 种配置:宿主节点、I/O 节点、网关节点和计算节点。宿主节点(图 9.4 中的 H)用来处理各种用户注册会话和进行交互处理;I/O 节点(图 9.4 中的 I/O)主要用来实现 I/O 功能,例如作为全局文件服务器;网关节点(图 9.4 中的 G)用于连网功能;而计算节点(图 9.4 中的 C)则专供计算使用。这 4 种节点也可以有一定的重叠,例如一个宿主节点也可以作为计算节点,I/O 节点也可以作为网关节点。此外,SP2 还可以有一台到几台外部服务器,例如可以附加文件服务器、网络路由器、可视系统等。

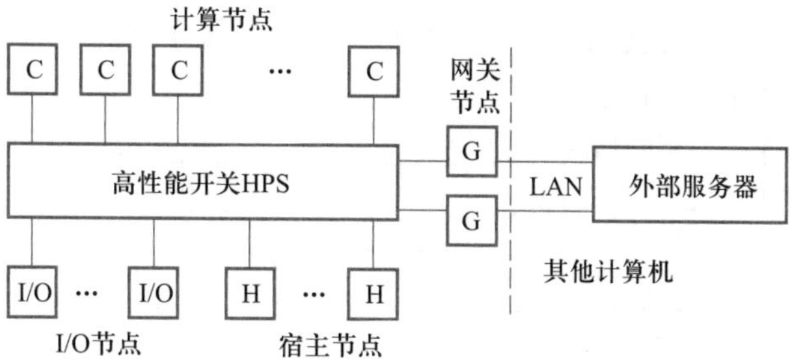

图 9.4 SP2 的 I/O 子系统总体结构

9.4.5 天河二号

2013 年 6 月,“天河二号”超级计算机首次登上 TOP 500 排行榜榜首,成为世界上最快的超级计算机。“天河二号”的性能达到 33.86 PFLOPS,接近当时排名第二的美国的泰坦(Titan)超级计算机的两倍,后者的性能为 17.59 PFLOPS。到 2015 年 11 月,“天河二号”连续 6 期排名 TOP 500 榜首,实现了 TOP 500 排行榜自设立以来最长的“六连冠”。

“天河二号”由 Intel Ivy Bridge 处理器、Intel 至强 MIC 加速器以及定制的互连网络搭建而成。它总共使用了 32 000 个 Intel Ivy Bridge 处理器和 48 000 个至强 MIC 加速器,共有 3 120 000 个处理器核,理论上的峰值性能达到 54.9 PFLOPS。

尽管“天河二号”使用了大量 Intel 多核处理器和众核协处理器,它也提出并实现了多项自主创新,包括 TH Express-2 互连网络、16 核 FT-1500 以及 OpenMC 编程模型。

1. 计算节点

“天河二号”的每个计算节点包括两个 Intel Ivy Bridge 处理器和 3 个 Intel 至强 MIC

加速器,如图9.5所示。该系统由16 000个节点组成,具体结构如下:整个系统由125个机柜(rack)组成,每个机柜上有4个机框(frame),每个机框上有16个刀片(blade),每个刀片上有两个节点。但在具体实现中,计算单元(即Intel Ivy Bridge处理器和MIC加速器)的布局并不是对称的。如图9.6所示,每个计算刀片上有两个节点,分为两部分:一个CPM模块和一个APU模块。CPM模块中含有4个Ivy Bridge处理器、主存以及一个至强MIC加速器,而APU模块中含有其余的5个至强MIC加速器。Ivy Bridge处理器通过PCI-e 2.0总线与协处理器通信,每条总线有16个通道,每个通道的带宽为10 Gbps。处理器还通过PCI-e总线与NIC连接。

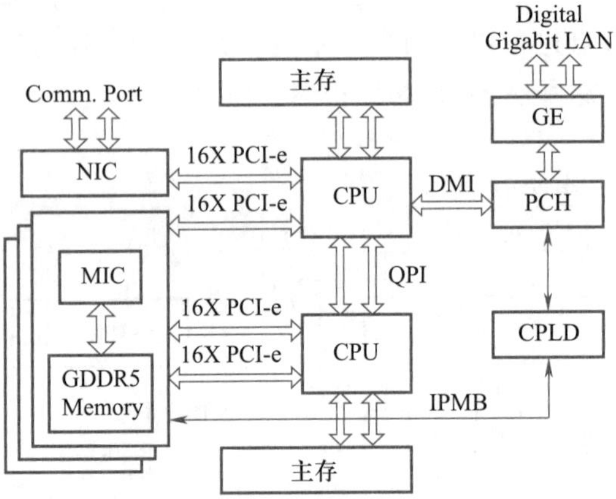

注: 图中术语说明如下。
MIC: many integrated core(集成众核)
GE: gigabit ethernet(千兆以太网)
PCH: platform controller hub(集成南桥)
CPLD: complex programming logic device(复杂可编程逻辑器件)
IPMB: intelligent platform management bus(智能平台管理总线)
DMI: direct media interface (直接媒体接口,Intel开发的用于连接南北桥芯片的总线)

图9.5 “天河二号”计算节点的逻辑结构

Intel Ivy Bridge处理器的每个核在每个时钟周期内可以完成8个浮点运算,因此每个处理器的理论峰值性能为12核 * 8 FLOPS * 2.2 GHz = 211.2 GFLOPS。“天河二号”的每个节点带有两个Ivy Bridge处理器,理论峰值性能为422.4 GFLOPS。

“天河二号”的每个至强MIC加速器有57个核,每个核可以同时执行4个线程,因此每个核在每个时钟周期最多可以完成16个双精度浮点运算。若MIC的主频为1.1 GHz,其理论上的峰值性能为1.003 TFLOPS。这样,每个计算节点的峰值性能为2 * 0.2112 TFLOPS+3 * 1.003 TFLOPS = 3.431 TFLOPS。“天河二号”共有16 000个节点,因此其理论上的峰值性能为54.9 PFLOPS。

每个节点带有64 GB内存,每个MIC加速器带有8 GB内存,因此每个节点的内存

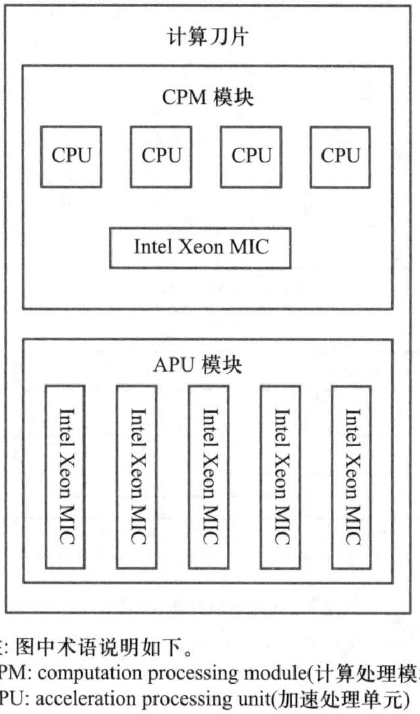

图 9.6 “天河二号”计算刀片的逻辑结构

为 64 GB+3 * 8 GB = 88 GB。16 000 个节点中,CPU 部分的总内存为 16 000 * 64 GB = 1.024 PB,MIC 协处理器的总内存为 16 000 * 24 GB = 0.384 PB。因此,“天河二号”系统的内存总量为 1.404 PB。

2. 前端处理器

除计算节点外,“天河二号”还有一个由 4 096 个 FT-1500 处理器构成的前端系统,如图 9.7 所示。FT-1500 处理器基于 SPARC V9 架构,由国防科技大学设计,每个处理器中集成了 16 个核。它采用 40 nm 工艺生产,主频 1.8 GHz,性能为 144 GFLOPS,功耗为 65 W。作为对比,Intel Ivy Bridge 处理器有 12 个核,采用 22 nm 工艺,主频 2.2 GHz,峰值性能为 211 GFLOPS。

3. 互连

“天河二号”使用专门定制的互连网络 TH Express-2,避免了通信瓶颈,其拓扑结构如图 9.8 所示。TH Express-2 采用胖树结构,双向带宽 16 GBps,使用了 13 个 576 端口的交换机,采用光电混合传输技术。单个网络路由芯片(network router chip,NRC)的吞吐量为 2.56 Tbps。MPI 广播操作的带宽为 6.36 GBps,在 12 000 个节点中用 1K 数据进行测试时,延迟为 9 μs。

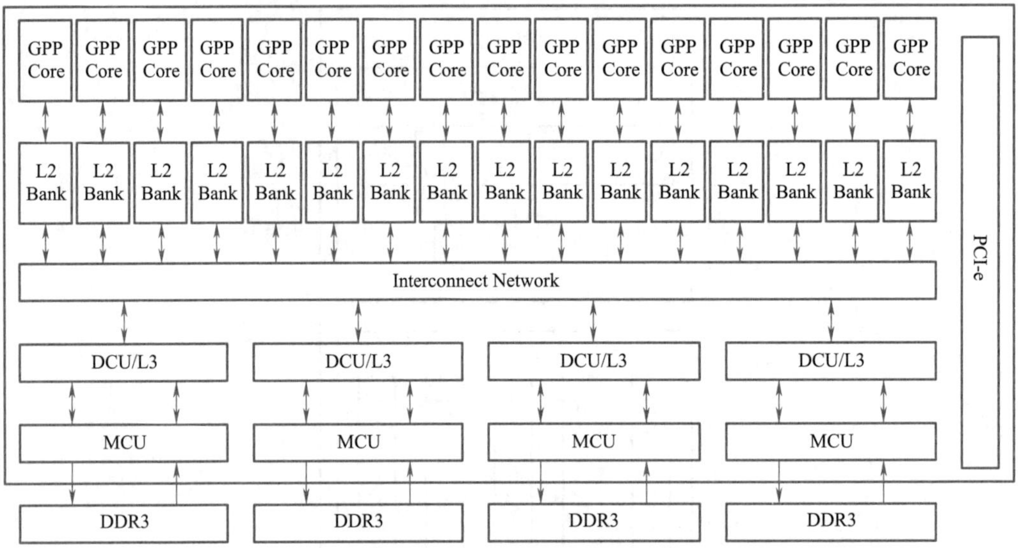

图 9.7　FT-1500 处理器结构

注：FT-1500 由国防科技大学设计，是飞腾家族的第三代处理器

4. 软件栈

与"天河一号 A"一样，"天河二号"仍然使用国防科技大学开发的麒麟（Kylin Linux）作为操作系统。麒麟与其他主流 Linux 操作系统兼容，支持不同结构的微处理器或计算机。其资源管理是基于 SLURM 实现的，支持功耗感知的资源分配并使用多个定制的调度策略。它带有 FORTRAN、C、C++以及 Java 编译器，支持 OpenMP 以及基于 MPICH v3.0.4的 MPI 3.0，实现了多通道消息数据传递、动态流控制，并支持卸载聚合操作。此外，还开发了一个叫做 OpenMC 的基于指导语句（directive）的节点内编程模型，以替代 OpenMP 并与 CUDA、OpenACC 或 OpenCL 结合使用。作为一种新的抽象，OpenMC 为包括 CPU 和 MIC 在内的所有计算设备提供了一个统一的逻辑层，并且可以被扩展到拥有相同指令系统的架构和异构处理器上。OpenMC 提供的指导语句可以指导高效的 SIMD 操作、数据局部性开发和数据通信。

"天河二号"使用 Intel ICC 3.0 编译器，并自带一个基于 Intel MKL 11.0.0 的数学库，以及一个由国防科技大学优化的基于至强 MIC 的 BLAS 库。

5. HPL 基准程序的测试结果

获得图 9.9 中的最高 HPL 性能仅使用了"天河二号"中 90%的节点，使用更多的节点进行测试可以进一步提升性能。用测量得到的 HPL 性能除以系统的总功耗 17.6 MW，再除以运行基准程序时所用节点数占总节点数的百分比，就可以得到系统的性能功耗比（单位：FLOPS/W）。以使用 14 336 个节点进行测试为例，此时用到总

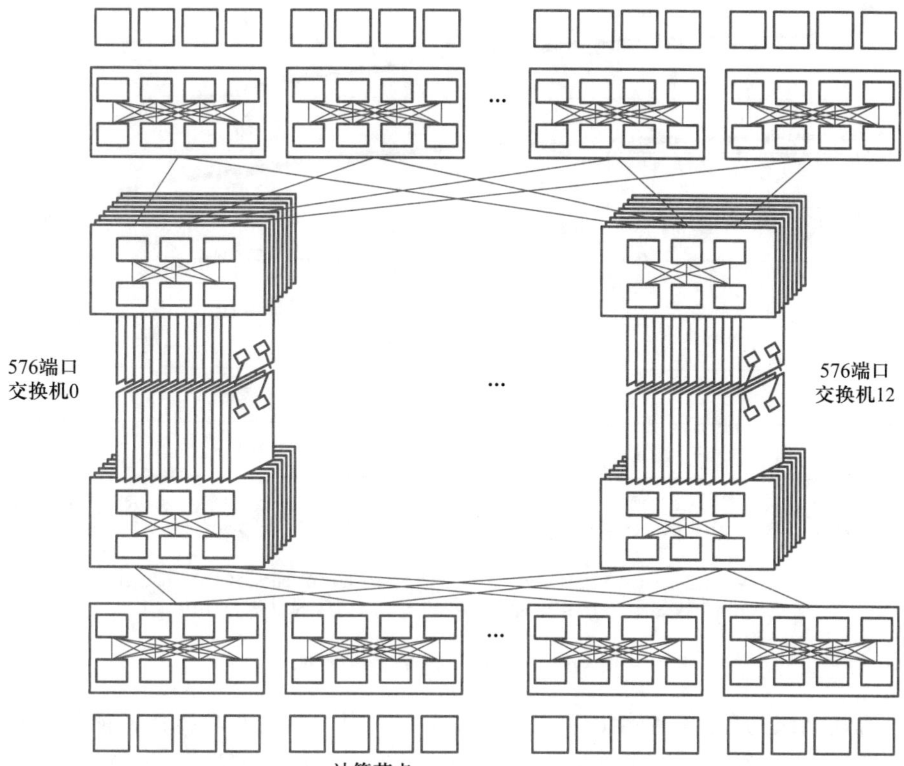

图 9.8 TH Express-2 互连网络拓扑结构

节点数 16 000 的 90%，获得的性能为 30.65 PFLOPS，因此性能功耗比为 30.65/17.6/0.9 = 1.935 GFLOPS/W。在 2012 年 11 月的 TOP 500 排行榜中，排名前 5 的机器的性能功耗比分别是：

泰坦(Titan)	2.143 GFLOPS/W
红杉(Sequoia)	2.069 GFLOPS/W
京(K)	0.830 GFLOPS/W
米拉(Mira)	2.069 GFLOPS/W
JuQueen	2.102 GFLOPS/W

“天河二号”整机部署在国家超级计算广州中心，为华南地区提供稳定的高性能计算服务，已经成为整个华南地区最重要的开放研究和教学平台。

Intel 至强 MIC、NVIDIA GPGPU(通用 GPU)等众核协处理器已被广泛应用于当前的超级计算机系统中。除了“天河二号”，与其同期(2013 年 11 月)进入 TOP 500 排行榜前 10 名的系统中，还有 3 台也使用了众核协处理器。

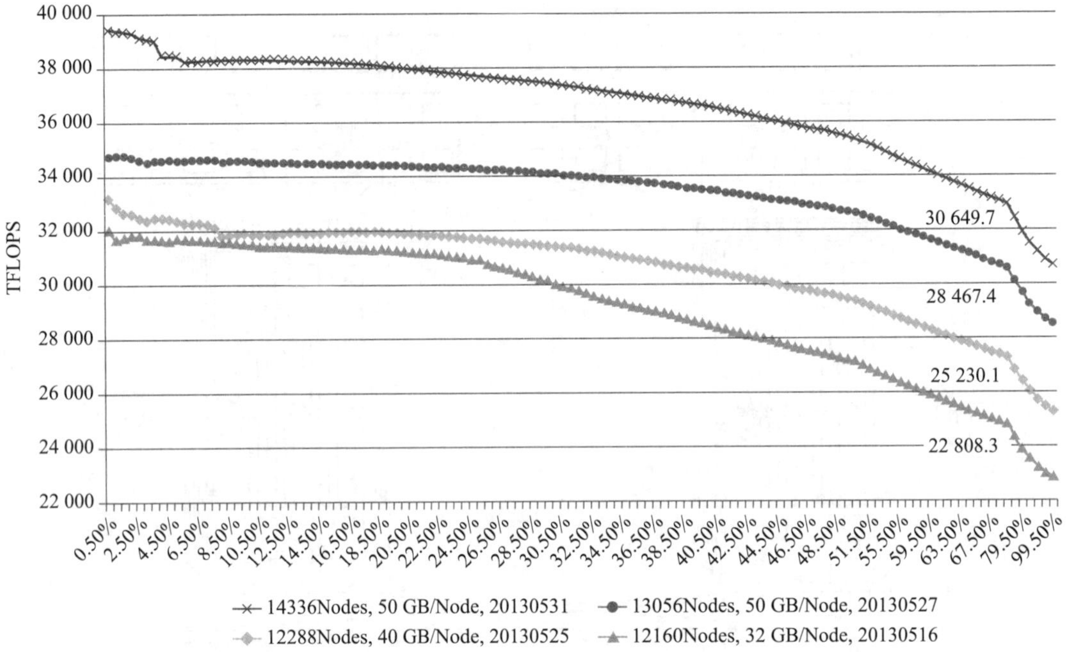

图 9.9　“天河二号”的 HPL 性能

计算机系统的理论峰值性能可以通过简单地将其全部处理单元的性能累加起来而得到。然而，它的维持性能通常通过运行典型的基准程序来测量。例如，HPL 就是当前评价超级计算机系统性能最流行的基准程序。

SP2 的核心是 AIX 操作系统。SP2 系统中，在 RS/6000 工作站原有环境下开发的大部分软件都能被重用，包括 1 000 多种串行的应用程序、数据库管理系统（DB2）、联机事务处理监控程序（CICS/6000）、系统管理和作业管理软件、FORTRAN/C++编译程序，数学和工程程序库（ESSL）、标准的 AIX 操作系统等。SP2 系统只是添加了一些可扩放并行系统所必需的新软件，或对少量现成软件进行一些修改，使之适应可扩放并行系统。

SP2 中设置了一个专门的系统控制台用以管理整个系统。通过该系统控制台，系统管理人员可以从单一地点对整个系统进行管理。此外，在 SP2 硬件中，每个节点、开关和机架上都集成了一个监视板，这种监视板能对环境进行检测，并对硬件部件进行控制。管理人员可以用这套设施来启动和切断电源，进行监控，把单个节点和开关部件置成初始状态。

习题 9

9.1 解释下列名词

机群　单系统映像　高可用性机群　负载均衡机群

高性能机群　Beowulf 类机群

9.2 机群系统有哪些特点?

9.3 机群系统的 SSI 提供了哪些服务?

9.4 机群系统中的节点可以按照功能分为哪些类型? 它们在配置上有何不同?

9.5 根据机群系统的使用目的可以将机群系统分为哪 3 类? 它们分别有什么特点?

9.6 试描述专用机群和企业机群的区别。

9.7 说明 IBM SP2 机群的结构特点。

第 10 章　多核系统结构与编程

主要内容

—多核系统结构的需求
—多核系统结构
—基于多核的并行程序设计
—多核编程实例

多核处理器又称单芯片多处理器，是指在单个芯片内集成两个或多个处理器核心。其中，芯片内的每个处理器核心称作“核”，包含一套完全独立的处理器部件，如寄存器、ALU、流水线硬件、指令 Cache 和数据 Cache 等。除了多个核之外，现代多核芯片还包含共享或独立的二级(L2)Cache 甚至三级(L3)Cache。从 2005 年开始，微处理器进入多核时代，就连嵌入式应用也出现了多核处理器。本章主要介绍多核系统结构、实例以及基于多核的编程技术。

10.1　多核系统结构的需求

自从电子计算机诞生以来，微处理器系统的性能一直遵循着摩尔定律，经历了稳定的增长过程。这种性能上的增长主要来源于两个方面：一是时钟频率的提高，二是处理器芯片体系结构的改进。其中，体系结构的改进主要体现在并行度的不断增加方面。但在单核处理器系统中，无论是时钟频率还是并行度都已接近了极限，很难再进一步提高，这时就需要采用更为先进的多核技术。

多核技术的好处非常明显。首先，由于计算系统拥有多个执行内核，可以同时进行并行运算，因此可以显著提升系统的计算能力，同时每个内核的主频可以比以前低，因而系统的总体功耗增加不大。其次，与多 CPU 技术相比，多核处理器采用了与单 CPU 相同的硬件体系结构，用户在提升计算能力的同时无须进行任何硬件上的改变。

正是由于多核技术的这些优点，多核很快被用户接受并得以普及。现在，90% 以上的个人计算机其处理器都是多核的。事实上，从 2006 年以来，在 Intel 和 AMD 两大处理器巨头的大力推动下,多核的普及已成为必然。然而,要真正发挥多核的潜能却并不容易,因为针对多核或多线程的软件开发要比单核或单线程艰难得多。而今,随着多核技术的普及,如何开发与多核相适应的软件日益成为研究人员所关注的热点问题,而众多软件供应商,如 Google、Microsoft、Oracle 及 Linux 等,都已面向多核时代的软件需求提供了多种软件解决方案。

10.1.1 功耗与散热问题

随着芯片密度和时钟频率的不断提高,系统的功耗却呈现出指数性增长的趋势。功耗的过快增长,一方面会增加用户的使用成本,另一方面还会给系统设计工程师带来散热等诸多难题。CPU 的发热量主要取决于处理器密度和时钟频率这两个主要因素,与两者是正比关系。在传统的体系结构中,每一代处理器所产生的热量增加率都要大于时钟频率的增加率。因此,在一些高端处理器的应用中,采用风扇散热的方式已不能满足系统的要求,取而代之的是液体散热方法,如水冷、液氮等技术。所以,受功率和散热方法的限制,时钟频率不能无限制地增加。正因为如此,Intel 处理器的最高主频在达到 3.8 GHz 以后就没有继续再往上推进了,以后很可能也不打算再研发更高主频的处理器,而是向多核方向发展。

以往计算机处理器能力的提升一直在摩尔定律的指引下,沿着提升 CPU 时钟频率的这条道路前进。从初期的几十 MHz 到近几年 IBM 的 Power 6 达到了 4.75 GHz,设计人员甚至想过提升到 7~8 GHz。但是,从 2002 年以来,由于主频的提升所带来的散热和功耗大幅增加等问题,CPU 主频提升的困难越来越大。自 2005 年起,Intel 和 AMD 都加大了多核处理器的研究力度,重点研究在同一 CPU 中放置多个执行内核的技术。到 2006 年年底,Intel 已在全球同步推出多款面向服务器、工作站的 4 核至强 5300 处理器,而 AMD 也紧随其后推出了自己的多核处理器。

另一方面,控制功率密度(芯片密度)也是一种有效的降低功耗的方法,主要通过使用更大面积的 Cache 存储芯片来实现。Cache 的晶体管相对较小,功率密度也比逻辑电路的要小。为了降低系统功耗,Cache 占整个芯片面积的比重越来越大,随着芯片内晶体管密度的增加,其面积逐渐超过了 50%。图 10.1 显示了 Intel 的 Pentium Ⅰ~Ⅳ中 Cache 所占面积的变化过程。

10.1.2 并行度问题

处理器设计中,组织的变化主要集中在增加指令级并行度上,以便使处理器每个时钟周期内能做更多的工作。按照时间的顺序,这些变化主要包括流水线技术、超标量技术和同时多线程(simultaneous multi-threading,SMT)技术等。就流水线技术而言,最开始是 3 段流水线,然后 5 段流水线代替了 3 段流水线,再往后是更多的流水段,甚至某些

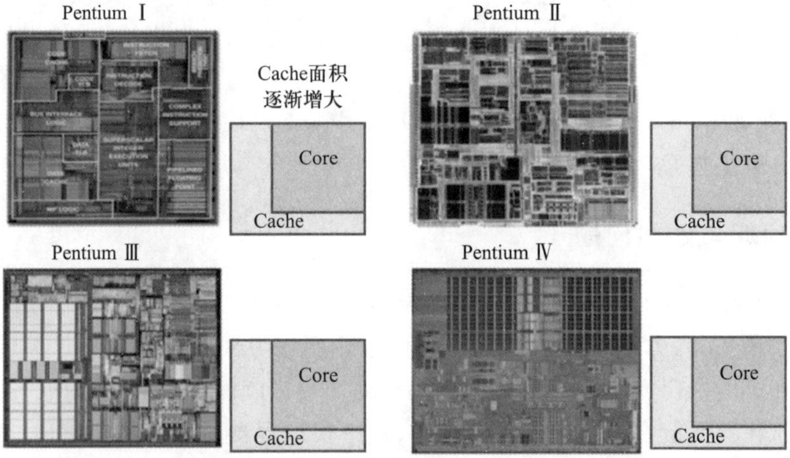

图 10.1 Cache 面积逐渐增大，并超过 50%

实现超过了 12 个流水段。但是，在实际实现中肯定会存在流水段上限。因为流水段越多，逻辑电路、互连结构及控制信号就越复杂。就超标量技术而言，超标量组织也是通过增加并行流水线的个数来提高性能的。同样，随着流水线个数的增加，需要更复杂的逻辑管理冲突和调度指令使用资源，因此所获取的收益越来越小。冲突和资源依赖往往会造成多流水线不能充分利用，甚至单个线程就能让并行流水线饱和。就 SMT 技术而言，线程在一组流水线上调度的复杂度也往往会限制线程个数和可有效利用的流水线个数，因此性能的改进也是有限的。

随着系统结构复杂度的进一步提高，处理器芯片的设计和制造也会存在一些问题。对于超长流水线、超标量流水线和多寄存器体的同时多线程技术而言，逻辑电路复杂度的增加意味着控制和信号传送所占面积的增加，导致芯片设计、制造和调试难度的增加。因此，受控制逻辑复杂度的限制，流水线的宽度和深度都是有限的。要想进一步增加并行度又不增加控制的复杂度，只能选择增加处理器的“核”数。

10.1.3 应用软件的问题

目前的绝大部分应用软件，特别是互联网应用软件都是面向多用户的多线程软件，这就需要计算机硬件系统在结构上能很好地支持线程化的软件，才能符合 Amdahl 定律的要求。现在的数据库管理软件、数据库应用等服务器软件一般要并行处理大量的、相对独立的事务。除了通用服务器软件外，还有大量的应用是线程化的。例如：

① 多线程的本地应用。多线程应用一般含有若干个高度线程化的进程，如 Lotus Domino、Siebel CRM 等。

② 多进程应用。这样的应用一般含有多个单线程的进程，如 Oracle 数据库、SAP 应

用软件等。

③ 多实例应用。虽然一个应用包含的线程不是很多,但要求很多应用实例同时运行。

④ Java 应用。线程是 Java 应用的基本方式。不仅语言本身十分方便地支持多线程应用,就连虚拟机也是一个多线程的进程,负责 Java 应用的调度和内存管理。还有,Java 应用服务器、WebLogic、IBM 的 WebSphere 以及开源 Tomcat 应用服务器程序等也都是多线程的。

超线程(hyper threading)和同时多线程技术只能在一定程度上支持多线程或多实例应用,本质上还只是在一个执行核上运行。当线程个数较多时,就需要多核系统结构或并行处理机这样的处理系统了。

总之,受 CPU 主频、功耗、散热和超标量等技术复杂度的限制,以及多线程应用软件需求的驱动,微处理器系统结构发展到多核成为一种必然的趋势。另外,多核系统结构也是摩尔定律驱动的结果。在单核系统结构下摩尔定律已接近于失效,要想继续成立,多核系统结构是必然的选择。说到底,出现多核处理器最根本的原因是人们对计算能力永无止境的追求。尽管这些年来,处理器从来没有停止过前进的脚步,但每一次性能的突破换来的只是对更高性能的需求,特别是在油气勘探、气象预报、虚拟现实、人工智能等高度依赖于计算能力的场合,对性能的渴求更加迫切。

10.2 多核系统结构

顾名思义,多核技术是指在一枚处理器中集成两个或多个完整的计算内核,从而提高计算能力的技术。按计算内核的对等与否,多核系统结构又可以分为同构多核系统结构和异构多核系统结构两种。计算内核相同,地位对等的称为同构多核,反之称为异构多核。需要注意的是,多核系统结构与多处理器不同,多处理器指多个 CPU,每个 CPU 可以是单核或多核的。虽然同时使用多个 CPU,但是从管理的角度来看它们的表现就像一台单机一样,这在前面的章节已经有所阐述。

10.2.1 多核的组织架构

多核处理器的组织架构主要包括片上核心处理器的个数、Cache 的级数、共享 Cache 的容量和内部互连结构等。图 10.2 给出了多核系统的 4 种典型的组织架构。

图 10.2(a)所示为早期多核处理器的一种组织架构,现在在嵌入式芯片中仍能见到。在这种组织方式中,只有一级片内 Cache,每个核带有自己的专用 L1 Cache,分为指令 Cache 和数据 Cache。这种组织的一个典型实例是 ARM11 MPCore。

图 10.2(b)所示为无片内共享 Cache(专用 L2 Cache)的组织架构。在这种架构里,

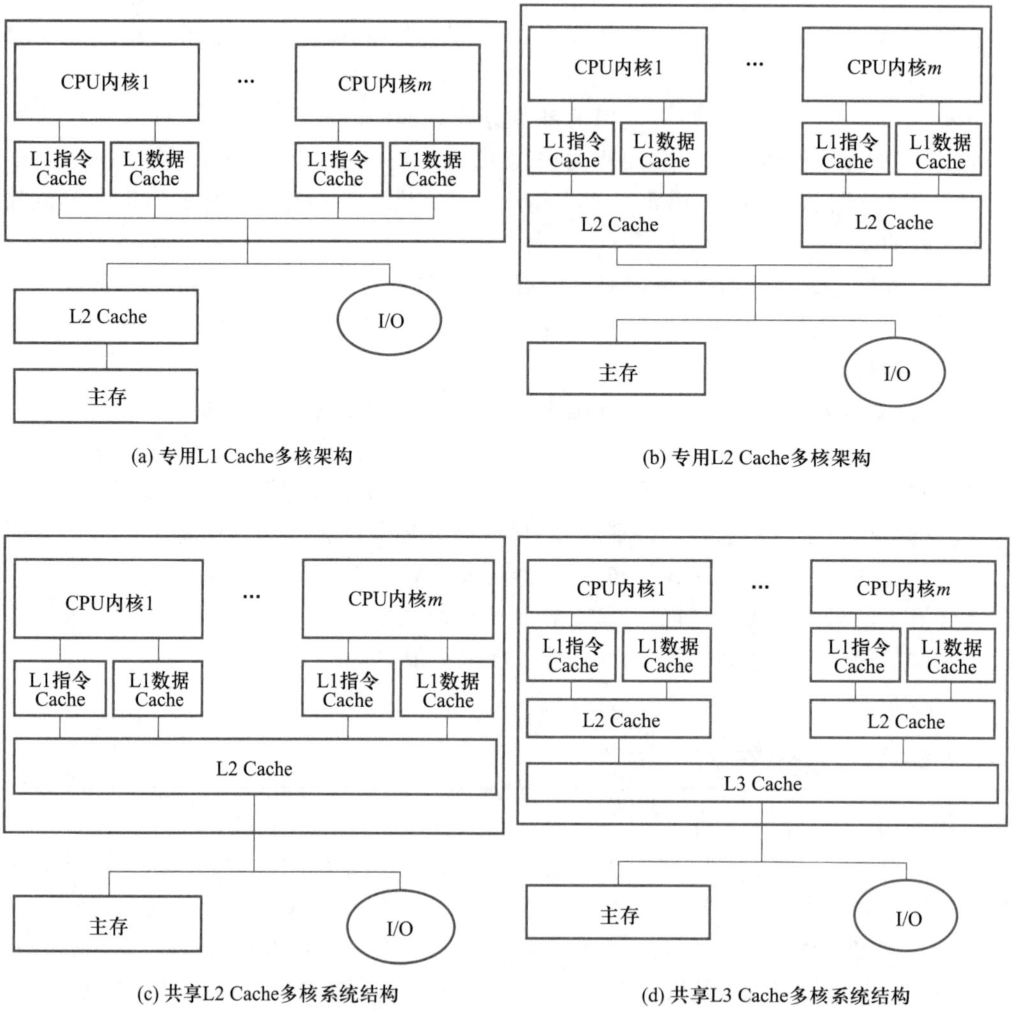

图 10.2　多核系统的 4 种典型的组织架构

片内有足够的可用面积容纳多个 L2 Cache。这种组织的一个典型实例是 AMD Opteron。

图 10.2(c)所示的架构采用了和图 10.2(b)类似的存储空间分配,不同的是该处理器架构拥有共享 L2 Cache。Intel 的 Core Duo 处理器就是这种结构。

最后,随着片上 CPU 内核总量的不断增加,出于性能上的考虑,分离出一个独立的 L3 Cache,如图 10.2(d)所示。每个 CPU 计算内核除了拥有专用的 L1 Cache 和 L2 Cache 外,还共享 L3 Cache。Intel Core i7 就是这种结构。

从上述几种结构来看,使用片内 Cache 是一种常见的技术和改善性能的方法。使用共享的片内 L2 Cache 相对于专用 Cache 而言,有如下几个优点。

① 共享片内 L2 Cache 可以减少整个系统的不命中率。也就是说,如果某个核上的一个线程访问主存的某个位置,该位置对应的块会被装入共享 Cache;如果其他核上的线程也访问同一内存块,则数据已在片内的共享 Cache 中,这样就产生了 Cache 命中。

② 多个核所共享的数据在共享 Cache 级上不需要复制。

③ 对于合适的块替换算法,分配给每个核的共享 Cache 量是动态的,这样局部线程能使用更多的 Cache 空间。

④ 通过共享 Cache 能很容易地实现计算内核间的通信。

⑤ 使用共享的 L2 Cache 将一致性问题限制在 L1 Cache 层次上,而且还具有性能上的优点,一方面不同核上的线程可以共享相同的数据,另一方面运行单个或少量高性能线程时,相应的可用 Cache 空间将更大。

使用片内专用 L2 Cache 的潜在优点是,每个核能快速地访问其私有 L2 Cache 块,非常适合于具有很强局部性的线程提高性能。

随着可用 Cache 的数量和计算内核数的增加,使用共享 L3 Cache,结合共享或专用的 L2 Cache,其效果会比简单地使用多个共享的 L2 Cache 要好,性能会得到进一步的提升。

多核系统另一个重要的组织架构设计问题是,每个计算内核采用超标量系统结构还是同时多线程系统结构。例如,Intel 公司的 Core Duo 采用超标量核,而 Core i7 则采用同时多线程核。同时多线程是一种在一个 CPU 的时钟周期内能够执行来自多个线程指令的硬件多线程技术。因此,一个 4 核同时多线程系统,每个核支持 4 个并发线程,在应用级上等价于一个 16 核的系统。随着软件并行资源利用能力的提高,相比于超标量技术,同时多线程技术更具有吸引力。

10.2.2 多核系统结构实例

多核 CPU 产品有很多,几乎所有的厂商都推出了自己的多核产品。本节介绍几个典型的多核系统结构实例: Intel X86 多核系统结构和面向嵌入式应用的 ARM 多核系统结构。

1. Intel X86 多核系统结构

从 2005 年开始,Intel 公司每两年推出一款新的微架构,工艺也从 65 nm、45 nm、32 nm、22 nm 逐步向 8 nm 发展,性能上仍遵循摩尔定律。这里介绍两款分别代表中低端应用的多核 CPU:Intel Core Duo 和 Intel Core i7。

(1) Intel Core Duo

2006 年推出的 Intel Core Duo 是全球第一个低耗电的双核处理器(低于 25 W),它也是第一款苹果(Macintosh)计算机所使用的 Intel 处理器。Core Duo 实现了两个 X86 超标量处理器,共享二级 Cache,如图 10.3 所示。与所有的多核系统一样,Core Duo 的每个核有自己的专用 L1 Cache: 一个 32 KB 的指令 Cache 和一个 32 KB 的数据 Cache。

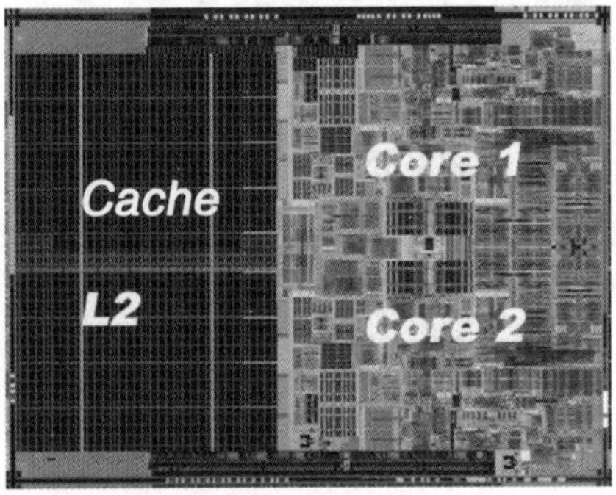

图 10.3 Intel Core Duo 的结构

Core Duo 的每个核有一个独立的热控制部件。对于今天的高密度晶体管芯片,热管理是一个基本功能,尤其是笔记本和移动系统。Core Duo 的热控制部件负责管理芯片的散热,在发热受限的条件下使得处理器的性能最高。另外,热管理可以通过冷却系统改进人机环境、降低风扇噪声。每个核可被定义为一个独立的热区,每个热区的最高温度存到专用寄存器中,由软件轮询这些寄存器来获得最高温度值。如果一个核的温度超过某个阈值,热控制部件降低该核的时钟频率,从而减少热量的产生。

Core Duo 结构中的另一个关键部件是高级可编程中断控制器(advanced programmable interrupt controller,APIC)。APIC 可以执行许多功能,包括支持处理器间中断,允许任一处理器中断另一处理器或一组处理器。一个核执行的线程可以产生一个中断请求,该中断请求首先由本地 APIC 接受,再传送给其他核的 APIC,然后中断对应的核。功率管理逻辑负责降低功耗,从而增加移动平台电池的寿命。在实际中,功率管理逻辑监测热量状况和 CPU 活动,适当调整电压和功耗。它包含一个高级功率门控部件,可以进行超细粒度的逻辑控制,仅当需要时才启动相应的 CPU 逻辑子系统。

Core Duo 芯片包含一个共享的 2 MB L2 Cache。Cache 逻辑可以根据当前核的需求动态地分配 Cache 空间,因此一个核最多可以获得全部的 L2 Cache 空间。L2 Cache 所包含的逻辑支持高速缓存一致性协议 MESI,以维护其上 L1 Cache 之间的数据一致性。Core Duo 对 MESI 协议进行了扩展,也支持对称式多处理机结构。当一个核请求的数据不在本地 CPU 内时,则通过外部总线上的代理访问其他 CPU。总线接口连接外部总线,即前端总线。前端总线连接主存、I/O 控制器和其他处理器芯片。

(2) Intel Core i7

Intel Core i7 由 Intel 于 2008 年 11 月推出。它实现了 4 个 X86 同时多线程计算核,每个计算核带一个专用的 L2 Cache、一个共享的 L3 Cache,如图 10.4 所示。在 Core i7 中,每个核拥有自己的专用 L2 Cache,4 个核共享一个 8 MB 的 L3 Cache。为了使 Cache 更加高效地工作,使用了预取机制。在这种机制中,硬件检测内存的访问模式,推测马上要用到的数据,并提前装入 Cache 中。

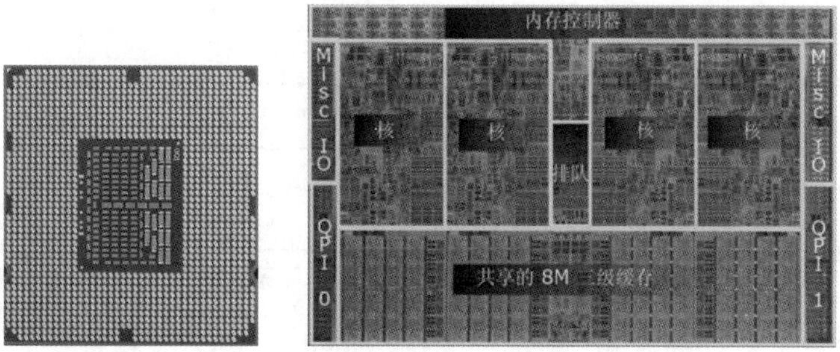

图 10.4 Intel Core i7 结构

Core i7 芯片支持两种片外通信方式：通过 DDR3 主存控制器的通信和通过快速通道互连的通信。Core i7 将 DDR3 主存控制器集成到了片内,去掉了前端总线。这个接口支持 3 个信道,每个信道为 8 B 宽,总宽度为 192 b,总数据传输率可达 32 GBps。快速通道互连(QPI)是一个电气互连规范,基于一致性协议和点对点链路,用于 Intel 处理器和芯片组互连。通过其互连的处理器之间能高速通信,每秒可进行 6.4 G 次传送,每次传送 16 位,达到 12.8 GBps;由于快速通道互连链路是双向的,总带宽可达到 25.6 GBps。

2. ARM11 MPCore 系统结构

ARM11 MPCore 是基于 ARM11 处理器系列的多核产品,最多可配置 4 个处理器,每个处理器带有私有的 L1 指令 Cache 和 L1 数据 Cache。表 10.1 列出了 ARM11 MPCore 的配置选项。

表 10.1 ARM11 MPCore 配置选项

特征	选项范围	默认值
处理器	1~4	4
每个处理器的指令 Cache 大小	16 KB、32 KB 或 64 KB	32 KB
每个处理器的数据 Cache 大小	16 KB、32 KB 或 64 KB	32 KB
主端口	1 个或 2 个	2
中断总线的宽度	0~224 按 32 引脚增加	32 个引脚

ARM11 MPCore 处理器结构如图 10.5 所示,包括如下主要部件。

① 中断分配器：进行中断检测和中断优先级管理,按需将中断请求传递给一个或多个 CPU。提供一种处理器间的通信方法,使得一个 CPU 上的线程可以驱动另一个 CPU 上的线程,支持单播、多播和广播通信方式。

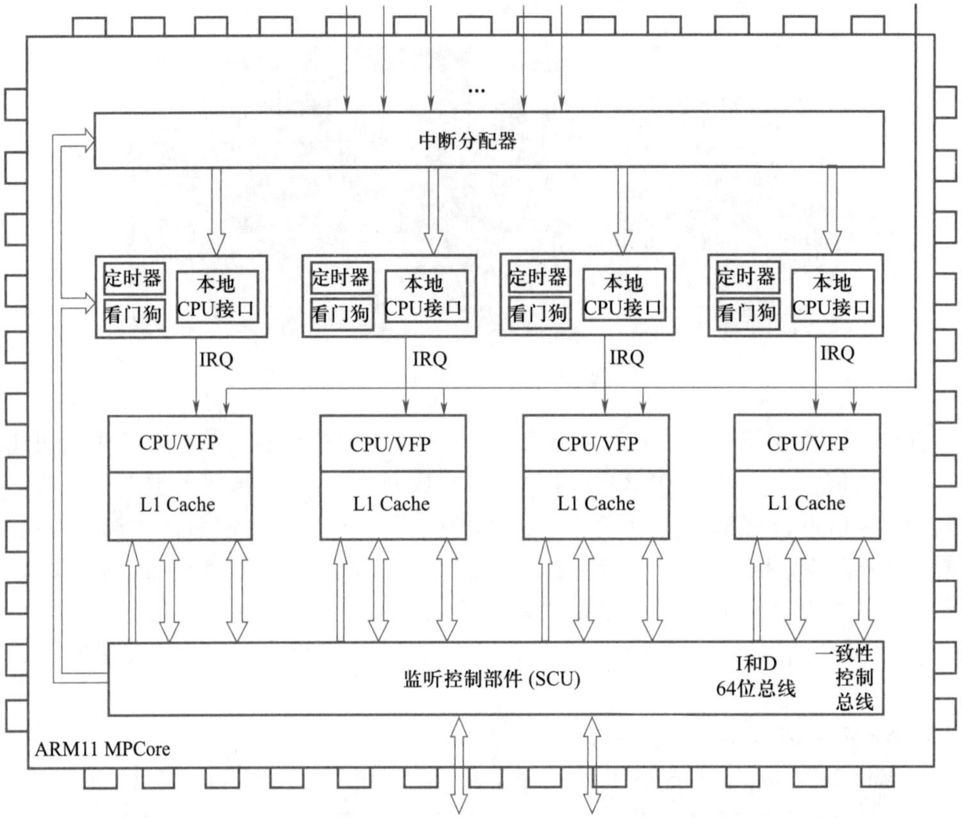

说明：IRQ——中断请求；定时器——每个 CPU 都有自己的能产生中断的计时器；看门狗——当发生软件故障事件时，如果设置了看门狗，就会设置一个预定值并倒计数至 0，一旦达到 0 就给出预警信号。

图 10.5　ARM11 MPCore 处理器结构

② CPU 接口：处理中断确认、中断屏蔽和中断完成确认。

③ CPU：单个 ARM11 处理器，每个 CPU 被认为是 MP11 CPU 核。

④ 向量浮点协处理器(VFP)：用硬件实现浮点运算的协处理器。

⑤ L1 Cache：每个 CPU 有自己的专用 L1 数据 Cache 和 L1 指令 Cache。

⑥ 监听控制部件(SCU)：负责维护 L1 数据 Cache 之间的一致性。

10.3　基于多核的并行程序设计

毫无疑问，多核提供了更经济的计算能力。但是，这种能力能否善加利用还要取决于软件。软硬件在这里的关系就如同路与车：如果把多核平台看成是高速公路的话，软件可以看成是高速公路上的汽车,高速公路只是提供了一个基础,而到底能发挥多大运输能力,还要看汽车能跑多快。更重要的一点是,如果不针对多核进行软件开发,不仅多核提供的强大计算能力得不到利用,相反还有可能不如单核 CPU 好用。因为采用多核的 CPU,其每个内核的主频比主流的单核 CPU 通常要低一些,如果程序只能发挥出一个内核效用,自然不如单核 CPU 好用。未来多核芯片将无处不在,针对多核的软件开发将是摆在软件产业界面前一个大的挑战。有专家甚至预言,针对多核和多线程的软件开发将是未来十年软件开发的主要挑战,即基于多核的并行程序设计。

多核处理器的基本目的是,通过多个任务的并行执行提高应用程序的性能。这就需要将一个应用程序进行任务划分:尽量分解为多个相对独立的任务,每个任务实现为一个线程,从而将多个任务分布到多个计算核上执行,减少程序的执行时间。本节首先简要介绍并行编程模型,接着介绍最重要的两种并行编程模型:共享存储模型和消息传递模型,然后介绍并行编程语言,最后介绍并行算法。

10.3.1 并行编程模型概述

编程模型是程序员看到的硬件抽象,它决定了程序员是否能够方便地把算法定义成硬件和编译器支持的任务,以及这些任务是否能够高效地在硬件上运行。在非并行系统中,串行编程模型对程序员隐藏硬件细节,并允许程序员将算法高效、直观地表达为一系列顺序执行的步骤。与此对应,在多处理器系统中很难使一种编程模型既对程序员隐藏硬件细节,又可实现高效运行。

目前几种最重要的并行编程模型是数据并行(data parallel)模型、消息传递(message passing)模型和共享存储(shared memory)模型。数据并行模型的编程级别比较高,编程相对简单,但它仅适用于数据并行问题;消息传递模型的编程级别相对较低,但该模型可以有更广泛的应用范围;共享存储模型则采用多线程的方式,非常适用于对称式多处理机系统和多核处理器体系结构。

数据并行模型即将相同的操作同时作用于不同的数据,因此适合在 SIMD 及 SPMD(single program multiple data,单程序多数据)的并行计算机上运行。数据并行模型是一种较高层次的模型,它提供给编程者一个全局的地址空间,一般这种形式的语言本身就提供并行执行的语义,因此对于编程者来说,只需要简单地指明执行什么样的并行操作和并行操作的对象就实现了数据并行的编程。数据并行的表达是相对简洁的,它不需要编程者关心并行机是如何对该操作进行并行执行的。数据并行模型虽然可以解决一大类科学与工程计算问题,但是该模型对于非数据并行类的问题则一般难以取得较高的效率。

消息传递模型即各个并行执行的部分之间通过传递消息来交换信息、协调步伐、控制执行。消息传递模型一般是面向分布式内存的,但是它也可适用于共享内存的并行机。消息传递模型为编程者提供了更灵活的控制手段和表达并行的方法,一些用数据并行模型很难表达的并行算法都可以用消息传递模型来实现。灵活性和控制手段的多样化是消息传递并行程序能提供高执行率的重要原因。消息传递模型一方面为编程者提供了灵活性,另一方面,它也将各个并行执行部分之间复杂的信息交换和协调、控制的任务交给了编程者,这在一定程度上增加了编程者的负担,这也是消息传递模型编程级别低的主要原因。虽然如此,消息传递的基本通信模式是简单和清楚的,学习和掌握这些内容并不困难,因此目前大量的并行程序设计仍然是消息传递模型。

数据并行模型和消息传递模型的对比如表 10.2 所示。

表 10.2　数据并行模型和消息传递模型的对比

对比内容	数据并行	消息传递
编程级别	高	低
适用的并行机类型	SIMD/SPMD	SIMD/MIMD/SPMD/MPMD
执行效率	效率依赖于编译器	高
地址空间	单一	多个
存储类型	共享内存	分布式或共享内存
通信的实现	编译器负责	程序员负责
问题类	数据并行类问题	数据并行任务并行
目前状况	缺乏高效的编译器支持	使用广泛

共享存储模型也称为共享变量模型,是采用程序中的共享变量来进行信息交换、协调同步以及控制执行。共享存储模型非常适合于多核系统下的应用编程,被广泛使用的 OpenMP 多线程并行编程语言就是采用的这种方式。本章后面将重点以 OpenMP 为例介绍这种多核下的编程模型。

10.3.2　共享存储模型与消息传递模型

共享存储模型和消息传递模型是两种被广泛应用的并行编程模型。其中,消息传递模型更多地应用于较大型的系统(数百到数千核),而共享存储模型则用于较小型的系统。

我们将一个并行任务定义为一个计算单元,计算单元间可相互独立执行。多个并行任务可以在不同的处理器(核)上运行。共享存储模型的编程思想是,不同线程或进程执行的并行任务访问内存的任何位置,这样它们可以通过写入(store 指令)和读取(load 指令)内存位置实现相互间的隐式通信,这与同属一个进程的多个线程间共享地址空间类似。在消息传递模型中,线程拥有各自的本地内存,一个线程不能访问另一个线程的内存,这样线程间为了交换数据就需要通过显式地传递包含数据值的消息彼此通信,这与多个进程互不共享地址空间类似。共享存储模型和消息传递模型的特性分别如图 10.6 和图 10.7 所示。

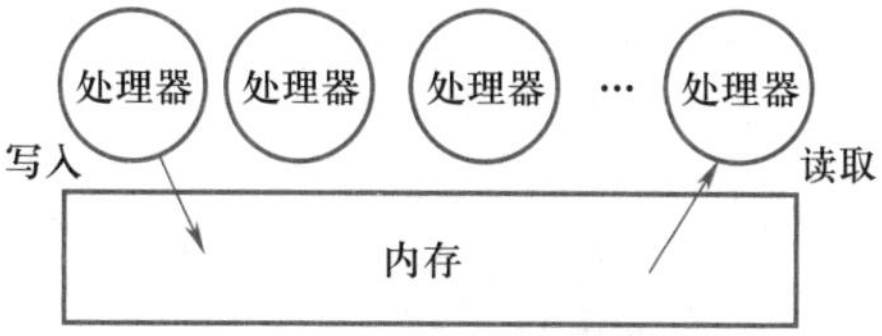

图 10.6　共享存储模型的特性

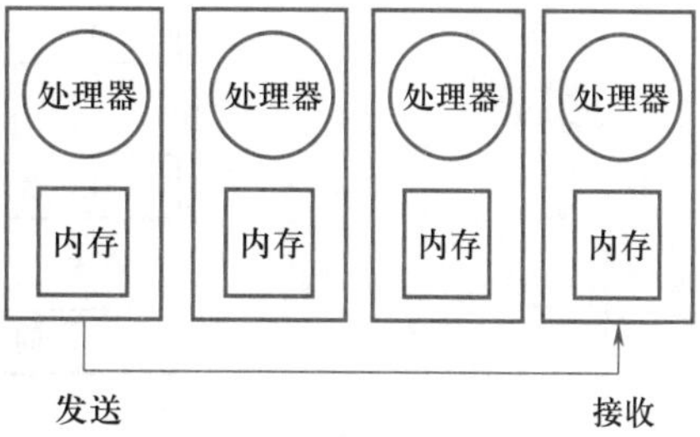

图 10.7　消息传递模型的特性

共享存储模型和消息传递模型之间的差异在通信和同步两个方面与线程模型和进程模型之间的差异类似。共享存储模型无须在线程之间传输数据,但需要进行显式的同步操作来控制进程间访问数据的顺序。消息传递模型通过发送和接收消息在线程间传输数据,这些通信操作隐式地起到了控制线程间访问数据顺序的同步作用。

共享存储模型一般需要专门的硬件支持。在类似于多核处理器这种小规模系统上,处理器核间可能已经共享最后一级高速缓存,因而要支持共享存储就比较简单,在某些情况下甚至是自动支持的。然而,在多节点情况下,每个节点拥有自己的处理器和内存,节点间互连形成一个共享存储系统,这时就需要硬件支持来实现一种映象,即所有节点的内存构成一个可被所有处理器寻址的单一存储器。由于这一原因,提供共享存储的代价随着处理器个数的增加而增大。而消息传递模型并不需要这种硬件支持。当处理器个数很多时,以较低代价实现共享存储将变得很困难。目前共享存储系统的规模通常限定在几百到一两千个处理器。在拥有数千或更多处理器的大规模系统中,考虑到实现代价,通常不提供共享存储。

由于多数多核芯片具有支持共享存储的硬件,因此,本章将更侧重于共享存储模型的介绍。

一般来说,共享存储并行编程包括 6 个步骤: 任务并行识别,任务合并,变量范围确定,同步,任务分配和线程映射,如图 10.8 所示。

① 创建并行程序的第一步是任务并行识别,即识别代码中的并行性来源。程序员可以在不同层面(如代码层面和算法层面)执行多种分析技术以识别并行性。

② 在识别出并行任务后,如果任务很小,还需要将其组合成规模较大的任务。在这一步中,任务将成为一个线程可以执行的最小单元。

③ 确定任务使用的每个变量的范围。由于两个任务可能由不同的线程执行,需要确定每个变量是为所有线程共享还是由单个线程私有。

④ 通过线程同步协调任务的执行。

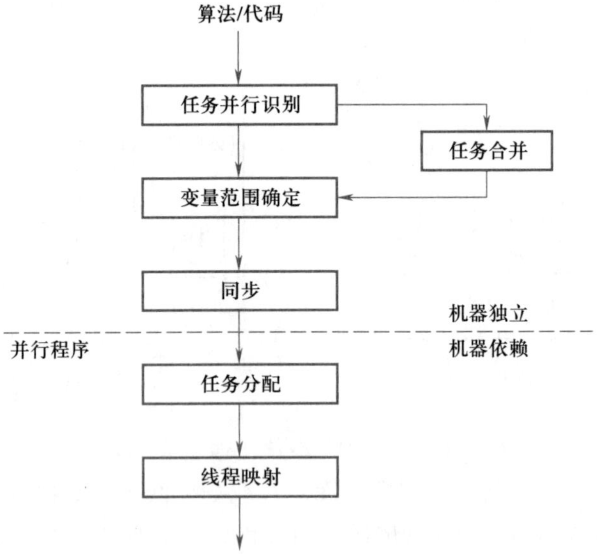

图 10.8 共享存储并行编程的步骤

⑤ 将任务分配给线程。通常情况下,任务比可用的处理器要多,并且产生比处理器数量更多的线程(这将导致线程分时复用单个处理器),这样往往性能较差,因此需要将多个任务分配给同一个线程处理。任务分配到线程映射的目标是实现线程间的负载均衡。

⑥ 将线程映射到处理器。并行编程的最后一步是进行线程到处理器的映射,以及在存储中组织好数据。该步骤的目标是实现局部通信(即通信的处理器之间彼此靠得很近)和局部数据(即每个处理器访问的数据尽可能靠近处理器)。

整体而言,任务并行识别、变量范围确定和同步可以统称为任务创建,通过这几个步骤,线程可以相互合作完成一个完整的计算任务。任务创建相对来说是独立于机器的,程序员不需要了解处理器数量、处理器互连方式以及数据组织形式。任务分配和线程映射统称为任务映射。有时,任务映射对程序员是透明的,如通过使用系统默认的映射方式。但是,这种默认映射有时会产生次优的性能和可扩展性。

10.3.3 并行编程语言

并行程序是通过并行编程语言来表达的,并行编程语言的实现主要有 3 种方式:

① 设计全新的并行编程语言。

② 扩充原来的串行编程语言的语法成分,使它支持并行特征。

③ 不改变串行编程语言,仅为串行编程语言提供可调用的并行库。

设计一种全新的并行编程语言的优点是可以完全摆脱串行编程语言的束缚,从语言成分上直接支持并行,这样就可以使并行程序的书写更方便、更自然,也更容易在并行机上实现。但是,由于并行计算至今还没有像串行计算那样有统一的冯·诺依曼模型可供遵循,因此并行机、并行模型、并行算法和并行语言的设计和开发千差万别,没有一个统一的标准。虽然有多种多样全新的并行编程语言出现,但至今还没有任何一种新出现的并行编程语言成为普遍接受的标准。设计全新的并行编程语言,实现起来难度和工作量都很大,但各种各样并行编程语言的出现、实践和研究,无疑都为并行编程语言和并行计算的发展作出了贡献。

一种重要的对串行编程语言的扩充方式就是标注,即将对串行编程语言的并行扩充作为原来串行编程语言的注释。对于这样的并行程序,若用原来的串行编译器来编译,标注的并行扩充部分将不起作用,仍将该程序作为一般的串行程序处理;若使用扩充后的并行编译器来编译,则该并行编译器就会根据标注的要求,将原来串行执行的部分转化为并行执行。对串行编程语言的并行扩充相对于设计全新的并行编程语言,显然难度有所降低,但需要重新开发编译器,使它能够支持扩充的并行部分。一般地,这种新的编译器往往和运行时支持的并行库相结合。仅仅提供并行库,是一种对原来的串行程序设计改动最小的并行化方法。这样,原来的串行编译器也能够使用,不需要任何修改,编程者只需要在原来的串行程序中加入对并行库的调用就可以实现并行程序设计。

对于以上 3 种并行语言的实现方式,目前最常使用的是第二种和第三种,特别是第三种方式。

10.3.4 并行算法

并行算法是给定并行模型的一种具体、明确的解决方法和步骤。按照不同的划分方法,并行算法有多种不同的分类。

① 根据运算的基本对象不同,可以将并行算法分为数值并行算法(数值计算)和非数值并行算法(符号计算)。当然,这两种算法也不是截然分开的,比如在数值计算的过程中会用到查找、匹配等非数值计算的成分;非数值计算中也一般会用到数值计算的方法。划分为什么类型的算法主要取决于主要的计算量和宏观的计算方法。

② 根据进程之间的依赖关系,可以将并行算法分为同步并行算法(步调一致)、异步并行算法(步调、进展互不相同)和纯并行算法(各部分之间没有关系)。对于同步并行算法,任务的各个部分是同步向前推进的,有一个全局的时钟(不一定是物理的)来控制各部分的步伐;而对于异步并行算法,各部分的步伐是互不相同的,它们根据计算过程的不同阶段决定等待、继续或终止;纯并行算法是最理想的情况,各部分之间可以尽可能快地向前推进,不需要任何同步或等待,但是一般这样的情况很少见。

③ 根据并行计算任务的大小,还可以将并行算法分为粗粒度并行算法(一个并行

任务包含较长的程序段和较大的计算量)、细粒度并行算法(一个并行任务包含较短的程序段和较小的计算量)以及介于二者之间的中粒度并行算法。一般而言,并行的粒度越小,就有可能开发更多的并行性,提高并行度,这是有利的方面;不利的方面就是并行的粒度越小,通信次数和通信量就相对增多,将增加额外的开销。因此合适的并行粒度需要根据计算量、通信量、计算速度、通信速度等进行综合平衡,这样才能够获得高效率。

对于相同的并行计算模型,可以有多种不同的并行算法来描述和刻画。由于并行算法设计的不同,可能对程序的执行效率有很大的影响,不同的算法有几倍、几十倍甚至上百倍的性能差异是完全正常的。并行算法基本上是随着并行机的发展而发展的。从本质上说,不同的并行算法是根据问题类别的不同和并行机体系结构的特点产生的,一个好的并行算法要既能很好地匹配并行计算机硬件体系结构的特点,又能反映问题内在的并行性。SIMD 结构的并行计算机一般适合同步并行算法,而 MIMD 结构的并行计算机则适合异步并行算法。

在并行计算中,由于并行算法可以对性能产生重大的影响,因此受到广泛的重视,并行算法也成为一个专门的十分活跃的研究领域。并行算法设计也是并行程序设计的前提,没有好的并行算法,就没有好的并行程序,因此在并行程序设计之前,必须首先考虑好并行算法。该算法要能够将并行机和实际问题很好地结合起来,既能够充分利用并行机体系结构的特点,又能够揭示问题内在的并行性。

10.4　多核编程实例

目前,程序开发人员开发实际的并行程序使用的主要方法是串行编程语言加并行库的扩展,也就是增加一个库来帮助进行消息传递和并行。但其程序开发效率很低,难度也比较大。前面已介绍了两种典型的并行编程模型:共享存储模型和消息传递模型。共享存储模型主要是采用多线程的方式,其主要程序开发环境就是已经成为事实工业标准的 OpenMP,目前主要是商业编译器提供对该语言的支持。而消息传递开发模型则包括 MPI 和 PVM 等开源开发环境,可以免费下载。其中 MPI 最常用、最流行的两个实现是 MPICH 和 LAM/MPI。此外,由于现有计算机的体系结构层次非常复杂,还可以把上面几类并行和向量并行混合使用,充分挖掘计算机的性能潜力,通常称之为混合并行。本节重点介绍基于 OpenMP 的多核编程环境。

OpenMP 是一套支持跨平台共享内存方式的多线程并发的应用程序编程接口,使用 C、C++和 FORTRAN 语言,可以在大多数处理器体系结构和操作系统中运行,包括 Solaris, AIX, HP-UX,GNU/Linux,Mac OS X 和 Microsoft Windows 等。OpenMP 包括一套编译器指令、库和一些能够影响运行行为的环境变量。它采用可移植、可扩展的模型，为程序员提供了一个简单而灵活的开发平台，包括从标准桌面计算机到超级计算机的并行应用程序接口。OpenMP 提供了对并行算法的高层的抽象描述，程序员通过在源代码中加入专用的 pragma 指令来指明自己的意图，由此编译器可以自动将程序进行并行化，并在必要之处加入同步互斥以及通信。

10.4.1 一个简单的 OpenMP 程序

以一个简单的 OpenMP 程序为例：

```
int main(int argc, char * argv[])
{
    #pragma omp parallel for
        for (int i=0; i < 10; i++)
        {
            printf("i=%d/n", i);
        }
        return 0;
}
```

这个程序执行后可以打印出以下结果：

```
i=0
i=5
i=1
i=6
i=2
i=7
i=3
i=8
i=4
i=9
```

可见 for 循环语句中的内容被并行执行了（每次运行的打印结果可能会有区别）。"#pragma omp parallel for"语句用来指定后面的 for 循环语句变为并行执行。当然 for 循环里的内容必须满足可以并行执行，即每次循环互不相干，后一次循环不依赖于前面的循环。

下面再通过一个简单的示例程序来说明并行执行后效率的提升。

```
void test()
{
    int a=0;
    clock_t t1=clock();
    for (int i=0; i < 100000000; i++)
```

```
        {
            a=i+1;
        }
        clock_t t2=clock();
        printf("Time=%d/n", t2-t1);
    }
    int main(int argc, char* argv[])
    {
        clock_t t1=clock();
        #pragma omp parallel for
        for (int j=0; j < 2; j++){
            test();
        }
        clock_t t2=clock();
        printf("Total time=%d/n", t2-t1);
        test();
        return 0;
    }
```

在 test 函数中执行了 1 亿次循环,主要是用来执行一个长时间的操作。在 main 函数里,先在一个循环里调用 test 函数,只循环两次。在一台典型的双核 CPU 上可以得到如下的运行结果:

```
Time=298
Time=298
Total time=298
Time=298
```

可以看到,在 for 循环里的两次 test 函数调用都花费了 298 ms,但是打印出的总时间却只花费了 298 ms,后面那个单独执行的 test 函数花费的时间也是 298 ms。可见使用并行计算后效率提高了整整一倍。

10.4.2 OpenMP 中的排序算法

排序是算法设计中的典型算法。本节将介绍如何使用 OpenMP 实现归并排序的多线程版本,该归并排序算法采用的是自下而上的归并排序算法。

自下而上、无递归的归并排序算法以 $O(\log N)$ 的算法复杂度实现对 N 个数据元素的排序。可以将整体操作总结为大小不断增长的相邻局部数组进行合并。局部数组的大小在算法开始时为 1,即单个数组元素,每合并一次,数组大小增大一倍。

以下是自下而上归并排序算法的串行实现程序代码。

```
template <class T> void mergeList(T * src1,T * src2,int len1,int len2,T * dest)
```

```
{
    int idx1 = 0, idx2 = 0;
    int loc = 0;
    while( idx1<len1 && idx2<len2)
    {
        if( src1[ idx1]  <= src2[ idx2])
        {
            dest[ loc] = src1[ idx1];
            idx1++;
        }
        else
        {
            dest[ loc] = src2[ idx2];
            idx2++;
        }
        loc++;
    }

    for( int i = idx1;i<len1;i++)
    {
        dest[ loc++] = src1[ i];
        }

    for( int i = idx2;i<len2;i++)
    {
        dest[ loc++] = src2[ i];
    }
}

template <class T> void mergesort( T *  data, int N)
{
    T * temp = new T[ N];
    T * repo1, *  repo2, * aux;
    repo1 = data;
    repo2 = temp;

    for( int grpSize = 1;grpSize < N;grpSize <<1)
    {
```

```
        for(int stIdx=0;stIdx < N;stIdx+=2 * grpSize)
        {
            int nextIdx=stIdx+grpSize;
            int secondGrpSize=min(max(0,N-nextIdx),grpSize);
            if(secndGrpsize==0)
            {
                for(int i=0;i < N - stIdx;i++)
                {
                    repo2[stIdx+i]=repo1[stIdx+i];
                }
            }
            else
            {
                mergeList (repo1+stIdx1,repo1+nextIdx,grpSize,
                          secondGrpSize,repo2+stIdx);
            }
        }

        aux=repo1;
        repo1=repo2;
        repo2=aux;
    }

    if(repo1!=data)
    {
        memcpy(data,temp,sizeof(T) * N);
    }

    delete[] temp;
}
```

在以上程序中,MergeList()模板函数是数组合并操作的典型实现。该函数接受两个数组的内存起始地址(src1 和 src2)以及它们的长度(len1 和 len2),返回一个有序的目标数组(dest)。Mergesort()模板函数包含两个嵌套 for 循环,外层循环控制要进行合并的子数组的大小,内层循环遍历待合并的第 1 个数组的起始索引。

鉴于 mergesort()模板函数中的两个嵌套循环,使用 parallel for 指令实现程序的并行化非常可行。我们针对串行实现的程序代码作一些调整,在程序中插入一条 pargma 指令,完成自下而上归并排序算法的多线程实现。程序代码如下所示。

…

```
for( int grpSize = 1; grpSize < N; grpSize <<1)
{
  #pragma omp parallel for
      for( int stIdx = 0; stIdx < N; stIdx+ = 2 * grpSize)
      {
  …
```

习题 10

10.1 解释下列术语：

CMP SMT MPI OpenMP SPMD Hyper Threading

10.2 并行编程模型有哪几种？各自的特点是什么？

10.3 简述多核系统结构与多处理器有什么不同。

10.4 多核时代的主要驱动力主要有哪些？

10.5 画出专用 L1 Cache 多核系统结构图，并叙述其特点。

10.6 画出专用 L2 Cache 多核系统结构图，并叙述其特点。

10.7 画出共享 L2 Cache 多核系统结构图，并叙述其特点。

10.8 画出共享 L3 Cache 多核系统结构图，并叙述其特点。

10.9 上机编写调试一个能求解 Pi 的 OpenMP 并行程序。

10.10 上机编写调试一个能求解矩阵相乘的 OpenMP 并行程序。

附录 A　计算机系统结构模拟实验

A.0　实验平台

计算机系统结构模拟实验平台

A.0.1　平台地址

计算机系统结构模拟实验平台布署在阿里云上，扫描二维码可进入平台。

A.0.2　建立环境

1. 注册阿里云用户，并进行实名认证。
2. 登录后，单击要进行的实验。
3. 按网页中的说明创建资源，建立实验服务器。
4. 按说明连接实验服务器①。
5. 连接成功后，屏幕上会显示远程桌面。
6. 进入桌面上的"comparch-simulator"目录，即可找到各个实验所需的模拟器。双击模拟器便可立即执行。

A.1　实验一　MIPS 指令系统和 MIPS 体系结构

A.1.1　实验目的

1. 了解和熟悉指令级模拟器。

---

① 若出现无法解决的问题，请联系微信号 tour666777。

2. 熟练掌握 MIPSsim 模拟器的操作和使用方法。
3. 熟悉 MIPS 指令系统及其特点，加深对 MIPS 指令操作语义的理解。
4. 熟悉 MIPS 体系结构。

A.1.2 实验平台

实验平台采用指令级和流水线操作级模拟器 MIPSsim。

环境的建立：见 A.0。

A.1.3 实验内容和步骤

首先要阅读 MIPSsim 模拟器的使用方法（见附录 B），然后了解 MIPSsim 的指令系统（见本书第 2 章 2.6 节和附录 C）。

1. 启动 MIPSsim 模拟器（鼠标双击 MIPSsim.exe）。
2. 点击“配置”→“流水方式”，使模拟器工作在非流水线方式下。
3. 阅读附录 B，熟悉 MIPSsim 模拟器的操作和使用方法。

可以先载入一个样例程序（在本模拟器所在文件夹下的“样例程序”文件夹中），然后分别以单步执行一条指令、执行多条指令、连续执行、设置断点等方式运行程序，观察程序的执行情况，观察 CPU 中寄存器和存储器的内容变化。

4. 选择“文件”→“载入程序”选项，加载样例程序 alltest.asm，然后查看“代码”窗口，查看程序所在的位置（起始地址为 0x00000100）。
5. 查看“寄存器”窗口 PC 寄存器的值：[PC] = 0x________________。
6. 执行 load 指令和 store 指令。步骤如下：

(1) 单步执行一条指令（F7）。

(2) 下一条指令地址为 0x________________，是一条________（有，无）符号载入________（字节，半字，字）指令。

(3) 单步执行 1 条指令（F7）。

(4) 查看 R1 的值，[R1] = 0x________________。

(5) 下一条指令地址为 0x________________，是一条________（有，无）符号载入________（字，半字，字）指令。

(6) 单步执行 1 条指令。

(7) 查看 R1 的值，[R1] = 0x________________。

(8) 下一条指令地址为 0x________________，是一条________（有，无）符号载入________（字，半字，字）指令。

(9) 单步执行 1 条指令。

(10) 查看 R1 的值，[R1] = 0x________________。

（11）单步执行 1 条指令。

（12）下一条指令地址为 0x________________，是一条保存________（字，半字，字）指令。

（13）单步执行 1 条指令。

（14）查看内存 BUFFER 处字的值，值为 0x________________。

7. 执行算术运算类指令。步骤如下：

（1）双击“寄存器”窗口里的 R1，将其值修改为 2。

（2）双击“寄存器”窗口里的 R2，将其值修改为 3。

（3）单步执行 1 条指令。

（4）下一条指令地址为 0x________________，是一条加法指令。

（5）单步执行 1 条指令。

（6）查看 R3 的值，[R3] = 0x________________。

（7）下一条指令地址为 0x________________，是一条乘法指令。

（8）单步执行 1 条指令。

（9）查看 LO、HI 的值，[LO] = 0x________________，[HI] = 0x________________。

8. 执行逻辑运算类指令。步骤如下：

（1）双击“寄存器”窗口里的 R1，将其值修改为 0xFFFF0000。

（2）双击“寄存器”窗口里的 R2，将其值修改为 0xFF00FF00。

（3）单步执行 1 条指令。

（4）下一条指令地址为 0x________________，是一条逻辑与运算指令，第二个操作数寻址方式是____________________（寄存器直接寻址，立即数寻址）。

（5）单步执行 1 条指令。

（6）查看 R3 的值，[R3] = 0x________________。

（7）下一条指令地址为：0x________________，是一条逻辑与指令，第二个操作数寻址方式是____________________（寄存器直接寻址，立即数寻址）。

（8）单步执行 1 条指令。

（9）查看 R3 的值，[R3] = 0x________________。

9. 执行控制转移类指令。步骤如下：

（1）双击“寄存器”窗口里的 R1，将其值修改为 2。

（2）双击“寄存器”窗口里的 R2，将其值修改为 2。

（3）单步执行 1 条指令。

（4）下一条指令地址为 0x________________，是一条 BEQ 指令，其测试条件是：________________，目标地址为 0x________________。

（5）单步执行 1 条指令。

（6）查看 PC 的值，[PC] = 0x________________，表明分支________（成功，失败）。

（7）下一条指令地址是一条 BGEZ 指令，其测试条件是________________，目标地址为 0x________________。

（8）单步执行 1 条指令。

（9）查看 PC 的值，[PC]=0x________________，表明分支________（成功，失败）。

（10）下一条指令地址是一条 BGEZAL 指令，其测试条件是________________，目标地址为 0x________________。

（11）单步执行 1 条指令。

（12）查看 PC 的值，[PC]=0x________________，表明分支________（成功，失败）；查看 R31 的值，[R31]=0x________________。

（13）单步执行 1 条指令。

（14）查看 R1 的值，[R1]=0x________________。

（15）下一条指令地址为 0x________________，是一条 JALR 指令，保存目标地址的寄存器为 R________，保存返回地址的目标寄存器为 R________。

（16）单步执行 1 条指令。

（17）查看 PC 和 R3 的值，[PC]=0x________________，[R3]=0x________________。

A.2　实验二　流水线及流水线中的冲突

A.2.1　实验目的

1. 加深对计算机流水线基本概念的理解。
2. 理解 MIPS 结构如何用 5 段流水线来实现，理解各段的功能和基本操作。
3. 加深对数据冲突、结构冲突的理解，理解这两类冲突对 CPU 性能的影响。
4. 进一步理解解决数据冲突的方法，掌握如何应用定向技术来减少数据冲突引起的停顿。

A.2.2　实验平台

实验平台采用指令级和流水线操作级模拟器 MIPSsim。

环境的建立：见 A.0。

A.2.3　实验内容和步骤

首先要掌握 MIPSsim 模拟器的使用方法。详见附录 B。

1. 启动 MIPSsim 模拟器。

2. 根据本书第 3 章 3.4 节中关于流水线各段操作的描述，进一步理解流水线窗口中各段的功能，掌握各流水线寄存器的含义。（用鼠标双击各段，就可以看到各流水线寄存器的内容）

3. 熟悉 MIPSsim 模拟器的操作和使用方法。

可以先载入一个样例程序（在本模拟器所在文件夹下的“样例程序”文件夹中），然后分别以单步执行一个周期、执行多个周期、连续执行、设置断点等方式运行程序，观察程序的执行情况，观察 CPU 中寄存器和存储器的内容变化，特别是流水线寄存器内容的变化。

4. 选择配置菜单中的“流水方式”，使模拟器工作于流水线方式下。

5. 观察程序在流水线中的执行情况，步骤如下：

（1）选择 MIPSsim 的“文件”→“载入程序”选项，加载样例程序 pipeline.s（在模拟器所在文件夹下的“样例程序”文件夹中）。

（2）关闭定向功能。这是通过选择“配置”→“定向”（使该项前面没有“√”号）来实现的。

（3）用单步执行一周期的方式（“执行”菜单中）或用 F7 执行该程序，观察每一周期中各段流水线寄存器内容的变化、指令的执行情况（“代码”窗口）以及时钟周期图。

（4）当执行到第 13 个时钟周期时，各段分别正在处理的指令是：

IF：________________

ID：________________

EX：________________

MEM：________________

WB：________________

画出这时的时钟周期图。

6. 这时各流水线寄存器中的内容为：

IF/ID.IR：________________

IF/ID.NPC：________________

ID/EX.A：________________

ID/EX.B：________________

ID/EX.Imm：________________

ID/EX.IR：________________

EX/MEM.ALUo：________________

EX/MEM.IR：________________

MEM/WB.LMD：________________

MEM/WB.ALUo：________________

MEM/WB.IR：______________________

7. 观察和分析结构冲突对 CPU 性能的影响，步骤如下：

（1）加载样例程序 structure_hz.s（在模拟器所在文件夹下的“样例程序”文件夹中）。

（2）执行该程序，找出存在结构冲突的指令对以及导致结构冲突的部件。

（3）记录由结构冲突引起的停顿时钟周期数，计算停顿时钟周期数占总执行周期数的百分比。

（4）把浮点加法器的个数改为 4 个。

（5）重复步骤（1）~（3）。

（6）分析结构冲突对 CPU 性能的影响，讨论解决结构冲突的方法。

8. 观察数据冲突并用定向技术来减少停顿，步骤如下：

（1）全部复位。

（2）加载样例程序 data_hz.s（在模拟器所在文件夹下的“样例程序”文件夹中）。

（3）关闭定向功能。这是通过选择“配置”→“定向”（使该项前面没有“√”号）来实现的。

（4）用单步执行一个周期的方式（F7）执行该程序，同时查看时钟周期图，列出在什么时刻发生了 RAW（先写后读）冲突。

（5）记录数据冲突引起的停顿时钟周期数以及程序执行的总时钟周期数，计算停顿时钟周期数占总执行时钟周期数的百分比。

（6）复位 CPU。

（7）打开定向功能。这是通过选择“配置”→“定向”（使该项前面有一个“√”号）来实现的。

（8）用单步执行一周期的方式（F7）执行该程序，同时查看时钟周期图，列出在什么时刻发生了 RAW（先写后读）冲突，并与步骤（4）的结果进行比较。

（9）记录数据冲突引起的停顿时钟周期数以及程序执行的总时钟周期数。计算采用定向技术后性能提高的倍数。

A.3 实验三 指令调度和延迟分支

A.3.1 实验目的

1. 加深对指令调度技术的理解。
2. 加深对延迟分支技术的理解。
3. 熟练掌握用指令调度技术来解决流水线中数据冲突的方法。

4. 进一步理解指令调度技术对 CPU 性能的改进。

5. 进一步理解延迟分支技术对 CPU 性能的改进。

A.3.2 实验平台

实验平台采用指令级和流水线操作级模拟器 MIPSsim。

环境的建立：见 A.0。

A.3.3 实验内容和步骤

首先要掌握 MIPSsim 模拟器的使用方法。详见附录 B。

1. 启动 MIPSsim 模拟器。

2. 根据本书第 3 章关于流水线各段操作的描述，进一步理解流水线窗口中各段的功能，掌握各流水线寄存器的含义（双击各段，就可以看到各流水线寄存器的内容）。

3. 选择“配置”→“流水方式”选项，使模拟器工作于流水线方式下。

4. 用指令调度技术解决流水线中的结构冲突与数据冲突。

（1）启动 MIPSsim 模拟器。

（2）选择 MIPSsim 的“文件”→“载入程序”选项，加载样例程序 schedule.asm（在模拟器所在文件夹下的“样例程序”文件夹中）。

（3）关闭定向功能。这是通过在“配置”菜单中关闭“定向”（使该项前面没有“√”号）来实现的。

（4）执行所载入的程序。通过查看统计数据和时钟周期图，找出并记录程序执行过程中各种冲突发生的次数、发生冲突的指令组合，以及程序执行的总时钟周期数。

（5）采用指令调度技术对程序进行指令调度，消除冲突。将调度后的程序保存到 after-schedule.asm 文件中。

（6）载入 after-schedule.asm 程序。

（7）执行该程序，观察程序在流水线中的执行情况，记录程序执行的总时钟周期数。

（8）根据记录结果，比较指令调度前和调度后的性能。论述指令调度对于提高 CPU 性能的作用。

5. 用延迟分支减少分支指令对性能的影响。

（1）启动 MIPSsim 模拟器。

（2）载入样例程序 branch.asm。

（3）关闭延迟分支功能。这是通过选择“配置”→“延迟槽”选项来实现的。

（4）执行该程序。观察并记录发生分支延迟的时刻。

(5) 记录执行该程序所花的总时钟周期数。

(6) 假设延迟槽为一个,对 branch.asm 程序进行指令调度,然后保存到 delayed-branch.asm 文件中。

(7) 载入 delayed-branch.asm 程序。

(8) 打开延迟分支功能。

(9) 执行该程序,观察其时钟周期图。

(10) 记录执行该程序所花的总时钟周期数。

(11) 对比上述两种情况下的时钟周期图。

(12) 根据记录结果,比较采用延迟分支前后的性能。论述延迟分支对于提高 CPU 性能的作用。

A.4 实验四 Cache 性能分析

A.4.1 实验目的

1. 加深对 Cache 的基本概念、基本组织结构以及基本工作原理的理解。
2. 掌握 Cache 容量、相联度、块大小对 Cache 性能的影响。
3. 掌握降低 Cache 不命中率的各种方法以及这些方法对提高 Cache 性能的好处。
4. 理解最近最少使用(LRU)法与随机法的基本思想及其对 Cache 性能的影响。

A.4.2 实验平台

实验平台采用 Cache 模拟器 MyCache。

环境的建立:见 A.0。

A.4.3 实验内容及步骤

首先要掌握 MyCache 模拟器的使用方法(见 A.4.4)。

1. Cache 容量对不命中率的影响

(1) 启动 MyCache 模拟器。

(2) 用鼠标单击“复位”按钮,把各参数设置为默认值。

(3) 选择一个地址流文件。方法:选择“访问地址”→“地址流文件”选项,单击“浏览”按钮,从本模拟器所在文件夹下的“地址流”文件夹中选取该文件。

(4) 选择不同的 Cache 容量:2 KB,4 KB,8 KB,16 KB,32 KB,64 KB,128 KB 和 256 KB,分别执行模拟器(单击“执行到底”按钮),然后在表 A.4.1 中记录各种情况下的

Cache 不命中率。

表 A.4.1 不同容量下 Cache 的不命中率

Cache 容量/KB	2	4	8	16	32	64	128	256
不命中率								

地址流文件名：________________

(5) 以容量为横坐标，画出不命中率随 Cache 容量变化而变化的曲线，并指明地址流文件名。

(6) 根据该模拟结果，你能得出什么结论？

2. 相联度对不命中率的影响

(1) 用鼠标单击“复位”按钮，把各参数设置为默认值。此时的 Cache 容量为 64 KB。

(2) 选择一个地址流文件。方法：选择“访问地址”→“地址流文件”选项，单击“浏览”按钮，从本模拟器所在的文件夹下的“地址流”文件夹中选取该文件。

(3) 选择不同的 Cache 相联度：直接映像，2 路，4 路，8 路，16 路，32 路，分别执行模拟器(单击“执行到底”按钮即可执行)，然后在表 A.4.2 中记录各种情况下的 Cache 不命中率。

表 A.4.2 当容量为 64 KB 时，不同相联度下 Cache 的不命中率

相联度	1 路 (直接映像)	2 路	4 路	8 路	16 路	32 路
不命中率						

地址流文件名：________________

(4) 把 Cache 的容量设置为 256 KB，重复步骤(3)，并填写表 A.4.3。

表 A.4.3 当容量为 256 KB 时，不同相联度下 Cache 的不命中率

相联度	1 路 (直接映像)	2 路	4 路	8 路	16 路	32 路
不命中率						

地址流文件名：________________

(5) 以相联度为横坐标，画出在 64 KB 和 256 KB 情况下不命中率随 Cache 相联度变化而变化的曲线。并指明地址流文件名。

(6) 根据该模拟结果，你能得出什么结论？

3. Cache 块大小对不命中率的影响

(1) 用鼠标单击“复位”按钮，把各参数设置为默认值。

(2) 选择一个地址流文件。方法：选择“访问地址”→“地址流文件”选项，单击“浏览”按钮，从本模拟器所在文件夹下的“地址流”文件夹中选取该文件。

(3) 选择不同的 Cache 块大小：16 B，32 B，64 B，128 B，256 B，对于 Cache 的各种容量：2 KB，8 KB，32 KB，128 KB，512 KB，分别执行模拟器（单击“执行到底”按钮），然后在表 A.4.4 中记录各种情况下的 Cache 不命中率。

表 A.4.4 不同块大小情况下 Cache 的不命中率

块大小/B	Cache 容量/KB				
	2	8	32	128	512
16					
32					
64					
128					
256					

地址流文件名：____________________

(4) 分析 Cache 块大小对不命中率的影响。

4. 替换算法对不命中率的影响

(1) 用鼠标单击“复位”按钮，把各参数设置为默认值。

(2) 选择一个地址流文件。方法：选择“访问地址”→“地址流文件”选项，单击“浏览”按钮，从本模拟器所在文件夹下的“地址流”文件夹中选取该文件。

(3) 对于不同的替换算法、Cache 容量和相联度，分别执行模拟器（单击“执行到底”按钮），然后在表 A.4.5 中记录各种情况下的 Cache 不命中率。

表 A.4.5 不同替换算法、Cache 容量和相联度情况下的 Cache 不命中率对比

Cache 容量	相联度					
	2 路		4 路		8 路	
	LRU 法	随机法	LRU 法	随机法	LRU 法	随机法
16 KB						
64 KB						
256 KB						
1 MB						

地址流文件名：____________________

(4) 分析不同的替换算法对 Cache 不命中率的影响。

A.4.4 MyCache 模拟器使用方法

1. 启动模拟器:用鼠标双击 MyCache.exe。

2. 系统会打开一个操作界面,界面左侧为设置模拟参数区和执行控制区,右侧为模拟结果显示区,如图 A.1 所示。

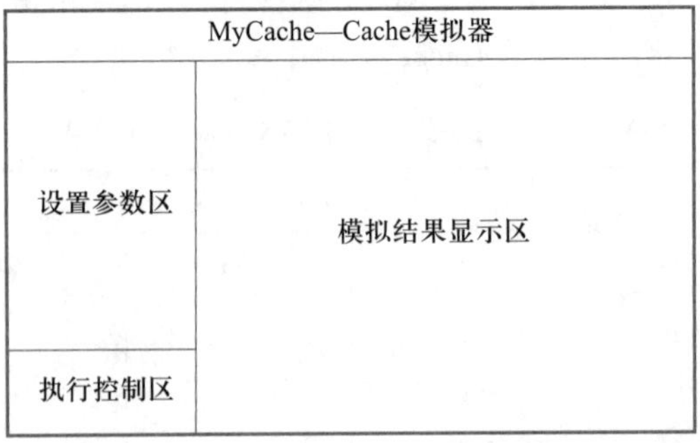

图 A.1 MyCache 模拟器操作界面示意图

3. 可以设置的参数有:是统一 Cache 还是分离 Cache,Cache 的容量、块大小、相联度,替换算法,预取策略,写策略,写不命中时的调块策略。可以直接从列表中选择。

4. 访问地址可以选择来自地址流文件,也可以选择手动输入。如果是前者,则可以通过单击"浏览"按钮,从模拟器所在文件夹下的"地址流"文件夹中选取地址流文件(.din 文件),然后执行。执行方式可以是步进,也可以是一次执行到底。如果选择手动输入,就可以在"执行控制区"中输入块地址,然后单击"访问"按钮。系统会在界面右侧显示访问类型、地址、块号以及块内地址。

5. 模拟结果包括:

(1) 访问总次数,总的不命中次数,总的不命中率。

(2) 读指令操作次数,其不命中次数及其不命中率。

(3) 读数据操作次数,其不命中次数及其不命中率。

(4) 写数据操作次数,其不命中次数及其不命中率。

(5) 手动输入单次访问的相关信息。

A.5 实验五 Tomasulo 算法

A.5.1 实验目的

1. 加深对指令级并行及其开发的理解。

2. 加深对 Tomasulo 算法的理解。

3. 掌握 Tomasulo 算法在指令流出、执行、写结果各阶段对浮点操作指令以及 load 和 store 指令进行的相关处理。

4. 掌握采用 Tomasulo 算法的浮点处理部件的结构。

5. 掌握保留站的结构。

6. 给定被执行代码片段,对于具体某个时钟周期,能够写出保留站、指令状态表以及浮点寄存器状态表内容的变化情况。

A.5.2 实验平台

实验平台采用 Tomasulo 算法模拟器。

环境的建立：见 A.0。

A.5.3 实验内容及步骤

首先要掌握 Tomasulo 算法模拟器的使用方法。(模拟器启动后单击标题右侧的"i"图标)

1. 假设浮点功能部件的延迟时间为加/减法 2 个时钟周期,乘法 10 个时钟周期,除法 40 个时钟周期,load 部件 2 个时钟周期。

(1) 对于下面的代码段,给出当指令 MUL.D 即将确认时,保留站、load 缓冲器以及寄存器状态表中的内容。

```
L.D       F6,24(R2)
L.D       F2,12(R3)
MUL.D     F0,F2,F4
SUB.D     F8,F6,F2
DIV.D     F10,F0,F6
ADD.D     F6,F8,F2
```

(2) 按步进方式执行上述代码,利用模拟器的小箭头按钮的对比显示功能,观察每一个时钟周期前后各信息表中内容的变化情况。

2. 对于与上面相同的延迟时间和代码段。

(1) 给出在第 3 个时钟周期时保留站的内容.

(2) 步进 5 个时钟周期,给出这时保留站、load 缓冲器以及寄存器状态表中的内容。

(3) 再步进 10 个时钟周期,给出这时保留站、load 缓冲器以及寄存器状态表中的内容。

3. 假设浮点功能部件的延迟时间为加/减法 3 个时钟周期,乘法 8 个时钟周期,除法 40 个时钟周期。自己编写一段程序(要在实验报告中给出),重复上述步骤 2 的工作。

A.6 实验六 再定序缓冲(ROB)工作原理

A.6.1 实验目的

1. 加深对指令级并行及其开发的理解。

2. 加深对基于硬件的前瞻执行的理解。

3. 掌握 ROB 在流出、执行、写结果、确认 4 个阶段所进行的操作。

4. 掌握 ROB 缓冲器的结构。

5. 给定被执行代码片段,对于具体某个时钟周期,能写出保留站、ROB 以及浮点寄存器状态表内容的变化情况。

A.6.2 实验平台

实验平台采用再定序缓冲 ROB 模拟器。

环境的建立: 见 A.0。

A.6.3 实验内容及步骤

首先要掌握 ROB 模拟器的使用方法(模拟器启动后单击标题右侧的"i"图标)。

1. 假设浮点功能部件的延迟时间为加法 2 个时钟周期,乘法 10 个时钟周期,除法 40 个时钟周期,load 部件 2 个时钟周期。

(1) 对于下面的代码段,给出当指令 MUL.D 即将确认时保留站、ROB 以及浮点寄存器状态表的内容。

```
L.D      F6,24(R2)
L.D      F2,12(R3)
MUL.D    F0,F2,F4
SUB.D    F8,F6,F2
DIV.D    F10,F0,F6
ADD.D    F6,F8,F2
```

(2) 按步进方式执行上述代码,利用模拟器的小箭头按钮的对比显示功能,观察每一个时钟周期前后保留站、ROB 以及浮点寄存器状态表的内容变化情况。

2. 对于与上面相同的延迟时间和代码段:

(1) 给出在第 5 个时钟周期时保留站的内容。

(2) 步进 5 个时钟周期,ROB 的内容有哪些变化?

(3) 再步进 5 个时钟周期,给出这时保留站、ROB 以及浮点寄存器状态表的内容。

3. 假设浮点功能部件的延迟时间为加/减法 3 个时钟周期,乘法 8 个时钟周期,除法 40 个时钟周期。自己编写一段程序(要在实验报告中给出),重复上述步骤 2 的工作。

A.7 实验七 多 Cache 一致性——监听协议

A.7.1 实验目的

1. 加深对多 Cache 一致性的理解。
2. 进一步掌握解决多 Cache 一致性的监听协议的基本思想。
3. 掌握在不同情况下监听协议是如何工作的,能给出要进行什么样的操作以及状态的变化情况。

A.7.2 实验平台

实验平台采用多 Cache 一致性监听协议模拟器。

环境的建立: 见 A.0。

A.7.3 实验内容及步骤

首先要掌握该模拟器的使用方法(见 A.7.4)。

1. 对于以下访问序列,写出监听协议所进行的操作。

所进行的访问	是否发生替换	是否发生写回	监听协议所进行的操作
CPU A 读第 5 块			
CPU B 读第 5 块			
CPU C 读第 5 块			
CPU B 写第 5 块			
CPU D 读第 5 块			
CPU B 写第 21 块			
CPU A 写第 23 块			
CPU C 写第 23 块			
CPU B 读第 29 块			
CPU B 写第 5 块			

2. 自己编写一个访问序列,写出监听协议所进行的操作。

所进行的访问	是否发生替换	是否发生写回	监听协议所进行的操作

3. 根据 1 和 2 的结果,分别画出相关的状态转换图。

A.7.4　监听协议模拟器使用方法

监听协议模拟器模拟 4 个 CPU(A、B、C、D)访存的工作过程。每个 CPU 中都有一个 Cache,该 Cache 包含 4 个块,其块地址为 0~3。集中共享存储器中有 32 个块,其块地址为 0~31。每个块的状态用色块来表示,其中灰色表示“无效”状态,淡青色表示“共享”,橘红色表示“独占”。

对于每个 CPU,可以指定所要进行的访问是读还是写(从列表中选),并在输入框中输入所要访问的主存块号,然后用鼠标单击在其右边标有“↓”的按钮,模拟器即开始演示该访问的工作过程。

该模拟器的主菜单有 4 个: 配置,操作,统计,帮助。

1. 配置

“配置”菜单用于进行配置参数的显示与设置。可以修改动画播放速度: 把游标往右边拖拽可提高播放速度,往左边拖拽可降低播放速度。还可以选择是否进行优化传块。优化传块是指当要访问的块在某个 Cache 中且处于独占状态时,可以不用等该块写回主存后再从主存调块,而是直接将该块传送给发出访问请求的节点。

本模拟器采用直接映像方法和写回法。

2. 操作

可以通过“操作”菜单中的选项来控制模拟器的执行。该菜单下有以下 3 个选项: 单步执行、连续执行、复位。

(1) 选用“单步执行”选项后,单击鼠标左键或窗口左上角的“步进”按钮,都会使模拟器前进一步。

(2) 选用“连续执行”选项后,单击标有“↓”的按钮,模拟器会连续演示一次访存的整个过程,直至该访问结束。

(3) 选用“复位”选项,将使模拟器复位,回到初始状态。

3. 统计

“统计”菜单用于显示模拟器的统计结果,包括各处理机的访问次数、命中次数、不命中次数以及命中率。

4. 帮助

“帮助”菜单下有“关于”和“使用说明”两个选项。

A.8 实验八 多 Cache 一致性——目录协议

A.8.1 实验目的

1. 加深对多 Cache 一致性的理解。
2. 进一步掌握解决多 Cache 一致性的目录协议的基本思想。
3. 掌握在不同情况下目录协议是如何工作的,能给出要进行什么样的操作以及状态的变化情况。

A.8.2 实验平台

实验平台采用多 Cache 一致性目录协议模拟器。

环境的建立: 见 A.0。

A.8.3 实验内容及步骤

首先要掌握目录协议模拟器的使用方法(见 A.8.4)。

1. 对于以下访问序列,写出目录协议所进行的操作。

所进行的访问	目录协议所进行的操作
CPU A 读第 6 块	
CPU B 读第 6 块	
CPU D 读第 6 块	

续表

所进行的访问	目录协议所进行的操作
CPU B 写第 6 块	
CPU C 读第 6 块	
CPU D 写第 20 块	
CPU A 写第 20 块	
CPU D 写第 6 块	
CPU A 读第 12 块	

2. 自己编写一个访问序列，写出目录协议所进行的操作。

所进行的访问	是否发生替换	是否发生写回	目录协议所进行的操作

3. 根据 1 和 2 的结果，分别画出相关的状态转换图（仅画出与上表相关的部分）。

A.8.4　目录协议模拟器使用方法

目录协议模拟器模拟 4 个 CPU（A、B、C、D）访存的工作过程。每个 CPU 中都有一个 Cache，该 Cache 包含 4 个块，其块地址为 0~3。分布式共享存储器中共有 32 个块，其块地址为 0~31。Cache 中每个块的状态用色块来表示，其中灰色表示“无效”状态，淡青色表示“共享”，橘红色表示“独占”。主存中块的状态由其右边的目录项的颜色来表示，未缓冲状态由黄色来表示，其他两种状态同 Cache 块。

对于每个 CPU，可以指定所要进行的访问是读还是写（从列表中选），并在输入框中输入所要访问的主存块号，然后用鼠标单击在其右边标有“↓”的按钮，模拟器即开始演示该访问的工作过程。

该模拟器的主菜单有 4 个：配置，操作，统计，帮助。其功能类似于监听协议模拟器，这里略去。

A.9 实验九 大作业：编写一个指令级模拟器

A.9.1 实验目的

1. 掌握指令级模拟器的设计与实现。
2. 进一步理解和掌握 16 条 MIPS 指令的操作语义。
3. 进一步熟悉 MIPS 体系结构。

A.9.2 实验平台

实验平台采用预先编制好的指令级模拟器（模拟 16 条指令的执行，以下称为 MIPS16）。MIPS16 只完成了一半，并提供了源代码“simulator.c”，本实验的任务是编写完成其余的代码，放在“executor_学号.c”中，然后将它们一起编译和链接，形成完整的 MIPS16。MIPS16 完成的辅助功能见附录 C。

所有相关的文件都放在阿里云实验机桌面“comparch-simulator”目录的“MIPS”子目录下。

A.9.3 实验内容和步骤

本实验是要用 C 语言编写一个精简的指令集（16 条指令）模拟器。该模拟器的数据结构的定义以及辅助功能已经完成。详见附录 C。

该指令集的 16 条指令如下：ADD.D，AND，BNE，BNEZ，DADD，DADDIU，DIV.D，DMULT，DSUB，L.D，LW，MUL.D，S.D，SUB.D，SW，XOR。

这些指令的功能与格式见附录 C。

实验步骤如下：

1. 进入桌面“comparch-simulator”目录下的“MIPS”子目录。

2. 仔细阅读“simulator.c”源程序，读懂所有代码，特别是数据结构的定义。

3. 启动 VSCode（双击），然后用 C 语言写出上述 16 条指令的解释程序，放入“executor_学号.c”文件中的“execute()”函数。

4. 将“simulator.c”和“executor_学号.c”两个程序一起编译链接，形成可执行文件“MIPS16_学号.exe”。即执行命令：

```
gcc simulator.c executor_学号.c -o MIPS16_学号
```

5. 编写测试程序“test_学号.s”,其中要全面测试各条指令的模拟结果(格式可参考附录 C 中的样例程序“sample.s”)。

6. 启动 MIPS16(双击“MIPS16_学号.exe”)。

7. 在 MIPS16 中载入(用 load 命令)“test_学号.s”。

8. 以单步执行指令的方式执行代码,观察每一条指令执行前后寄存器和存储器内容的变化情况,直至全部指令执行完毕。

9. 执行“dump output_学号.txt”命令,生成结果文件“output_学号.txt”。

10. 将“executor_学号.c”“MIPS16_学号.exe”“test_学号.s”“output_学号.txt”4 个文件提交给老师。

附录 B　MIPSsim 使用手册

B.1　启动模拟器

双击 MIPSsim.exe，即可启动该模拟器。

模拟器启动时自动初始化为默认状态。所设置的默认值为：

- 所有通用寄存器和浮点寄存器为全 0；
- 内存清零；
- 流水线寄存器为全 0；
- 清空时钟图、断点、统计数据；
- 内存大小为 4 096 字节；
- 载入起始地址为 0；
- 浮点加法、乘法、除法部件的个数均为 1；
- 浮点加法、乘法、除法运算延迟分别为 6、7、10 个时钟周期；
- 采用流水线方式；
- 不采用定向机制；
- 不采用延迟槽；
- 采用符号地址；
- 采用绝对周期计数。

当模拟器工作在非流水线方式下（配置菜单中的“流水方式”前没有“√”号）时，下面叙述中有关流水段的内容都没有意义，应忽略。

B.2　MIPSsim 的窗口

在流水线方式下，MIPSsim 模拟器主界面中共有 7 个子窗口：代码窗口、寄存器窗口、流水线窗口、时钟周期图窗口、内存窗口、统计窗口和断点窗口。每一个窗口都可以被收起（变成小图标）、展开、拖动位置和放大/缩小。当要看窗口的全部内容时，可以将其放大到最大。

在非流水线方式下，MIPSsim 模拟器主界面只有“代码”窗口、“寄存器”窗口、“内存”窗口和“断点”窗口。

B.2.1　“代码”窗口

“代码”窗口给出内存中代码的列表，每条指令占一行，按地址顺序排列。每行有 5 列（当全部显示时）：“地址”“断点标记”“机器码”“流水段”和“符号指令”。如图 B.1 所示。

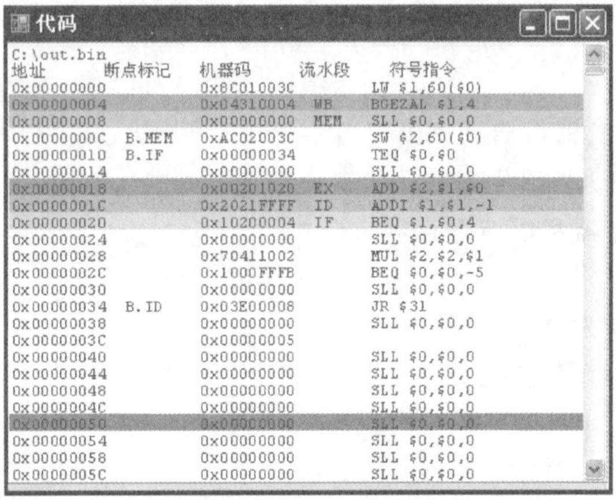

图 B.1　“代码”窗口

图中不同抹色的行代表相应的指令所处的执行段。

该窗口中各列的含义如下。

(1) 地址：以十六进制的形式给出指令的地址。内存是按字节寻址的，每条指令占 4 个字节。当采用符号地址时，会在相应的位置给出汇编程序中出现的标号。

(2) 断点标记：如果在该指令处设有断点，则显示相应的标记。断点标记的形式为 B.X（X 为段名），表示该断点是设置在该指令的“X”段。例如，若某行的断点标记为“B.EX”，则表示在该指令的 EX 段设置了断点。当模拟器工作在非流水线方式下时，断点的标记为 B。

(3) 机器码：该行所对应的指令的十六进制机器码。若该行无指令，则仅显示 4 字节数据。

(4) 流水段：表示当该指令正在执行时，它在当前周期该指令所处的流水段。当模拟器工作在非流水线方式下时，它没有意义。

(5) 符号指令：机器代码所对应的符号指令。

在该窗口中选中某行（用鼠标左键单击），然后再点击鼠标右键，就会弹出菜单选项

“设置断点”“清除断点”,它们分别用于在所选指令处设置断点和清除断点。方法如下:

① 设置断点。选择(单击)要设断点的指令→单击右键→选择“设置断点”,弹出“设置断点”对话框,在“段”的下拉框中选择断点所在的流水段(在非流水线方式下不存在该下拉框),单击“确定”按钮即可。

② 清除断点。选择(单击)指令→单击右键→选择“清除断点”,则设置在该指令处的断点被删除。

B.2.2 “寄存器”窗口

“寄存器”窗口显示 MIPSsim 模拟器中的寄存器内容。共有 4 组寄存器:“通用寄存器”“浮点寄存器”“特殊寄存器”和“流水线寄存器”,分为 4 栏显示。每一栏下分别有各自的数据格式选项,如图 B.2 所示。

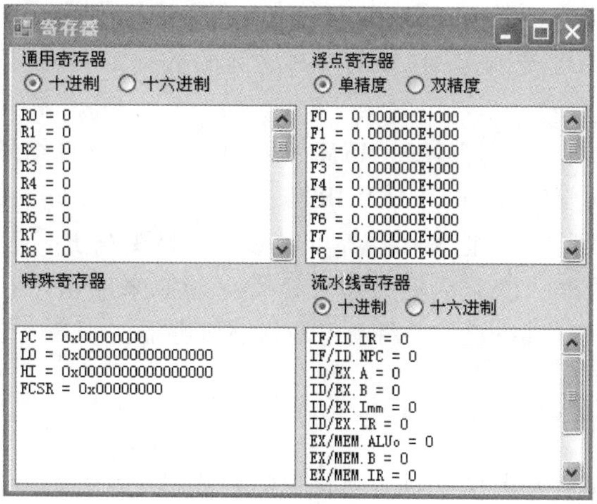

图 B.2 “寄存器”窗口

(1) 通用寄存器

MIPSsim 模拟器有 32 个 64 位通用寄存器 R0,R1,…,R31,简称为 GPRs,有时也被称为整数寄存器。R0 的值永远是 0。

通过数据格式选项,可以选择显示的格式是十进制还是十六进制。

(2) 浮点寄存器

MIPSsim 模拟器共有 32 个 64 位浮点数寄存器 F0,F1,…,F31,简称为 FPRs。它们既可以用来存放 32 个单精度浮点数(32 位),也可以用来存放 32 个双精度浮点数(64 位)。存储单精度浮点数(32 位)时,只用到 FPR 的一半,其另一半没用。

(3) 特殊寄存器

MIPSsim 模拟器共有 4 个特殊寄存器:

- PC：程序计数器(32 位)；
- LO：乘法寄存器的低位；
- HI：乘法寄存器的高位；
- FCSR：浮点状态寄存器。

(4) 流水线寄存器

- IF/ID.IR：流水段 IF 与 ID 之间的指令寄存器；
- IF/ID.NPC：流水段 IF 与 ID 之间的下一指令程序计数器；
- ID/EX.A：流水段 ID 与 EX 之间的第一操作数寄存器；
- ID/EX.B：流水段 ID 与 EX 之间的第二操作数寄存器；
- ID/EX.Imm：流水段 ID 与 EX 之间的立即数寄存器；
- ID/EX.IR：存放从 IF/ID.IR 传过来的指令；
- EX/MEM.ALUo：流水段 EX 与 MEM 之间的 ALU 计算结果寄存器；
- EX/MEM.IR：存放从 ID/EX.IR 传过来的指令；
- MEM/WB.LMD：流水段 MEM 与 WB 之间的数据寄存器，用于存放从存储器读出的数据；
- MEM/WB.ALUo：存放从 EX/MEM.ALUo 传过来的计算结果；
- MEM/WB.IR：存放从 EX/MEM.IR 传过来的指令。

除了流水线寄存器外，其他寄存器都可以修改。只要双击某寄存器所在的行，系统就会弹出一个小对话框。该对话框显示了该寄存器原来的值。在新值框中填入新的值，然后单击“保存”按钮，系统就会将新值写入该寄存器。

B.2.3 “流水线”窗口

“流水线”窗口显示流水线在当前配置下的组成，以及该流水线的各段在当前周期正在处理的指令，如图 B.3 所示。

非流水线方式下，没有该窗口。

在“流水线”窗口中，每一个矩形方块代表一个流水段，它们用不同的颜色填充。在该窗口的左侧是 IF 到 WB 段，其右侧为浮点部件。浮点部件分有浮点加法部件(fadd)、浮点乘法部件(fmul)和浮点除法部件(fdiv)3 种。在菜单“配置”→“常规配置”中修改浮点部件个数，可看到该窗口中对应类型的浮点部件个数会发生相应的变化。

在运行过程中，各段的矩形方块中会显示该段正在处理的指令及其地址(十六进制)。当双击某矩形方块时，会弹出窗口显示该段出口处的流水线寄存器的内容(十六进制)。

B.2.4 “时钟周期图”窗口

“时钟周期图”窗口用于显示程序执行的时间关系，画出各条指令执行时所用的时

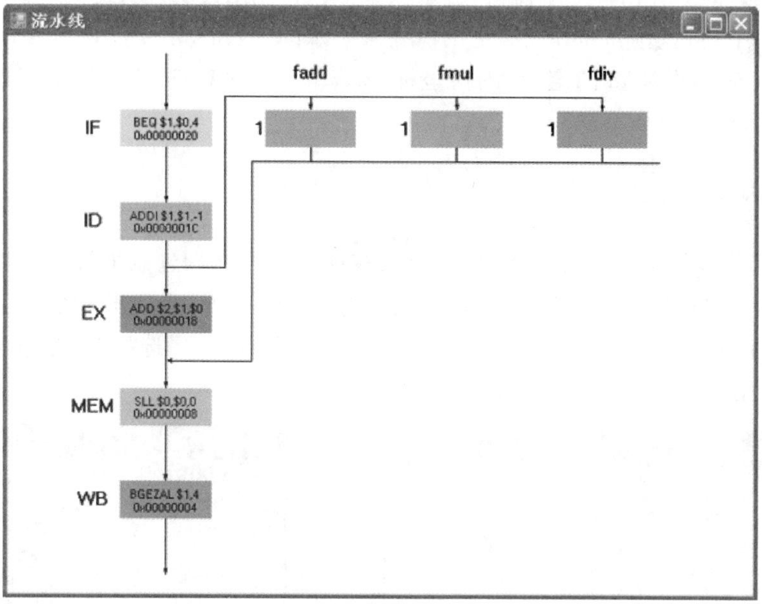

图 B.3 “流水线”窗口

钟周期。非流水线方式下,没有该窗口。

以窗口左上为原点,横轴正方向指向右方,表示模拟器先后经过的各个周期(列),纵轴正方向指向下方,表示模拟器中先后执行的各条指令(行)。如图 B.4 所示。

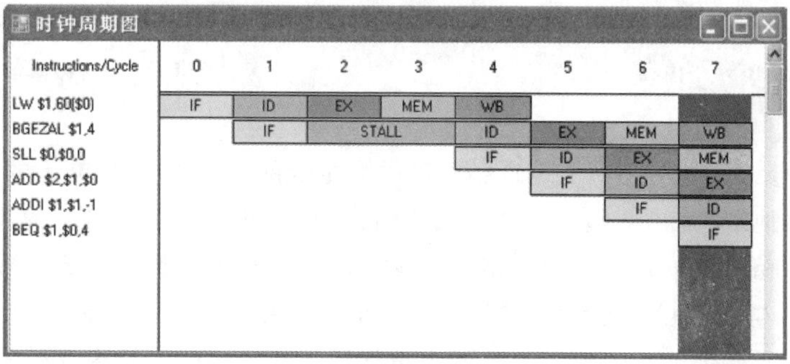

图 B.4 “时钟周期图”窗口

横坐标有相对周期计数和绝对周期计数两种不同的表示形式。在默认的绝对周期计数下,按 0,1,2,…依次递增的顺序计数。在相对周期计数下,当前周期记为第 0 个周期,而其余周期(在左边)则按其相对于当前周期的位置,分别记为-1,-2,-3,…。

在由指令轴和周期轴组成的二维空间下,坐标(n,i)对应的矩形区域表示指令 i 在第 $n+1$ 周期所经过的流水段(假设采用绝对周期计数)。

双击某行时会弹出一个小窗口，显示该指令在各流水段所进行的处理。

该窗口中还显示定向的情况，是用箭头来表示的。若在第 m 周期~第 $m+1$ 周期间产生从指令 $i1$ 到指令 $i2$ 的定向，则在坐标$(m, i1)$和$(m+1, i2)$表示的矩形区域之间会有一个箭头。

B.2.5 "内存"窗口

"内存"窗口显示模拟器内存中的内容，左侧一栏为十六进制地址，右侧为数据，如图 B.5 所示。可以直接通过双击某单元来修改其内容。这时会弹出一个"内存修改"对话框，如图 B.6 所示。对话框的上部区域为"数据类型与格式"选择区，通过勾选其中的一项就可以指定所采用的数据类型与格式。

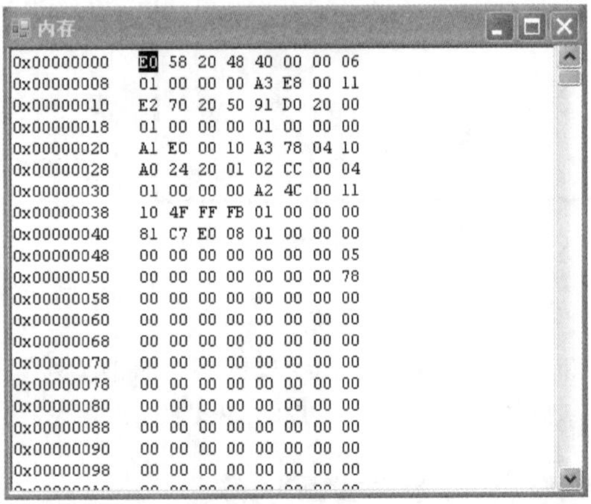

图 B.5　"内存"窗口

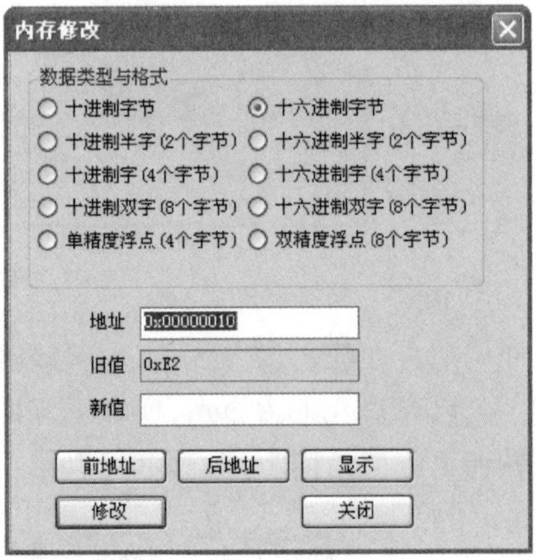

图 B.6　"内存修改"对话框

在"内存修改"对话框中，"地址"框最开始显示的是被双击的单元的地址，用户可以直接修改该地址。在"新值"框中输入新值，然后单击"修改"按钮，模拟器就会把新值写入内存中相应的单元。新值的格式必须与所选的数据类型和格式一致。

"前地址"与"后地址"按钮分别将当前地址减少和增加一个数据长度（字节数），并显示当前地址所指定单元的内容。这两个按钮用于连续修改一片内存数据。"显示"按钮用于显示当前地址所指单元的内容。在修改地址后，单击该按钮就可以显示内存单元的内容。

B.2.6 "统计"窗口

"统计"窗口显示模拟器统计的各项数据（非流水线方式下，没有该窗口）。如下所示。

(1) 汇总

执行周期总数：0

ID 段执行了 0 条指令

(2) 硬件配置

内存容量：4 096 B

加法器个数：1	执行时间(周期数)：6
乘法器个数：1	执行时间(周期数)7
除法器个数：1	执行时间(周期数)10

定向机制：不采用

(3) 停顿(周期数)

RAW 停顿：0	占周期总数的百分比：0%

其中：

load 停顿：0	占所有 RAW 停顿的百分比：0%
分支/跳转停顿：0	占所有 RAW 停顿的百分比：0%
浮点停顿：0	占所有 RAW 停顿的百分比：0%
WAW 停顿：0	占周期总数的百分比：0%
结构停顿：0	占周期总数的百分比：0%
控制停顿：0	占周期总数的百分比：0%
自陷停顿：0	占周期总数的百分比：0%
停顿周期总数：0	占周期总数的百分比：0%

(4) 分支指令

指令条数：0	占指令总数的百分比：0%

其中：

分支成功：0	占分支指令数的百分比：0%
分支失败：0	占分支指令数的百分比：0%

(5) load/store 指令

指令条数：0	占指令总数的百分比：0%

其中：

load：0	占 load/store 指令数的百分比：0%
store：0	占 load/store 指令数的百分比：0%

(6) 浮点指令

指令条数：0	占指令总数的百分比：0%

其中：

加法：0	占浮点指令数的百分比：0%
乘法：0	占浮点指令数的百分比：0%

除法：0　　　　　　　占浮点指令数的百分比：0%

(7) 自陷指令

指令条数：0　　　　　　　占指令总数的百分比：0%

B.2.7 “断点”窗口

断点一般是指指定的一条指令，当程序执行到该指令时会中断执行，暂停在该指令上。在 MIPSsim 模拟器中，断点可以设定在某条指令的某一个流水段上（如果是在流水线方式下）。当该指令执行到相应的流水段时，会中断执行。

“断点”窗口列出当前已经设置的所有断点，每行一个。每行由 3 部分构成：地址（十六进制），段（流水段名称），指令（符号指令）。如图 B.7 所示（在非流水线方式下，“段”没有意义）。

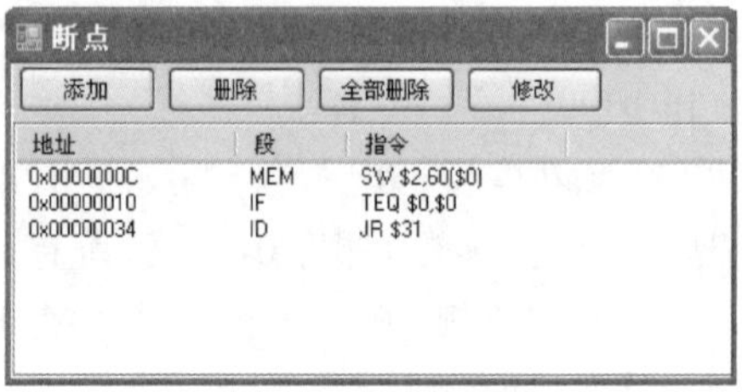

图 B.7 “断点”窗口

该窗口上方有 4 个按钮：“添加”“删除”“全部删除”和“修改”。

(1) “添加”按钮

单击“添加”按钮，会弹出小对话框“设置断点”，在“地址”框中输入断点的十六进制地址，在“段”的下拉框中选择在哪个流水段中断（非流水线方式下不需要该操作，下同），单击“确定”按钮即可。

(2) “删除”按钮

选中某个断点（单击断点列表中相应的一项），单击“删除”按钮，则该断点被清除。

(3) “全部删除”按钮

单击“全部删除”按钮，所有断点都将被清除。

(4) “修改”按钮

选中某个断点，单击“修改”按钮，会弹出小对话框“设置断点”，在“地址”框中输入断点的地址，在“段”的下拉框中选择在哪个流水段中断，单击“确定”按钮即可将原断点修改为新设断点。

B.3 MIPSsim 的菜单

B.3.1 “文件”菜单

“文件”菜单如下所示。

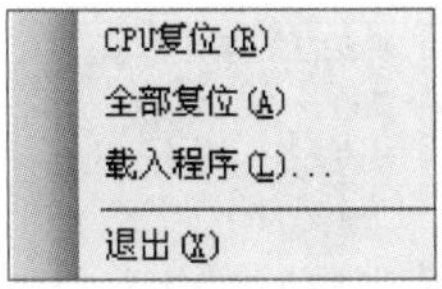

(1) CPU 复位

选择“CPU 复位”菜单项,可将模拟器中 CPU 的状态复位为默认值。

(2) 全部复位

选择“全部复位”菜单项,可将整个模拟器的状态复位为默认值。模拟器启动时,也是将状态设置为默认值。

(3) 载入程序

选择“载入程序”菜单项,可将模拟器要执行的程序载入模拟器的内存。这个程序可以是汇编程序(.s 文件),也可以是汇编后的代码(.bin 文件)。单击该菜单后,系统将弹出“载入”对话框,选择要载入的文件,然后单击“打开”按钮。如果是.s 文件,系统会对该文件进行汇编。若汇编过程无错误,则将产生的二进制代码载入模拟器内存;若有错误,则报告错误信息。如果是.bin 文件,则直接将该文件的内容载入模拟器内存。

被载入程序在内存中连续存放,其起始地址默认为 0。该起始地址可以从“代码”菜单中的“载入起始地址”来查看和修改。修改时,如果输入的地址不是 4 的整数倍,模拟器会自动将其归整为 4 的整数倍。

(4) 退出

选择“退出”菜单项,将退出模拟器。

B.3.2 “执行”菜单

“执行”菜单提供了对模拟器执行程序进行控制的功能。在下面的执行方式中,除了单步执行,当遇到断点或者用户手动中止(用“中止”菜单项)时,模拟器将立即暂停执行。

在流水线方式下,“执行”菜单如下所示。

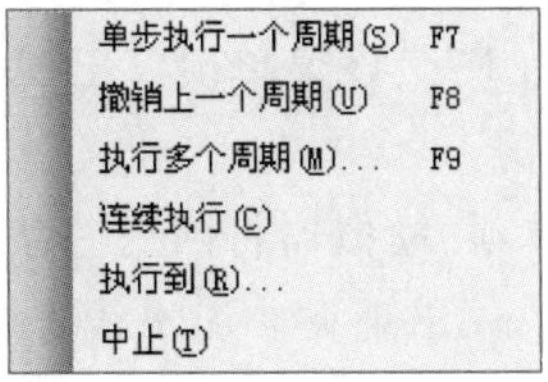

在非流水线方式下,“执行”菜单如下所示。

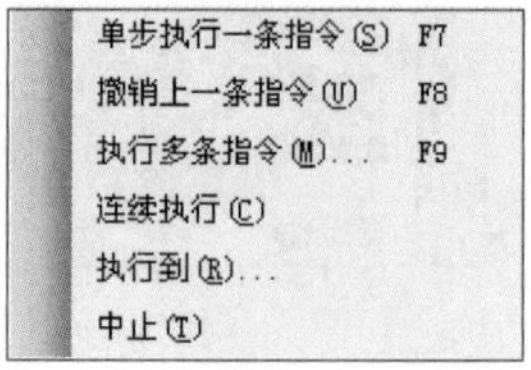

（1）单步执行一个周期

选择“单步执行一个周期”菜单项，程序将执行一个时钟周期然后暂停，其快捷键为F7。该菜单项仅出现在流水线方式下。

（2）撤销上一个周期

选择“撤销上一个周期”菜单项，模拟器将回退一个时钟周期，即恢复到执行该周期之前的状态，其快捷键为F8。该菜单项仅出现在流水线方式下。

（3）执行多个周期

选择“执行多个周期”菜单项，程序将执行多个时钟周期然后暂停。单击该菜单后，系统会弹出一个小对话框，由用户指定要执行的周期的个数。该菜单项仅出现在流水线方式下。

（4）连续执行

选择“连续执行”菜单项，将从当前状态开始连续执行程序，直到程序结束或遇到断点或用户手动中止。

（5）执行到...

选择“执行到...”菜单项后，系统会弹出一个“设定终点”小对话框，由用户指定此次执行的终点，即在哪条指令的哪个流水段暂停。单击“确定”按钮后，模拟器即开始执行程序，直到到达终点位置或遇到断点或用户手动中止。所输入的终点地址将被归整为4的整数倍。

（6）中止

选择“中止”菜单项后，模拟器会立即暂停执行。当模拟器执行程序出现长期不结束的状况时，可用该菜单项强行使模拟器停止执行。

（7）单步执行一条指令

选择“单步执行一条指令”菜单项后，程序将执行一条指令然后暂停。该指令的地址由当前的PC给出，其快捷键为F7。该菜单项仅出现在非流水线方式下。

（8）撤销上一条指令

选择“撤销上一条指令”菜单项，模拟器将回退一条指令，即恢复到执行该指令之前的状态。其快捷键为F8。该菜单仅出现在非流水线方式下。

（9）执行多条指令

选择“执行多条指令”菜单项后，程序将执行多条指令然后暂停。选择该菜单项后，系统会弹出一个小对话框,由用户指定要执行的指令的条数。

B.3.3 “内存”菜单

“内存”菜单下有 3 项:“显示”“修改”和“符号表”。

(1) 显示

“显示”菜单项用于设置显示内存的值的数据类型与格式。单击该菜单项后,系统会弹出“内存显示”对话框,如图 B.8 所示。在选定所要的数据类型与格式后,单击“确定”按钮,内存窗口中的数据就会按指定的数据类型与格式显示。

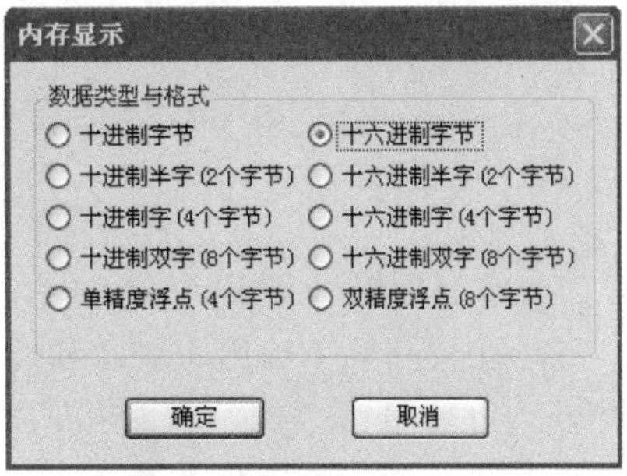

图 B.8 “内存显示”对话框

(2) 修改

“修改”菜单项用于对内存的值进行修改。单击该菜单项后,系统会弹出“内存修改”对话框,该对话框与图 B.6 相同。请参见相关的描述。

(3) 符号表

“符号表”菜单项用于显示符号表,其中列出了当前被执行的程序中各符号的地址(内存地址)。

B.3.4 “代码”菜单

该菜单下有 4 项:“载入起始地址”“设置断点”“取消断点”和“清除所有断点”。

(1) 载入起始地址

“载入起始地址”菜单项用于显示和修改代码载入内存的起始地址。如果要修改,只要在弹出的“载入起始地址”对话框中输入新的地址,然后单击“确认”按钮即可。

(2) 设置断点

选择“设置断点”菜单项会弹出“设置断点”对话框,输入断点地址,并在“段”的下拉框中选择断点所在的流水段(在非流水线方式下,不存在该下拉框),单击“确定”按钮即可。

(3) 取消断点

在代码窗口中选择某条指令,然后选择“取消断点”菜单项,则设置在该指令处的断点被删除。

(4) 清除所有断点

选择“清除所有断点”菜单项,可清除所有断点。

B.3.5 “配置”菜单

“配置”菜单用于修改模拟器的配置。需要注意的是：修改配置将会使模拟器复位。“配置”菜单如下所示。

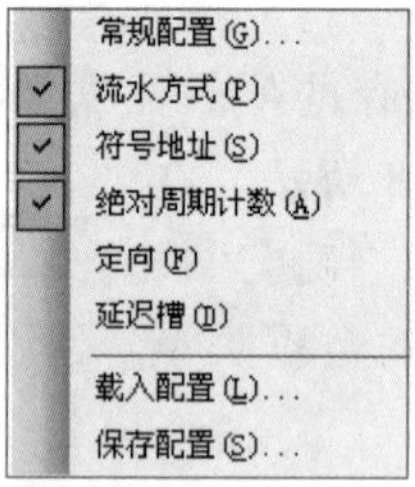

(1) 常规配置

“常规配置”菜单项用于查看和设置以下参数：(其默认值见 B.1)

- 内存容量；
- 浮点加法运算部件个数；
- 浮点乘法运算部件个数；
- 浮点除法运算部件个数；
- 浮点加法运算延迟周期数；
- 浮点乘法运算延迟周期数；
- 浮点除法运算延迟周期数。

如果要修改这些参数，只要直接修改，然后单击“确定”按钮即可。

(2) 流水方式

当菜单项“流水方式”被勾选时，模拟器按流水线方式工作，能模拟流水线的工作过程；否则(即没有被勾选)就按串行方式执行程序。

该项的勾选和去选(即去掉其前面的“√”号)都是通过单击该项来实现的。下同。

当从流水线方式切换为非流水线方式(或相反)时，系统将强行使模拟器的状态复位。

(3) 符号地址

当“符号地址”菜单项被勾选时，代码窗口中的代码将显示原汇编程序中所采用的标号；否则(即没有被勾选)将不显示。

(4) 绝对周期计数

当“绝对周期计数”菜单项被勾选时，时钟周期图窗口中的横坐标将显示为绝对周期，即时钟周期按 0,1,2,…顺序递增的顺序计数；否则(即没有被勾选)就按相对周期计数，即把当前周期记为第 0 个周期，而其余周期(在左边)则按其相对于当前周期的位置，分别记为-1,-2,-3,…。

在非流水线方式下，该菜单项不起作用(变灰)。

(5) 定向

“定向”菜单项用于指定是否采用定向技术。当该项被勾选时,模拟器在执行程序时将采用定向技术,否则就不采用。

在非流水线方式下,该菜单项不起作用(变灰)。

(6) 延迟槽

“延迟槽”菜单项用于指定是否采用延迟分支技术。当该项被勾选时,模拟器在执行程序时将采用一个延迟槽,否则就不采用。

在非流水线方式下,该菜单项不起作用(变灰)。

(7) 载入配置

“载入配置”菜单项用于将一个配置文件(.cfg)载入模拟器,模拟器将先复位,然后按该文件进行配置。单击该菜单项,系统将弹出“打开”对话框,让用户指定所要载入的配置文件。

(8) 保存配置

“保存配置”菜单项用于将模拟器当前的配置保存到一个配置文件(.cfg)中,以便以后重用。单击该菜单项,系统将弹出“保存文件”对话框,让用户指定配置文件的名称和位置。

B.3.6 “窗口”菜单

“窗口”菜单下有 5 项:“平铺”“层叠”“打开所有”“收起所有”和选择子窗口。

(1) 平铺

选择“平铺”菜单项,将当前已打开的子窗口平铺在主窗口中。

(2) 层叠

选择“层叠”菜单项,将当前已打开的子窗口层叠在主窗口中。

(3) 打开所有

选择“打开所有”菜单项,将所有子窗口都打开。

(4) 收起所有

选择“收起所有”菜单项,将所有子窗口最小化。

(5) 选择子窗口

在“窗口”菜单中还列出了所有的子窗口的名称,选择其中的任一个,将使该窗口被选中,并被提到最上层。

B.3.7 “帮助”菜单

在“帮助”菜单下有两项:“帮助”和“关于 MIPSsim”。前者提供用户手册,后者给出关于 MIPSsim 的版权信息和设计开发者信息。

附录 C　MIPS16 模拟器及相关指令

C.1　MIPS16 模拟器的存储单元

1. 寄存器

MIPS16 模拟器共有 3 组寄存器：通用寄存器、浮点寄存器和特殊寄存器。

(1) 通用寄存器

MIPS16 模拟器有 32 个 64 位通用寄存器 R0，R1，…，R31，简称为 GPRs，有时也被称为整数寄存器。R0 的值永远是 0。

在 MIPS16 模拟器中，整数用补码表示。

(2) 浮点寄存器

MIPS16 模拟器共有 32 个 64 位浮点数寄存器 F0，F1，…，F31，简称为 FPRs。它们既可以用来存放 32 个单精度浮点数（32 位），也可以用来存放 32 个双精度浮点数（64 位）。存储单精度浮点数时，只用到 FPRs 的一半，其另一半没用。

在 MIPS16 模拟器中，浮点数采用 IEEE 754 标准来表示。其格式如下。

① 单精度浮点数共 32 位，由 1 位符号位、8 位阶码、23 位尾数组成（见图 C.1）。

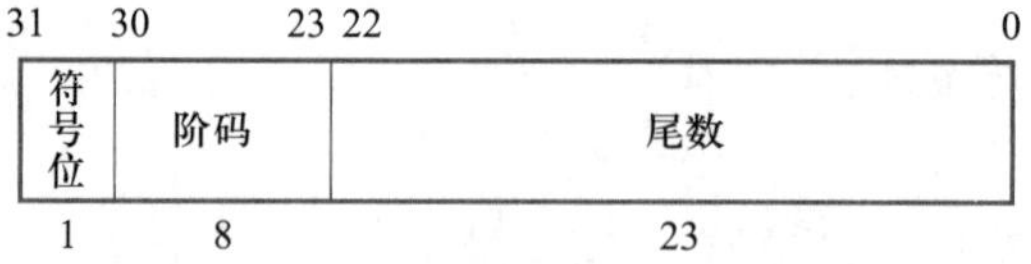

图 C.1　单精度浮点数格式

- 符号位：浮点数的符号，0 表示正数，1 表示负数。
- 阶码：浮点数指数域的编码值，用移码表示。
- 尾数：浮点数的二进制小数，用原码表示。

② 双精度浮点数共 64 位，由 1 位符号位、11 位阶码、52 位尾数组成（见图 C.2）。

(3) 特殊寄存器

MIPS16 模拟器有 3 个特殊寄存器：

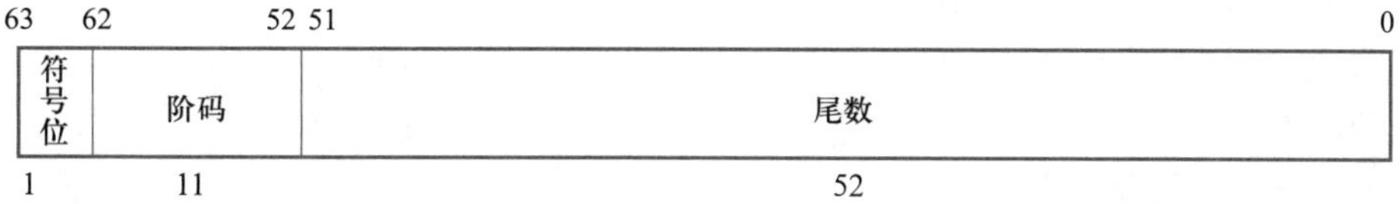

图 C.2 双精度浮点数格式

- PC：程序计数器(32 位)。
- LO：乘法结果寄存器的低位(64 位)。
- HI：乘法结果寄存器的高位(64 位)。

模拟器启动时,所有这些寄存器都被初始化为 0。

2. 存储器

MIPS16 模拟器中存储器的大小为 512 个字,共有 2 048 B,按字寻址。程序载入时,从第 0 号单元开始存放。

C.2 MIPS16 模拟器的功能

MIPS16 模拟器主要包括如下一些功能。

1. 载入程序

命令格式：load filename.s

功能说明：将模拟器要执行的程序 filename.s 载入模拟器的内存。从第 0 号单元开始连续存放,每条指令占 4 B。

2. 单步执行一条指令

命令格式：step

功能说明：执行一条指令,然后暂停。所执行指令的地址由当前的 PC 值给出。执行完后,PC 值+4(因为每条指令占 4 B)。

3. 连续执行到底

命令格式：srun

功能说明：从当前 PC 值的位置开始连续执行程序,直至结束。

4. 显示

将寄存器或存储器的内容显示到屏幕上。默认按十六进制数显示。

(1) 显示通用寄存器内容

命令格式：disp r[/10]

功能说明：显示通用寄存器的内容,默认按十六进制数显示。下同。[/10]为可选项,表示按十进制数显示。

(2) 显示浮点寄存器内容

命令格式：disp f[/f][/df]

功能说明：显示浮点寄存器的内容。[/f]和[/df]为可选项，最多选一个。

- /f 按 32 位浮点数显示。
- /df 按 64 位浮点数显示。

(3) 显示特殊寄存器内容

命令格式：disp s[/10]

功能说明：显示特殊寄存器的内容。[/10]为可选项，表示按十进制数显示。

(4) 显示存储器内容

命令格式：disp mem[/p][/i][/di][/f][/df] [addr]

功能说明：从存储器中 addr(默认为 0x00000000)开始显示内容，默认显示 32 个数据。addr 的值必须是 4 的整数倍。[/p][/i][/di][/f][/df]为可选项，最多选一个。

- /p：按指令显示。
- /i：按 32 位整数显示。
- /di：按 64 位整数显示。
- /f：按 32 位浮点数显示。
- /df：按 64 位浮点数显示。

5. 转储

命令格式：dump filename.txt

功能说明：将系统的状态信息(寄存器和存储器的内容)保存到文件 filename.txt。

6. 复位

命令格式：rset

功能说明：将整个模拟器的状态复位为默认值(把寄存器和存储器单元置为 0)。模拟器启动时，也是将状态设置为默认值。

7. 帮助

命令格式：help

功能说明：显示并说明模拟器的所有可执行操作。

8. 退出

命令格式：exit

功能说明：退出 MIPS16 模拟器。

C.3 MIPS16 模拟器的部分变量说明

为了便于实验者编写指令解释 execute()函数，下面对需要用到的变量进行说明。

1. currentInst

currentInst 变量中存放当前指令,即程序计数器 PC 当前指向的指令。该变量的字段按照 R 型指令、浮点(F)型指令、立即数(I)型指令的格式分别进行命名。例如,对于 R 型指令 DADD,要访问其 rs 字段,用 currentInst.R.rs 即可。

currentInst 变量使用 Inst 结构体,如下所示。

```
typedef struct{
    uint8_t opcode: 6;
    union{
        struct{
            uint8_t rs: 5;
            uint8_t rt: 5;
            uint8_t rd: 5;
            uint8_t shamt: 5;
            uint8_t func: 6;
        } R;
        struct{
            uint8_t fmt: 5;
            uint8_t ft: 5;
            uint8_t fs: 5;
            uint8_t fd: 5;
            uint8_t func: 6;
        } F;
        struct{
            uint8_t rs: 5;
            uint8_t rt: 5;
            uint32_t imme: 16;
        } I;
    };
} Inst;
```

2. state

state 变量存储模拟器中的寄存器信息,其具体信息如下。

- regs_r: 通用寄存器;
- regs_f: 浮点寄存器;
- PC: 程序计数器;
- LO: 乘法结果寄存器的低位;
- HI: 乘法结果寄存器的高位。

例如,要访问通用寄存器中 R1 的值,采用 state.regs_r[1] 即可。其余类似。

state 变量使用 State 结构体,如下所示。

```
typedef struct{
    uint64_t regs_r[REGSIZE];      //通用寄存器
    double regs_f[REGSIZE];        //浮点寄存器
    uint32_t PC;                   //程序计数器
    uint64_t LO;                   //乘法结果寄存器的低位
    uint64_t HI;                   //乘法结果寄存器的高位
} State;
```

3. memory

数组变量 memory[512]模拟存储器,按字寻址。每个字由 4 个字节组成,但在交互命令和显示内容中使用字节地址,它等于字地址乘以 4。

C.4 MIPS16 模拟器支持的伪指令

MIPS16 模拟器支持 4 种伪指令:.text、.data、.word 和.double,下面对这 4 种伪指令进行说明。

1. .text

格式:.text

说明:定义程序的代码段,该指令后面就是程序代码。该语句单独占一行。

2. .data

格式:.data

说明:定义程序的数据段,必须放在.text 和程序代码之后。该语句单独占一行。

3. .word

格式:name:.word value

说明:name 为变量名,其后必须跟冒号。value 为十进制整数,只支持一个变量值,不支持数组。该语句单独占一行。

4. .double

格式:name:.double value

说明:name 为变量名,其后必须跟冒号。value 为十进制双精度浮点数,只支持一个变量值,不支持数组。该语句单独占一行。

C.5 模拟指令集合

MIPS16 模拟器能够模拟执行 16 条 MIPS 指令,下面详细进行说明。

符号说明：

（1）在指令助记符中，“.W”表示 32 位整数，“.L”表示 64 位整数，“.S”表示单精度浮点数，“.D”表示双精度浮点数。“.fmt”表示多种格式的数据，fmt ∈ (S,D,W,L)。

（2）助记符的最后一个字母为“U”表示无符号操作，“I”表示与立即值操作，“IU”表示无符号立即值操作。助记符的第一个字母为“D”表示是双字(64 位)操作。

（3）为简洁起见，直接用 rs 来表示 rs 寄存器中的内容，其他如 rt、rd、fs、ft、fd 等都是如此。

（4）fs、ft、fd 表示浮点寄存器。一般来说，fs 和 ft 表示源操作数寄存器，fd 表示结果寄存器。

（5）rs，rt，rd 表示整数寄存器，也称为通用寄存器。一般来说，rs 和 rt 表示源操作数寄存器，rd 表示目的寄存器。

（6）LO 和 HI 是两个特殊寄存器，其中 LO 常用来存放乘积的低 64 位，HI 常用来存放乘积的高 64 位。

1. ADD.D

名称：双精度浮点加

指令格式：

31　26	25　21	20　16	15　11	10　6	5　0
COP1 010001	fmt	ft	fs	fd	ADD 000000
6	5	5	5	5	6

符号指令：

ADD.D fd,fs,ft

在 MIPS16 汇编程序中，寄存器号前都加了“$”符，详见样例程序 sample.s。下同。

功能说明：

fd←fs+ft

对浮点寄存器 fs 和 ft 中的双精度浮点数进行加法运算，结果放入浮点寄存器 fd。

2. AND

名称：与

指令格式：

31　26	25　21	20　16	15　11	10　6	5　0
SPECIAL 000000	rs	rt	rd	0 00000	AND 100100
6	5	5	5	5	6

符号指令：

AND rd,rs,rt

功能说明：

rd←rs AND rt

把整数寄存器 rt 和 rs 中的数据按位进行逻辑“与”操作，结果放入整数寄存器 rd。

3. BNE

名称：不相等转移

指令格式：

31　　26	25　　21	20　　16	15　　0
BNE 000101	rs	rt	offset
6	5	5	16

符号指令：

BNE rs,rt,offset

功能说明：

if(rs!=rt)　then 转移

转移地址：将 16 位的 offset 左移 2 位并进行符号位扩展后，与 PC 值相加。

4. BNEZ

名称：不等于 0 转移

指令格式：

31　　26	25　　21	20　　16	15　　0
BNEZ 001101	rs	00000	offset
6	5	5	16

符号指令：

BNEZ rs,offset

功能说明：

if(rs!=0)　then 转移

转移地址：将 16 位的 offset 左移 2 位并进行符号位扩展后，与 PC 值相加。

5. DADD

名称：双字寄存器加

指令格式：

31 26	25 21	20 16	15 11	10 6	5 0
SPECIAL 000000	rs	rt	rd	0 00000	DADD 101100
6	5	5	5	5	6

符号指令：

DADD rd,rs,rt

功能说明：

rd ←rs+rt

对整数寄存器 rs 和 rt 中的 64 位整数进行加法运算，结果放入整数寄存器 rd。按有符号数操作。

6. DADDIU

名称：双字无符号立即值加

指令格式：

31 26	25 21	20 16	15 0
DADDIU 011001	rs	rt	immediate
6	5	5	16

符号指令：

DADDIU rt,rs,immediate

功能说明：

rt ←rs+immediate

把带符号的 16 位立即值 immediate 与 rs 中的 64 位整数相加，结果放入整数寄存器 rt。按无符号数操作。

7. DIV.D

名称：双精度浮点除

指令格式：

31 26	25 21	20 16	15 11	10 6	5 0
COP1 010001	fmt	ft	fs	fd	DIV 000011
6	5	5	5	5	6

符号指令：

DIV.D fd,fs,ft

功能说明：

fd←fs / ft

把浮点寄存器 fs 和 ft 中的双精度浮点数进行除法运算,结果放入浮点寄存器 fd。

8. DMULT

名称：双字寄存器乘

指令格式：

31　　26	25　　21	20　　16	15　　6	5　　0
SPECIAL 000000	rs	rt	0 00 0000 0000	DMULT 011100
6	5	5	10	6

符号指令：

DMULT rs,rt

功能说明：

(LO,HI)←rs×rt

整数寄存器 rs 和 rt 中的两个 64 位整数相乘,产生 128 位的积。将乘积的低 64 位送 LO,高 64 位送 HI。按有符号数操作。

9. DSUB

名称：双字寄存器减

指令格式：

31　　26	25　　21	20　　16	15　　11	10　　6	5　　0
SPECIAL 000000	rs	rt	rd	0 00000	DSUB 101110
6	5	5	5	5	6

符号指令：

DSUB rd,rs,rt

功能说明：

rd ←rs−rt

整数寄存器 rs 和 rt 中的两个 64 位整数相减,结果送入整数寄存器 rd。按有符号数操作。

10. L.D

名称：取双精度浮点数

指令格式：

31–26	25–21	20–16	15–0
L.D 110111	base	ft	offset
6	5	5	16

符号指令：

L.D ft,offset(base)

功能说明：

ft←memory[[base]+offset]

从存储器读出一个 64 位的数据，送入浮点寄存器 ft。

访存地址：寄存器 base 的内容+经有符号 32 位扩展后的偏移量 offset。

11. LW

名称：取字

指令格式：

31–26	25–21	20–16	15–0
LW 100011	base	rt	offset
6	5	5	16

符号指令：

LW rt,offset(base)

功能说明：

rt←memory[[base]+offset]

从存储器读出一个 32 位数据，按符号位扩展后，送入整数寄存器 rt。

访存地址：寄存器 base 的内容+经有符号 32 位扩展后的偏移量 offset。

12. MUL.D

名称：双精度浮点乘

指令格式：

31–26	25–21	20–16	15–11	10–6	5–0
COP1 010001	fmt	ft	fs	fd	MUL 000010
6	5	5	5	5	6

符号指令：

MUL.D fd,fs,ft

功能说明：

fd←fs×ft

浮点寄存器 fs 和 ft 中的双精度浮点数进行乘法运算，结果放入浮点寄存器 fd。

13. S.D

名称：存双精度浮点数

指令格式：

31　　26	25　　21	20　　16	15　　0
S.D 111111	base	ft	offset
6	5	5	16

符号指令：

S.D ft,offset(base)

功能说明：

memory[[base]+offset]←ft

将浮点寄存器 ft 中的双字写入存储器。

访存地址：寄存器 base 的内容+经有符号 32 位扩展后的偏移量 offset。

14. SUB.D

名称：双精度浮点减

指令格式：

31　　26	25　　21	20　　16	15　　11	10　　6	5　　0
COP1 010001	fmt	ft	fs	fd	SUB 000001
6	5	5	5	5	6

符号指令：

SUB.D fd,fs,ft

功能说明：

fd←fs-ft

浮点寄存器 fs 和 ft 中的双精度浮点数进行减法运算，结果送入浮点寄存器 fd。

15. SW

名称：存字

指令格式：

31　　26	25　　21	20　　16	15　　0
SW 101011	base	rt	offset
6	5	5	16

符号指令：

　　SW rt,offset(base)

功能说明：

　　memory[[base]+offset]←rt

将整数寄存器 rt 中的低 32 位数据写入存储器。

访存地址：寄存器 base 的内容+经有符号 32 位扩展后的偏移量 offset。

16. XOR

名称：异或

指令格式：

31–26	25–21	20–16	15–11	10–6	5–0
SPEIAL 000000	rs	rt	rd	0 00000	XOR 100110
6	5	5	5	5	6

符号指令：

　　XOR rd,rs,rt

功能说明：

　　rd←rs XOR rt

整数寄存器 rs 和 rt 中的两个 32 位数按位进行逻辑“异或”操作，结果放入整数寄存器 rd。

C.6　样例程序 sample.s

说明：在汇编程序中，在寄存器号前都加有“$”符。

```
.text
main:
DADDIU      $r2,$r1,A
DADD        $r3,$r1,$r2
AND         $r5,$r2,$r3
BNE         $r1,$r2,loop
DADD        $r7,$r2,$r5
loop:
SW          $r2,0($r2)
LW          $r1,0($r2)
```

```
DADDIU    $r4,$r8,4
DSUB      $r6,$r2,$r4
L.D       $f1,80($r0)
BNEZ      $r2,branch
DADD      $r9,$r2,$r5
branch:
ADD.D     $f3,$f1,$f2
DIV.D     $f4,$f3,$f1
SUB.D     $f5,$f3,$f4
XOR       $r8,$r1,$r6
DMULT     $r2,$r2
MUL.D     $f6,$f1,$f5
S.D       $f5,16($r2)
.data
A: .word 128
B: .double 256.5
```

参考文献

[1] Hennessy J L, Patterson D A. Computer architecture: a quantitative approach[M].6th ed. Morgan Kaufmann, 2017.

[2] Hennessy J L, Patterson D A. Computer architecture: a quantitative approach[M].5th ed. Morgan Kaufmann, 2011.

[3] Culler D E, Singh J P. Parallel computer architecture: a hardware/software approach [M]. Morgan Kaufmann, 1998.

[4] Hwang K, Fox G, Dongarra J J. Distributed and cloud computing: from parallel processing to the internet of things[M]. Morgan Kaufmann, 2011.

[5] 张晨曦,王志英,等.计算机系统结构[M].2 版.北京:高等教育出版社,2014.

[6] 郑纬民,汤志忠.计算机系统结构[M].2 版.北京:清华大学出版社,1998.

[7] 陈国良,吴俊敏,章锋,等.并行计算机体系结构[M].北京:高等教育出版社,2002.

[8] 李学干.计算机系统结构[M].5 版.西安:西安电子科技大学出版社,2011.

[9] 白中英.计算机系统结构[M].3 版·网络版.北京:科学出版社,2010.

[10] 尹朝庆.计算机系统结构教程[M].北京:清华大学出版社,2005.

[11] 徐炜民,严允中.计算机系统结构[M].2 版.北京:电子工业出版社,2003.

[12] 周立.计算机系统结构[M].北京:清华大学出版社,2006.